1+X证书

职业技能等级培训教材

维修电工

中高级 <<<

杨清德　丁秀艳　鲁世金　主编

化学工业出版社

·北京·

内容简介

本书根据国家对低压电工作业证书和电工职业技能等级证书岗位（群）能力的要求，包括电工安全用电知识、电工工具及仪表、电工技术基础知识、电子技术基础知识、电力配电与照明、电工识图基础知识、高低压电器及应用、电动机与电气控制基础知识、配电线路安装技能训练、电气控制线路接线与故障排除等内容，涵盖了初级、中级和高级电工的专业知识和操作技能。

本书对接考纲，内容全面，在线视频，聚焦思考，可作为低压维修电工职业资格证书、特种作业人员低压电工培训考核的教材，也可作为职业院校相关专业学生、电工从业人员进修学习的读物。

图书在版编目（CIP）数据

维修电工：中高级 / 杨清德，丁秀艳，鲁世金主编
.—北京：化学工业出版社，2021.8（2024.3 重印）
1+X 证书职业技能等级培训教材
ISBN 978-7-122-39251-0

Ⅰ. ①维… Ⅱ. ①杨… ②丁… ③鲁… Ⅲ. ①电工－维修－技术培训－教材 Ⅳ. ① TM07

中国版本图书馆 CIP 数据核字（2021）第 103293 号

责任编辑：高墨荣　　装帧设计：刘丽华
责任校对：边　涛

出版发行：化学工业出版社（北京市东城区青年湖南街13号　邮政编码100011）
印　　装：北京科印技术咨询服务有限公司数码印刷分部
787mm×1092mm　1/16　印张18½　字数443千字　　2024年3月北京第1版第2次印刷

购书咨询：010-64518888　　售后服务：010-64518899
网　　址：http：//www.cip.com.cn
凡购买本书，如有缺损质量问题，本社销售中心负责调换。

定　　价：68.00元

2019年8月，《人力资源社会保障部关于改革完善技能人才评价制度的意见》（人社部发〔2019〕90号）要求：“职业技能等级证书由用人单位和社会培训评价组织颁发”。国家推行社会化职业技能等级认定制度，实行“谁用人、谁评价、谁发证、谁负责”，不是取消相应职业和职业标准，而是改变了评价发证主体和管理服务方式。2019年4月，教育部等四部门印发《关于在院校实施“学历证书+若干职业技能等级证书”制度试点方案》，部署启动“学历证书+若干职业技能等级证书”（简称1+X证书）制度试点工作。职业院校在1+X证书制度改革背景下考核评价时，电工课程考试可与电工证书考核同步进行。为贯彻落实社会化职业技能等级认定制度和1+X证书制度，有效推动终身职业技能培训制度和完善职业教育制度，化学工业出版社从职业院校、行业企业和社会培训评价机构中遴选出一批拥有较扎实专业学科背景的专家学者共同精心编写了本书。

本书根据国家对低压电工作业证书和电工职业技能等级证书岗位（群）能力的要求，涵盖初级、中级和高级电工的专业知识和操作技能，可满足电工初学者、电工从业人员考证培训与考核的需求。

本书具有以下特色及优势。

1. 对接考纲，内容全面。全书以知识考点和实操项目为主线，全面介绍电工考证复习与训练的策略，包括电工安全用电知识、电工工具及仪表、电工技术基础知识、电子技术基础知识、电力配电与照明、电工识图基础知识、高低压电器及应用、电动机与电气控制基础知识、配电线路安装技能训练、电气控制线路接线与故障排除等内容，以历年真题为基础，从实战出发，对考试相关的知识点、技能点做了详细归纳和总结。同时，对部分知识点进行了拓展，增加了电工新技术与新理论的内容，便于读者更全面地掌握知识体系。

2. 在线视频，聚焦思考。电工考试分理论和实操两部分，理论考试的题型是判断题+单选题，90分及格；实操考试一般为两道实操题，80分合格。只有理论和实操两门成绩均达标，才能取证。在本书中，重要的理论考点配有老师讲解视频，有助于读者对概念的理解和方法的掌握；重要的实操考试项目有老师示范操作讲解的录像，介绍本实操项目所需的设备、仪表，操作步骤，操作方法，安全操作要点及防护措施，对读者提高学习效率能起到立竿见影的效果。

本书深入浅出，通俗易懂，可作为维修电工职业资格证书、特种作业人员低压电工培训考核的教材，也可作为职业院校相关专业学生、电工从业人员进修学习的读物。

目录中标注星号的内容为高级电工应掌握的知识和技能。

本书由杨清德、丁秀艳、鲁世金主编，参加编写的还有杨波、黄勇、吕盛成、王康朴。全书由杨清德拟定编写大纲和统稿。

由于水平有限，加之时间仓促，书中难免有疏漏及不当之处，敬请广大读者批评指正。

编者

目录

目录

视频页码
037, 040, 042

视频页码
055, 059, 060, 061, 063, 064, 066, 068, 069, 071, 072

视频页码
081, 083, 084, 085, 086, 087, 088

目录

视频页码
261, 263, 283

电工安全用电知识

1.1 电气安全的基本要素

1.1.1 电气绝缘

保持配电线路和电气设备的绝缘良好，是保证人身安全和电气设备正常运行的最基本要素。电气绝缘的性能是否良好，可通过测量其绝缘电阻、耐压强度、泄漏电流和介质损耗等参数来衡量。

（1）功能绝缘

定义：功能绝缘是仅足以确保电器适当操作，而位于不同电位之导电部件间的绝缘，不提供防电击绝缘。

功能绝缘一般需要满足以下三个条件：通过短路试验；通过耐压试验；爬电距离和电气间隙。

（2）基本绝缘

定义：能够对带电部分提供基本防护的绝缘，即带电体与不可触及的导体之间的绝缘。

（3）附加绝缘

基本绝缘之外使用的独立绝缘。可在基本绝缘损坏的情况下更好地防止电击。

（4）双重绝缘

双重绝缘指同时具备工作绝缘（基本绝缘）和保护绝缘（附加绝缘）的绝缘，前者是带电体与不可触及的导体之间的绝缘，后者是不可触及的导体与可触及的导体之间的绝缘，是当工作绝缘损坏后用于防止电击的绝缘。

（5）加强绝缘

加强绝缘就是采用双重绝缘或另加总体绝缘，即保护绝缘体以防止通常绝缘损坏后的触电。

【特别提醒】

电工绝缘材料的电阻系数都在 $10^9\Omega$/cm 以上。陶瓷、玻璃、云母、塑料、布、纸、矿物油等都是常用的绝缘材料。很多绝缘材料受潮后会丧失绝缘性能或在强电场作用下会遭到破坏，丧失绝缘性能。

电气线路或设备的绝缘必须与所采用的电压相符，与周围的环境和运行条件相适应。

1.1.2 电气安全距离

（1）电气安全距离的含义

为了防止人体触及或接近带电体，防止车辆等物体碰撞或过分接近带电体，防止电气短路事故和因此引起火灾，在带电体与地面之间、带电体与带电体之间、带电体与其他设施和设备之间，均需保持一定的电气安全距离，这种距离简称间距。

（2）电气安全距离的种类

电气安全距离分为线路安全距离、变配电设备安全距离和检修安全距离。

① 线路安全距离　是指导线与地面（水面）、杆塔构件、跨越物（包括电力线路和弱电线路）之间的最小允许距离。

② 变配电设备安全距离　是指带电体与其他带电体、接地体、各种遮栏等设施之间的最小允许距离。

③ 检修安全距离　是指工作人员进行设备维护检修时与设备带电部分间的最小允许距离。该距离可分为设备不停电时的安全距离、工作人员工作中正常活动范围与带电设备的安全距离、带电作业时人体与带电体间的安全距离。

在维护检修中，人体及所带工具与带电体必须保持足够的安全距离，其要求如下：

a. 在低压工作中，人体与所携带的工具与带电体距离应不小于0.1m。

b. 在高压无遮栏操作中，人体及所携带工具与带电体之间最小距离，10kV应不小于0.7m，35kV应不小于1m。用绝缘杆操作，上述距离可减为10kV时0.4m，35kV时0.6m。

c. 在线路上工作时，人体及所携带工具与邻近带电导线最小距离，10kV以下为1m，35kV为2.5m。

d. 使用喷灯、电焊等明火作业时，火焰不得倾向带电体，其最小距离10kV及以下为1.5m，35kV为3m。

1.1.3　安全载流量

（1）安全载流量的含义

载流量是指导线内通过电流量（即电流强度）。导体的安全载流量是指允许持续通过导体内部的电流量。

（2）影响安全载流量的因素

影响导体安全载流量的因素较多，计算也较复杂。导线的载流量与导线的截面有关，也与导线的材料（铝或铜）、型号（绝缘线或裸线等）、敷设方法（明敷或穿管等）以及环境温度（25℃左右或更大）等有关，母线的安全载流量还与母线的几何形状、排列方式有关。

各种导线的安全载流量通常可以从电工手册中查找。一般铜导线的安全载流量为5～8A/mm^2，铝导线的安全载流量为3～5A/mm^2。

利用口诀再配合一些简单的计算，也可直接算出导线的安全载流量。

1.2　安全用电基本知识

安全用电操作的基本知识很多，这里仅就重要内容做简要提示，详尽内容请读者阅读相关书籍。

1.2.1　安全用电措施

用电安全措施是为了确保电工设备的安全和使用人员的人身安全而采取的措施，是安全用电的一项主要内容，安全用电的措施分为组织措施和技术措施。

（1）组织措施

1）工作票制度　工作票是准许在电气设备或线路上工作的书面命令。它有以下的特点：

① 根据工作性质、工作范围的不同，工作票可分为第一种工作票和第二种工作票。

第一种工作票的工作为：a. 高压设备上工作需要全部停电或部分停电者；b. 高压室内的二次接线和照明等回路上的工作，需要将高压设备停电。

第二种工作票的工作为：a. 带电作业和在带设备外壳上的工作；b. 控制盘和低压配电盘，配电箱、电源干线上的工作；c. 二次接线回路上的工作，无需将高压设备停电者；d. 转动中的发电机，同期调相机的励磁回路或高压电动机转子电阻回路上的工作；e. 非当值班人员用绝缘棒和电压互感器定相或用钳形电表测量高压回路的电流。

② 工作票具有有效期，以批准的检修期为限。

③ 紧急事故处理可不填写工作票，但应履行工作许可手续，做好必要的安全措施。

④ 按规程规定，一些工作可以采用口头或电话命令，但是需要进行清晰的记录。

【特别提醒】

已经终结的工作票，至少要保存 3 个月。

2）工作许可制度　工作许可是指在进行电气工作之前，必须完成的许可手续。具体要求有：

① 工作许可人需认真审查工作票所列安全措施。

② 工作许可人会同工作负责人到现场亲自检查安全措施，以手触试，证明检修设备确无电压。

③ 对工作负责人指明带电设备的位置和注意事项。

④ 与工作负责人在工作票上分别签名。

⑤ 许可人不得擅自变更安全措施。

3）工作监护制度　工作监护制度用来保证正确的操作，避免发生人身伤害事故。其主要内容为：

① 监护人（工作负责人）需向工作人员交代现场安全措施。

② 监护人应始终在现场。

③ 在容易出现事故的地方，应当增设专责监护人。

④ 及时纠正工作人员违反安全操作规程要求的行为。

4）工作间断、转移终结制度

① 工作间断分为日内间断和日间间断两种。前者，工作人员撤离现场，安全措施保留，工作票交由工作负责人保存。继续工作时，不需要经过工作许可人的同意；后者，在收工时，需清扫现场，开放已经封闭的通道。次日开工时，需经工作许可人的同意，领回工作票。同时，工作负责人要重新检查安全措施。

② 在同一电气连接部分用同一工作票依次在几个工作地点转移工作时，全部安全措施由值班员在开工前一次完成，不需再办理转移手续，但工作负责人需向工作人员重新交代现场安全措施。

③ 工作终结后，需要进行以下工作：第一，清理现场。工作负责人要做细致地检查，

向值班人员讲清检修项目、发现的问题、试验结果、存在的问题等。并与值班人员共同检查设备状况，有无遗留物件、是否清洁等，然后在工作票上填明工作终结时间，并签名。第二，只有在同一停电系统的所有工作结束，拆除所有接地线、临时遮栏和标示牌，恢复常设遮挡，并得到值班调度员或值班负责人的命令后，方可合闸送电。

（2）技术措施

技术措施包括在全部或部分停电的电气设备或线路上采取必要的停电、验电、装设接地线、悬挂标示牌和装设遮栏等安全措施。

① 停电　必须把各方面的电源安全断开，禁止在经断路器断开电源的设备上工作，工作人员正常活动和工作时，与带电设备之间应保持的安全距离。

为了防止带负荷拉（合）刀闸，缩小事故范围，在进行倒闸操作时一般遵循下列顺序：

停电应该由电源端往负荷端一级一级停电；送电顺序相反，即由负荷端往电源端一级一级送电。

② 验电　验电时，应使用相应电压等级而且合格的接触式验电器，在装设接地线或合接地刀闸处三相分别验电，如图 1-1 所示。

a. 验电前必须戴好绝缘手套，在同电压等级的有电设备的导电部分上（应避开有氧化膜的部分）进行试验，验证验电器的良好（无法在有电设备上进行试验的，可以用高压发生器等确证验电器完好）。

b. 验证验电器确实完好后，操作人选择要安装接地线的位置，监护人确认无误。

c. 执行验电时，监护人宣读操作项目，操作人手指向将要装设接地线的位置（保持相应电压等级的安全距离）进行复诵。

d. 核对无误后，监护人发出“对，可以操作”的执行指令。

图1-1　验电

e. 操作人将验电器各节全部拔出，手握在安全挡以下位置，进行验电（组合电器等无法直接接触验电的必须从表计、带电显示装置等综合确认设备无电压）。

f. 在要装设接地线的相别均验过后，操作人一并回答“确无电压”。

③ 装设接地线　装设接地线时必须由两人进行，先接接地端，后接导体端；拆接地线时，与此顺序相反。

④ 装设个人保安线　为防止停电检修线路上感应电压伤人，在需要接触或接近导线工作时，应使用个人保安线。个人保安线应在杆塔上接触或接近导线的作业开始前挂接，作业结束脱离导线后拆除。装设时，应先接接地端，后接导线端，且接触良好，连接可靠。拆个人保安线的顺序与此相反。

⑤ 悬挂标示牌、设遮栏　在一经合闸即可送电到工作地点的开关和刀闸的操作把手上，

均应悬挂“禁止合闸，有人工作”或者“禁止合闸，线路有人工作”的标示牌。

在室内高压设备上工作，应在工作地点两旁间隔和对面间隔的遮栏上和禁止通行的过道上悬挂“止步，高压危险！”的标示牌。

在室外架构上工作，则应在工作地点邻近带电部分的横梁上，悬挂“止步，高压危险”的标示牌。

部分停电的工作，安全距离小于0.7m距离以内的未停电设备，应装设临时遮栏。在城区或人口密集区域施工时，工作场所周围应装设遮栏（围栏）。

【特别提醒】

在低压带电设备上工作时，绝缘手套、绝缘鞋（靴）、绝缘垫可作为基本安全用具使用，在高压情况下，只能用作辅助安全用具。

遮栏、栅栏等屏护装置上应有明显的标志，挂标志牌，必要时还应上锁。安全间距的大小取决于电压高低、设备类型以及安装方式。

对建筑物和电气设备采取一定的保护措施。例如电气设备的接地、保护接零，漏电保护；带电导体的遮栏、挂安全标志牌等。

1.2.2 安全色与安全标志牌

（1）安全色

安全色是表达安全信息的颜色，表示禁止、警告、指令、提示等意义。

国家规定的安全色有红、蓝、黄、绿四种颜色。其中，红色表示禁止、停止，也表示防火；蓝色表示指令或必须遵守的规定；黄色表示警告、注意；绿色表示指示、安全状态、通行。

安全标志及使用

（2）安全标志牌

安全标志是用来表达特定安全信息的标志，由图形符号、安全色、几何形状（边框）或文字构成。国家制定了56种安全标志，可分为禁止标志、警告标志、指令标志和提示标志四类。

禁止标志——不准或制止人们的不安全行为。

警告标志——提醒人们注意周围环境，避免可能发生的危险。

指令标志——强制人们必须作出某种动作或采用某种防范措施。

提示标志——向人们示意目标方向，标明安全设施或安全场所。

1.2.3 电气接地和接零

保护接零

保护接地

接地和接零的基本目的，一是为了电路的工作要求需要，二是为了保障人身和设备安全。如图1-2所示，一般分为保护接零、重复接地、工作接地和保护接地4种，见表1-1。

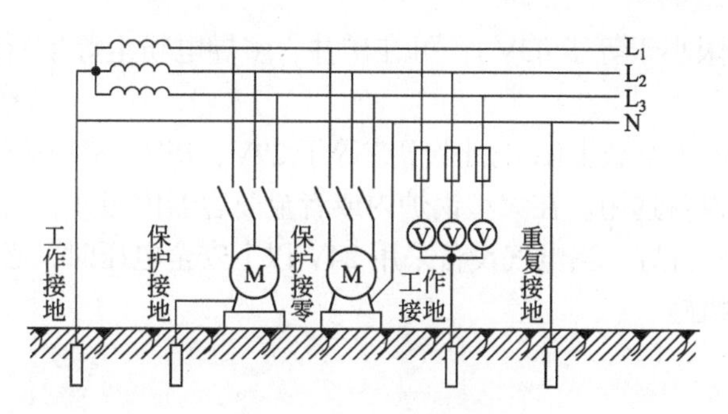

图 1-2　接地和接零

表 1-1　接地和接零

序号	种类	说明
1	保护接零	在 TN 供电系统中受电设备的外露可导电部分通过保护线 PE 线与电源中性点连接，而与接地无直接联系
2	重复接地	在工作接地以外，在专用保护线 PE 上一处或多处再次与接地装置相连接称为重复接地
3	工作接地	电气系统的需要，电源中性点与接地装置做金属连接称为工作接地
4	保护接地	将用电设备与带电体相绝缘的金属外壳和接地装置做金属连接称为保护接地

保护接地与保护接零是两种既有相同点又有区别的安全用电技术措施，其比较见表 1-2。

表 1-2　保护接地与保护接零的比较

比较		保护接地	保护接零
相同点		都属于用来防止电气设备金属外壳带电而采取的保护措施	
		适用的电气设备基本相同	
		都要求有一个良好的接地或接零装置	
区别	适用系统不同	适用于中性点不接地的高、低压供电系统	适用于中性点接地的低压供用电系统
	线路连接不同	接地线直接与接地系统相连接	保护接零线则直接与电网的中性线连接，再通过中性线接地
	要求不同	要求每个电器都要接地	只要求三相四线制系统的中性点接地

1.2.4　安全电压

（1）安全电压等级

安全电压是指为了防止触电事故而由特定电源供电所采用的电压系列。相对于高压、低压而言，安全电压是对人身安全危害不大，不致使人直接致死或致残的电压。

我国安全电压额定值的等级为 42V、36V、24V、12V 和 6V。

（2）安全电压选用

人们应根据作业场所、操作条件、使用方式、供电方式、线路状况等因素，采用我国安全电压标准规定的交流电安全电压等级。

① 42V（空载上限小于等于 50V），可供有触电危险的场所使用的手持式电动工具等场合下使用；

② 36V（空载上限小于等于 43V），可在矿井、多导电粉尘等场所使用的行灯等场合下使用；

③ 24V、12V、6V（空载上限分别小于或等于 29V、15V、8V）三挡，可供某些人体可能偶然触及的带电体设备选用。在大型锅炉内或者金属容器内工作，为了确保人身安全一定要使用 12V 或 6V 低压行灯。当电气设备采用 24V 以上安全电压时，必须按规定采取防止直接接触带电体的保护措施。

1.2.5 漏电开关

（1）功能作用

漏电开关主要是用来在线路设备发生漏电故障时以及对有致命危险的人身触电保护，能及时切断电源，具有过载和短路保护功能。

（2）漏电开关的组成

漏电开关由检测系统中的零序电流互感器、漏电脱扣器、开关装置等组成。

（3）漏电开关的种类

根据保护功能和用途，可分为漏电保护继电器、漏电保护开关和漏电保护插座三种。

根据工作原理，可分为电压型、电流型和脉冲型三种。

（4）漏电开关的规格

目前市场上漏电开关一般为电流动作型漏电开关，动作电流 6mA、10mA、15mA、30mA 、50mA、75mA 的在 0.1s 内断开，100mA、150mA、200mA 的有 0.1s 内断开的，也有 0.2s 内断开的，300mA、500mA 的在 0.2s 内断开。注意以上规格都有带过流与不带过流两大类之分。

（5）漏电开关的选用

① 在用电终端一般场所选用 30mA、动作时间 0.1s 的漏电开关。

② 在发生人身触电时会同时发生二次伤害的场所，一般选用 15mA 以下、0.1s 动作时间的漏电开关。

1.3 触电与急救

1.3.1 电流对人体的伤害

电流对人体伤害的严重程度与通过人体电流的大小、频率、持续时间、通过人体的路径及人体电阻的大小等多种因素有关。

① 电流大小　对于 50Hz 工频交流电，按照通过人体电流的大小和人体所呈现的不同状态，电流大致分为 3 种，见表 1-3。

表 1-3　触电电流的种类

序号	种类	定义	说明
1	感觉电流	指引起人体感觉的最小电流	成年男性的平均感觉电流约为 1.1mA，成年女性为 0.7mA。 感觉电流不会对人体造成伤害，但电流增大时，人体反应变得强烈，可能造成坠落等间接事故
2	摆脱电流	指人体触电后能自主摆脱电源的最大电流	实验表明，成年男性的平均摆脱电流约为 16mA，成年女性的约为 10mA
3	致命电流	指在较短的时间内危及生命的最小电流	实验表明，当通过人体的电流达到 50mA 以上时，心脏会停止跳动，可能导致死亡

一般来说，通过人体的电流越大，人体的生理反应就越明显，感应越强烈，引起心室颤动所需的时间越短，致命的危险越大。

为确保人身安全，我国规定通过人体的最大安全电流为 30mA。允许安秒值（即电流与时间的乘积）为 30mA · s。

② 电流频率　一般认为 40 ～ 60Hz 的交流电对人体最危险。随着频率的增高，危险性将降低。高频电流不仅不伤害人体，还能治病。

③ 通电时间　通电时间越长，电流使人体发热和人体组织的电解液成分增加，导致人体电阻降低，反过来又使通过人体的电流增加，触电的危险亦随之增加。

人体处于电流作用下，时间越短获救的可能性越大。电流通过人体时间越长，电流对人体的机能破坏越大，获救的可能性也就越小。

④ 电流路径　电流通过头部可使人昏迷；通过脊髓可能导致瘫痪；通过心脏造成心跳停止，血液循环中断；通过呼吸系统会造成窒息。因此，从左手到胸部是最危险的电流路径，从手到手、从手到脚也是很危险的电流路径，从脚到脚是危险性较小的电流路径。由此可见，流过心脏的电流越多、电流路线越短的途径是电击危险性越大的途径。

综上所述，电流的大小和触电时间的长短是最主要的触电因素。

1.3.2　触电

（1）触电事故发生的原因

① 缺乏电气安全知识，例如：带负荷拉高压隔离开关；低压架空线折断后不停电，用手误碰火线；在光线较弱的情况下带电接线，误触带电体；手触摸破损的胶盖刀闸。

② 违反安全操作规程，例如：带负荷拉高压隔离开关；带电拉临时照明线；安装接线不规范等。

③ 设备不合格，例如：高低压交叉线路，低压线误设在高压线上面；用电设备进出线未包扎好裸露在外；人触及不合格的临时线等。

④ 设备管理不善，例如：大风刮断低压线路和刮倒电杆后，没有及时处理；水泵电动机接线破损使外壳长期带电等。

⑤ 其他偶然因素，例如：大风刮断电力线路触到人体，人体受雷击等。

（2）触电方式

触电类型及方式

低压电网中均采用 TT 系统供电，由于 380/220V 侧的中性点是直接接地的，因此容易发生以下 3 种触电方式。

① 单相触电（220V）　人体的某一部分接触带电体的同时，另一部分又与大地或中性线

相接，电流从带电体流经人体到大地（或中性线）形成回路，称为单相触电。这是最常见的触电方式，如图 1-3（a）所示。

② 两相触电（380V） 人体的不同部分同时接触两相电源时造成的触电称为两相触电，如图 1-3（b）所示。对于这种情况，无论电网中性点是否接地，人体所承受的线电压将比单相触电时高，危险更大。

当发生两相触电时，作用于人体上的电压等于线电压，这种触电是最危险的。

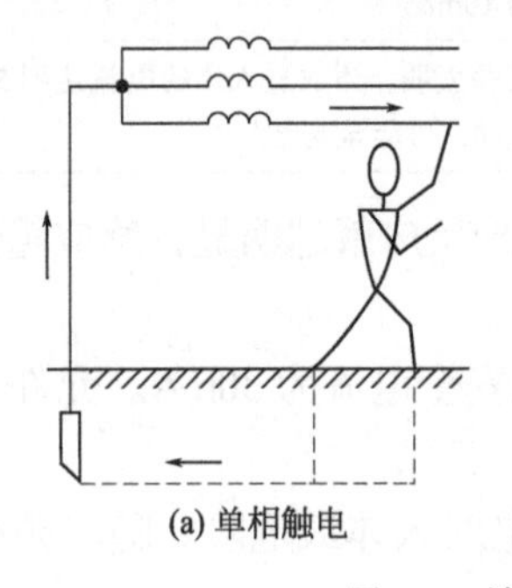

(a) 单相触电

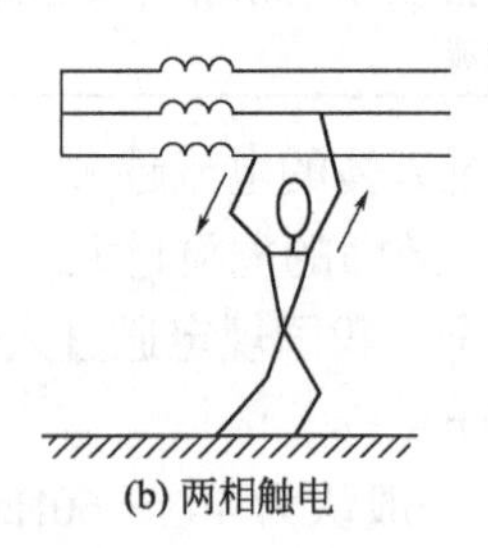

(b) 两相触电

图 1-3 单相触电和两相触电

图 1-4 跨步电压触电

③ 跨步电压触电 雷电流入地或电力线（特别是高压线）断散到地时，会在导线接地点及周围形成强电场。当人、畜跨进这个区域，两脚之间出现的电位差称为跨步电压。在这种电压作用下，电流从接触高电位的脚流进，从接触低电位的脚流出，从而形成触电，如图 1-4 所示。

（3）触电事故的规律

① 夏季触电事故多；

② 低压电气设备触电事故多；

③ 携带式设备和移动式电气设备触电事故多；

④ 电气触头及连接部位触电事故多；

⑤ 临时性施工工地触电事故多；

⑥ 合同工、临时工触电事故多，农村触电事故多；

⑦ 操作者错误操作和违章作业的触电事故多；

⑧ 潮湿、狭窄、线路密布、高空等特殊作业环境触电事故多。

（4）触电事故的种类

一般来说，电流对人体的伤害有两种类型：电击和电伤。

① 电击 是指电流通过人体时所造成的内伤。它可以使肌肉抽搐，内部组织损伤，造成发热发麻、神经麻痹等。严重时将引起昏迷、窒息，甚至心脏停止跳动而死亡。通常说的触电就是电击。触电死亡大部分由电击造成。

② 电伤 是指电流的热效应、化学效应、机械效应以及电流本身作用下造成的人体外伤。常见的有灼伤、烙伤和皮肤金属化等现象。

通过对许多触电事故分析，两种触电的伤害会同时存在。无论是电击还是电伤，都会危害人的身体健康，甚至会危及生命。

1.3.3 触电急救

(1) 让触电者尽快脱离电源

发现人员触电，应根据现场的实际情况采取措施尽快解救触电者，让触电者脱离电源的常用方法，见表1-4。

表1-4 让触电者脱离电源的常用方法

处理方法		图示	说明
低压电源触电	拉		附近有电源开关或插座时，应立即拉下开关或拔掉电源插头
	切		若一时找不到断开电源的开关时，应迅速用绝缘完好的钢丝钳或断线钳剪断电线，以断开电源
	挑		对于由导线绝缘损坏造成的触电，急救人员可用绝缘工具或干燥的木棍等将电线挑开
	拽		抢救者可戴上手套或在手上包缠干燥的衣服等绝缘物品拖拽触电者，也可站在干燥的木板、橡胶垫等绝缘物品上，用一只手将触电者拖拽开
高压电源触电			① 拨打95598或者当地供电所的电话，通知供电部门停电。 ② 专业电工可用适合该电压等级的绝缘工具（如戴绝缘手套、穿绝缘靴并用绝缘棒）解脱触电者

(2) 对触电人员急救

人工呼吸操作要领

胸外心脏按压操作要领

当发现有人触电时，不可以惊慌失措，沉着应对。越短时间内开展急救，被救活的概率就越大。

首先，使触电者与电源分开，然后根据情况展开急救。

当触电者脱离电源后，应及时判断其病情。如果神志清醒，使其安静休息；如果严重灼伤，应送医院诊治。如果触电者神志昏迷，但还有心跳呼吸，应该将触电者仰卧，解开衣服，以利呼吸；周围的空气要流通，要严密观察，并迅速请医生前来诊治或送医院检查治疗。如果触电者呼吸停止，心脏暂时停止跳动，但尚未真正死亡，要迅速对其人工呼吸和胸外按压。对触电者应采取的急救方法见表1-5。

表 1-5 触电急救方法

处理方法	图示	说明
简单诊断	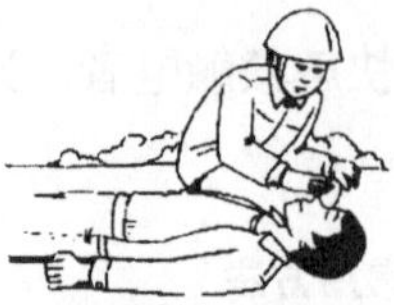	将脱离电源的触电者迅速移至通风、干燥处，将其仰卧，松开上衣和裤带
	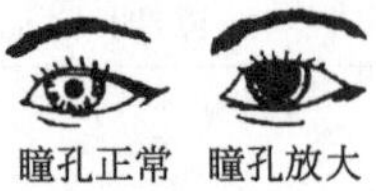 瞳孔正常 瞳孔放大	观察触电者的瞳孔是否放大。当处于假死状态时，人体大脑细胞严重缺氧，处于死亡边缘，瞳孔自行放大
	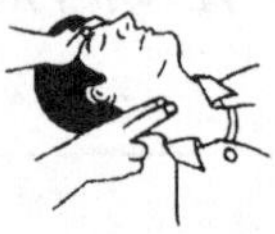	观察触电者有无呼吸存在，摸一摸颈部的颈动脉有无搏动
对“有心跳而呼吸停止”的触电者，应采用“口对口人工呼吸法”进行急救	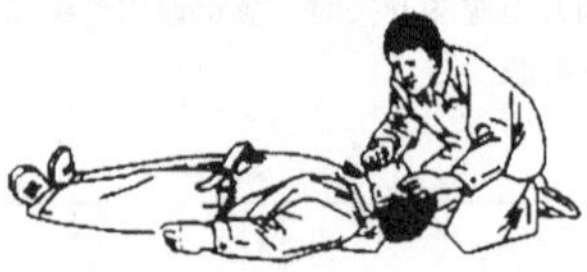	将触电者仰天平卧，颈部枕垫软物，头部偏向一侧，松开衣服和裤带，清除触电者口中的血块、假牙等异物
	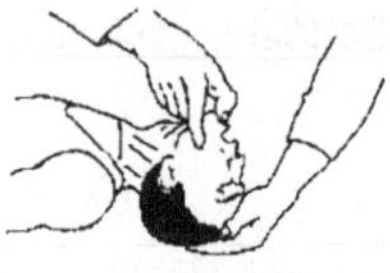	抢救者跪在病人的一边，使触电者的鼻孔朝天后仰
	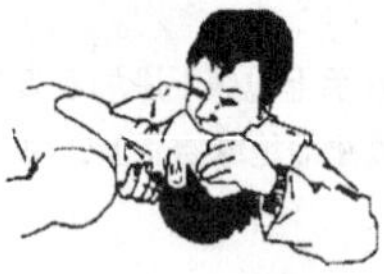	用一只手捏紧触电者的鼻子，另一只手托在触电者颈后，将颈部上抬，深深吸一口气，用嘴紧贴触电者的嘴，大口吹气
		然后放松捏着鼻子的手，让气体从触电者肺部排出，如此反复进行，每 5s 吹气一次（对触电儿童每 3s 吹气一次），坚持连续进行，不可间断，直到触电者苏醒为止
对“有呼吸而心跳停止”的触电者，应采用“胸外心脏挤压法”进行急救	 跨跪腰间	将触电者仰卧在硬板上或地上，颈部枕垫软物使头部稍后仰，松开衣服和裤带，急救者跪跨在触电者腰部
	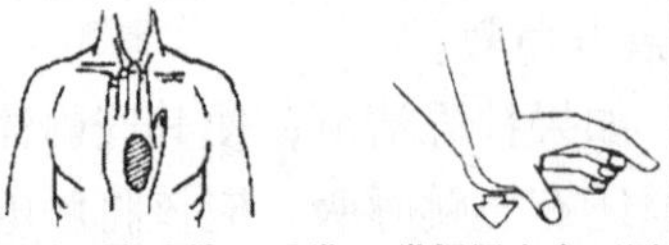 中指对凹膛 当胸一手掌 掌根用力向下压	急救者将右手掌根部按于触电者胸骨下二分之一处，中指指尖对准其颈部凹陷的下缘，左手掌复压在右手背上
	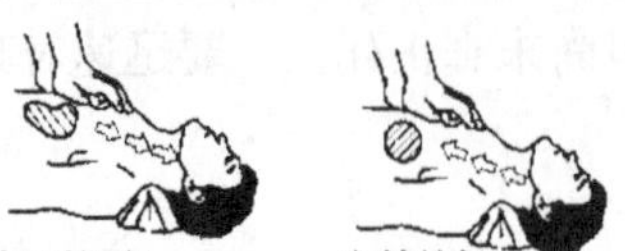 向下挤压3～4mm 突然放松	掌根用力下压 3 ～ 4cm，然后突然放松。挤压与放松的动作要有节奏，每分钟 100 次为宜，必须坚持连续进行，不可中断

续表

处理方法	图 示	说 明
对“呼吸和心跳都已停止”的触电者，应同时采用“口对口人工呼吸法”和“胸外心脏挤压法”进行急救，这种方法称为心肺复苏法		一人急救：两种方法应交替进行，即吹气2次，再挤压心脏15次，且速度都应快些
		两人急救：每5s吹气一次，每1s挤压一次，两人同时进行

为便于记忆，编者把在业余条件下触电急救的步骤及方法梳理为如图1-5所示的思维导图。

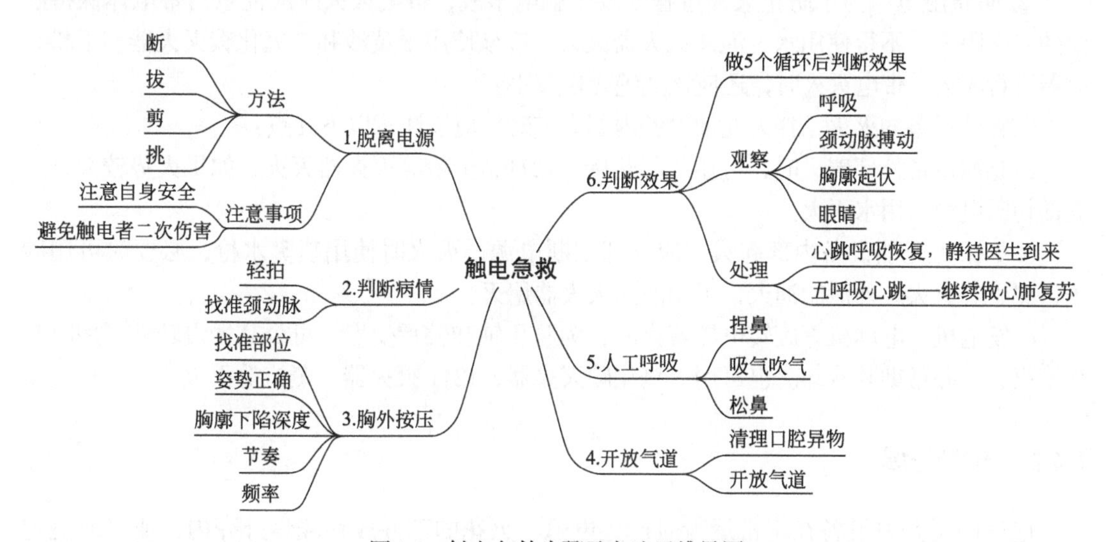

图1-5 触电急救步骤及方法思维导图

【特别提醒】

触电伤员如意识丧失，应在10s内，用看、听、试等方法，迅速判定伤员的呼吸、心跳情况。触电者是否死亡，要由医生下结论。

现场抢救中，不要随意移动伤员。移动伤员或将其送医院，除应使伤员平躺在担架上并在背部垫以平硬阔木板外，应继续抢救，心跳呼吸停止者要继续人工呼吸和胸外心脏按压，在医院医务人员未接替前救治不能中止。

如果触电者有皮肤灼伤，可用净水冲洗拭干，再用纱布或手帕等包扎好，以防感染。

1.4 防火与防爆

1.4.1 电气火灾与扑救

电气防火与防爆

（1）电气火灾与爆炸的原因及条件

电气火灾与爆炸的原因很多，设备缺陷、安装不当等是重要原因。电流产生的热量和电路产生的火花或电弧是直接原因。

发生电气火灾和爆炸要具备三个条件：一是要有易燃易爆物质和环境，二是要有引燃条件，三是要有氧气（空气）。

（2）电火灾的扑救

① 切断电源　当发生电气火灾时，若现场尚未停电，则首先应想办法切断电源，这是防止扩大火灾范围和避免触电事故的重要措施。

② 防止触电　为了防止灭火过程中发生触电事故，带电灭火时应注意与带电体保持必要的安全距离。不得使用水、泡沫灭火器灭火。应该使用干黄沙和二氧化碳灭火器、干粉灭火器进行灭火。带电灭火时，还应该戴绝缘橡胶手套。

③充油设备的灭火　扑灭充油设备内部火灾时，应该注意以下几点：

a. 充油设备外部着火时，可用二氧化碳、1211、干粉等灭火器灭火；如果火势较大，应立即切断电源，用水灭火。

b. 如果是充油设备内部起火，应立即切断电源，灭火时使用喷雾水枪，必要时可用砂子、泥土等灭火。外泄的油火，可用泡沫灭火器熄灭。

c. 发电机、电动机等旋转电器着火时，为防止轴和轴承变形，可令其慢慢转动，用喷雾水枪灭火，并帮助其冷却。也可用二氧化碳灭火器、1211 灭火器、蒸汽等灭火。

1.4.2 电气防爆

电气防爆是将设备在正常运行时产生电弧、火花的部件放在隔爆外壳内，或采取浇封型、充沙型、充油型或正压型等其他防爆形式以达到防爆目的。电气防爆的基本措施如下：

① 电气线路的设计、施工应根据爆炸危险环境物质特性，选择相应的敷设方式、导线材质、配线技术、连接方式和密封隔断措施等。

② 采用防爆的电气设备。爆炸性气体环境中安装的电气设备主要有隔爆型电气设备、增安型电气设备、本质安全型电气设备、正压型电气设备、浇封型电气设备、充油型电气设备、充沙型电气设备、“n”型电气设备等。在满足工艺生产及安全的前提下，应减少防爆电气设备的数量。如无特殊需求，不宜采用携带式电气设备。

③ 按有关电力设备接地设计技术规程规定的一般情况不需要接地的部分，在爆炸危险区域内仍应接地，电气设备的金属外壳应可靠接地。

④ 设置漏电火灾报警和紧急断电装置。在电气设备可能出现故障之前，采取相应的补救措施或者自动切断爆炸危险区域的电源。

⑤ 安全使用防爆电气设备。正确地划分爆炸危险环境类别，正确地选型、安装防爆电气设备，正确地维护检修防爆电气设备。

⑥ 散发较空气重的可燃气体、可燃蒸气的甲类厂房以及有粉尘、纤维爆炸危险的乙类

厂房，应采用不发火花的地面。采用绝缘材料作整体面层时，应采取防静电措施。散发可燃粉尘、纤维的厂房内表面应平整、光滑，并易于清扫。

1.5 安全用电实操模拟考试

本节介绍的实操训练考试试题适用于维修电工考试和特种作业人员操作证考试，试题题目来源于国家题库。

1.5.1 触电事故现场的应急处理

考试方式：口述。

考试时间：10min。

低压触电脱离电源法

（1）安全操作步骤

① 低压触电时脱离电源方法及注意事项

a. 发现有人低压触电，立即寻找最近的电源开关，进行紧急断电，不能断开关则采用绝缘的方法切断电源。

较大型设备触电时，使触电人脱离电源的步骤及方法见表1-6。

表1-6 较大型设备触电时脱离电源的步骤及方法

步骤	操作方法
1	关掉漏电设备的负荷开关（停车按钮），后拉开刀开关，尽快切断电源
2	现场情况不能立即切断电源时，救护人员可用不导电物体（如干燥木棒、手套、干燥衣服等）为工具拨开（拉开）触电人，使其脱离电源
3	如果触电人衣服干燥且不是紧裹在身上可以拉他的衣服，但注意不得触及其身体皮肤
4	救护人员注意自身安全，尽量站在干燥木板、绝缘垫或穿绝缘鞋进行抢救。一般应单手操作

小型设备或电动工具触电时，使触电人脱离电源的步骤及方法见表1-7。

表1-7 小型设备触电时脱离电源的步骤及方法

步骤	操作方法
1	能及时拔下插头或拉下开关的，应尽快切断电源
2	现场情况不能立即切断电源时，救护人员可用不导电物体（如干燥木棒、手套、干燥衣服等）为工具，拨开（拉开）触电人或漏电设备，使其脱离电源。一般应单手操作
3	触电人已抽筋紧握带电体时，直接扳开他的手是危险的，此时可用干燥的木柄锄头或绝缘胶钳等绝缘工具搞断电线，但要注意只能一根一根地剪
4	如电源通过触电人入地形成回路的，可用干燥木板插垫在触电人底下或脚下以切断电流回路

b. 在触电人脱离电源的同时，救护人应防止自身触电，还应防止触电人脱离电源后发生二次伤害。

c. 让触电人在通风暖和的处所静卧休息，根据触电人的身体特征，做好急救前的准备工作。

d. 如触电人触电后已出现外伤，处理外伤不应影响抢救工作。

e. 夜间有人触电，急救时应解决临时照明问题。

② 高压触电时脱离电源方法及注意事项

高压触电脱离电源法

a. 发现有人高压触电，应立即通知上级有关供电部门，进行紧急断电，不能断电则采用绝缘的方法挑开电线，设法使其尽快脱离电源。

b. 在触电人脱离电源的同时，救护人应防止自身触电，还应防止触电人脱离电源后发生二次伤害。

c. 根据触电人的身体特征，派人严密观察，确定是否请医生前来或送往医院诊察。

d. 让触电人在通风暖和的处所静卧休息，根据触电人的身体特征，做好急救前的准备工作；夜间有人触电，急救时应解决临时照明问题。

e. 如触电人触电后已出现外伤，处理外伤不应影响抢救工作。

（2）考试评分标准（见表1-8）。

表 1-8 触电事故现场的应急处理评分表

序号	考试项目	考试内容	配分	评分标准
1	触电事故现场应急处理	低压触电的断电应急程序	50	口述低压触电脱离电源方法不完整扣 5 ～ 25 分，口述注意事项不合适或不完整扣 5 ～ 25 分
		高压触电的断电应急程序	50	口述高压触电脱离电源方法不完整扣 5 ～ 25 分，口述注意事项不合适或不完整扣 5 ～ 25 分
2	否定项	否定项说明	扣除该题分数	口述高低压触电脱离电源方法不正确，终止整个实操项目考试
3	合计		100	

（3）注意事项

① 救护人员不得采用金属和其他潮湿的物品作为救护工具。

② 未采取绝缘措施前，救护人员不得直接触及触电人的皮肤和潮湿的衣服。

③ 在拉拽触电人脱离电源的过程中，救护人员宜用单手操作，这样对救护人比较安全。

④ 当触电人位于高位时，应采取措施预防触电人在脱离电源后的坠地伤害。

1.5.2 单人徒手心肺复苏

单人徒手心肺复苏

考试方式：采用心肺复苏模拟人操作。

考试时间：3min。

考试方式：采用心肺复苏模拟人操作的考核方式。

考试要求：①考生应在黄黑警戒线内实施单人徒手心肺复苏操作；②掌握单人徒手心肺复苏操作要领，并能正确进行相应的操作；③在考评员同意后，考试才能开考；当考试设备出现按压不到位也能计正确数或吹不进气等故障时，在不能立即排除故障的情况下，本项目的考试终止，其后果由考点负责。

（1）安全操作步骤

① 判断意识：拍患者肩部，大声呼叫患者。

② 呼救：环顾四周，请人协助救助，解衣扣、松腰带，摆体位。

③ 判断颈动脉搏动：手法正确（单侧触摸，时间不少于 5s）。

④ 定位：确定心脏部位可采用以下 3 种方法。

方法一：在胸骨与肋骨的交汇点——俗称“心口窝”往上横二指，左一指。

方法二：两乳横线中心左一指。

方法三：又称同身掌法，即救护人正对触电人，右手平伸中指对准触电人脖下锁骨相交点，下按一掌即可。

⑤ 胸外按压：按压速率每分钟至少 100 次，按压幅度至少 5cm（每个循环按压 30 次，时间为 15 ～ 18s）。按压姿势如图 1-6 所示。

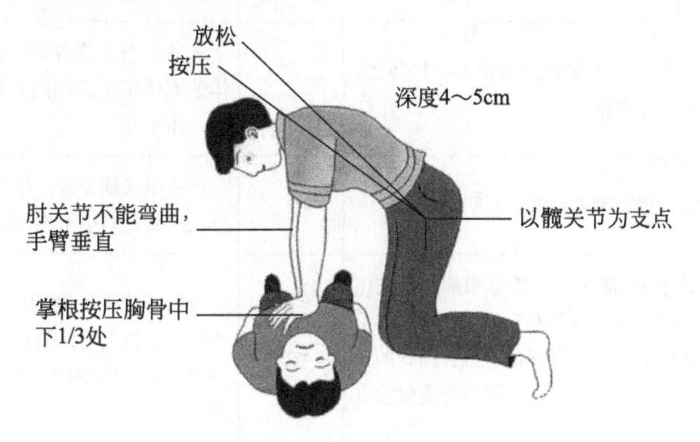

图 1-6 胸外按压姿势

⑥ 畅通气道：摘掉假牙，清理口腔。

⑦ 打开气道：常用仰头抬颏法、托颌法，标准为下颌角与耳垂的连线与地面垂直。

⑧ 吹气：吹气时看到胸廓起伏，吹气毕，立即离开口部，松开鼻腔，视患者胸廓下降后，再吹气（每个循环吹气 2 次）。

⑨ 完成 5 次循环后，判断有无自主呼吸、心跳、观察双侧瞳孔。检查后口述：患者瞳孔缩小、颈动脉出现搏动、自主呼吸恢复，颜面、口唇、甲床（轻按压）色泽转红润。心肺复苏成功。

⑩ 整理：安置触电人，整理服装，摆好体位，整理用物。

【特别提醒】

心肺复苏的三项基本措施即通畅气道、口对口（鼻）人工呼吸、胸外按压（人工循环）。单人徒手心肺复苏考试的整体质量判定有效指征：有效吹气 10 次，有效按压 150 次，并判定效果（从判断颈动脉搏动开始到最后一次吹气，总时间不超过 130s）。

（2）触电急救的安全注意事项

① 使触电人脱离电源后，若其呼吸停止，心脏不跳动，如果没有其他致命的外伤，只能认为是假死，必须立即就地进行抢救。

② 救护工作应持续进行，不能轻易中断，即使在送往医院的过程中，也不能中断抢救。若心肺复苏成功，则严密观察患者，等待救援或接受高级生命支持。

③ 救护人员应着装整齐。

（3）考试评分标准（见表1-9）

表 1-9 单人徒手心肺复苏操作评分表

序号	考试项目	考试内容	配分	评分标准
1	判断意识	拍患者肩部，大声呼叫患者	1	一项未做到的，扣0.5分
2	呼救	环顾四周评估现场环境，请人协助救助	1	不评估现场环境安全的，扣0.5分；未述打120救护的，扣0.5分
3	放置体位	患者应仰卧于硬板上或地上，摆体位，解衣扣、松腰带	2	未述将患者放置于硬板上的，扣0.5分；未述摆体位或体位不正确的，扣0.5分；未解衣扣、腰带的，扣1分
4	判断颈动脉搏动	手法正确（单侧触摸，时间5～10s）	2	不找甲状软骨的，扣0.5分；位置不对的，扣0.5分；判断时间小于5s，或大于10s的，扣1分
5	定位	胸骨中下1/3处，一手掌根部放于按压部位，另一手平行重叠于该手手背上，手指并拢向上翘起，双臂位于患者胸骨的正上方，双肘关节伸直，利用上身重量垂直下压	2	按压部位不正确的，扣0.5分；一手未平行重叠于另一手背上的，扣0.5分；未用掌根按压胸壁的，手指不离开胸壁的，扣0.5分；按压时身体不垂直的，扣0.5分
6	胸外按压	按压频率应保持在100～120次/min，按压幅度为5～6cm（成人）（每个循环按压30次，时间15～18s）	3	按压频率时快时慢，未保持在100～120次/min的，扣1分；按压为冲击式猛压的，扣0.5分；每次按压手掌离开胸壁的，扣0.5分；每个循环按压（30次）后，再继续按压的，扣0.5分；按压与放开时间比例不等导致胸廓不回弹的，扣1分
7	清理呼吸道	清理口腔异物，摘掉假牙	1	头未偏向一侧扣0.5分，不清理口腔，摘掉假牙的扣0.5分
8	打开气道	常用仰头抬颏法、托颌法，标准为下颌角与耳垂的连线与地面垂直	1	未打开气道的，扣0.5分；过度后仰或程度不够均扣0.5分
9	吹气	吹气时看到胸廓起伏，吹气毕，立即离开口部，松开鼻腔，视患者胸廓下降后，再吹气（每个循环吹气2次）	3	吹气时未捏鼻孔的，扣1分；两次吹气间不松鼻孔的，扣0.5分；每个循环吹气（2次）后，再继续吹气的，扣0.5分；吹气与放开时间比例不等的，扣1分
10	判断	5次循环完成后判断自主心跳和呼吸，观察双侧瞳孔	1	未观察呼吸心跳的扣0.5分，未观察双侧瞳孔的扣0.5分
11	整体质量判定有效指征	完成5次循环（即有效吹气10次，有效按压150次）后，判定效果。（从按压开始到最后一次吹气，总时间不超过160s）	2	操作不熟练，手法错误的，扣1分；超过总时间的，扣1分
12	整理	安置患者，整理服装，摆好体位，整理用物	1	一项不符合要求扣0.5分
13	否定项	限时3min	扣除该题分数	在规定的时间内，模拟人未施救成功，该题记为零分
	合计		20	

1.5.3 灭火器的选择和使用

灭火器选择与使用

考试方式：采用模拟仿真设备操作。

考试时间：2min。

考试要求：①掌握在灭火过程中的安全操作步骤；②熟悉灭火器的操作要领，并能对灭火器进行正确的操作；③实操开考前，考试点应将完好的模拟仿真考试设备准备到位，在考评员同意后，考试才能开考；当考试设备出现灭火考核系统不能正常工作或某个灭火器不能正常使用等故障时，在不能立即排除故障的情况下，本项目的考试终止，其后果由考点负责。

（1）安全操作步骤

① 准备工作：检查灭火器的压力、铅封、出厂合格证、有效期、瓶底、喷管。

② 火情判断：根据火情，选择合适灭火器迅速赶赴火场，正确判断风向。

③ 灭火操作：站在火源上风口，离火源 3 ～ 5m 距离迅速拉下安全环；手握喷嘴对准着火点，压下手柄，侧身对准火源根部由近及远扫射灭火；在干粉将喷完前（3s）迅速撤离火场，火未熄灭应继续更换灭火器继续进行灭火操作。

④ 检查确认：检查灭火效果；确认火源熄灭；将使用过的灭火器放到指定位置；注明已使用；报告灭火情况。

⑤ 清点工具，清理现场。

（2）评分标准（见表1-10）

表 1-10　灭火器使用评分表

序号	考试项目	考试内容	配分	评分标准
1	准备工作	检查灭火器压力、铅封、出厂合格证、有效期、瓶体、喷管	2	未检查灭火器扣 2 分；压力、铅封、瓶体、喷管、有效期、出厂合格证漏检查一项并未述明的，扣 0.5 分
2	火情判断	根据火情选择合适的灭火器（灭火前可以重新选择灭火器），准确判断风向	5	灭火器选择错误一次扣 5 分；风向判断错误扣 3 分
3	灭火操作	根据火源的风向，确定灭火者所处的位置；在离火源安全距离时能迅速拉下安全环	5	灭火时所站立的位置不正确 4 分；灭火距离不对扣 3 分；未迅速拉下安全环扣 2 分
		手握喷嘴对准着火点，压下手柄，侧身对准火源根部由近及远扫射灭火；火未熄灭应继续更换操作	4	对准火源根部扫射时，考生站姿不正确的扣 2 分；未由近及远灭火扣 2 分；火未熄灭就停止操作扣 4 分
4	检查确认	将使用过的灭火器放到指定位置；注明已使用	3	灭火器未还原的，扣 1 分；未放到指定位置的，扣 1 分；未注明已使用的，扣 1 分
		报告灭火情况	1	未报告灭火情况扣 1 分
5	否定项	限时 2min	扣除该题分数	在规定的时间内，未按规定灭火或灭火未成功的，该题记为零分
	合计		20	

（3）灭火器模拟灭火操作

灭火器模拟灭火

① 考生输入准考证、身份证号码，确认后即可进入灭火器模拟考试系统。进入火灾场景后系统弹出火灾诱因提示；考生根据火灾诱因正确选择灭火器。

灭火器对应着火类型，见表1-11。

表1-11　灭火器对应着火类型

灭火器选择	着火类型
干粉灭火器、水基泡沫灭火器	木材、纸箱、窗帘、垃圾桶、衣服等
二氧化碳灭火器	电动机
二氧化碳灭火器、干粉灭火器、水基泡沫灭火器	汽油桶
二氧化碳灭火器、干粉灭火器	电箱

② 灭火器外观检查，如图1-7所示，检查灭火器内的填充物是否在标准位置［绿色区域，图（a）箭头指向的区域］，检验日期有效期时间［图（b）中的日期为2009年，不合格］；灭火器的部件是否损坏［图（c）喷管损坏］。系统自动给出的3个灭火器中，只有一个符合条件的要求（选错灭火器，考试得0分）。如果选择时前两个都是有问题的（错的），一般来说第三个是正确的（可以选择）。

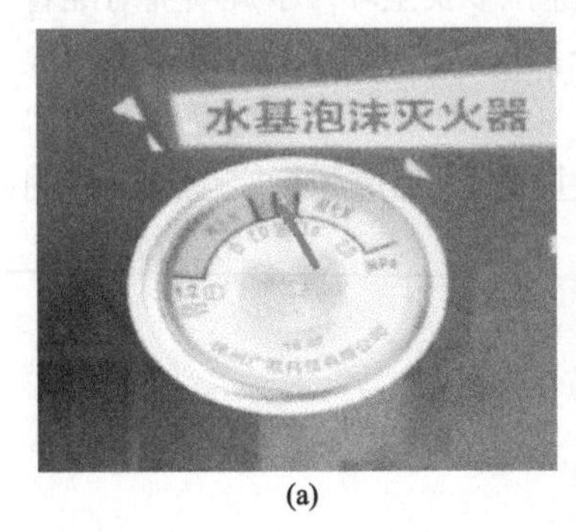

(a)

(b)

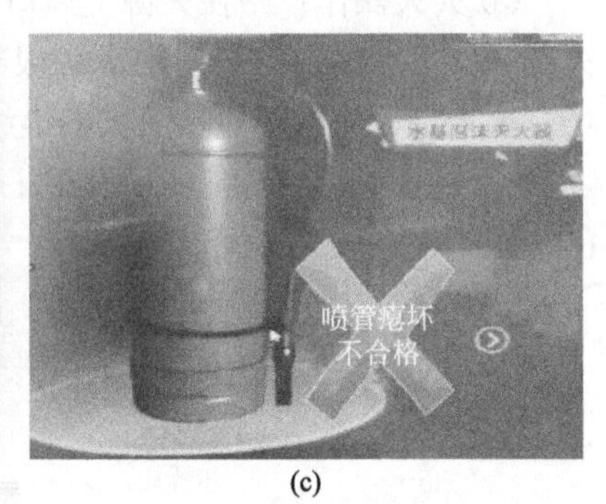

(c)

图1-7　灭火器外观检查

③ 选择灭火位置。灭火器与火源的有效距离为3～5m（如图1-8所示显示的距离为3.86m，合格）。

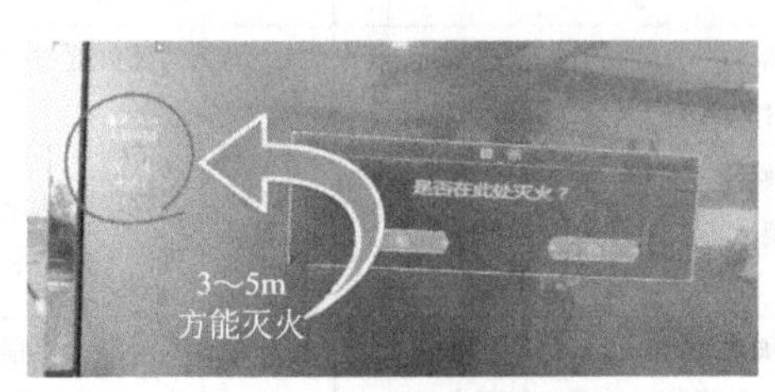

图1-8　选择灭火位置

④ 根据提示，拿起实物灭火器灭火，先拔下安全栓，通过手中的灭火器来控制屏幕中的灭火器。将手中的灭火器的准星对准起火点的根部，将灭火器喷头对准“火点根部”开始灭火。

为了保证感应器能够感应到喷头，应缓慢移动喷头位置，直到红色箭头变为绿色为止。此时，保持站在原位不动，按着压嘴，一般等30s左右火就会熄灭了，如图1-9所示。

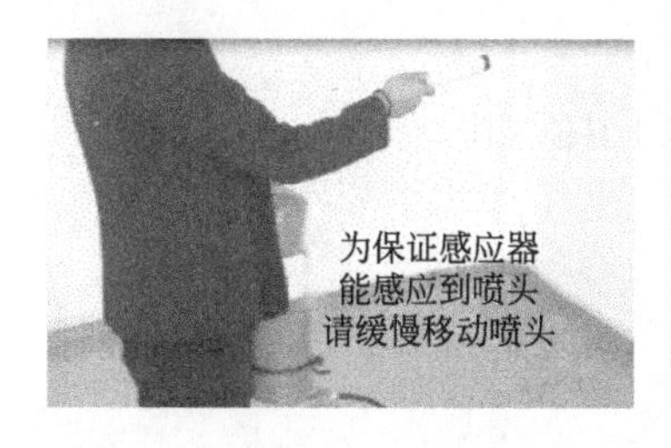

图1-9 灭火过程

⑤ 灭火完毕，将保险安全栓插回原位，点提交成绩，考试完毕，如图1-10所示。

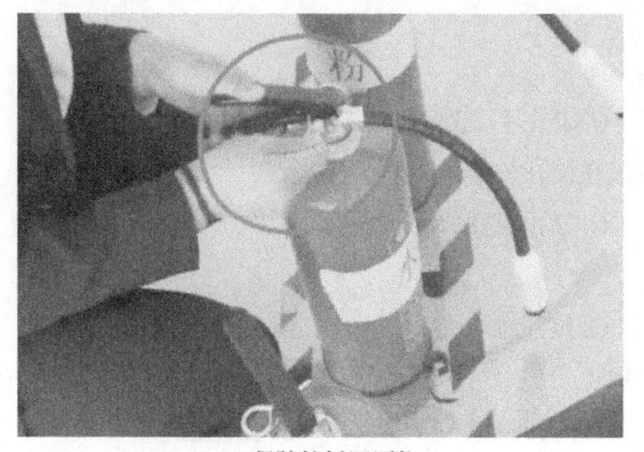

(a) 保险栓插回原位

(b) 提交成绩

图1-10 考试结束

(4) 注意事项

① 一定要正确选择灭火器的类型，并且要按照步骤检查所选择的灭火器是否能够使用。

② 在灭火过程中，要注意观察大屏幕上的提示及信息。

【练习题】

一、选择题

1. 在值班期间需要移开或越过遮栏时（　　）。

A. 必须有领导在场　　B. 必须先停电　　C. 必须有监护人在场

2. 下列（　　）是保证电气作业安全的组织措施

A. 工作许可制度　　B. 停电　　C. 悬挂接地线

3. “禁止攀登，高压危险！”的标志牌应制作为（　　）。

A. 白底红字　　B. 红底白字　　C. 白底红边黑字

4. PE线或PEN线上除工作接地外其他接地点的再次接地称为（　　）接地。

A. 直接　　B. 间接　　C. 重复

答案：1. C；2. A；3. C；4. C

5. 值班人员巡视高压设备（　　）。

A. 一般由二人进行　　B. 值班员可以干其他工作

C. 若发现问题可以随时处理

6. 倒闸操作票执行后，必须（　　）。

A. 保存至交接班　　B. 保存三个月　　C. 长时间保存

7. 接受倒闸操作命令时（　　）。

A. 要有监护人和操作人在场，由监护人接受

B. 只要监护人在场，操作人也可以接受

C. 可由变电站（所）长接受

8. 戴绝缘手套进行操作时，应将外衣袖口（　　）。

A. 装入绝缘手套中　　B. 卷上去　　C. 套在手套外面

9. 某线路开关停电检修，线路侧旁路运行，这时应该在该开关操作手把上悬挂（　　）的标示牌。

A. 在此工作　　B. 禁止合闸　　C. 禁止攀登、高压危险

10. 有人触电应立即（　　）。

A. 切断电源　　B. 紧急抢救　　C. 拉开触电人　　D. 报告上级

11. 占全部触电事故 70% 以上的触电方式是（　　）。

A. 单相触电　　B. 两相触电　　C. 间接触电　　D. 弧光触电

12. 据一些资料表明，心跳呼吸停止，在（　　）min 内进行抢救，约 80% 可以救活。

A. 1　　B. 2　　C. 3

13. 当 10KV 高压控制系统发生电气火灾时，如果电源无法切断，必须带电灭火则可选用的灭火器是（　　）。

A. 干粉灭火器，喷嘴和机体距带电体应不小于 0.4m

B. 雾化水枪，戴绝缘手套，穿绝缘靴，水枪头接地水枪头距带电体 4.5m 以上

C. 二氧化碳灭火器，喷嘴距带电体不小于 0.6m

14. 带电灭火时不得使用（　　）灭火器。

A. 干粉　　B. 二氧化碳　　C. 泡沫　　D. 1211

15. 电气火灾的引发是由于危险温度的存在，危险温度的引发主要是由于（　　）。

A. 电压波动　　B. 设备负载轻　　C. 电流过大

16. 如果触电者心跳停止，有呼吸，应立即对触电者施行（　　）急救。

A. 仰卧压胸法　　B. 胸外心脏按压法　　C. 俯卧压背法

17. 电气火灾发生时，应先切断电源再扑救，但不知或不清楚开关在何处时，应剪断电线，剪切时要（　　）。

A. 几根线迅速同时剪断　　B. 不同相线在不同位置剪断

C. 在同一位置一根一根剪断

18. 保护线（接地或接零线）的颜色按标准应采用（　　）。

A. 蓝色　　B. 红色　　C. 黄绿双色

19. 电流从左手到双脚引起心室颤动效应，一般认为通电时间与电流的乘积大于（　　）mA · s 时就有生命危险。

A. 16　　B. 30　　C. 50

答案：5. A；6. B；7. A；8. A；9. B；10. A；11. A；12. A；13. A；14. C；15. C；16. B；17. B；18. C；19. C

20. 人体直接接触带电设备或线路中的一相时，电流通过人体流入大地，这种触电现象称为（　　）触电。

A. 单相　　B. 两相　　C. 三相

21. 特种作业人员在操作证有效期内，连续从事本工种10年以上，无违法行为，经考核发证机关同意，操作证复审时间可延长至（　　）年。

A. 6　　B. 4　　C. 10

22. 特种作业操作证每（　　）年复审1次。

A. 4　　B. 5　　C. 3

二、判断题

1. 触电分为电击和电伤。（　　）

2. 对于在易燃易爆，易灼烧及有静电发生的场所作业的工作人员，不可以发放和使用化纤防护用品。（　　）

3. 当采用安全特低电压作直接电击防护时，应选用25V及以下的安全电压。（　　）

4. 在没有用验电器验电前，线路应视为有电。（　　）

5. 对于仅是单一的操作、事故处理操作、拉开接地刀闸和拆除仅有的一组接地线的操作，可不必填写操作票，但应记入操作记录本。（　　）

6. 运行电气设备操作必须由两人执行，由工级较低的人担任监护，工级较高者进行操作。（　　）

7. 在有爆炸和火灾危险的场所，应尽量少用或不用携带式、移动式的电气设备。（　　）

8. 变配电所操作中，接挂或拆卸地线、验电及装拆电压互感器回路的熔断器等项目可不填写操作票。（　　）

9. 工频电流比高频电流更容易引起皮肤灼伤。（　　）

10. 两相触电危险性比单相触电小。（　　）

11. 电工应严格按照操作规程进行作业。（　　）

12. 二氧化碳灭火器带电灭火只适用于600V以下的线路，如果是10kV或者355kV线路，如要带电灭火只能选择干粉灭火器。（　　）

13. 电伤是电流通过人体内部，破坏人的心脏、肺部及神经系统，直至危及人的生命。（　　）

14. 所谓绝缘防护，是指绝缘材料把带电体封闭或隔离起来，借以隔离带电体或不同电位的导体，使电气设备及线路能正常工作，防止人身触电。（　　）

15. 在安全色标中用绿色表示安全、通过、允许、工作。（　　）

16. 在带电维修线路时，应站在绝缘垫上。（　　）

17. 电工特种作业人员应当具备高中或相当于高中以上文化程度。（　　）

18. 电气设备的重复接地装置可以与独立避雷针的接地装置连接起来。（　　）

19. 跨步触电是人体遭受电击中的一种，其规律是离接地点越近，跨步电压越高，危险性也就越大。（　　）

答案：20. A；21. A；22. C

1. √；2. √；3. √；4. √；5. √；6.×；7. √；8.×；9.×；10.×；11. √；12. √；13.×；14. √；15. √；16. √；17.×；18.×；19. √

20. 做口对口（鼻）人工呼吸时，每次吹气时间约2s，换气（触电者自行吸气）时间约3s。(　　)

21. 当电气火灾发生时，如果无法切断电源，就只能带电灭火，并选择干粉或者二氧化碳灭火器，尽量少用水基式灭火器。(　　)

22. 因为36V是安全电压，所以在任何情况下，人体触及该电路都不致遇到危险。(　　)

23. 重复接地与工作接地在电气上是相连接的。(　　)

24. 保护接零的安全原理是将设备漏电时外壳对地电压限制在安全范围内。(　　)

25. 胸外心脏按压法的正确按压点应当是心窝处。(　　)

26. 电击是电流直接作用于人体的伤害。(　　)

27. 静电现象是很普遍的电现象，其危害不小，固体静电可达200kV以上，人体静电也可达10kV以上。(　　)

28. 企业事业单位的职工无特种作业操作证从事特种作业，属违章作业。(　　)

29. 企业事业单位使用未取得相应资格的人员从事特种作业的，发生重大伤亡事故，处以三年以下有期徒刑或者拘役。(　　)

30. 验电是保证电气作业安全的技术措施之一。(　　)

31. 目前市场上漏电开关一般为电压动作型漏电开关。(　　)

答案：20. √；21. √；22.×；23. √；24.×；25.×；26. √；27. √；28. √；29. √；30. √；31.×

电工工具及仪表

2.1 电工工具的使用

2.1.1 常用电工工具的使用

常用电工工具使用

电工工具的正确使用，是电工技能的基础。正确使用工具不但能提高工作效率和施工质量，而且能减轻疲劳、保证操作安全及延长工具的使用寿命。因此，电工必须十分重视工具的合理选择与正确的使用方法。电工常用工具的用途与使用见表 2-1。

表 2-1 常用电工工具的用途及使用

名称	图示	用途及规格	使用及注意事项
试电笔		用来测试导线、开关、插座等电器及电气设备是否带电的工具	使用时，用手指握住验电笔身，食指触及笔身的金属体（尾部），验电笔的小窗口朝向自己的眼睛，以便于观察。试电笔测电压的范围为 60 ～ 500V，严禁测高压电。 目前广泛使用电子（数字）试电笔，其使用方法同发光管式试电笔。读数时最高显示数为被测值
钢丝钳		用来钳夹、剪切电工器材（如导线）的常用工具，规格有 150mm、175mm、200mm 三种，均带有橡胶绝缘导管，可适用于 500V 以下的带电作业	钢丝钳由钳头和钳柄两部分组成，钳头由钳口、齿口、刀口和铡口四部分组成。钳口用来弯曲或钳夹导线线头；齿口用来紧固或起松螺母；刀口用来剪切导线或剖削软导线绝缘层；铡口用来铡切电线线芯等较硬金属。 使用时注意：钢丝钳不能当做敲打工具；要注意保护好钳柄的绝缘管，以免碰伤而造成触电事故
尖嘴钳		尖嘴钳的钳头部分较细长，能在较狭小的地方工作，如灯座、开关内的线头固定等。常用规格有 130mm、160mm、180mm 三种	使用时的注意事项与钢丝钳基本相同，特别要注意保护钳头部分，钳夹物体不可过大，用力时切忌过猛
斜口钳		斜口钳又名断线钳，专用于剪断较粗的金属丝、线材及电线电缆等。常用规格有 130mm、160mm、180mm 和 200mm 四种	使用时的注意事项与钢丝钳的使用注意事项基本相同

续表

名称	图示	用途及规格	使用及注意事项
螺丝刀		用来旋紧或起松螺丝的工具，常见有一字形和十字形螺丝刀。规格有 75mm、100mm、125mm、150mm 的几种	根据螺钉大小及规格选用相应尺寸的螺丝刀，否则容易损坏螺钉与螺丝刀；带电操作时不能使用穿心螺丝刀；螺丝刀不能当凿子用；螺丝刀手柄要保持干燥清洁，以免带电操作时发生漏电
电工刀		在电工安装维修中用于切削导线的绝缘层、电缆绝缘、木槽板等，规格有大号、小号之分；大号刀片长 112mm，小号刀片长 88mm	刀口要朝外进行操作；削割电线包皮时，刀口要放平一点，以免割伤线芯；使用后要及时把刀身折入刀柄内，以免刀刃受损或危及人身、割破皮肤
剥线钳		用于剥除小直径导线绝缘层的专用工具，它的手柄是绝缘的，耐压强度为 500V。其规格有 140mm（适用于铝、铜线，直径为 0.6mm，1.2mm 和 1.7mm）和 160mm（适用于铝、铜线，直径为 0.6mm，1.2mm，1.7mm 和 2.2mm）	将要剥除的绝缘长度用标尺定好后，即可把导线放入相应的刃口中（比导线直径稍大），用手将钳柄一握，导线的绝缘层即被割破而自动弹出。 注意不同线径的导线要放在剥线钳不同直径的刃口上
活络扳手		电工用来拧紧或拆卸六角螺母、螺栓的工具，常用的活络扳手有 150mm×20mm，200mm×25mm，250mm×30mm 和 300mm×36mm 四种。	不能当锤子用；要根据螺母、螺栓的大小选用相应规格的活络扳手；活络扳手的开口调节应以既能夹住螺母又能方便地取下扳手、转换角度为宜
手锤		在安装或维修时用来锤击水泥钉或其他物件的专用工具	手锤的握法有紧握和松握两种。挥锤的方法有腕挥、肘挥和臂挥三种。一般用右手握在木柄的尾部，锤击时应对准工件，用力要均匀，落锤点一定要准确

2.1.2 其他电工工具的使用

电工作业的对象不同，需要选用的工具也不一样。这里所说的其他电工工具，主要包括高压验电器、手用钢锯、千分尺、转速表、电烙铁、喷灯、手摇绕线机、拉具、脚扣、蹬板、梯子、錾子和紧线器等，见表 2-2。

表 2-2 其他电工工具及使用注意事项

名称	图示	用途	使用及注意事项
高压验电器		用于测试电压高于 500V 以上的电气设备	使用时，要戴上绝缘手套，手握部位不得超过保护环；逐渐靠近被测体，看氖管是否发光，若氖管一直不亮，则说明被测对象不带电；在使用高压验电器测试时，至少应该有一个人在现场监护

续表

名称	图示	用途	使用及注意事项
手用钢锯		电工用来锯割物件	安装锯条时，锯齿要朝前方，锯弓要上紧。锯条一般分为粗齿、中齿和细齿3种。粗齿适用于锯削铜、铝和木板材料等，细齿一般可锯较硬的铁板及穿线铁管和塑料管等
千分尺	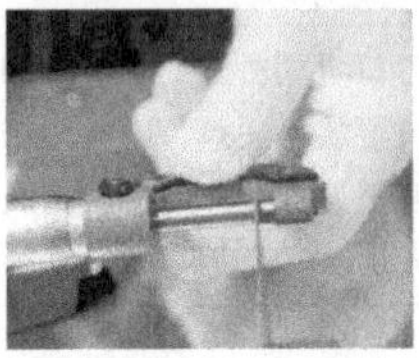	用于测量漆包线外径	使用时，将被测漆包线拉直后放在千分尺砧座和测微杆之间，然后调整微螺杆，使之刚好夹住漆包线，此时就可以读数了。读数时，先看千分尺上的整数读数，再看千分尺上的小数读数，二者相加即为铜漆包线的直径尺寸。千分尺的整数刻度一般1小格为1mm，可动刻度上的分度值一般是每格为0.01mm
转速表	 光电式测量转速 接触式测量转速	用于测试电气设备的转速和线速度	使用时，先要用眼观察电动机转速，大致判断其速度，然后把转速表的调速盘转到所要测的转速范围内。若没有把握判断电动机转速时，要将速度盘调到高位观察，确定转速后，再向低挡调，可以使测试结果准确。测量转速时，手持转速表要保持平衡，转速表测试轴与电动机轴要保持同心，逐渐增加接触力，直到测试指针稳定时再记录数据
电烙铁		焊接线路接头和元器件	使用外热式电烙铁要经常将铜头取下，清除氧化层，以免日久造成铜头烧死；电烙铁通电后不能敲击，以免缩短使用寿命；电烙铁使用完毕后，应拔下插头，待其冷却后再放置于干燥处，以免受潮漏电
喷灯		焊接铅包电缆的铅包层，截面积较大的铜芯线连接处的搪锡，以及其他电连接的镀锡	在使用喷灯前，应仔细检查油桶是否漏油，喷嘴是否堵塞、漏气等。根据喷灯所规定使用的燃料油的种类，加注相应的燃料油，其油量不得超过油桶容量的3/4，加油后应拧紧加油处的螺塞。喷灯点火时，喷嘴前严禁站人，且工作场所不得有易燃物品。点火时，在点火碗内加入适量燃料油，用火点燃，待喷嘴烧热后，再慢慢打开进油阀；打气加压时，应先关闭进油阀。同时，注意火焰与带电体之间要保持一定的安全距离
手摇绕线机		主要用来绕制电动机的绕组、低压电器的线圈和小型变压器的线圈	要把绕线机固定在操作台上；绕制线圈要记录开始时指针所指示的匝数，并在绕制后减去该匝数
拉具		用于拆卸带轮、联轴器、电动机轴承和电动机风叶	使用拉具拉电动机带轮时，要将拉具摆正，丝杆对准机轴中心，然后用扳手上紧拉具的丝杠，用力要均匀。在使用拉具时，如果所拉的部件与电动机轴间已经锈死，可在轴的接缝处浸些汽油或螺栓松动剂，然后用手锤敲击带轮外圆或丝杆顶端，再用力向外拉带轮

续表

名称	图示	用途	使用及注意事项
脚扣		用于攀登电力杆塔	使用前，必须检查弧形扣环部分有无破裂、腐蚀，脚扣皮带有无损坏，若已损坏应立即修理或更换。不得用绳子或电线代替脚扣皮带。在登杆前，对脚扣要做人体冲击试验，同时应检查脚扣皮带是否牢固可靠
蹬板		用于攀登电力杆塔	用于攀登电力杆塔。使用前，应检查外观有无裂纹、腐蚀，并经人体冲击试验合格后再使用；登高作业动作要稳，操作姿势要正确，禁止随意从杆上向下扔蹬板；每年对蹬板绳子做一次静拉力试验，合格后方能使用
梯子		电工登高作业工具	梯子有人字梯和直梯，使用方法比较简单，梯子要安稳，注意防滑；同时，梯子安放位置与带电体应保持足够的安全距离
錾子		用于打孔，或者对已生锈的小螺栓进行錾断	使用时，左手握紧錾子（注意錾子的尾部要露出约4cm 左右），右手握紧手锤，再用力敲打
紧线器		在架空线路时用来拉紧电线的一种工具	使用时，将镀锌钢丝绳绕于右端滑轮上，挂置于横担或其他固定部位，用另一端的夹头夹住电线，摇柄转动滑轮，使钢丝绳逐渐卷入轮内，电线被拉紧而收缩至适当的程度

2.1.3 常用电动工具及使用

（1）电动螺丝刀的使用

如图 2-1 所示，电动螺丝刀是用于拧紧和旋松螺钉用的电动工具，它装有调节和限制扭矩的机构，是许多生产企业的装配线必备的工具。在安装或维修作业量比较大时，电工也常使用电动螺丝刀，以提高工作效率。

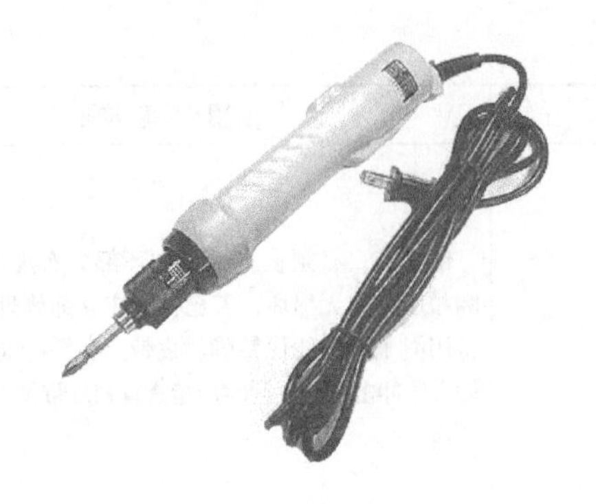

图2-1 电动螺丝刀

电动螺丝刀的操作步骤如下：

① 插入电源并将开关设在“OFF”的位置，装上起子头，预先调整锁紧螺钉所需扭力段的位置。

② 打开“ON”开关，启动马达运转，开始操作拧紧螺钉。当螺钉超出设定扭力时，离合器会自动打滑，起子头停止转动。

③ 当手按开关压板放开时，起子电源就关闭，马达停止工作，如此重复操作可继续使用。

如要拆卸螺钉时，开关放在“R”位置，把螺丝刀口垂直（90°）于需拆卸的螺钉上，开启开关按上述操作即可完成。

冲击钻和电锤的使用

（2）冲击电钻和电锤的使用

电工常用的电动工具主要有冲击电钻和电锤，其使用方法见表2-3。

表2-3 冲击电钻和电锤的使用

名称	图示	操作口诀	使用及注意事项
冲击电钻		冲击电钻有两用，既可钻孔又能冲 冲击钻头为专用，钻头匹配方便冲 作业前应试运行，空载运转半分钟 提高效率减磨损，进给压力应适中 深孔钻头多进退，排除钻屑孔中空	在装钻头时要注意钻头与钻夹保持在同一轴线，以防钻头在转动时来回摆动。在使用过程中，钻头应垂直于被钻物体，用力要均匀，当钻头被被钻物体卡住时，应立即停止钻孔，检查钻头是否卡得过松，重新紧固钻头后再使用。钻头在钻金属孔过程中，若温度过高，很可能引起钻头退火，为此，钻孔时要适量加些润滑油
电锤		电锤钻孔能力强，开槽穿墙做奉献 双手握紧锤把手，钻头垂直作业面 做好准备再通电，用力适度最关键 钻到钢筋应退出，还要留意墙中线	电锤使用前应先通电空转一会儿，检查转动部分是否灵活，待检查电锤无故障时方能使用；工作时应先将钻头顶在工作面上，然后再启动开关，尽可能避免空打孔；在钻孔过程中，发现电锤不转时应立即松开开关，检查出原因后再启动电锤。用电锤在墙上钻孔时，应先了解墙内有无电源线，以免钻破电线发生触电。在混凝土中钻孔时，应注意避开钢筋

2.2 常用登高工具的使用

2.2.1 室内登高工具的使用

电工室内作业时使用的登高用具，主要有人字梯和木凳，见表2-4。

表2-4 室内登高用具的使用

用具	图示	使用及注意事项
人字梯		用来登高作业的梯子由木料、竹料或铝合金制成。常用的梯子有直梯和人字梯。直梯一般用于户外登高作业，人字梯一般用于户内登高作业 ①人字梯两脚中间应加装拉绳或拉链，以限制其开脚度，防止自动滑开 ②使用前应把梯子完全打开，将两梯中间的连接横条放平，保证梯子四脚完全接触地面（因场地限制不能完全打开除外） ③搬梯时用单掌托起与肩同高的梯子，手背贴肩，保持梯子与身体平行，另一只手扶住梯子以防摆动，不允许横向搬梯或将梯子放在地上拖行 ④作业人员在梯子上正确的站立姿势是：一只脚踏在踏板上，另一条腿跨入踏板上部第三格的空当中，脚钩着下一格踏板。严禁人骑在人字梯上工作 ⑤人字梯放好后，要检查四只脚是否都平稳着地
木凳		在客厅安装大型灯具时，有时需要两个人同时操作，并且其中一个人的位置需要移动，使用人字梯不是很方便；如果操作者使用人字梯，协助者站在木凳上就方便了许多 人应站立在木凳的中央部分，不能站在两端，否则由于重心不平衡，木凳容易翻到

2.2.2 电线杆登高用具的使用

电工高空作业必须要借助于专用的登高用具，包括脚扣、登高板、保险绳、腰绳、安全腰带等电线杆登高专用安全用具，见表2-5。

表2-5 电线杆登杆用具的使用

名称	图示	使用说明
脚扣		脚扣是利用杠杆的作用，借助人体自身质量，使另一侧紧扣在电线杆上，产生较大的摩擦力，进而使人易于攀登；当人抬脚时，因脚上承受的重力减小，扣则自动松开 脚扣主要由弧形扣环、脚套组成。脚扣分两种：一种在扣环上制有铁齿，以咬入木杆内，供登木杆用；另一种在扣环上裹有防滑橡胶套，以增加攀登时的摩擦，防止打滑，供登水泥杆用

续表

名称	图示	使用说明
蹬板		蹬板又称升降板、登高板，它是主要由板、绳、铁钩三部分组成。 在使用蹬板前，要检查其外观有无裂纹、腐蚀，并经人体冲击试验合格后方能使用
保险绳、腰绳、腰带	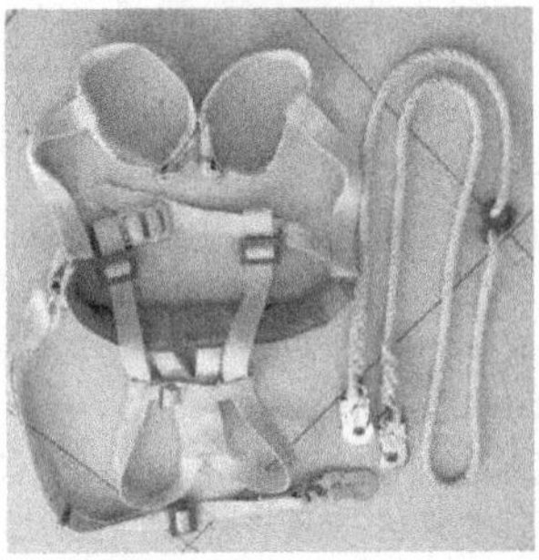	① 保险绳的作用是防止操作者万一失足时坠地摔伤。其一端应可靠地系结在腰带上，另一端则用保险钩钩挂在牢固的横担或抱箍上 ② 腰绳的作用是固定人体下部，以扩大上身的活动幅度。使用时，应将其一端系结在电杆的横担或抱箍下方，另一端应系结在臀部上端，而不是腰间 ③ 安全腰带有两根带子，小的系在腰部偏下作束紧用，大的系在电杆或其他牢固的构件上起防止坠落的作用

2.3 电工安全防护用具及使用

2.3.1 电工安全防护用具简介

(1) 电工安全用具的定义

所谓电工安全用具，是指为防止触电、灼伤、坠落、摔跌等事故，保障工作人员人身安全的各种专用工具和器具。

(2) 种类

电工安全用具分为绝缘安全用具和一般防护安全用具两大类。

电工绝缘安全用具包括绝缘杆、绝缘夹钳、绝缘台、绝缘手套、绝缘鞋、绝缘垫和验电器等；一般防护安全用具主要有携带型临时接地线、临时遮栏、帆布手套、标示牌、警告牌、防护眼镜和安全带等，见表 2-6。

表 2-6 一般防护安全用具

序号	安全用具	作用	图示
1	防护眼镜	适用于更换熔丝，操作室外设备，浇灌电缆绝缘胶和更换蓄电池液等工作	

续表

序号	安全用具	作用	图示
2	帆布手套	适用于更换熔金属方面的工作，及浇灌电缆绝缘胶等	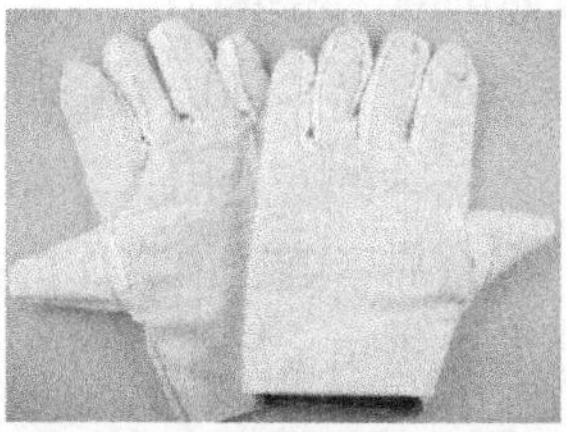
3	安全带	适用于高空作业，防止高空摔伤	
4	临时接地线	将已停电设备临时短路接地，防止因误送电而造成工作人员触电	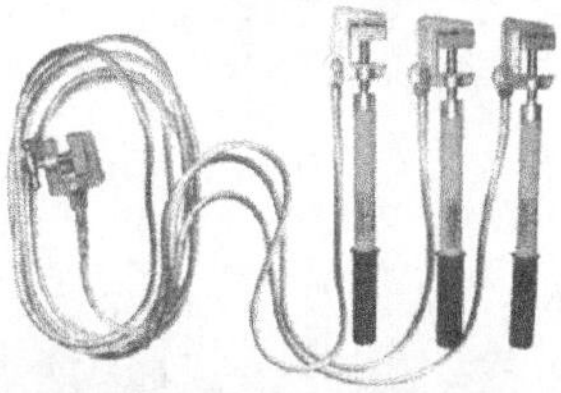
5	临时安全遮栏	防止工作人员误入带电间隔和误碰带电设备	
6	标示牌	防止工作人员误入带电设备和误将停电设备及线路送电的措施	
7	警告牌	用于警示行人及车辆主要安全	

2.3.2 高压验电器及使用

10kV高压
验电器使用

（1）高压验电器简介

高压验电器是一种用来检查高压线路和电力设备是否带电的工具，是变电所常用的最基本的安全用具。高压验电器一般以辉光作为指示信号。新式高压验电器，也有靠音响或语言作为指示的。

高压验电器由金属工作触头、小氖泡、电容器、手柄等组成。

（2）高压验电器使用及注意事项

① 投入使用的高压验电器必须是经电气试验合格的验电器，高压验电器必须定期试验，确保其性能良好。

② 使用高压验电器必须戴高压绝缘手套、穿绝缘鞋，并有专人监护。

③ 在使用验电器之前，应首先检验验电器是否良好、有效外，还应在电压等级相适应的带电设备或工频高压发生器上检验报警正确，方能到需要接地的设备上验电，禁止使用电压等级不对应的验电器进行验电，以免现场测验时得出错误的判断。

④ 验电时，人体与带电体应保持足够的安全距离，10kV 高压的安全距离为 0.7 m 以上，如图 2-2 所示。

(a) 室外验电

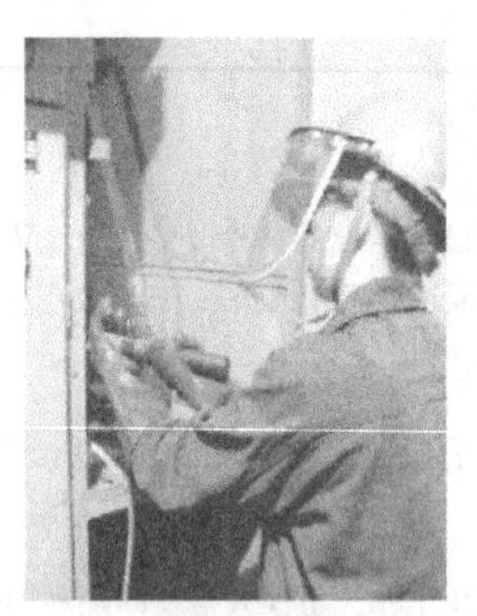

(b) 室内验电

图2-2 高压验电

⑤ 使用时，要戴上绝缘手套，手握部位不得超过保护环；逐渐靠近被测体，看氖管是否发光，若氖管一直不亮，则说明被测对象不带电。

⑥ 验电时必须精神集中，不能做与验电无关的事，如接打手机等，以免错验或漏验。

⑦ 对线路的验电应逐相进行，对联络用的断路器或隔离开关或其他检修设备验电时，应在其进出线两侧各相分别验电。

⑧ 对同杆塔架设的多层电力线路进行验电时，先验低压、后验高压，先验下层、后验上层。

⑨ 在电容器组上验电，应待其放电完毕后再进行。

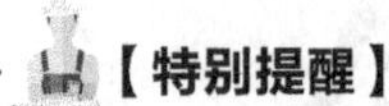

【特别提醒】

高压验电器应定期做耐压试验，一般每 6 个月一次。雷雨天气禁止验电操作。在使用高压验电器测试时，至少应该有一个人在现场监护。

2.3.3 临时接地线及使用

（1）临时接地线的装设位置要求

① 在停电设备与可能送电至停电设备的带电设备之间，或者在可能产生感应电动势的停电设备上，都要装设接地线，如图2-3所示。接地线与带电部分的距离应符合安全距离的要求，防止因摆动发生带电部分与接地线放电的事故。

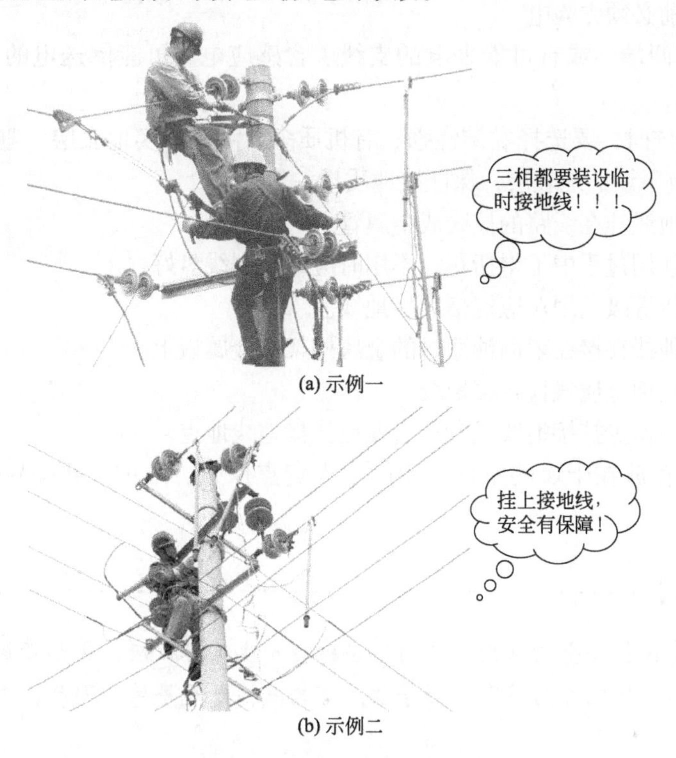

(a) 示例一

(b) 示例二

图2-3 临时接地线装设示例

② 检修母线时，应根据母线的长短和有无感应电动势的实际情况确定接地线的数量。检修10m以下母线可只装设一组接地线。在门形架构的线路侧检修，如果工作地点与所装设接地线的距离小于10m，则虽然工作地点在接地线的外侧，也不再另外装设接地线。

③ 若检修设备为几个电气上不相连的部分（如分段母线以隔离开关或断路器分段），则各部分均应装接地线。

④ 接地线应挂在工作人员看得见的地方，但不得挂设在工作人员的跟前，以防突然来电时烧伤工作人员。

（2）装设和拆除方法

① 必须根据当值调度员的命令，两人一起进行工作。使用携带型短路接地线前，应先验电确认已停电，在设备上确认无电压后进行，应立即将设备三相短路并接地。当工作设备有几个方面可能来电，就挂设几组接地线。

② 必须戴绝缘手套、穿绝缘鞋（靴）和使用绝缘拉杆。

③ 装设接地线应遵循的顺序：

a. 装设接地线必须先接接地端，后接导体端，且要接触牢固。即先将接地极棒插入地面以下0.6m，后挂导体端。

b. 对同杆塔多层电力线路检修时，接地线的装设应先低压后高压，先下层后上层，先近端后远端。接地线的拆除与此相反。

④ 单人值班站装拆接地线应在有人监护下进行。

（3）使用接地线的注意事项

① 工作之前必须检查接地线。不符合要求应及时调换或修好后再使用。

② 挂接地线前必须先验电。

③ 在工作段两端，或有可能来电的支线（含感应电、可能倒送电的自备电）上挂接地线。

④ 在打接地桩时，要选择黏结性强、有机质多、潮湿的实地表层，避开过于松散、坚硬风化、回填土及干燥的地表层，保证接地质量。

⑤ 不得将接地线挂在线路的拉线或金属管上。

⑥ 接地线在使用过程中不得扭花，不用时应将软铜线盘好。

⑦ 按不同电压等级选用对应规格的接地线。

⑧ 不准把接地线夹接在表面油漆过的金属构架或金属板上。

⑨ 严禁使用其他金属线代替接地线。

⑩ 现场工作不得少挂接地线或者擅自变更挂接地线地点。

⑪ 接地线应存放在干燥的室内，专门定人定点保管、维护，并编号造册，定期检查记录。

【特别提醒】

接地线具有保护安全的作用，使用不当也会产生破坏效应，例如带接地线合开关会损坏电气设备和破坏电网的稳定，会导致严重的恶性电气事故。因此，工作完毕要及时拆除接地线。

2.3.4 其他安全用具及使用

临时遮栏、绝缘隔板和围栏绳是用来限制作业人员的活动范围，防止作业人员无意中碰到带电设备，也是工作位置与带电设备之间的距离小于安全距离时使用的安全用具。

（1）临时遮栏

临时遮栏用干燥的木材、环氧树脂纤维板、橡胶或其他坚韧的绝缘材料制成的，不能用金属材料制作。

① 临时遮栏的高度不低于1.7m，下部边缘离地面不大于100mm，可用干燥木材、橡胶或其他坚韧绝缘材料制成。

② 在部分停电工作与未停电设备之间的安全距离小于规定值（10kV及以下小于0.7m）时，应装设遮栏。

③ 在临时遮栏上应悬挂“止步，高压危险！”的标示牌。

④ 临时遮栏应装设牢固。

【特别提醒】

如果无法设置遮栏时，可酌情设置绝缘隔板、绝缘罩、绝缘缆绳等。

（2）绝缘隔板

绝缘隔板又称绝缘挡板，一般用干燥的木材、环氧树脂纤维板、橡胶或其他坚韧的绝缘材料制成，具有良好的绝缘性能，它可与 35kV 及以下的带电体直接接触。装拆绝缘隔板时，人体应与带电部分保持规定的安全距离或者使用绝缘工具进行。

绝缘隔板也可置于拉开的刀闸动、静触头之间，以防止刀闸自行落下而误送电。

（3）围栏绳

围栏绳可采用绝缘良好的尼龙绳或其他绝缘绳。绳距地面 1m 左右，绳上挂适当数量的小红旗和“止步，高压危险！”标示牌。

（4）标示牌

标示牌的用途是警告工作人员不得接近设备的带电部分，提醒工作人员在工作地点采取安全措施以及表明禁止向某设备合闸送电等。

根据用途标示牌分为警告类、允许类、提示类和禁止类四类八种，分别是：止步，高压危险；在此工作；从此上下；从此进出；禁止合闸，线路有人工作；禁止合闸，有人工作；禁止操作，有人工作和禁止攀登，高压危险。

标示牌的悬挂和拆除必须按有关规定执行。

2.4　常用电工仪表及使用

2.4.1　万用表及使用

指针式万用表的使用

（1）指针式万用表的使用

① 准备工作

a. 熟悉转换开关、旋钮、插孔等的作用，了解刻度盘上每条刻度线所对应的被测电量，如图 2-4 所示为 MF47 万用表的外部结构。

b. 检查红色和黑色两根表笔所接的位置是否正确，红表笔插入“+”插孔，黑表笔插入“−”插孔，有些万用表另有交直流 2500V 高压测量端，在测高压时黑表笔不动，将红表笔插入高压插口。

c. 机械调零。旋动万用表面板上的机械零位调整螺钉，使指针对准刻度盘左端的“0”位置。

② 指针式万用表测量常用电参量的方法，见表 2-7。

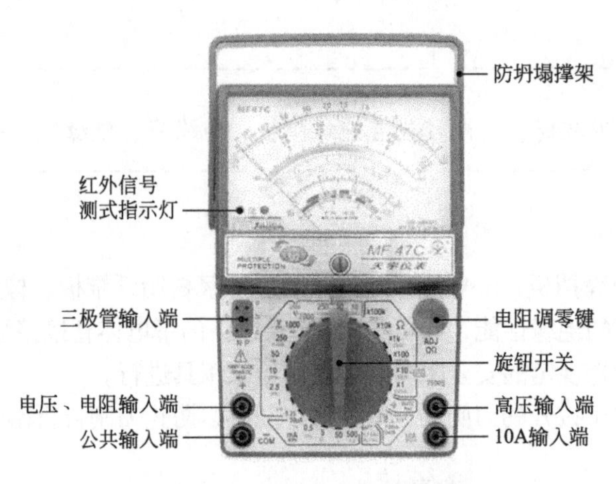

图2-4　指针式万用表的外部结构

表 2-7　指针式万用表测量常用电参量的方法

项目	示意图	方法
测量电阻		① 把转换开关拨到欧姆挡，合理选择量程 ② 两表笔短接，进行欧姆调零，即转动零欧姆调节旋钮，使指针指到电阻刻度右边的“0”Ω 处 ③ 将被测电阻脱离电源，用两表笔接触电阻两端，从表头指针显示的读数乘所选量程的倍率数即为所测电阻的阻值。如选用“$R\times100$”挡测量，指针指示 40，则被测电阻值为：40×100=4000Ω=4kΩ
测量交流电压	AC电压挡 (a) AC电压挡位　(b) 测量220V交流电压	① 把转换开关拨到交流电压挡，选择合适的量程 ② 将万用表两根表笔并接在被测电路的两端，不分正负极 ③ 根据指针稳定时的位置及所选量程，正确读数。其读数为交流电压的有效值
测量直流电压	DC电压挡 (a) DC电压挡　(b) 测量电池电压	① 把转换开关拨到直流电压挡，并选择合适的量程。当被测电压数值范围不清楚时，可先选用较高的测量范围挡，再逐步选用低挡，测量的读数最好选在满刻度的 2/3 处附近 ② 把万用表并接到被测电路上，红表笔接到被测电压的正极，黑表笔接到被测电压的负极，不能接反 ③ 根据指针稳定时的位置及所选量程，正确读数

续表

项目	示意图	方法
测量直流电流	测电源支路电流	① 把转换开关拨到直流电流挡，选择合适的量程 ② 将被测电路断开，万用表串接于被测电路中。注意正、负极性：电流从红表笔流入，从黑表笔流出，不可接反 ③ 根据指针稳定时的位置及所选量程，正确读数

③ 注意事项

a. 万用表不用时，应将挡位旋至交流电压最高挡，避免因使用不当而损坏。

b. 测量电流与电压不能旋错挡位。测量直流电压和直流电流时，注意“+”“-”极性，不要接错。如发现指针开反转，应立即调换表棒，以免损坏指针及表头。

c. 如果不知道被测电压或电流的大小，应先用最高挡，而后再选用合适的挡位来测试，以免表针偏转过度而损坏表头。

d. 测量电阻时，不要用手触及元件的裸体的两端（或两支表棒的金属部分），以免使测量结果不准确。

e. 测量电阻时，如将两支表棒短接，调“零欧姆”旋钮至最大，指针仍然达不到 0 点，这种现象通常是由于表内电池电压不足造成的，应换上新电池方能准确测量。

（2）数字万用表及使用

数字万用表的型号很多，外形设计差异较大。从面板上看，数字万用表主要由电源开关、液晶显示器、功能开关旋钮和测试插孔等组成，如图 2-5 所示两款数字万用表的外部结构。

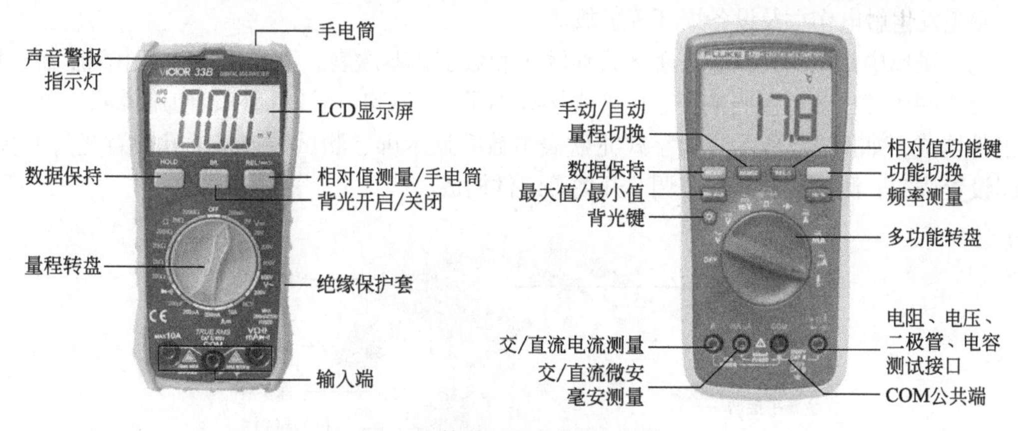

图2-5 数字万用表的外部结构

① 使用前的检查　在使用数字万用表前，应进行一些必要的检查。经检查合格后，数字万用表才能使用。

a. 检查数字万用表的外壳和表笔有无损伤。如有损伤，应及时修复。

b. 使用前应检查电池电源是否正常。若显示屏出现低电压符号，应及时更换电池。

c. 打开万用表的电源（将 ON/OFF 开关置于 ON 位置），将量程转换开关置于电阻挡，将两支表笔短接，显示屏应显示“0.00”；将两表笔开路，显示屏应显示“1”。以上两个显示都正常时，表明该表可以正常使用，否则将不能使用。

② 测量结果的读取　使用数字万用表测量时，测量结果的读取方法有以下两种。

第一种方法：在测量的同时，直接在液晶屏幕上读取测得的数值、单位。在多数情况下，都采用这种方法读取测量结果。

如图 2-6 所示为测量某交流电压时显示屏的显示情况。可以看到，显示测量值“216”，数值的上方为单位 V，即所测量的电压值为 216V；显示屏的下方可以看到表笔插孔指示为 VΩ 和 COM，即红表笔插接在 VΩ 表笔插孔上，黑表笔插接在 COM 表笔插孔上。

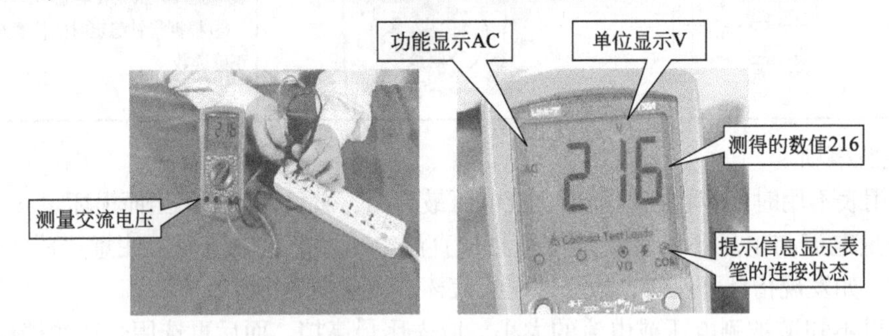

图2-6　测量结果的读取

第二种方法：在测量过程中，按下数值保持开关“HOLD”，使数值保持在液晶显示屏上，待测量完毕后再读取数值。

采用这种方法读取测量结果，要求万用表必须具有数值保持功能，否则，不能采用这种方法。

2.4.2　兆欧表及使用

兆欧表的使用

兆欧表又名绝缘电阻表，俗称摇表，主要用来检查电气设备、家用电器或电气线路对地及相间的绝缘电阻，以保证这些设备、电器和线路工作在正常状态，避免发生触电伤亡及设备损坏等事故。

电工操作中常用的兆欧表有手摇式兆欧表和数字式兆欧表。手摇式兆欧表由刻度盘、指针、接线端子（E 接地接线端子、L 火线接线端子）、铭牌、手动摇杆、使用说明、测试线等组件构成，如图 2-7 所示。数字式兆欧表由数字显示屏、测试线连接插孔、背光灯开关、时间设置按钮、测量旋钮、量程调节开关等组件构成。

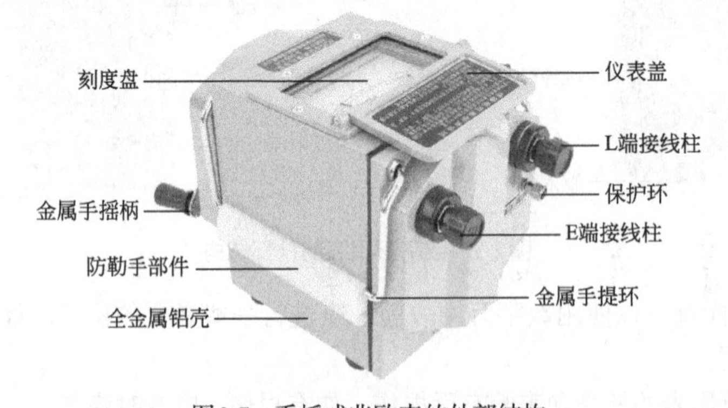

图2-7　手摇式兆欧表的外部结构

（1）准备工作

① 将被测设备脱离电源，并进行放电，再把设备清扫干净（双回线、双母线、当一路

带电时，不得测量另一路的绝缘电阻）。

② 测量前应对绝缘电阻表进行校验，即做一次开路试验（测量线开路，摇动手柄，指针应指于“∞”处）和一次短路试验（测量线直接短接一下，摇动手柄，指针应指“0”），两测量线不准相互缠交，如图2-8所示。

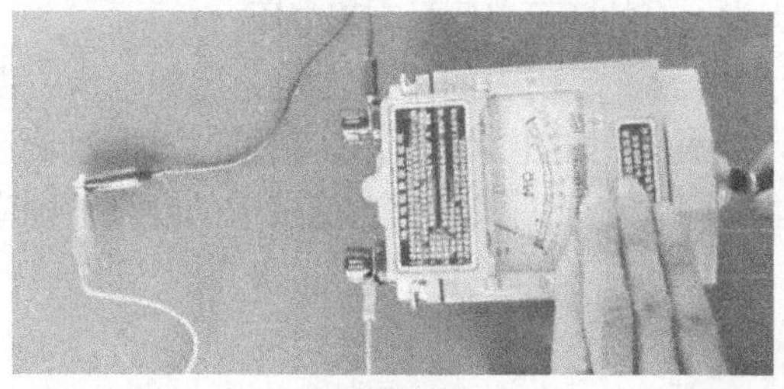

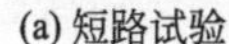

(a) 短路试验

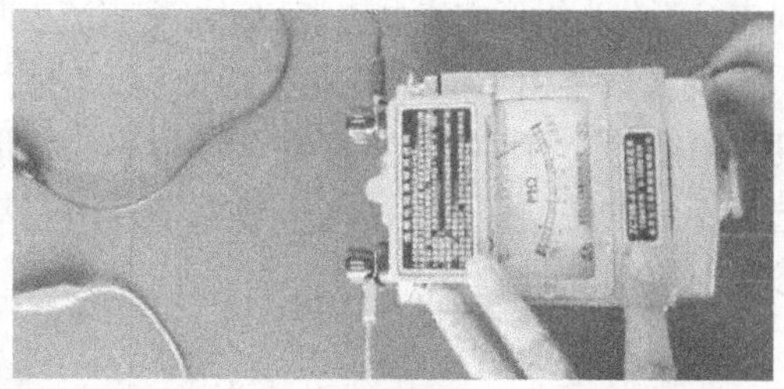

(b) 开路试验

图2-8 绝缘电阻表校验

（2）接线

绝缘电阻表上有三个接线柱，一个为线接线柱的标号为“L”，一个为地接线柱的标号为“E”，另一个为保护或屏蔽接线柱的标号为“G”。在测量时，“L”与被测设备和大地绝缘的导体部分相接，“E”与被测设备的外壳或其他导体部分相接。一般在测量时只用“L”和“E”两个接线柱，但当被测设备表面漏电严重、对测量结果影响较大而又不易消除时，例如空气太潮湿、绝缘材料的表面受到浸蚀而又不能擦干净时就必须连接“G”端钮。

（3）测试

线路接好后，在测试时，绝缘电阻表要保持水平位置，用左手按住表身，右手按顺时针方向转动发电机手柄，摇的速度应由慢而快，当转速达到120r/min左右时，保持匀速转动，1min后读数，并且要边摇边读数，不能停下来读数，如图2-9所示。

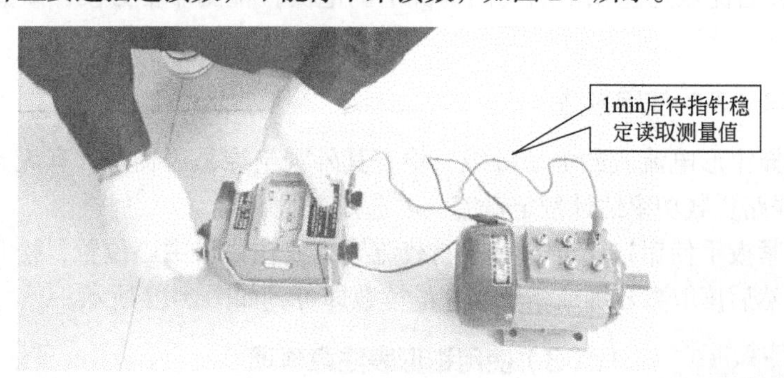

图2-9 测试方法

特别注意：在测量过程中，如果表针已经指向“0”，说明被测对象有短路现象，此时不可继续摇动发电机摇柄，以防损坏绝缘电阻表。

（4）拆除测试线

测量完毕，待绝缘电阻表停止转动和被测物接地放电后，才能拆除测试线，如图2-10所示。

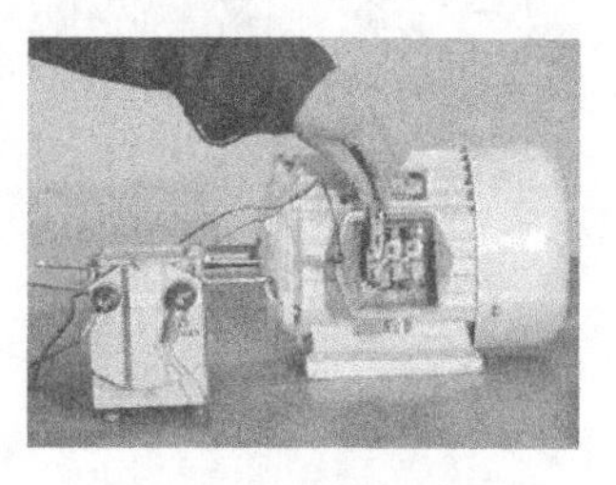

图2-10 拆除测试线

2.4.3 钳形电流表及使用

钳形电流表的使用

（1）钳形电流表简介

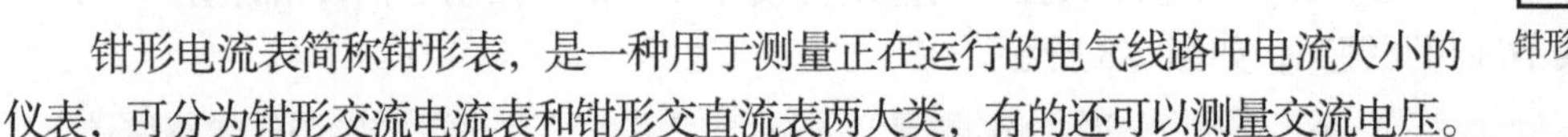

钳形电流表简称钳形表，是一种用于测量正在运行的电气线路中电流大小的仪表，可分为钳形交流电流表和钳形交直流表两大类，有的还可以测量交流电压。

现在数字钳形电流表的广泛使用，给钳形表增加了万用表的许多功能，比如电压、温度、电阻等（有时称这类多功能钳形表为钳形万用表），如图 2-11 所示，测量时可通过旋钮选择不同功能，使用方法与一般数字万用表基本相同。对于一些特有功能按钮的含义，则应参考对应的说明书。

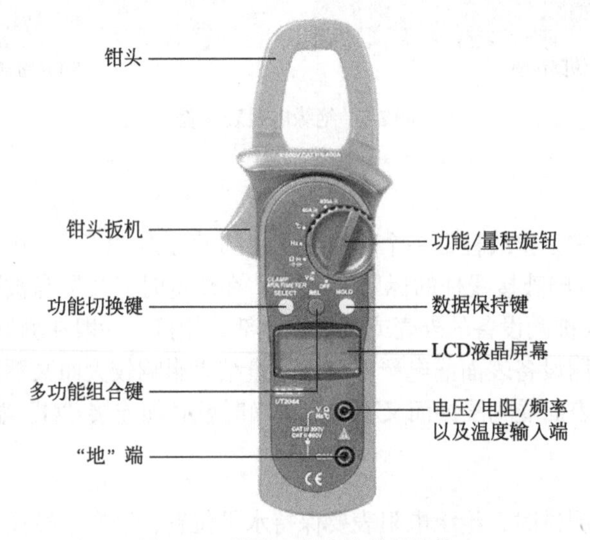

图 2-11 钳形电流表的外部结构

钳形电流表的优点是能在不断电的情况下测电流，检测非常方便；缺点是测量精度比较低。

（2）钳形电流表的使用方法

① 正确选择钳形电流表的电压等级，检查其外观绝缘是否良好，有无破损，钳口有无锈蚀等。根据线路负载功率估计额定电流，以选择表的量程。

② 用手捏紧扳手使钳口张开，将被测载流导线放在钳口中心位置，松开扳手，使钳口（铁芯）闭合，然后读取数显屏或指示盘上的读数即可，如图 2-12 所示。

图 2-12 钳形电流表测量电动机运行电流

（3）使用钳形表注意事项

① 测量时，每次只能钳入一根导线（相线、零线均可）。对于双绞线，要将它分开一段，然后钳入其中的一根导线进行测量。

② 测量低压母线电流时，测量前应将相邻各相导线用绝缘板隔离，以防钳口张开时，可能引起的相间短路。

③ 测量 5A 以下的电流时，如果钳形电流表的量程较大，在条件许可时，可把导线在钳口上多绕几圈（如图 2-13 所示），然后测量并读数。此时，线路中的实际电流值为所读数值除以穿过钳口内侧的导线匝数。

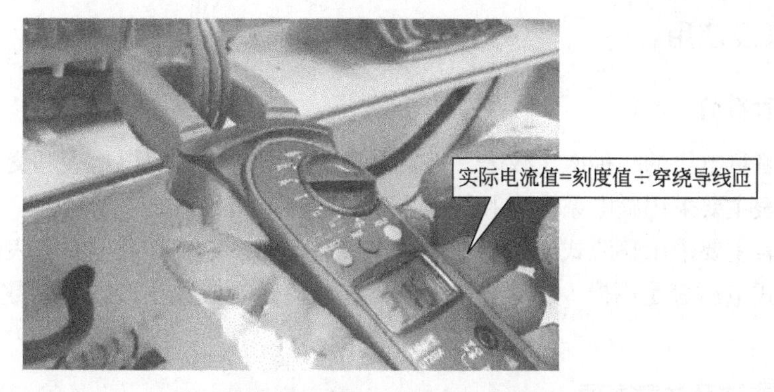

图2-13 测量5A以下电流的方法

④ 测量完毕，将选择量程开关拨到最大量程挡位上，以免下次使用时，不小心造成钳形表损坏。

2.4.4 电流表及使用

（1）电流表简介

电流表是指用来测量交、直流电路中电流的仪表。按测量电类，可分为直流电流表和交流电流表；按测量电流量，可分为微安表、毫安表、安培表；按工作原理，可分为磁电式、电磁式、电子数字式，如图 2-14 所示；按工作方式，可分为竖式、平式。

(a) 电磁式

(b) 电子数字式

图2-14 电流表

电子数字式电流表分为单相数显电流表和三相数显电流表，具有变送、LED（或 LCD）显示和数字接口等功能，通过对电网中各参量的交流采样，以数字形式显示测量结果。

为测更大的电流，电流表应有并联电阻器（又称分流器）。分流器的电阻值要使满量程电流通过时，电流表满偏转，即电流表指示达到最大。对于几安的电流，可在电流表内设置专用分流器。对于几安以上的电流，则采用外附分流器。

（2）使用方法及注意事项

① 正确接线。电流表要与被测电路串联。测量直流电流时，必须注意电流表的极性。

② 大电流的测量。测量大电流时，必须采用电流互感器。电流表的量程应与互感器二次的额定值相符。一般电流互感器的二次侧电流为 5A。

③ 量程的扩大。当电路中的被测量超过仪表的量程时，可采用外附分流器，但应注意其准确度等级应与仪表的准确度等级相符。

④ 注意仪表的使用环境要符合要求，要远离外磁场。

2.4.5 电压表及使用

（1）电压表简介

电压表是测量电压的一种电工仪表。按测量电类，可分为直流电压表和交流电压表。

直流电压表主要采用磁电系电表和静电系电表的测量机构。

交流电压表主要采用整流式电表、电磁系电表、电动系电表和静电系电表的测量机构。

电子数字式电压表是用模 / 数转换器将测量电压值转换成数字形式并以数字形式表示的仪表。

（2）使用方法及注意事项

① 正确接线。测量电压时，电压表应与被测电路并联。测量直流电压时，必须注意仪表的极性。

② 高电压的测量。测量高电压时，必须采用电压互感器。电压表的量程应与互感器二次的额定值相符。一般电压互感器二次侧电压为 100V。

③ 量程的扩大。当电路中的被测量超过仪表的量程时，可采用外附分压器，但应注意其准确度等级应与仪表的准确度等级相符。

④ 注意仪表的使用环境要符合要求，要远离外磁场。

2.4.6 电能表及使用

（1）电能表简介

电能表是用来测量电能的仪表，又称电度表。按其使用的电路可分为直流电能表和交流电能表。交流电能表按其相线又可分为单相电能表、三相三线电能表和三相四线电能表；按其工作原理可分为电气机械式电能表和电子式电能表，电子式电能表可分为全电子式电能表和机电式电能表；按其用途可分为有功电能表、无功电能表、最大需量表、标准电能表、复费率分时电能表、预付费电能表、损耗电能表和多功能电能表等。

（2）电能表选型

在中性点非有效接地的高压线路中，应选用经互感器接入的三相三线 3X 100V 的有功、无功电能表，接地电流较大者应安装经互感器接入的三相四线 3X 57.5/100V 的有功、无功电能表。

在三相三线制低压线路中，应选用三相三线 3X 100V 的有功、无功电能表，当照明负荷占总负荷的 15% 及以上时，为减小线路附加误差，应采用三相四线 3X 220/380V 的有功、无功电能表。在三相四线制低压线路中，应选用三相四线 3X 220/380V 的有功、无功电能表。

负荷电流为 50A 及以下时，宜采用直接接入式电能表；负荷电流为 50A 以上时，宜采用经电流互感器接入式的接线方式。

（3）电能表安装要求

① 电流互感器应装在电能表的上方。

② 电能表总线必须采用铜芯塑料硬线，中间不准有接头，自总熔丝盒至电能表之间沿线敷设长度不宜超过 10m。

③ 电能表总线必须明线敷设，采用线管安装时，线管也必须明装，在进入电能表时，一般以“左进右出”原则接线。

④ 电能表必须垂直于地面安装，倾斜度不得大于1°。表的中心离地面高度应在1.4～1.8m之间。

（4）电能表的接线

① 单相电能表的接线　打开接线盒盖，可以看到四个体积较大的接线端子，依次从左至右按1、2、3、4进行编号，则一般的接线方式均为1、3进线；2、4出线，如图2-15所示。

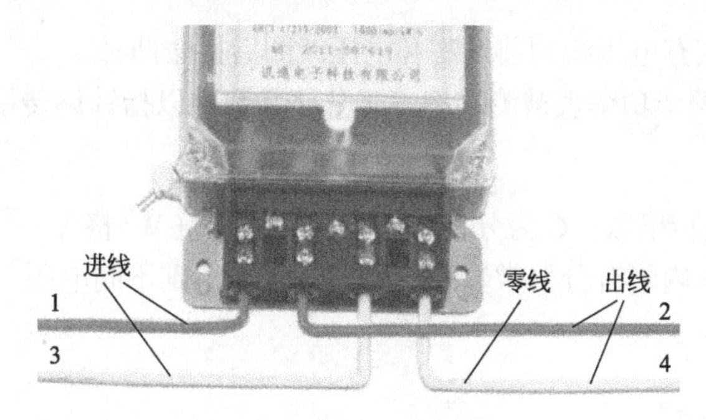

图2-15　单相电能表接线

② 三相电能表的接线　三相电能表有三相三线制和三相四线制电能表两种，它们的接线方法不同，可划分为直接式和间接式两种，如图2-16所示。常用直接式三相电能表的规格有10A、20A、30A、50A、75A和100A等多种，一般用于电流较小的电路上。间接式三相电能表常用的规格是5A，与电流互感器连接后，用于电流较大的电路上。

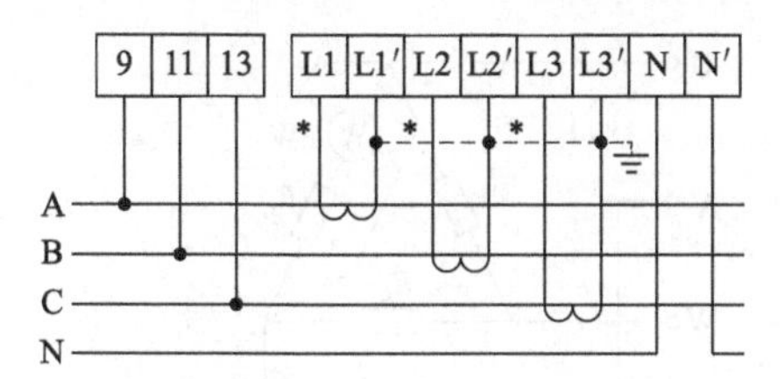

(a) DTS型三相四线电子式电能表经电流互感器接线图

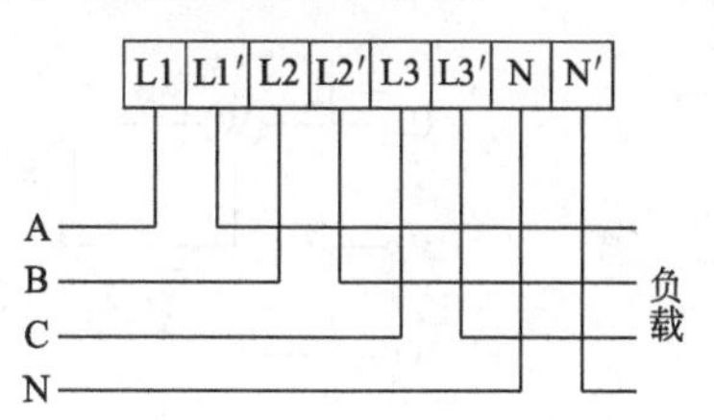

(b) DTS型三相四线电子式电能表直接式接线图

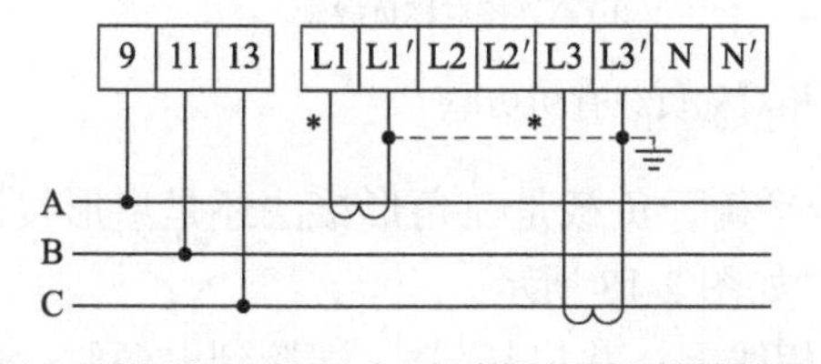

(c) DSS型三相三线电子式电能表经电流互感器接线图

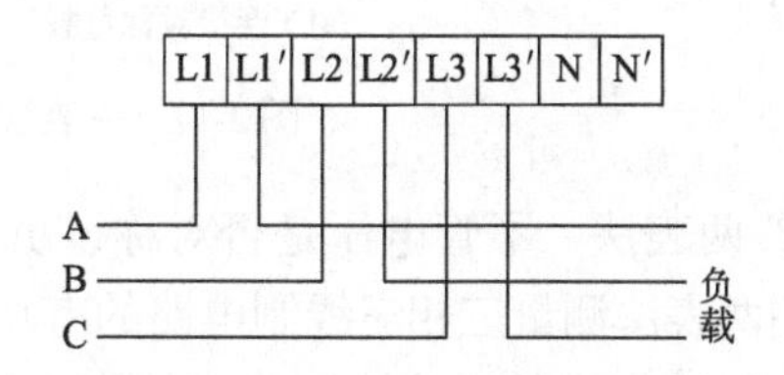

(d) DSS型三相三线电子式电能表直接式接线图

图2-16　三相电能表的接线

【特别提醒】

对直接接入电路的电能表，以及与所标明的互感器配套使用的电能表，都可以直接从电能表上读取被测电能。当电能表上标有“10×kW·h”或“100×kW·h”字时，应将读数乘以10或100倍，才是被测电能的实际值。

2.4.7 功率表及使用

（1）功率表简介

功率表也叫瓦特表，是一种测量电功率的仪器。电功率包括有功功率、无功功率和视在功率。未做特殊说明时，功率表一般是指测量有功功率的仪表。

① 接线原则　功率表在接线时，应使电流或电压线圈带“*”标志的端钮接到电源同极性的端子上，以保证两线圈的电流方向都从发电机端流入。这就是功率表接线的“发电机端守则”。

功率表的接线方式有电压线圈前接法和电压线圈后接法两种。

② 正确读数　便携式功率表被测功率等于分格常数乘以指针偏转格数，计算公式为

$$P=Ca$$

式中，a 为指针偏转格数；C 为分格常数，$C=U_N I_N/a_m$（W/格）。

注意，如果功率表内附有分格常数表，可通过查表得到不同电压、电流量程时的分格常数 C。

（2）有功功率表

在三相交流电路中，用单相功率表可以组成一表法、两表法或三表法来测量三相负载的有功功率。

① 一表法　当三相负载对称时，都可以用一只功率表来测它的有功功率，如图 2-17 所示。此时，仪表的读数就是一相的有功功率，再将功率表读数乘以 3 倍就是三相总有功功率即 $P=3P_1$。

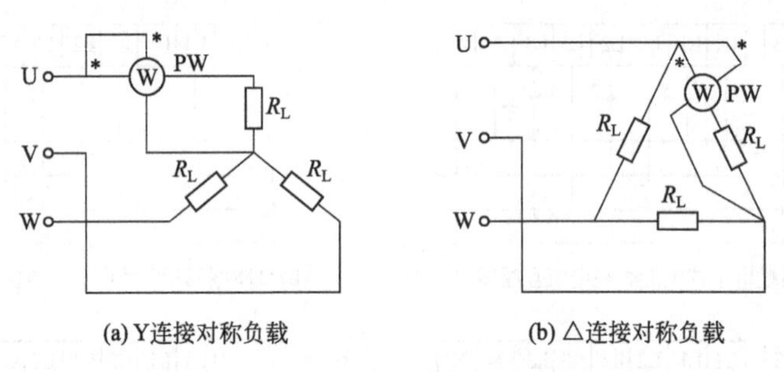

图 2-17　一表法测量三相对称负载有功功率

② 两表法　不管电压是否对称，负载是否平衡，负载是三角形接法还是星形接法，都可采用两表法测量三相三线制电路的有功功率，如图 2-18 所示。

两只功率表的电流线圈应串接在不同的两相线上，并将其“*”端接到电源侧，使通过电流线圈的电流为三相电路的线电流。两只功率表电压线圈的“*”端应接到各自电流线圈所在的相上，而另一端共同接到没有电流线圈的第三相上，使加在电压回路的电压是电源线电压。此时，两个功率表都将显示出一个读数，把两个功率表的读数加起来就是三相总功率。

③ 三表法　三相四线制不对称负载的有功功率测量，把三只功率表应分别接在三个相的相电压和相电流回路上，如图 2-19 所示。把三表读数相加，就是三相负载的总有功功率。

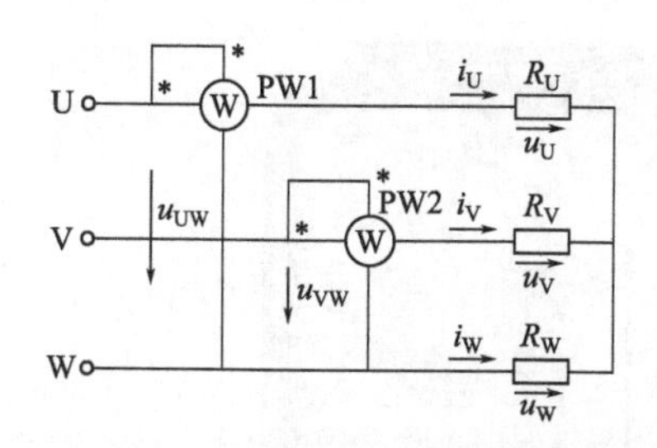

图2-18 两表法测量三相三线制电路的有功功率

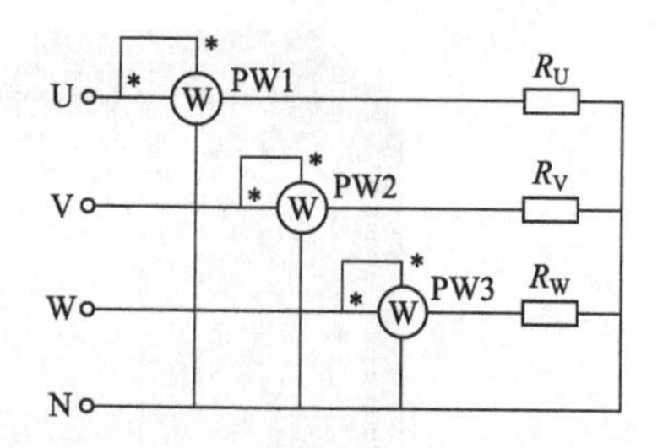

图2-19 三表法测量三相四线制不对称负载的有功功率

（3）无功功率测量

有功功率表不但能测量有功功率，如果改变它的接线方式，还能用来测量无功功率。常见的方法有一表跨相法、两表跨相法和三表跨相法。

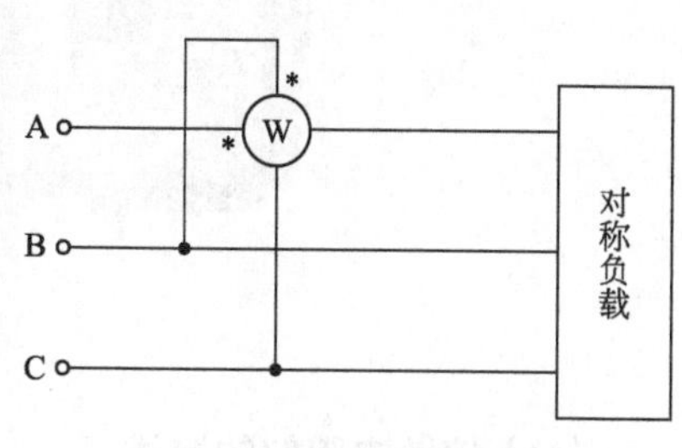

图2-20 一表跨相法测量无功功率

① 一表跨相法 将电流线圈串入任意一相，注意发电机端接向电源侧。电压线圈支路跨接到没接电流线圈的其余两相，如图 2-20 所示。三相总无功功率 $Q=\sqrt{3}Q_1$，式中，Q_1 为一只功率表的读数。

一表跨相法适用于三相电路完全对称的情况。

② 两表跨相法 用两只功率表或二元三相功率表按如图 2-21 所示连接，三相总无功功率 $Q=\sqrt{3}（Q_1+Q_2）/2$。

两表跨相法适用于三相电路对称的情况，但由于供电系统电源电压不对称的情况是难免的，而两表跨相法在此情况下测量的误差较小，因此该方法仍然适用。

③ 三表跨相法 接线原理如图 2-22 所示，三表法可用于电源电压对称而负载不对称时三相电路无功功率的测量。三相总无功功率 $Q=（Q_1+Q_2+Q_3）/\sqrt{3}$。

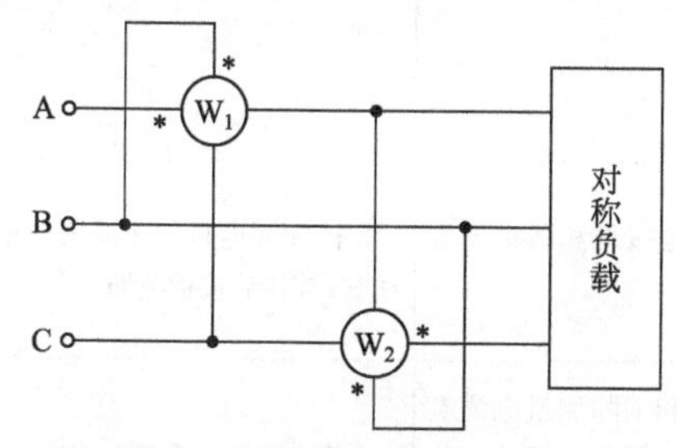

图2-21 两表跨相法测量无功功率

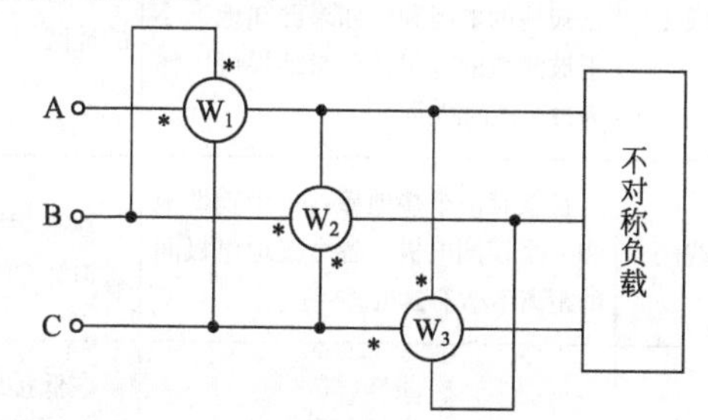

图2-22 三表跨相法测量无功功率

2.4.8 接地电阻仪及使用

（1）接地电阻仪简介

接地电阻仪是一种专门用于直接测量各种接地装置的接地电阻值的仪表，如图 2-23 所示。接地电阻仪的测量范围广、分辨率高，量程从 0.01 ～ 1000Ω，分辨率 0.01Ω，对 0.7Ω 以下接地电阻，也能准确测量。接地电阻仪还可以用于测量土壤电阻率及地电压。

图2-23 接地电阻仪

(2)接地电阻仪的接线

接地电阻测量方法通常有两线法、三线法、四线法、单钳法和双钳法。其各有各的特点，实际测量时，尽量选择正确的方式，才能使测量结果准确无误，见表2-8。

表2-8 接地电阻仪接线方式的选择

接线方式	条件	适用场合	接线法
两线法	必须有已知接地良好的地，如PEN等，所测量的结果是被测地和已知地的电阻和。如果已知地远小于被测地的电阻，测量结果可以作为被测地的结果	楼群稠密或水泥地等密封无法打地桩的地区	E+ES接到被测地，H+S接到已知地
三线法	必须有两个接地棒：一个辅助地和一个探测电极。各个接地电极间的距离不小于20m	地基接地，建筑工地接地和防雷球型避雷针QPZ接地	S接探测电极，H接辅助地，E和ES连接后接被测地
四线法	基本上同三线法	在低接地电阻测量和消除测量电缆电阻对测量结果的影响时替代三线法。该方法是所有接地电阻测量方法中准确度最高的	E和ES必须单独直接连接到被测地
单钳法	测量多点接地中的每个接地点的接地电阻，而且不能断开接地连接，防止发生危险	多点接地，不能断开连接，测量每个接地点的电阻	用电流钳监测被测接地点上的电流
双钳法	多点接地，不打辅助地桩，测量单个接地	多点接地，无辅助接地桩。测量地面电阻	使用厂商指定的电流钳接到相应的插口上，将两钳卡在接地导体上，两钳间的距离要大于0.25m

【练习题】

一、判断题

1. 电工刀的手柄是无绝缘保护的，不能在带电导线或器材上剖切，以免触电。(　　)
2. 一号电工刀比二号电工刀的刀柄长度长。(　　)
3. 电工钳、电工刀、螺丝刀是常用电工基本工具。(　　)
4. 剥线钳是用来剥削小导线头部表面绝缘层的专用工具。(　　)
5. 多用螺钉旋具的规格是以它的全长（手柄加旋杆）表示。(　　)
6. 在高压操作中，无遮栏作业人体或其所携带工具与带电体之间的距离应不少于 0.7m。(　　)
7. 使用直梯作业时梯子放置与地面以 50° 左右为宜。(　　)
8. 使用脚扣进行登杆作业时，上下杆的每一步必须使脚扣环完全套入并可靠地扣住电杆，才能移动身体，否则会造成事故。(　　)
9. 用电笔检查时，电笔发光就说明线路一定有电。(　　)
10. 验电器在使用前必须确认验电器良好。(　　)
11. 手持式电动工具接线可以随意加长。(　　)
12. Ⅱ类手持电动工具比Ⅰ类工具安全可靠。(　　)
13. Ⅲ类电动工具的工作电压不超过 50V。(　　)
14. 接地电阻测试仪就是测量线路的绝缘电阻的仪器。(　　)
15. 电流表的内阻越小越好。(　　)
16. 使用兆欧表前不必切断被测设备的电源。(　　)
17. 使用万用表电阻挡能够测量变压器的线圈电阻。(　　)
18. 万用表使用后，转换开关可置于任意位置。(　　)
19. 电压表在测量时，量程要大于等于被测线路电压。(　　)
20. 交流钳形电流表可测量交直流电流。(　　)
21. 用钳表测量电流时，尽量将导线置于钳口铁芯中间，以减小测量误差。(　　)
22. 用钳表测量电动机空转电流时，可直接用小电流挡一次测量出来。(　　)
23. 在安全色标中用绿色表示安全、通过、允许、工作。(　　)
24. 电流的大小用电流表来测量，测量时将其并联在电路中。(　　)
25. 电动势的正方向规定为从低电位指向高电位，所以测量时电压表应正极接电源负极，而电压表负极接电源的正极。(　　)
26. 测量电流时，应把电流表串联在被测电路中。(　　)
27. 测量电压时，电压表应与被测电路并联。电压表的内阻远大于被测负载的内阻。(　　)
28. 用钳表测量电动机空转电流时，不需要挡位变换可直接进行测量。(　　)
29. 接地电阻表主要由手摇发电机、电流互感器、电位器以及检流计组成。(　　)
30. 测量交流电路的有功电能时，因是交流电，故其电压线圈、电流线圈和各两个端可任意接在线路上。(　　)

答案：1. √；2. √；3. √；4. √；5. √；6. √；7.×；8. √；9.×；10. √；11.×；12. √；13. √；14.×；15. √；16.×；17.×；18.×；19. √；20.×；21. √；22.×；23. √；24.×；25.×；26. √；27. √；28.×；29. √；30.×

31. 交流电流表和电压表测量所测得的值都是有效值。(　　)

32. 万用表在测量电阻时，指针指在刻度盘中间最准确。(　　)

33. 用两功率表法测量三相三线制交流电路的有功功率时，若负载功率因数低于 0.5，则必有一个功率表的读数是负值。(　　)

二、选择题

1. 尖嘴钳 150mm 是指（　　）。

A. 其总长度 150mm

B. 其绝缘手柄为 150mm

C. 其开口 150mm

2. 以下说法中，不正确的是（　　）。

A. 直流电流表可以用于交流电路测量

B. 电压表内阻越大越好

C. 钳形电流表可做成既能测交流电流，也能测量直流电流

D. 使用万用表测量电阻，每换一次欧姆挡都要进行欧姆调零

3. 高压验电器应定期做耐压试验，其试验周期为（　　）。

A. 3 个月　　B. 6 个月　　C. 8 个月　　D. 1 年

4. 用万用表 100V 挡测量电压，指针指示值为 400V，该万用表满刻度值为 500V，则被测电压实际值为（　　）V。

A. 500　　B. 400　　C. 100　　D. 80

5. 万用表的欧姆调零旋钮应当在（　　）将指针调整至零位。

A. 测量电压或电流前　　B. 测量电压或电流后

C. 换挡后测量电阻前　　D. 测量电阻后

6. 兆欧表有“L”“E”和“G”三个端钮。其中，“G”端钮的测试线在测电缆时应（　　）。

A. 做机械调零　　B. 做接地保护　　C. 接被测线芯的绝缘　　D. 接被测导体

7. 做兆欧表的开路和短路试验时，转动摇柄的正确做法是（　　）。

A. 缓慢摇动加速至 120r/min，指针稳定后缓慢减速至停止

B. 缓慢摇动加速至 120r/min，指针稳定后快速减速至停止

C. 快速摇动加速至 120r/min，指针稳定后缓慢减速至停止

D. 快速摇动加速至 120r/min，指针稳定后快速减速至停止

8. 用钳形电流表 10A 挡测量小电流，将被测电线在钳口内穿过 4 次，如指示值 8A，则电线内的实际电流为（　　）A。

A. 10　　B. 8　　C. 2.5　　D. 2

9. 应当按工作电流的（　　）倍左右选取电流表的量程。

A. 1　　B. 1.5　　C. 2　　D. 2.5

答案：31. √；32. √；33. √

1. A；2. A；3. B；4. D；5. C；6. C；7. A；8. D；9. B

10. 应用磁电系电压表测量直流高电压，可以（　　）扩大量程。

A. 并联电阻　　B. 串联分压电阻　　C. 应用电压互感器　　D. 调整反作用弹簧

11. 电能表属于（　　）式测量仪表。

A. 指针　　B. 累积　　C. 比较　　D. 平衡电桥

12. 以下说法中，正确的是（　　）。

A. 不可用万用表欧姆挡直接测量微安表、检流计或电池的内阻

B. 兆欧表在使用前，无须先检查摇表是否完好，可直接对被测设备进行绝缘测量

C. 电能表是专门用来测量设备功率的装置

D. 所有电桥均是测量直流电阻的

13. 线路和设备的绝缘电阻的测量是用（　　）测量。

A. 万用表的电阻挡　　B. 兆欧表　　C. 接地摇表

14. 钳形电流表使用时应先用较大量程，然后再视被测电流的大小变换量程。切换量程时应（　　）。

A. 直接转换量程开关　　B. 先退出导线，再转动量程开关

C. 一边进线一边换挡

15. 选择电压表时，其内阻（　　）被测负载的电阻为好。

A. 远小于　　B. 远大于　　C. 等于

16. 指针式万用表测量电阻时标度尺最右侧是（　　）。

A. ∞　　B. 0　　C. 不确定

17. 测量电动机线圈对地的绝缘电阻时，摇表的“L”“E”两个接线柱应（　　）。

A.“E”接在电动机出线的端子，“L”接电动机的外壳

B.“L”接在电动机的出线端子，“E”接电动机的外壳

C. 随便接，没有规定

18. 钳形电流表是利用（　　）的原理制造的。

A. 电流互感器　　B. 电压互感器　　C. 变压器

19. 万用表电压量程 2.5V，当指针指在（　　）位置时电压值为 2.5V。

A. 1/2 量程　　B. 满量程　　C. 2/3 量程

20. 单相电度表主要由一个转动铝盘和分别绕在不同铁芯上的一个（　　）和一个电流线圈组成。

A. 电压线圈　　B. 电压互感器　　C. 电阻

21. 钳形电流表测量电流时，可以在（　　）电路的情况下进行。

A. 断开　　B. 短接　　C. 不断开

22. 有时候用钳表测量电流前，要把钳口开合几次，目的是（　　）。

A. 消除剩余电流　　B. 消除剩磁　　C. 消除残余应力

23. 测量接地电阻时，电位探针应接在距接地端（　　）m 的地方。

A. 5　　B. 20　　C. 40

24. 手摇发电机式兆欧表在使用前，指针指示在标度尺的（　　）。

A.“0”处　　B.“∞”处　　C. 中央处　　D. 任意位置

答案：10. B；11. B；12. A；13. B；14. B；15. B；16. B；17. B；18. A；19. B；20. A；21. C；22. B；23. B；24. D

25. 使用钳形电流表时，下列操作错误的是（　　）。

A. 测量前先估计被测量的大小

B. 测量时导线放在钳口中心

C. 测量小电流时，允许将被测导线在钳口多绕几圈

D. 测量完毕，可将量程开关置于任意位置

26. 拆装接地线的顺序，正确的说法是（　　）。

A. 先装导体端，后装接地端　　B. 先装远处，后装近处

C. 拆时先拆接地端，后拆导体端　　D. 拆时先拆导体端，后拆接地端

27. 关于功率表，以下说法正确的是（　　）。

A. 功率表在使用时，功率不允许超过量程范围

B. 电压线圈前接法适用于低电压、大电流负载

C. 功率表的读数是电压有效值、电流有效值（它们的正方向都是从“*”端指向另一端）及两者相位差的余弦的乘积

D. 功率表的读数是电压有效值、电流有效值的乘积

28. 接地电阻测量仪输出的电压是（　　）电压。

A. 直流　　B. 工频　　C. 频率 90 ～ 115Hz　　D. 冲击

29.（　　）是登杆作业时必备的保护用具，无论用登高板或脚扣都要用其配合使用。

A. 安全带　　B. 梯子　　C. 手套

30. 高压验电笔的发光电压不应高于额定电压的（　　）%。

A. 50　　B. 25　　C. 75

31. 万用表由表头、（　　）及转换开关三个主要部分组成。

A. 线圈　　B. 测量电路　　C. 指针

答案：25. D；26. D；27. C；28. C；29. A；30. B；31. B

电工技术基础知识

3.1 直流电路基础知识

3.1.1 电路与电路图

（1）电路

① 电路的组成　所谓电路，是指由金属导线和电气以及电子部件按照一定规则或要求连接起来组成的导电回路。电路至少由电源、导线和用电器组成。一般电路还有开关和其他控制与保护器件，最简单的电路如图 3-1 所示。

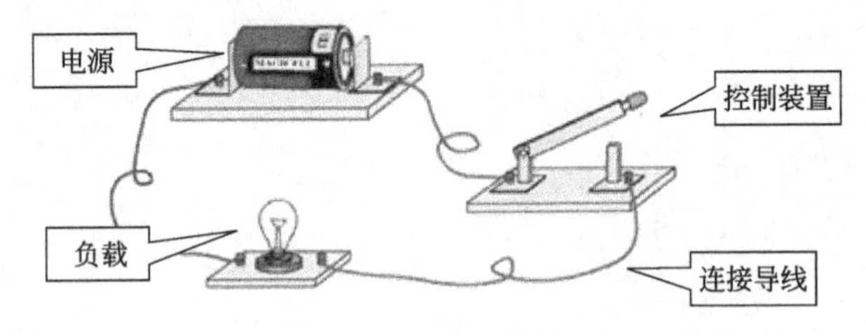

图 3-1　最简单电路的组成

电路各个组成部分的作用见表 3-1 所示。

表 3-1　电路各个组成部分的作用

组成部分	作用	举例
电源	它是供应电能的设备，属于供能元件，其作用是为电路中的负载提供电能	干电池、蓄电池、发电机等
负载	各种用电设备（即用电器）总称为负载，属于耗能元件，其作用是将电能转换成所需其他形式的能量	灯泡将电能转化为光能，电动机将电能转化为机械能，电炉将电能转化为热能等
控制和保护装置	根据需要，控制电路的工作状态（如通、断），保护电路的安全	开关、熔断器等控制电路工作状态（通/断）的器件或设备
连接导线	它是电源与负载形成通路的中间环节，输送和分配电能	各种连接电线

② 电路的类型

a. 按照传输电压、电流的频率不同，可以分为直流电路和交流电路。

b. 按照作用不同，可分为两大类：一是电力电路，用于传输、分配与使用电能；二是电子电路，用于传递、加工与处理电信号。

c. 按照复杂程度，可分为简单电路和复杂电路。

（2）电路图

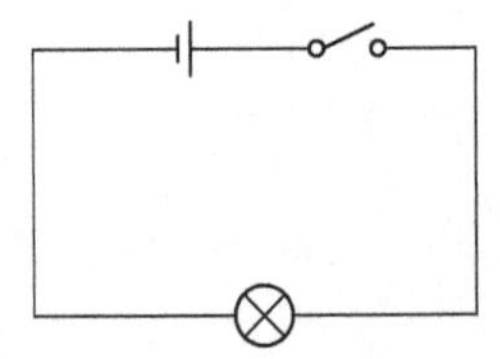

图 3-2　电路图绘制举例

人们通过简洁的文字、符号、图形，将实际电路和电路中的器材、元器件进行表述，我们把这种书面表示的电路称为电路模型，也叫做实际电路的电路原理图，简称为电路图。

电路图必须按照国家统一的规范绘制，采用标准的图形符号和文字符号。例如把图 3-1 所示电路用元件模型可绘制为如图 3-2 所示的电路图。

3.1.2 电路常用基本物理量及应用

电压和电位

电动势

电路常用基本物理量有电流、电位、电压、电动势、电功率和电能，见表 3-2。

表 3-2 电路常用基本物理量及应用

物理量	定义	公式	说明
电流	单位时间里通过导体任一横截面的电量	$I=\frac{q}{t}$ 式中： I 为电流，单位为 A； q 为电量，单位为 C； t 为时间，单位为 s	电流的常用单位还有千安（kA）、毫安（mA）、微安（μA）。 电流的方向规定为正电荷定向运动的方向；在金属导体中，电流的方向与自由电子定向运动方向相反
电位	指电路中某一点与某参考点（基准点）之间的电压	$U_{ab}=V_a-V_b$ U_{ab} 为 a 点对 b 点的电压，单位为 V； V_a 为 a 点电位，单位为 V； V_b 为 b 点电位，单位为 V	某一参考点或基准点，一般为大地、电器的金属外壳或电源的负极，通常称为接地
电压	电压的大小等于电场力将正电荷由一点移动到另一点所做的功与被移动电荷电量的比值	$U=\frac{W}{q}$ U 为电压，单位为 V； W 为运送电荷所做的功，单位为 J； q 为电荷的电量，单位为 C	在电路中，任意两点之间的电位差，称为该两点间的电压。 电压的方向规定为从高电位指向低电位的方向。对负载来说，规定电流流入端为电压的正端，电流流出端为电压的负端，其电压的方向由正指向负。电阻器两端的电压通常称为电压降。 电压可分为高电压、低电压和安全电压
电动势	电动势等于在电源内部电源力将单位正电荷由低电位（负极）移到高电位（正极）做的功与被移动电荷电量的比值	$E=\frac{W}{q}$ E 为电动势，单位为 V； W 为运送电荷所做的功，单位为 J； q 为电荷的电量，单位为 C	电动势是衡量电源的电源力大小（即做功本领）及其方向的物理量。 规定电动势方向由电源的负极（低电位）指向正极（高电位）。在电源内部，电源力移动正电荷形成电流，电流由低电位（正极）流向高电位（负极）；在电源外部电路中，电场力移动正电荷形成电流，电流由高电位（正极）流向低电位（负极）
电功率	电路元件或设备在单位时间内所做的功	$P=\frac{W}{t}$ P 为电功率，单位为 W； W 为电功，单位为 J； t 为时间，单位为 s	由于用电器的电功率与其电阻有关，电功率的公式还可以写成 $P=UI=\frac{U^2}{R}=I^2R$
电能	在一段时间内，电场力所做功	$W=Pt$ W 为电能，单位为 J； P 为电功率，单位为 W； t 为通电时间，单位为 s	电能的单位，人们仍用非法定计量单位“度”。焦耳和“度”的换算关系为 1 度（电）= 1kW · h = 3.6×10^6J

3.1.3 电阻器及其应用

（1）电阻

自由电子在导体中做定向移动形成电流时要受到阻碍，我们把导体对电流的阻碍作用称为电阻。

电阻在电路图中的图形符号是“─▭─”，文字符号为“R”，单位是欧姆，简称欧，用符号“Ω”表示。电阻的常用单位还有千欧（kΩ）和兆欧（MΩ），它们的换算关系为

$$1\text{k}\Omega=10^3\Omega$$

$$1\text{M}\Omega=10^3\text{k}\Omega=10^6\Omega$$

1Ω 的物理意义为：设加在某导体两端的电压为 1V，产生的电流为 1A，则该导体的电阻则为 1Ω。

（2）电阻定律

电阻定律的内容是：在温度不变时，金属导体电阻的大小由导体的长度、横截面积和材料的性质等因素决定。这种关系称为电阻定律，其表达式为

$$R=\rho\frac{L}{S}$$

式中 ρ——导体的电阻率，它由电阻材料的性质决定，是反映材料导电性能的物理量，Ω · m；

L——导体的长度，m；

S——导体的横截面积，m^2；

R——导体的电阻，Ω。

电阻的电阻值会随着本体温度的变化而变化，即电阻值的大小与温度有关。

把电阻值会随温度变化而变化的电阻叫做热敏电阻。常见热敏电阻有正温度系数电阻和负温度系数电阻，如图 3-3 所示。

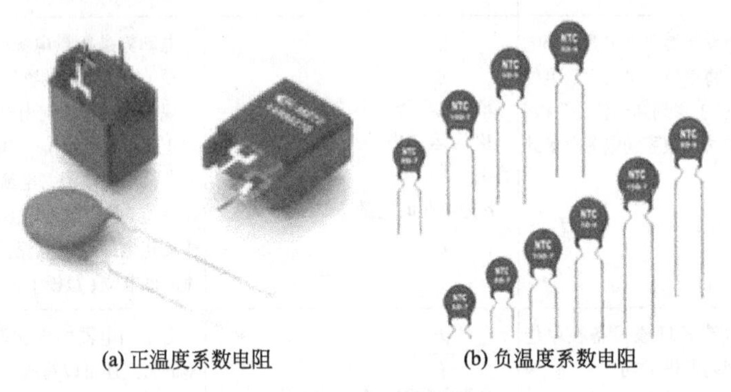

(a) 正温度系数电阻　　(b) 负温度系数电阻

图3-3　热敏电阻

在一般情况下，若电阻值随温度变化不是太大，其温度影响可以不考虑。

【特别提醒】

导体的电阻与电压、电流无关。但导体电阻与以下因素有关：

① 导体长度；

② 导体横截面积；

③ 导体的电阻率；

④ 导体的温度。

（3）电阻器的种类

电阻是电路中应用最多的元件之一。不同物质对电流的阻碍作用是不同的，所以可用不同物质制作成多种电阻器（简称电阻），以满足不同场合的需要。常用的电阻见表3-3。

表3-3 电阻器的种类

种类	说明	图示
碳膜电阻	气态碳氢化合物在高温和真空中分解，碳沉积在瓷棒瓷管上，形成一层结晶碳膜。改变碳膜的厚度和用刻槽的方法，改变碳膜的长度，可以得到不同的阻值。成本低，性能一般	
金属膜电阻	在真空中加热合金，合金蒸发，使瓷棒表面形成一层导电金属膜。刻槽或改变金属膜厚度，可以控制阻值。这种电阻和碳膜电阻相比，体积小、噪声低，稳定性好，但成本较高	
水泥电阻	将电阻线绕在无碱性耐热瓷件上，外面加上耐热、耐湿及耐腐蚀的材料保护固定并把绕线电阻体放入方形瓷器框内，用特殊不燃性耐热水泥充填密封而成。水泥电阻的外侧主要是陶瓷材质	
线绕电阻	用康铜或镍铬合金电阻丝在陶瓷骨架上绕制而成。这种电阻分固定和可变两种。它的特点是工作稳定，耐热性能好，误差范围小，适用于大功率的场合，额定功率一般在1W以上	
电位器	分为碳膜电位器和绕线电位器，其阻值是可以改变的。应用范围广	

除了一些常用的电阻器以外，还有一些新型的电阻器，如热敏电阻、光敏电阻、可熔电阻、贴片电阻等。

（4）电阻器的主要参数

电阻器的主要参数有标称阻值、允许偏差、额定功率和材料等，见表3-4。

表3-4 电阻器的主要参数

主要参数	含义	表示法
标称阻值	标称阻值就是在电阻器的外表所标注的阻值。它表示的是电阻器对电流阻碍作用的强弱	一般用数字、或数字与字母的组合、或色环标注在电阻体表面
允许偏差	电阻器在生产过程中，由于技术的原因，不可能制造出与标称值完全一样的电阻器而存在一定的偏差，为了便于生产的管理和使用，规定了电阻器的精度等级，确定了电阻器在不同等级下的允许偏差	四色环电阻的允许偏差有±5%、±10%、±20%三种；五色环电阻的精度较高，其允许误差只有±1%、±2%两种。其允许误差的表示法如下

百分比	色环	文字符号	罗马数字	色环电阻
1%	棕	F		五色环电阻
2%	红	G		
5%	金	J	Ⅰ	四色环电阻
10%	银	K	Ⅱ	
20%	无色	M	Ⅲ	

续表

主要参数	含义	表示法
额定功率	在正常条件下，电阻长时间工作而不损坏，或不显著改变其性能时，所允许消耗的最大功率	常用的有1/16W、1/8W、1/4W、1/2W、1W、2W、5W、10W等，功率在1W以上的电阻，一般把功率值直接标注在电阻体表面
材料	指构成电阻体的材料种类。不同材料电阻的性能有较大的差异	一般用字母标注材料，有的可通过外观颜色来区分电阻材料，如红色为金属膜电阻

（5）色环电阻识别

在电阻封装上（即电阻表面）印刷一定颜色的色环来表示电阻器标称阻值的大小和误差，被称为色环电阻。不同的色环代表不同的数值，见表3-5。只要知道了色环的颜色，就能识读出该电阻的阻值。

表3-5　色环电阻中各色环的含义

颜色	黑	棕	红	橙	黄	绿	蓝	紫	灰	白
数字	0	1	2	3	4	5	6	7	8	9

① 四色环电阻的识别　四色环电阻就是指用四条色环表示阻值的电阻。从左向右数，第一、二环表示两位有效数字，第三环表示倍乘数（即数字后面添加“0”的个数），第四色环表示阻值允许的偏差（精度）。四个色环代表的具体意义如图3-4所示。

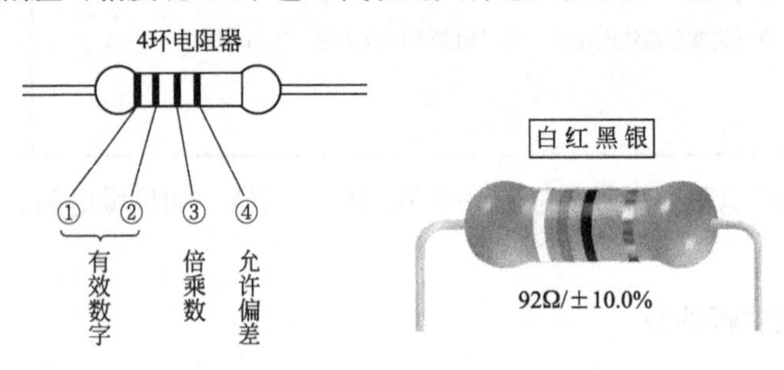

图3-4　四色环电阻的表示法

② 五色环电阻的识别　五色环电阻的精度较高，最高精度为±1%。用五色色环表示阻值的电阻，第一环表示阻值的最大一位数字；第二环表示阻值的第二位数字；第三环表示阻值的第三位数字；第四环表示阻值的倍乘数；第五环表示误差范围。五个色环代表的具体意义如图3-5所示。

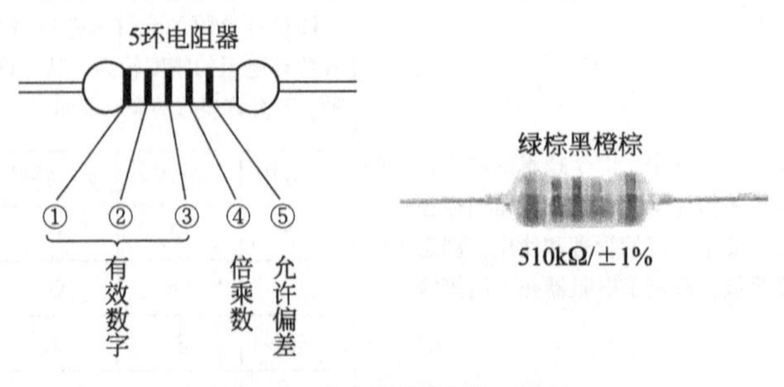

图3-5　五色环电阻的表示法

（6）电阻的连接与应用

电阻的连接形式是多种多样的，最基本的方式是串联和并联。

① 电阻串联电路　在电路中，把两个或两个以上的电阻依次连成一串，为电流提供唯一的一条路径，没有其他分支的电路连接方式，叫做电阻串联电路。如图3-6所示，电阻 R_1 和 R_2 串联。

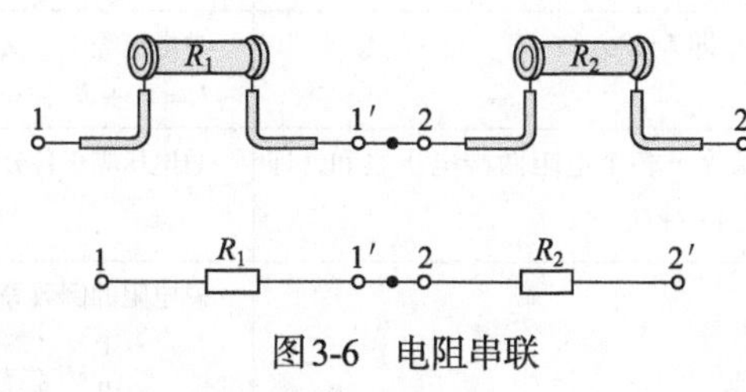

电阻的串联

图3-6　电阻串联

电阻串联时，由于流过各电阻的电流相等，因此各电阻两端的电压按其电阻比进行分配。这就是电阻串联用于电路分压的原理。

在电阻串联电路中，各电阻两端的电压与各电阻大小成正比，在大电阻值的两端，可以得到高的电压。反之则得到的电压就小。即

$$\frac{U_1}{U_2}=\frac{R_1}{R_2}$$

电阻串联的重要作用是分压。当电源电压高于用电器所需电压时，可通过电阻分压提供给用电器最合适的电压，如扩大电压表的量程。

如图3-7所示，若已知两个串联电阻的总电压 U 及电阻 R_1、R_2，则可写出下式：

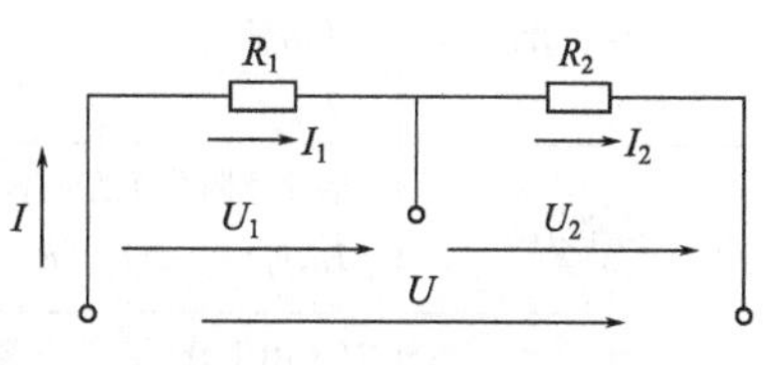

图3-7　两个电阻串联电路

$$U_1=\frac{R_1}{R_1+R_2}U\ ,\ U_2=\frac{R_2}{R_1+R_2}U$$

上式称为串联电阻的分压公式，掌握这一公式，会非常方便地计算串联电路中各电阻的电压。

② 电阻并联电路　在电路中，把两个或两个以上的电阻并排连接在电路中的两个节点之间，为电流提供多条路径的电路连接方式，叫做电阻并联电路。如图3-8所示，电阻 R_1 和 R_2 并联。

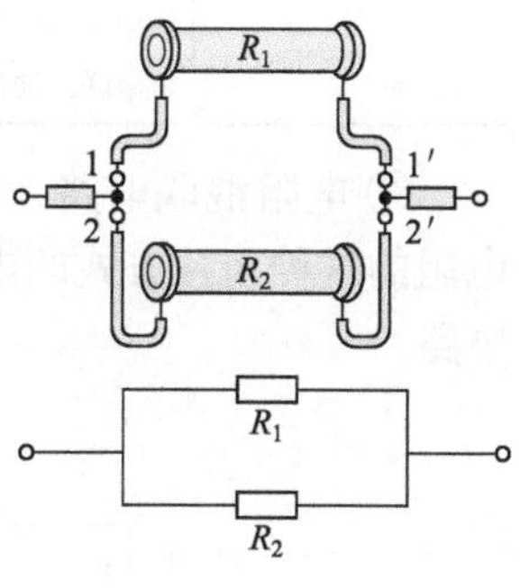

图3-8　电阻并联

用并联电阻的方法来扩大电流表的量程。

根据并联电路电压相等的性质，在并联电路中电流的分配与电阻成反比，即阻值越大的电阻所分配到的电流越小；反之所分配电流越大。即

$$\frac{I_1}{I_2}=\frac{R_2}{R_1}$$

电阻并联的重要作用是分流。

如果两个电阻 R_1、R_2 并联，并联电路的总电流为 I，则两个电阻中的电流 I_1、I_2 分别为

$$I_1=\frac{R_2}{R_1+R_2}I\ ,\ \ I_2=\frac{R_1}{R_1+R_2}I$$

电阻的并联

上式通常被称为并联电路的分流公式。

电阻串联、并联电路的特性比较见表 3-6。

表 3-6 电阻串、并联电路特性比较

项目 \ 连接方式	串联	并联
电流	电流处处相等，即 $I_1=I_2=I_3=\cdots=I_n$	总电流等于各支路电流之和。即 $I=I_1+I_2+\cdots+I_n$
电压	两端的总电压等于各个电阻两端电压之和，即 $U=U_1+U_2+U_3+\cdots+U_n$	总电压等于各分电压，即 $U_1=U_2=\cdots=U$
电阻	总电阻等于各电阻之和，即 $R=R_1+R_2+R_3+\cdots+R_n$	总电阻的倒数等于各个并联电阻倒数之和，即 $\frac{1}{R}=\frac{1}{R_1}+\frac{1}{R_2}+\cdots+\frac{1}{R_n}$ 特例：$R=\frac{R_1R_2}{R_1+R_2}$ $R=\frac{R_1R_2R_3}{R_1R_2+R_1R_3+R_2R_3}$
电阻与分压	各个电阻两端上分配的电压与其阻值成正比，即 $U_1:U_2:U_3:\cdots:U_n=R_1:R_2:R_3:\cdots:R_n$	各个支路电阻上的电压相等
电阻与分流	不分流	与电阻值成反比，即 $I_1:I_2:\cdots:I_n=\frac{1}{R_1}:\frac{1}{R_2}:\cdots:\frac{1}{R_n}$
功率分配	各个电阻分配的功率与其阻值成正比，即 $P_1:P_2:P_3:\cdots:P_n=R_1:R_2:R_3:\cdots:R_n$（其中，$P=I^2R$）	各电阻分配的功率与阻值成反比。即 $R_1P_1=R_2P_2=\cdots=R_nP_n=RP$
应用举例	① 用于分压：为获取所需电压，常利用电阻串联电路的分压原理制成分压器； ② 用于限流：在电路中串联一个电阻，限制流过负载的电流； ③ 用于扩大伏特表的量程：利用串联电路的分压作用可完成伏特表的改装，即将电流表与一个分压电阻串联，便把电流表改装成了伏特表	① 组成等电压多支路供电网络，例如 220V 照明电路； ② 分流与扩大电流表量程：运用并联电路的分流作用可对安培表进行扩大量程的改装，即将电流表与一个分流电阻相并联，便把电流表改装成了较大量程的安培表

③ 电阻混联电路　在实际电路中，电路里包含的电阻既有电阻串联，又有电阻并联，电阻的这种连接方式叫电阻混联，如图 3-9（a）所示，图 3-9（b）为该电路化简后的等效电路。

电阻混联电路

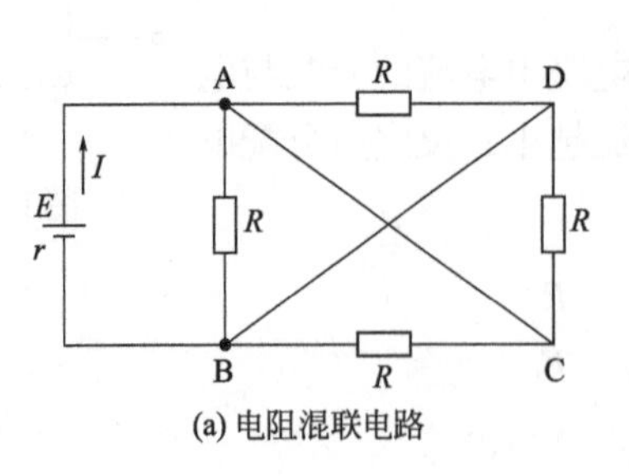

(a) 电阻混联电路

(b) 等效电路

图3-9　电阻混联电路

3.1.4 欧姆定律及应用

欧姆定律适用于电路中不含电源和含有电源两种情况，不含电源电路的欧姆定律叫部分电路欧姆定律，含有电源电路的欧姆定律叫全电路欧姆定律。

（1）部分电阻欧姆定律

在一段不包括电源的电路中，导体中的电流与它两端的电压成正比，与导体的电阻成反比，这就是部分电路欧姆定律，其公式为

$$I=\frac{U}{R}$$

式中 I——导体中的电流，A；

U——导体两端的电压，V；

R——导体的电阻，Ω。

部分电路欧姆定律是针对电路中某一个电阻性元件上电压、电流与电阻值之间关系的定律。

（2）全电路欧姆定律

部分电路欧姆定律是不考虑电源的，而大量的电路都含有电源，这种含有电源的直流电路叫全电路。全电路是由电源和负载构成的一个闭合回路，如图3-10所示。

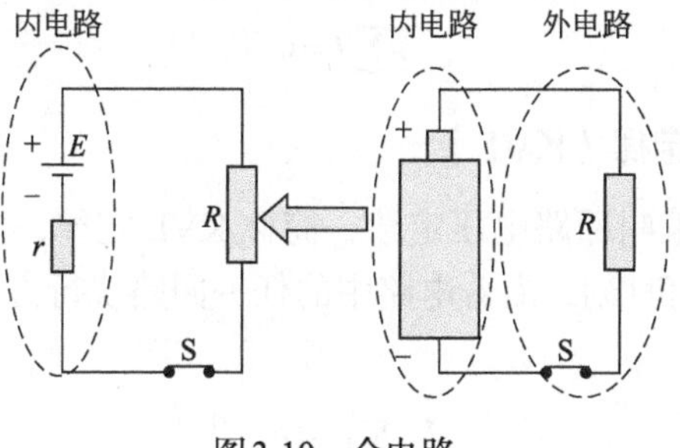

全电路欧姆定律

图3-10 全电路

对全电路的计算，需用全电路欧姆定律解决。全电路欧姆定律是针对整个闭合回路的电源电动势、电流、负载电阻及电源内阻之间关系的定律，它们之间的关系为

$$I=\frac{E}{R+r}$$

式中 I——电路中的电流，A；

E——电源的电动势，V；

R——外电路（负载）的电阻，Ω；

r——电源内阻，Ω。

从上式可看出：在全电路中，电流与电源电动势成正比，与电路的总电阻（外电路电阻与电源内阻之和）成反比，这就是全电路欧姆定律的内容。

根据全电路欧姆定律，可以分析电路的三种情况。

①通路 在 $I=\frac{E}{R+r}$ 中，E、R、r 数值为确定值，电流也为确定值，电路工作正常。

② 短路　当外电路电阻 $R=0$ 时，由于电源内阻 r 很小，则 $I=\frac{E}{r}$，电流趋于无穷大，将烧毁电路和用电器，严重时造成火灾，实用中应该尽量避免。为避免短路造成的严重后果，电路中专门设置了保护装置。

③ 断路（开路）　此时 $R=\infty$，有 $I=\frac{E}{R+r}=0$，即电路不通，不能正常工作。

3.1.5　基尔霍夫定律及应用

基尔霍夫定律是电路中电压和电流所遵循的基本规律，是分析和计算较为复杂电路的基础。基尔霍夫（电路）定律包括既可以用于直流电路的分析，也可以用于交流电路的分析，还可以用于含有电子元件的非线性电路的分析。

（1）基尔霍夫第一定律（KCL）

基尔霍夫第一定律又叫节点电流定律，简称 KCL 定律。它是指，在任何时刻流入任一节点的电流之和等于流出该节点的电流之和，即

$$\sum I_{入}=\sum I_{出}$$

若规定流进节点的电流为正，流出节点的电流为负，则在任一时刻，流过任一节点的电流代数和恒等于零，这就是基尔霍夫定律的另一种表述，即

$$\sum I=0$$

（2）基夫尔霍夫第二定律（KVL）

基夫尔霍夫第二定律也叫回路电压定律，简称 KVL 定律，它确定了一个闭合回路中各部分电压间的关系。在任何时刻，沿着电路中的任一回路绕行方向，回路中各段电压的代数和恒等于零，即

$$\sum U=0$$

3.2　电与磁的基础知识

3.2.1　电流与磁场

（1）磁场

① 磁场的性质　具有磁性的物体称为磁体。在磁体的周围，存在一种特殊的物质形式，我们把它称为磁场。任何磁体都具有两个磁极，即 S 极（南极）和 N 极（北极）。

磁极之间具有相互作用力，即同名磁极互相排斥，异名磁极互相吸引。

② 磁场的方向　人们规定，在磁场中某一点放一个能自由转动的小磁针，静止时小磁针 N 极所指的方向为该点的磁场方向。

③ 磁感线　为了形象地描绘磁场，在磁场中画出一系列有方向的假想曲线，使曲线上任意一点的切线方向与该点的磁场方向一致，我们把这些曲线称为磁感线。不同的磁场，磁

感线的空间分布是不一样的，常见的磁场的磁感线空间分布如图 3-11 所示。

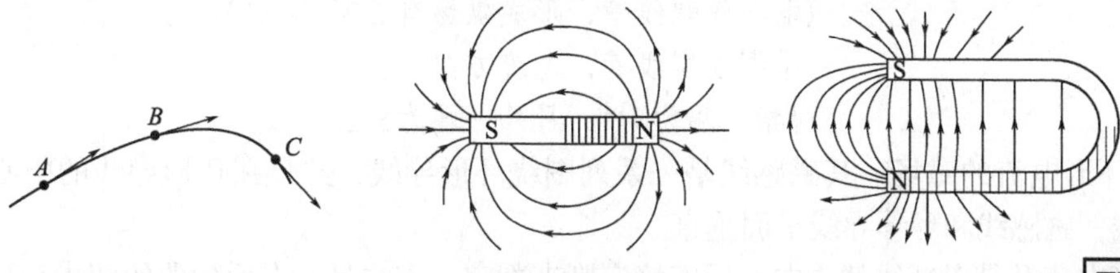

图 3-11　磁感线

直导线电流的磁场

匀强磁场的磁感线是一些分布均匀的平行直线。

（2）电流的磁场

① 通电直导线周围的磁场　通电直导线周围磁场的磁感线是以直导线上各点为圆心的一些同心圆，这些同心圆位于与导线垂直的平面上，且距导线越近，磁场越强；电流越大；磁场也越强。

通电直导线的磁场可用右手螺旋定则判定。方法是：用右手的大拇指伸直，四指握住导线，当大拇指指向电流时，其余四指所指的方向就是磁感线的方向，如图 3-12 所示。

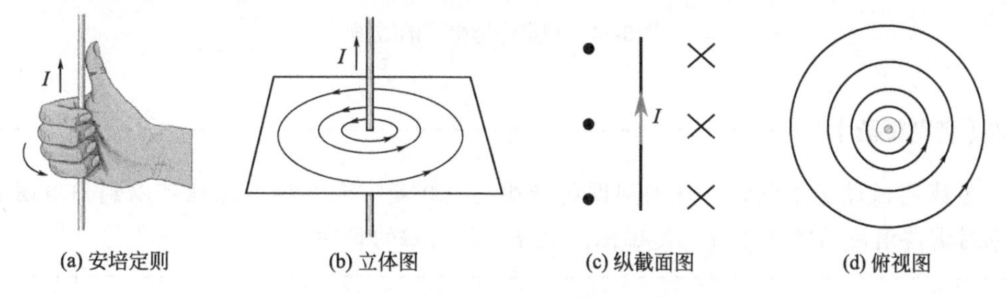

(a) 安培定则　(b) 立体图　(c) 纵截面图　(d) 俯视图

图 3-12　判定通电直导线的磁场

螺旋管电流的磁场

记忆口诀

导体通电生磁场，右手判断其方向。
伸手握住直导线，拇指指向流方向，
四指握成一个圈，指尖指示磁方向。

② 通电线圈的磁场　通电线圈（螺线管）内部的磁感线方向与螺线管轴线平行，方向由 S 极指向 N 极；外部的磁感线由 N 极出来进入 S 极，并与内部磁感线形成闭合曲线。改变电流方向，磁场的极性就对调。

通电线圈的磁场方向仍然用右手螺旋定则判定。方法是：右手的大拇指伸直，用右手握住线圈、四指指向电流的方向，则大拇指所指的方向便是线圈中磁感线的 N 极的方向。通常认为通电线圈内部的磁场为匀强磁场，如图 3-13 所示。

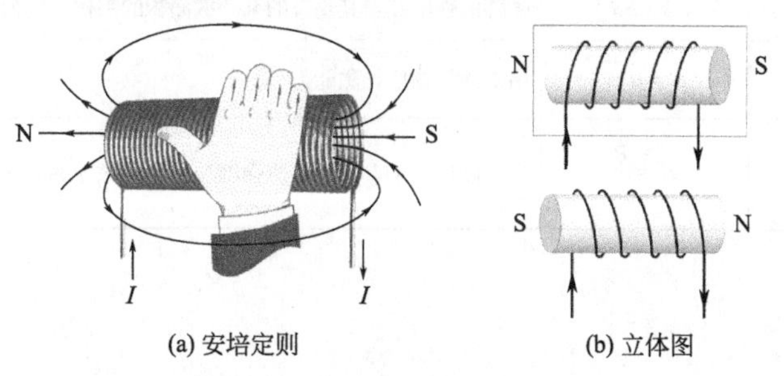

(a) 安培定则　(b) 立体图

图 3-13　判定通电线圈的磁场

记忆口诀

通电导线螺线管，形成磁场有北南。
右手握住螺线管，电流方向四指尖。
拇指一端为N极，另外一端为S极。

③ 环形电流的磁场　其磁感线是一系列围绕环形导线，并且在环形导线的中心轴上的闭合曲线，磁感线和环形导线平面垂直。

环形电流及其磁感线的方向，用安培定则来判定。方法是：右手弯曲的四指和环形电流的方向一致，则伸直的大拇指所指的方向就是环形导线中心轴上磁感线的方向，如图3-14所示。

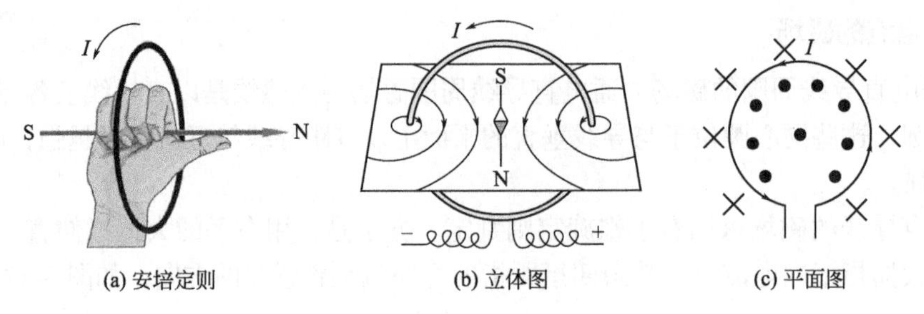

(a) 安培定则　(b) 立体图　(c) 平面图

图3-14　判定环形电流的磁场

【特别提醒】

当线圈通过交流电时，线圈周围将产生交变磁场。利用这个原理可以制作消磁器，用来对需要消磁的物体进行反复磁化，最终达到消磁的目的。

3.2.2　磁场基本物理量

磁场基本物理量

（1）磁场的四个基本物理量

磁感应强度、磁通、磁导率和磁场强度是描述磁场的4个基本物理量，见表3-7。

表3-7　磁场的基本物理量

物理量	符号	表达式	说明
磁感应强度	B	$B=\frac{F}{IL}$	它是描述磁场力效应的物理量，表示磁场中任意一点磁场的强弱和方向
磁通	Φ	$\Phi=BS$	磁感应强度和与其垂直的某一截面积的乘积，称为通过该面积的磁通
磁导率	μ	$\mu=\mu_r\mu_0$	用来衡量物质导磁能力
磁场强度	H	$H=\frac{B}{\mu}$	它是磁场中某点的磁感应强度与磁介质磁导率的比值

$B=\frac{F}{IL}$ 成立的条件是导线 L 与磁感应强度 B 的方向垂直，$\frac{F}{IL}$ 的比值为一恒量，所以不能说 B 与 F 成正比，也不能说 B 与 I 和 L 的乘积成反比。

（2）相对磁导率与物质分类

为便于对各种物质的导磁性能进行比较，以真空磁导率为基准，将其他物质的磁导率与真空磁导率比较，其比值叫相对磁导率 μ_r。根据相对磁导率的大小，可将物质分为3类：

① $\mu_r<1$ 的物质叫反磁性物质，如氢气、铜、石墨、银、锌等；

② $\mu_r>1$ 的物质叫顺磁性物质，如空气、锡、铝、铅等；

③ $\mu_r\gg1$ 的物质叫铁磁性物质，如铁、钢、镍、钴等。

3.2.3 电磁力及应用

（1）磁场对通电直导线的作用

通电导体在磁场中会受力而做直线运动，我们把这种力称为电磁力，用 F 表示。

电磁力 F 的大小与通过导体的电流 I 成正比，与载流导体所在位置的磁感应强度 B 成正比，与导体在磁场中的长度 L 成正比，与导体和磁感线夹角正弦值成正比，即

$$F=BIL\sin\alpha$$

式中 F——导体受到的电磁力，N；

I——导体中的电流，A；

L——导体的长度，m；

$\sin\alpha$——导体与磁感线夹角的正弦。

通电导线在磁场中作用力的方向可用左手定则判定。方法是：伸开左手，使拇指与四指在同一平面内并且互相垂直，让磁感线垂直穿过掌心，四指指向电流方向，则拇指所指的方向就是通电导体受力的方向，如图3-15所示。

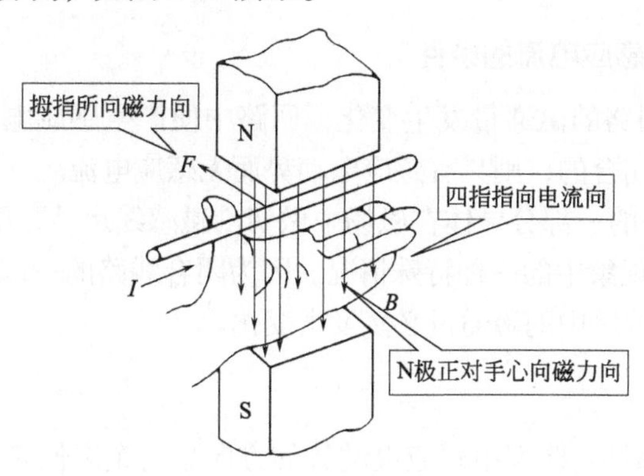

图3-15 左手定则

左手定则记忆口诀

电流通入直导线，就能产生电磁力。
左手用来判断力，拇指四指成垂直。
平伸左手磁场中，N极正对手心里，
四指指向电流向，拇指所向电磁力。

【特别提醒】

两根互相平行相距不远的直导线通以同方向电流时，相互吸引。如果两平行直导线通以反方向电流，则互相排斥。

依据上述原理，在敷设电力线路时，导线之间必须保持一定的间隔距离，以确保线路安全。

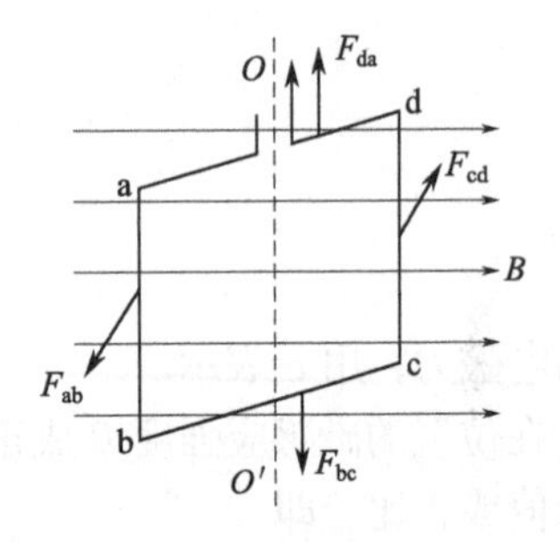

图3-16 通电线圈在磁场中的受力

（2）磁场对矩形线圈的作用

通电矩形线圈在磁场中将受到转矩的作用而转动。线圈的转动方向用左手定则判定，其受力分析如图3-16所示。

线圈所受的转矩 M 与线圈所在的磁感应强度 B 成正比，与线圈中流过的电流 I 成正比，与线圈的面积 S 成正比，与线圈平面与磁感线夹角 α 的余弦成正比，即

$$M=BIS\cos\alpha$$

【特别提醒】

通电矩形线圈在磁场中受转矩作用而转动，这一物理现象的发现让人类发明了电动机。磁力式电能表就是根据通电矩形线圈在磁场中受转矩作用的原理工作的。

3.2.4 电磁感应现象与楞次定律

关于电磁感应中的定则应用

（1）感应电动势和感应电流的条件

① 只要穿过闭合回路的磁通量发生变化，回路中便产生感应电动势和感应电流。如果回路是不闭合的，则只有感应电动势而无感应电流。

② 只要闭合线路中的一部分导体在磁场中做切割磁感线运动，回路里就产生感应电流。这种情况只是电磁感应现象中的一种特殊情况。因为闭合线路的一部分导体在磁场中做切割磁感线运动时，实际上线路中的磁通量必然发生变化。

（2）楞次定律

① 楞次定律的内容是，线圈中感应电动势的方向总是企图使它所产生的感应电流的磁场阻碍原有磁通的变化。

② 用楞次定律判定感应电流方向的具体步骤如下：

a. 确定原磁通的方向；

b. 判定穿过回路的原磁通的变化情况是增加还是减少；

c. 根据楞次定律确定感应电流的磁场方向；

d. 根据右手螺旋法则，由感应电流磁场的方向确定感应电流的方向。

【特别提醒】

楞次定律是判断感应电流方向的普遍规律。它不但适用闭合线路中的一部分导体在磁场中做切割磁感线运动所产生的感应电流方向的判定，与右手定则所判定的结果相同，而且适用穿过闭合回路里的磁通发生变化时产生感应电流的方向判定。

（3）感应电流方向的判定

右手定则的内容：伸开右手，将手掌伸平，让拇指和其余四指垂直，掌心对着磁感线的来向，大拇指指向导体切割磁感线的运动方向，则四指所指的就是感应电流方向，如图3-17所示。

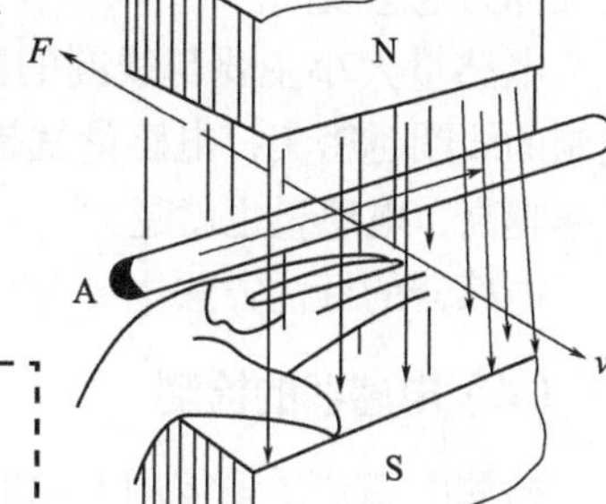

图3-17 右手定则

【特别提醒】

右手定则适用于闭合线路中的部分导体在磁场中做切割磁感线运动，产生感应电流的方向的判定。

3.2.5 电感及应用

（1）电感的定义

当电流通过线圈后，在线圈中形成磁场感应，感应磁场又会产生感应电流来抵制通过线圈中的电流。这种电流与线圈的相互作用关系称为电的感抗，也就是电感。

电感是闭合回路的一种属性，是一个物理量。

（2）自感现象

电感是自感和互感的总称，提供电感的器件称为电感器。电感器一般由骨架、绕组、屏蔽罩、封装材料、磁芯或铁芯等组成。

当线圈中的电流变化时，线圈本身就产生了感应电动势，这个电动势总是阻碍线圈中电流的变化。这种由于线圈本身电流发生变化而产生电磁感应的现象叫自感现象，简称自感，此现象常表现为阻碍电流的变化。在自感现象中产生的感应电动势，叫自感电动势。

自感现象是一种特殊的电磁感应现象，它是由于线圈本身电流变化而引起的。自感的存在，是线圈中电流不能突变的原因。

（3）电感量

实验证明，穿过电感器的磁通量Φ和电感器通入的电流I成正比关系。磁通量Φ与电流I的比值称为自感系数，又称电感量，用公式表示为

$$L=\Phi/I$$

电感量的基本单位为亨利（简称亨），用字母H表示，此外还有毫亨（mH）和微亨（μH），它们之间的关系是：

$$1H=1\times10^{3}mH=1\times10^{6}\mu H$$

电感量一般标注在电感器的外壳上，如图 3-18 所示。

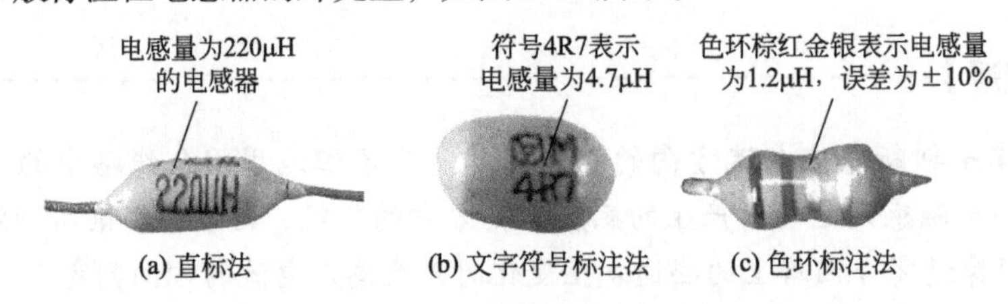

图3-18 电感量的标注方法

具有电磁感应作用的电子器件称为电感器，简称电感。电感一般由导线绕成线圈构成，故又称为电感线圈。

电感量大小主要与线圈的匝数（圈数）、绕制方式和磁芯材料等有关。线圈匝数越多、绕制的线圈越密集，电感量就越大；有磁芯的电感器比无磁芯的电感量大；电感器的磁芯磁导率越高，电感量也就越大。

电感器的标注方法主要有直接标注法、色标法和文字符号法。

（4）电感器的检测

检测电感器质量需用专用的电感测试仪，在一般情况下，可用万用表测量来判断电感的好坏。方法是：用指针式万用表欧姆挡（$R\times1$ 或 $R\times10$ 挡）来判断。根据检测电阻值大小，可以简单判别电感器的质量。正常情况下，电感器的直流电阻很小（有一定阻值，最多几欧姆）。若万用表读数偏大或为无穷大则表示电感器损坏。若万用表读数为零，则表明电感器已短路。

（5）线圈的磁场能

电感线圈是电路中的储能元件。线圈中的磁场能与本身的电感成正比，与通过线圈的电流最大值的平方成正比，即

$$W_{L}=\frac{1}{2}LI^{2}$$

应当指出，上述公式只适用于计算空心线圈的磁场能量；对于铁芯线圈，由于电感 L 不是常数，该公式并不适用。

3.3 交流电路基础知识

3.3.1 单相正弦交流电

正弦交流电的产生

（1）正弦交流电的产生

交流发电机是根据电磁感应原理研制的。交流发电机由固定在机壳上的定子和可以绕轴转动的转子两部分组成。

在线圈旋转过程中，每经过一次中性面，由于导体切割磁力线方向改变，感生电动势方向变化一次，且每次线圈与中性面重合时，感生电动势恰好为零。线圈与中性面垂直时，达

到最大值。其变化规律的正弦波曲线，如图 3-19 所示。

（2）正弦交流电的波形图

如图 3-20 所示为正弦交流电的波形图。从波形图可直观地看出交流电的变化规律。绘图时，采用“五点描线法”，即：起点、正峰值点、中点、负峰值点、终点。

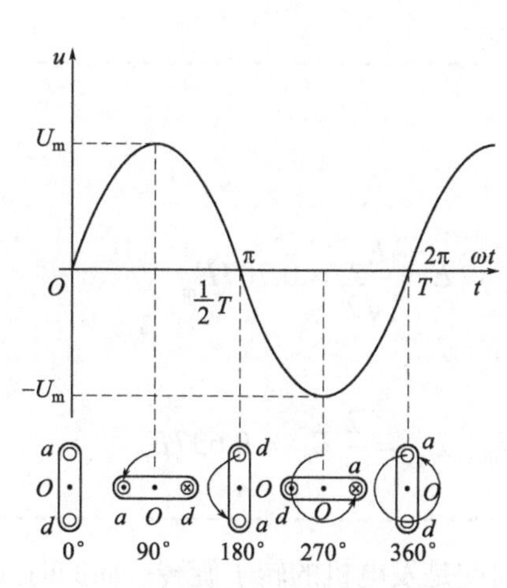

图3-19 单相交流发电机输出的电压波形

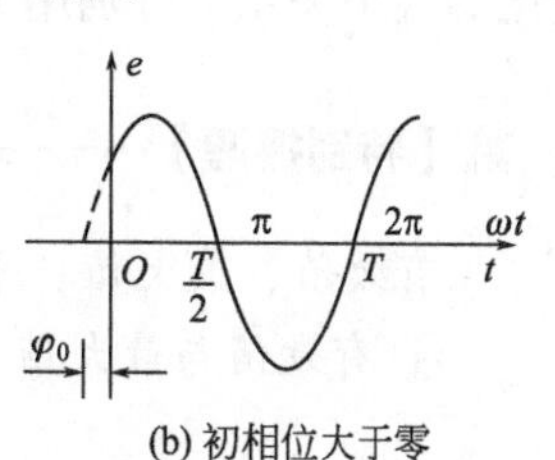

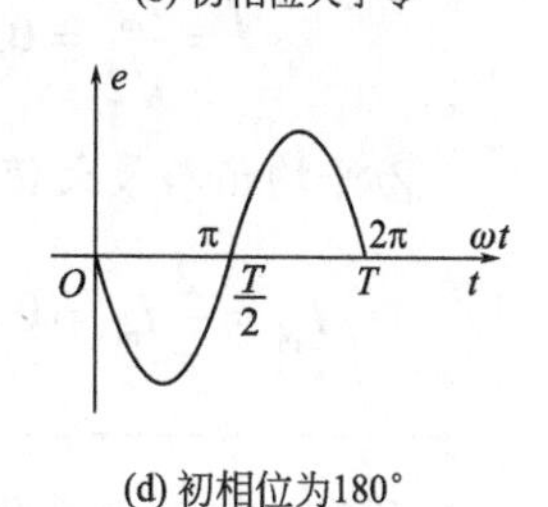

图3-20 正弦交流电的波形图

从波形图可看出，正弦交流电有以下 3 个特点。

① 瞬时性　在一个周期内，不同时间瞬时值均不相同。

② 周期性　每隔一相同时间间隔，曲线将重复变化。

③ 规律性　始终按照正弦函数规律变化。

正弦交流电的物理量

（3）交流电的三要素

通常把振幅（最大值或有效值）、频率（或者角频率、周期）、初相位，称为交流电的三要素。知道了交流电的三要素，就可写出其解析式，也可画出其波形图。反之，知道了交流电解析式或波形图，也可找出其三要素。

① 瞬时值　正弦交流电在任一瞬时的值，称为瞬时值。正弦交流电的电动势、电压、电流的瞬时值分别用小写字母 e、u、i 表示，最大值分别用 E_m、U_m、I_m 表示，其瞬时值表达式为

$$e = E_m \sin(\omega t + \phi_0)(\mathrm{V})$$
$$u = U_m \sin(\omega t + \phi_0)(\mathrm{V})$$
$$i = I_m \sin(\omega t + \phi_0)(\mathrm{A})$$

式中，ω 为角频率，t 为时间，ϕ_0 为转子线圈起始位置与中性面的夹角（称为初相位）。

② 最大值　正弦交流电在一个周期内所能达到的最大数值，也称幅值、峰值、振幅等。分别用 E_m、U_m、I_m 表示。

正弦交流电的瞬时值、最大值如图 3-21 所示。

③ 有效值　让交流电与直流电分别通过阻值相同的电阻，如果在相同的时间内，它们所产生的热量相等，我们就把这一直流电的数值定义为这一交流电的有效值。分别用大写字母 E、U、I 表示。

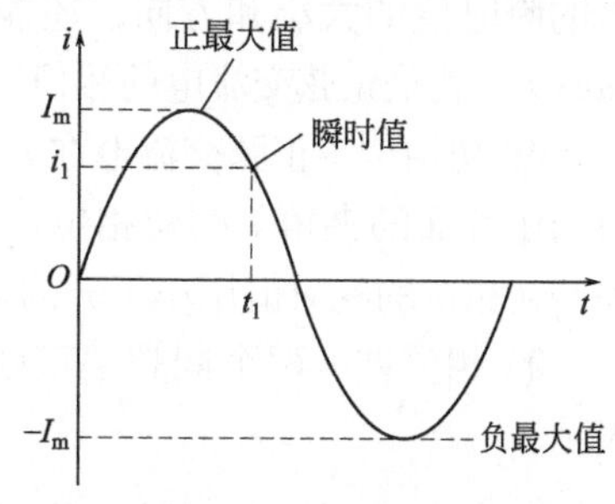

图3-21 正弦交流电的瞬时值和最大值

平常说的交流电的电压或电流的大小，都是指有效值。一般交流电表测量的数值也是有效值，常用电器上标注的资料均为有效值。但在选择电器的耐压时，必须考虑电压的最大值。

④ 平均值　是指在一个周期内交流电的绝对值的平均值，它表示的是交流电相对时间变化的大小关系。分别用 I_{pj}、U_{pj}、E_{pj} 表示。一般说，交流电的有效值比平均值大。

【特别提醒】

有效值、最大值、平均值的数量关系如下：

① 有效值与最大值的数量关系

$$I=\frac{I_m}{\sqrt{2}}=0.707I_m，\quad U=\frac{U_m}{\sqrt{2}}=0.707U_m，\quad E=\frac{E_m}{\sqrt{2}}=0.707E_m$$

② 平均值与最大值的数量关系

$$I_{pj}=\frac{2}{\pi}I_m=0.637I_m，\quad U_{pj}=\frac{2}{\pi}U_m=0.637U_m，\quad E_{pj}=\frac{2}{\pi}E_m=0.637E_m$$

⑤ 周期　正弦量变化一周所需的时间称为周期，周期是发电机的转子旋转一周的时间，用 T 表示，单位为 s。

⑥ 频率　正弦交流电在单位时间内（1s）完成周期性变化的次数，即发电机在 1s 内旋转的圈数，用 f 表示，单位是赫兹（Hz）。频率常用单位还有千赫（kHz）和兆赫（MHz），它们的关系为

$$1kHz=10^3Hz;\ 1MHz=10^6Hz$$

周期和频率之间互为倒数关系，即

$$T=\frac{1}{f}$$

⑦ 角频率　交流电在 1s 时间内电角度的变化量，即发电机转子在 1s 内所转过的几何角度，用 ω 表示，单位是弧度每秒（rad/s）。

周期、频率和角频率三者的关系：

$$\omega=2\pi f=\frac{2\pi}{T},\quad f=\frac{1}{T}=\frac{\omega}{2\pi},\quad T=\frac{1}{f}=\frac{2\pi}{\omega}$$

我国规定：交流电的频率是 50Hz，习惯上称为“工频”，角频率为 100πrad/s 或 314rad/s。

⑧ 相位　相位是表示正弦交流电在某一时刻所处状态的物理量。它不仅决定正弦交流电的瞬时值的大小和方向，还能反映正弦交流电的变化趋势。在正弦交流电的表达式中，“$\omega t+\phi_0$”就是正弦交流电的相位，单位为度（°）或弧度（rad）。

⑨ 初相位　正弦交流电在 $t=0$ 时的相位（或发电机的转子在没有转动之前，其线圈平面与中性面的夹角）叫初相位，简称初相，用 ϕ_0 表示。初相位的大小和时间起点的选择有关，初相位的绝对值用小于 π 的角表示。

⑩ 相位差　两个同频率正弦交流电，在任一瞬间的相位之差就是相位差。用符号 $\Delta\phi$ 表示。

3.3.2 单一参数交流电路

单一参数正弦交流电路包括电阻元件的交流电路、电感元件的交流电路与电容元件的交流电路单一参数交流电路的比较见表 3-8。

表 3-8 单一参数单相交流电路的比较

特性名称		纯电阻电路	纯电容电路	纯电感电路
阻抗特性	阻抗	阻抗$R=U/I$	容抗$X_C=\dfrac{1}{\omega C}=\dfrac{1}{2\pi fC}$	感抗$X_L=\omega L=2\pi fL$
	直流特性	通直流但有阻碍作用	隔直流（相当于开路）	通直流（相当于短路）
	交流特性	通交流但有阻碍作用	通高频、阻低频	通低频、阻高频
电流电压数量关系		$I=U_R/I_R$	$I=\dfrac{U_C}{X_C}$	$I=\dfrac{U_L}{X_L}$
电流电压相位关系		u超前于i 90°	u滞后于i 90°	u超前于i 90°
有功功率		$P=I^2R$	$P=0$	$P=0$
无功功率		0	$Q_C=U_CI=I^2X_C=\dfrac{U_C^2}{X_C}$	$Q_L=UI=I^2X_L=\dfrac{U_L^2}{X_L}$
满足欧姆定律的参数		最大值、有效值、瞬时值	最大值、有效值	最大值、有效值

3.3.3 三相交流电路及应用

（1）三相交流电的产生

三相交流电是由三相交流发电机产生的。如图 3-22 所示为三相交流发电机结构示意图，它主要由定子和转子组成。在定子铁芯槽中，分别对称嵌放了三组几何尺寸、线径和匝数相同的绕组，这三组绕组分别称为 A 相、B 相和 C 相，其首端分别标为 U_1、V_1、W_1，尾端分别标为 U_2、V_2、W_2。

三相交流电的产生

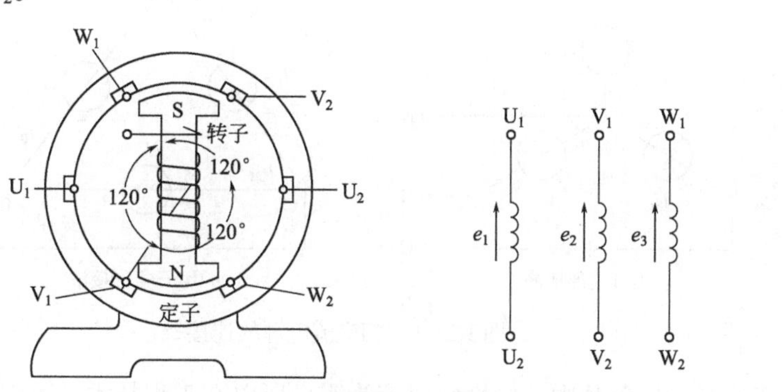

图 3-22 三相交流发电机结构示意图

当转子在其他动力机（如水力发电站的水轮机、火力发电站的蒸汽轮机等）的拖动下，以角频率 ω 做顺时针匀速转动时，在三相绕组中产生感应电动势 e_1、e_2、e_3。这三相电动势的振幅、频率相同，它们之间的相位彼此相差 120° 电角度。

如果以 A 相绕组的电动势 e_1 为准，则这三相感应电动势的瞬时值表达式为

$$e_1 = E_m \sin(\omega t)$$

$$e_2 = E_m \sin(\omega t - \frac{2}{3}\pi)$$

$$e_3 = E_m \sin(\omega t + \frac{2}{3}\pi)$$

（2）三相交流电的相序

在工程技术上，一般以三相电动势最大值到达时间的先后顺序称为相序。多以 e_1—e_2—e_3 的顺序为正相序；反之，为反相序。

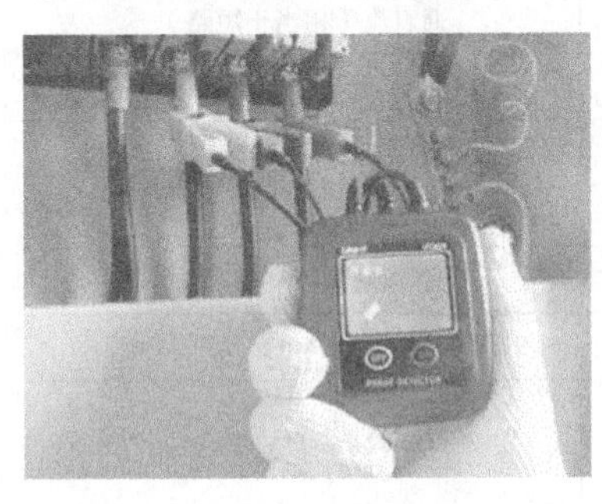

图3-23　测量相序

为使电力系统能够安全可靠地运行，统一规定：用黄色表示 e_1 相（U 相），用绿色表示 e_2 相（V 相），用红色表示 e_3 相（W 相）。

低压配电柜三相电源的相序颜色如下：

① 水平布置：从前向后为 A（黄）、B（绿）、C（红）；

② 上下布置：从上向下为 A（黄）、B（绿）、C（红）；

③ 垂直布置：从左向右为 A（黄）、B（绿）、C（红）。

在电力工程上，相序排列是否正确，可用相序器来测量，如图 3-23 所示。

（3）三相电源的星形连接

三相交流发电机的三相绕组有 6 个端头，其中有 3 个首端，3 个尾端。

把三个尾端连接在一起，成为一个公共点（称为中性点），从中性点引出的导线称为中性线，简称中线（又称为零线），用 N 表示；把三个绕组引出的输电线 A、B、C 叫做相线，俗称火线。这种连接方式所构成的供电系统称为三相四线制电源，用符号“Y”表示，如图 3-24（a）所示。

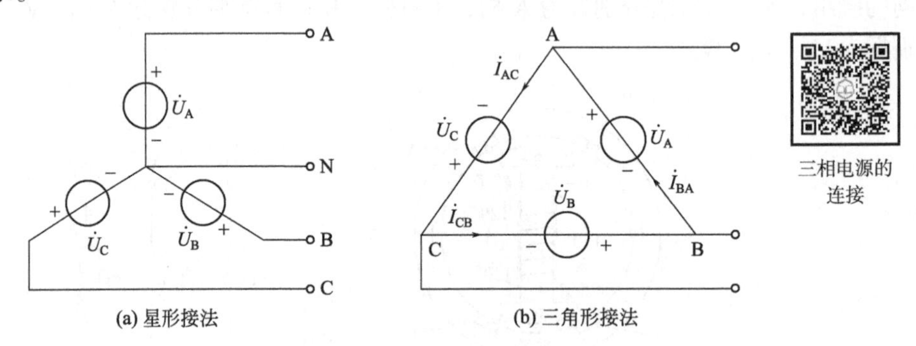

(a) 星形接法　　(b) 三角形接法

图3-24　三相交流电源的连接

在三相四线制对称负载中，中性线电流为零。所以在工程技术上可以省去中性线，将三相四线制变为三相三线制供电。例如，三相电动机、三相电炉就可以采用三相三线制供电。

（4）三相电源的三角形连接

三相交流电源的三角形接法是将各相电源或负载依次首尾相连，并将每个相连的点引出，作为三相电的三条相线。三角形接法没有中性点，也不可引出中性线，因此只有三相三线，如图 3-24（b）所示。

(5)相电压和线电压

三相四线制供电线路采用星形(Y)接法,其突出优点是能够输出两种电压,且可以同时用两种电压向不同用电设备供电,如图 3-25 所示。

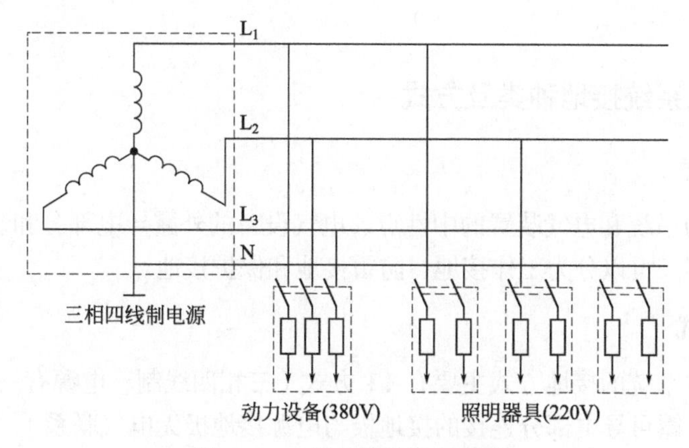

图 3-25 三相四线制供电系统

① 相电压 每相绕组首端与中性点之间的电压称为相电压,相电压为 220V,用于供单相设备和照明器具使用。

② 线电压 相线与相线之间的电压称为线电压,线电压为 380V,用于供三相动力设备使用。

【特别提醒】

线电压与相电压的数量关系为:线电压等于相电压的 $\sqrt{3}$ 倍,即

$$U_{线}=\sqrt{3}U_{相}$$

(6)中性线的重要作用

中性线的重要作用是:在三相不对称负载电路中,保证三相负载上的电压对称,防止事故的发生。

在三相四线制供电系统中规定,中性线上不允许安装保险丝和开关,以保证用电安全。

记忆口诀

Y 接三尾连一点,连点称为中性点。
三首引出三相线,中点引出中性线。
相线俗称为火线,中线[1]俗称叫零线。
线电压与相电压,线相压比根号 3。
安装中线有规定,不装保险或开关。

(7)三相五线制供电

在民用供电线路中(如楼宇供电),输电线路一般采用三相五线制,其中三条线路分别代表 L_1、L_2、L_3 三相,另外两条线路分别是工作零线 N 以及保护零线 PE。普通居民用

[1] 中线即中性线。

电多数为单相供电，即只将 L_1、L_2 或 L_3 其中一相，工作零线（N），保护地线（PE）接入家中。

三相五线制供电方式，用电设备上所连接的工作零线 N 和保护零线 PE 是分别敷设的。

3.3.4 低压供电系统接地种类及方式

（1）接地种类

接地是指电力系统和电气装置的中性点、电气设备的外露导电部分和装置外导电部分经由导体与大地相连。可以分为工作接地、防雷接地和保护接地。

（2）接地方式

我国低压配电系统的接地方式主要有 TT 方式（三相四线制，电源有一点与地直接连接，负荷侧电气装置外露可导电部分连接的接地极与电源接地极无电气联系）、TN 方式和 IT（三相三线）方式，其中 TN 方式又可分成 TN-S（三相五线制）、TN-C（三相四线制）、TN-C-S（由三相四线制改为三相五线制）三种形式，见表 3-9。

表 3-9 低压配电系统的接地方式

接地方式		特点	应用场所	电路原理图
TT方式（三相四线）		① 低压中性线接地引出线为 N 线 ② 无公共 PE 线，设备的外露可导电部分经各自的 PE 线直接接地	适于安全要求及对抗电磁干扰要求较高的场所	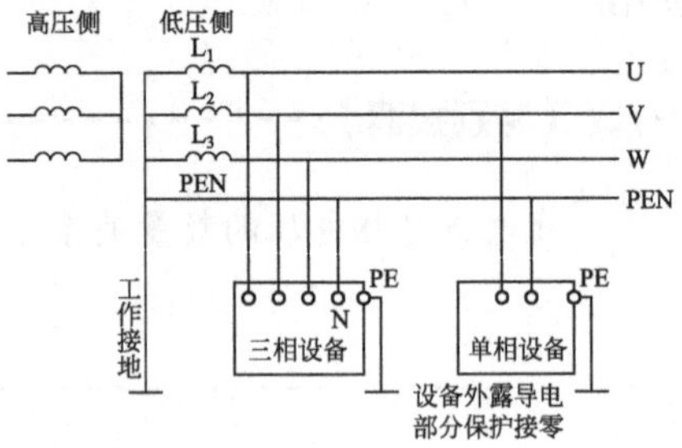 高压侧 低压侧 L_1 L_2 L_3 PEN U V W PEN 工作接地 PE N 三相设备 PE 单相设备 设备外露导电部分保护接零
TN方式	TN-S（三相五线制）	① 中性点直接接地； ② PE 线与 N 线分开，设备的外露可导电部分均接 PE 线	① 对安全要求较高的场所，如潮湿易触电的浴池等地及居民生活住所 ② 对抗电磁干扰要求高的数据处理、精密检测等实验场所	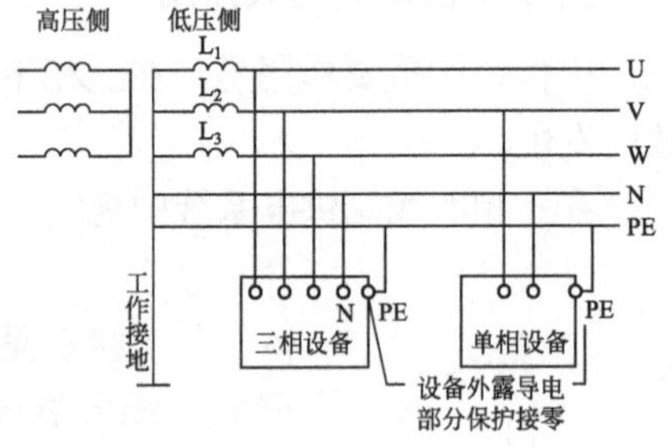 高压侧 低压侧 L_1 L_2 L_3 U V W N PE 工作接地 N PE 三相设备 PE 单相设备 设备外露导电部分保护接零
	TN-C-S（由三相四线制改为三相五线制）	① 中性点直接接地 ② 该系统的前部分全为 TN-C 系统，而后边一部分为 TN-S 系统 ③ 设备的外露可导电部分接 PEN 线或 PE 线	应用比较灵活，对安全要求和抗电磁干扰要求较高的场所采用 TN-S 系统供电，而其他情况则采用 TN-C 系统供电重复接地	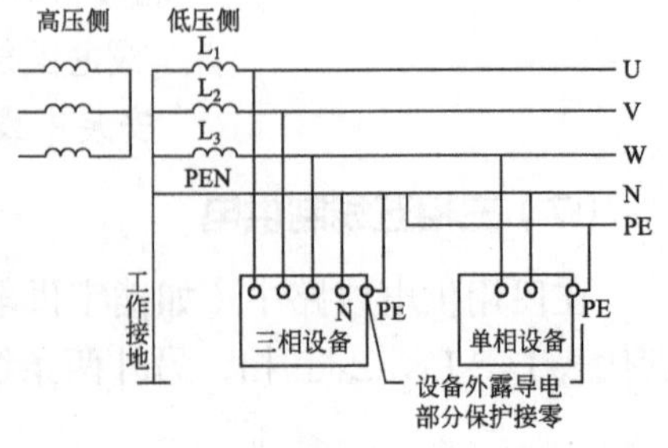 高压侧 低压侧 L_1 L_2 L_3 PEN U V W N PE 工作接地 N PE 三相设备 PE 单相设备 设备外露导电部分保护接零

续表

接地方式	特点	应用场所	电路原理图
IT方式（三相三线制）	① 系统中性点不接地，或经高阻抗（约1000Ω）接地 ② 没有N线，因此不适于接额定电压为系统相电压的单相用电设备，只能接额定电压为系统线电压的单相用电设备 ③ 设备的外露可导电部分经各自PE线分别接地	① 系统中性点不接地，或经高阻抗（约1000Ω）接地 ② 没有N线，因此不适于接额定电压为系统相电压的单相用电设备，只能接额定电压为系统线电压的单相用电设备 ③ 设备的外露可导电部分经各自PE线分别接地	高压侧 低压侧 L_1 L_2 L_3 U V W Z PE N 三相设备 设备外露导电部分保护接零

我国厂矿企业通常采用TT系统，即“三相四线制”供电，当供电线路与用电设备距离不是很远时，也常采用TN-S系统，即“三相五线制”。

【练习题】

一、选择题

1. 在电源内部由正极指向负极，即从低电位指向高电位。（　　）

2. 部分电路欧姆定律反映了在含电源的一段电路中，电流与这段电路两端的电压及电阻的关系。（　　）

3. 保护接地的接地电阻不得小于4Ω。（　　）

4. 保护零线在短路电流作用下不得熔断。（　　）

5. 接地线应尽量安装在人不宜接触到的地方，以免意外损坏。（　　）

6. 电阻并联时阻值小的电阻分得的电流大。（　　）

7. 电阻并联时等效电阻小于电阻值最小的电阻。（　　）

8. 正弦交流电的三要素是最大值、周期、角频率。（　　）

9. 只要三相负载是三角形连接，则线电压等于相电压。（　　）

10. 并联电路中各支路上的电流不一定相等。（　　）

11. 基尔霍夫第一定律是节点电流定律，是用来证明电路上各电流之间关系的定律。（　　）

12. 基尔霍夫第一定律只能用于节点，不能用于闭合回路。（　　）

13. 基尔霍夫第二定律表明，对于电路的任一回路，沿回路绕行一周，回路中各电源电动势的代数和等于各电阻上电压降的代数和（$\Sigma E=\Sigma IR$）。（　　）

14. 基尔霍夫第一定律说明：对于电路中任意一个节点来说，流入节点的电流之和恒等于流出这个节点电流之和（$\Sigma I_{入}=\Sigma I_{出}$）。（　　）

15. 基尔霍夫定律适用于直流电路，同样适用于交流电路的计算。（　　）

16. 电感线圈在直流电路中相当于短路。（　　）

17. 容抗与频率的关系是频率越高，容抗越大。（　　）

18. 感抗与频率的关系是频率越高，感抗越大。（　　）

答案：1.×；2.×；3.×；4. √；5. √；6. √；7. √；8.×；9. √；10. √；11. √；12.×；13. √；14. √；15. √；16. √；17.×；18. √

19. 纯电感电路瞬时功率的最大值称为感性无功功率。(　　)

20. 电感元件的正弦交流电路中，消耗的有功功率等于零。(　　)

21. 正弦交流电路的频率越高，阻抗越大；频率越低，阻抗越小。(　　)

22. 正弦量的三要素是指最大值、角频率和相位。(　　)

23. 电感的特点是通直阻交，电容的特点是隔直通交。(　　)

24. 三相不对称负载星形连接时，为了使各相电压保持对称，必须采用三相四线制供电。(　　)

25. 由欧姆定律可知，导体电阻的大小与两端电压成正比，与流过导体的电流成反比。(　　)

26. 某点电位高低与参考点有关，两点之间的电压就是两点的电位差。因此，电压也与参考点有关。(　　)

27. 两电容器并联的等效电容大于其中任一电容器的电容。(　　)

28. 电感线圈在直流电路中相当于短路。(　　)

29. 星形接法是将各相负载或电源的尾端连接在一起的接法。(　　)

30. 三相电路中，相电压就是相与相之间的电压。(　　)

31. 三相负载星形连接时，无论负载是否对称，线电流必定等于相电流。(　　)

32. 三相负载三角形连接时，线电流是指电源相线上的电流。(　　)

33. 两个频率相同的正弦交流电的初相位之差，称为相位差，当相位差为零时，称为同相。(　　)

34. 三相负载星形连接时，无论负载是否对称，线电流必定等于相电流。(　　)

35. 三相负载三角形连接时，线电流是指电源相线上的电流。(　　)

36. 两个频率相同的正弦交流电的初相位之差，称为相位差，当相位差为零时，称为同相。(　　)

37. 磁导率是一个用来表示媒质磁性能的物理量，对于不同的物质就有不同的磁导率。(　　)

二、选择题

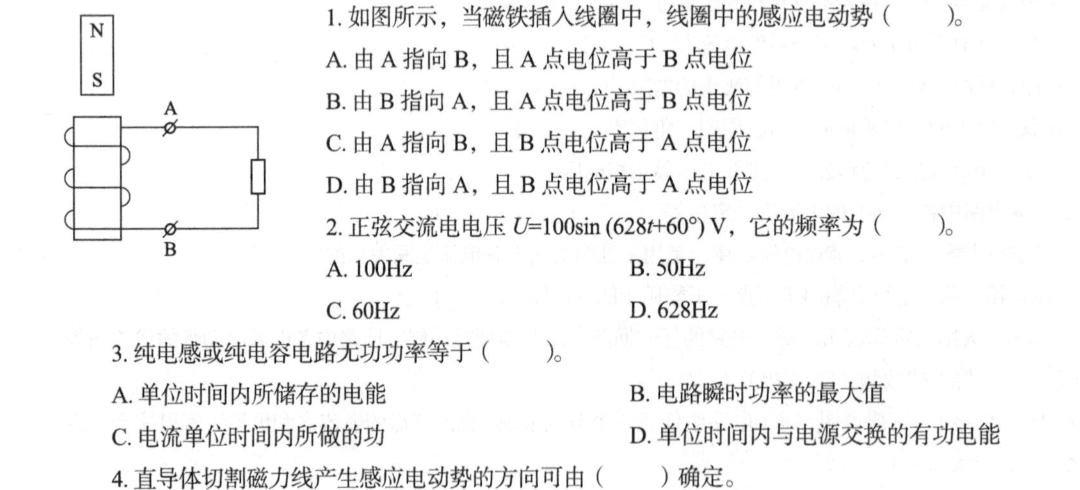

1. 如图所示，当磁铁插入线圈中，线圈中的感应电动势（　　）。

A. 由 A 指向 B，且 A 点电位高于 B 点电位

B. 由 B 指向 A，且 A 点电位高于 B 点电位

C. 由 A 指向 B，且 B 点电位高于 A 点电位

D. 由 B 指向 A，且 B 点电位高于 A 点电位

2. 正弦交流电电压 U=100sin (628t+60°) V，它的频率为（　　）。

A. 100Hz　　B. 50Hz

C. 60Hz　　D. 628Hz

3. 纯电感或纯电容电路无功功率等于（　　）。

A. 单位时间内所储存的电能　　B. 电路瞬时功率的最大值

C. 电流单位时间内所做的功　　D. 单位时间内与电源交换的有功电能

4. 直导体切割磁力线产生感应电动势的方向可由（　　）确定。

A. 右手定则　　B. 右手螺旋定则　　C. 左手定则　　D. 欧姆定律

答案：19. √；20. √；21.×；22.×；23. √；24. √；25.×；26.×；27. √；28. √；29. √；30.×；31. √；32. √；33. √；34. √；35. √；36. √；37. √

1. B；2. A；3. B；4. A

5. 载流导体在磁场中所受到磁场力的方向由（　　）确定。

A. 右手定则　　B. 右手螺旋定则　　C. 左手定则　　D. 欧姆定律

6. 自感和互感的单位符号是（　　）。

A. H　　B. Ω·m　　C. A　　D. F

7. 三相对称电路中，相电流与线电流的相位关系是（　　）。

A. 相电流超前线电流 30°　　B. 相电流滞后线电流 30°

C. 相电流与线电流同相　　D. 相电流滞后线电流 60°

8. 在三相四线制中性点接地供电系统中，线电压指的是（　　）的电压。

A. 相线之间　　B. 零线对地间　　C. 相线对零线间　　D. 相线对地间

9. 三相四线制供电的相电压为 200V，与线电压最接近的值为（　　）V。

A. 280　　B. 346　　C. 250　　D. 380

10. 两只额定电压相同的电阻，串联接在电路中，则阻值较大的电阻（　　）。

A. 发热量较大　　B. 发热量较小　　C. 没有明显差别

11. 电动势的方向是（　　）。

A. 从负极指向正极　　B. 从正极指向负极　　C. 与电压方向相同

12. 将一根导线均匀拉长为原长的 2 倍，则它的阻值为原阻值的（　　）倍

A. 1　　B. 2　　C. 4

13. 如故障接地电流为 5A、接地电阻为 4Ω，则对地故障电压为（　　）V。

A. 1.25　　B. 4　　C. 5　　D. 20

14. 在一个闭合回路中，电流强度与电源电动势成正比，与电路中内电阻和外电阻之和成反比，这一定律称（　　）。

A. 全电路欧姆定律　　B. 全电路电流定律　　C. 部分电路欧姆定律

15. 串联电路中各电阻两端电压的关系是（　　）。

A. 各电阻两端电压相等　　B. 阻值越小两端电压越高

C. 阻值越大两端电压越高

16. 三个阻值相等的电阻串联时的总电阻是并联时总电阻的（　　）倍。

A. 6　　B. 9　　C. 3

17. 在均匀磁场中，通过某一平面的磁通量为最大时，这个平面就和磁力线（　　）。

A. 平行　　B. 垂直　　C. 斜交

18. 载流导体在磁场中将会受到（　　）的作用。

A. 电磁力　　B. 磁通　　C. 电动势

19. 电磁力的大小与导体的有效长度成（　　）。

A. 正比　　B. 反比　　C. 不变

20. 感应电流的方向总是使感应电流的磁场阻碍引起感应电流的磁通的变化，这一定律称为（　　）。

A. 法拉第定律　　B. 特斯拉定律　　C. 楞次定律

21. 通电线圈产生的磁场方向不但与电流方向有关，而且还与线圈（　　）有关。

A. 长度　　B. 绕向　　C. 体积

22. 安培定则也叫（　　）

A. 左手定则　　B. 右手定则　　C. 右手螺旋法则

答案：5. C；6. A；7. C；8. A；9. B；10. A；11. A；12. C；13. D；14. A；15. C；16. B；17. B；18. A；19. A；20. C；21. B；22. C

23. 确定正弦量的三要素为（ ）。

A. 相位、初相位、相位差　　B. 最大值、频率、初相角

C. 周期、频率、角频率

24. 三相对称负载接成星形时，三相总电流（ ）。

A. 等于零　　B. 等于其中一相电流的

C. 等于其中一相电流

25. 交流 10kV 母线电压是指交流三相三线制的（ ）。

A. 线电压　　B. 相电压　　C. 线路电压

26. 交流电路中电流比电压滞后 90°，该电路属于（ ）电路。

A. 纯电阻　　B. 纯电感　　C. 纯电容

27. 交流电的三要素是指最大值、频率及（ ）。

A. 相位　　B. 角度　　C. 初相角

28. A 灯泡为 220 V、40 W，B 灯泡为 36 V、60 W，在额定电压下工作时（ ）。

A. A 灯亮　　B. A 灯取用电流大　　C. B 灯亮

29. 我国生产用电和生活用电的额定频率为（ ）Hz。

A. 45　　B. 50　　C. 55　　D. 60

30. 正弦交流电路中，一般电压表的指示值是（ ）。

A. 最大值　　B. 瞬时值　　C. 平均值　　D. 有效值

31. 某正弦交流电压的初相角为 $\phi=\pi/3$，当 $t=0$ 时的瞬时值为（ ）。

A. 正值　　B. 负值　　C. 零　　D. 最大值

32. 纯电感电路的感抗与电路的频率（ ）。

A. 成反比　　B. 成反比或正比　　C. 成正比　　D. 无关

33. 在纯电感交流电路中，电压保持不变，提高电源频率，电路中的电流将会（ ）。

A. 明显增大　　B. 略有增大　　C. 不变　　D. 减小

34. 纯电容电路的容抗是（ ）。

A. $1/\omega C$　　B. ωC　　C. $U/\omega C$　　D. $I\omega C$

35. 纯电容电路的平均功率等于（ ）。

A. 瞬时功率　　B. 零　　C. 最大功率　　D. 有功功率

36. 电阻与电感串联的交流电路中，当电阻与感抗相等时，则电压与电流的相位关系是（ ）。

A. 电压超前 $\pi/2$　　B. 电压超前 $\pi/3$　　C. 电压超前 $\pi/4$　　D. 电压滞后 $\pi/4$

37. 电抗 X 与感抗 X_L 和容抗 X_C 的关系是（ ）。

A. $X=X_L+X_C$　　B. $X=X_L-X_C$　　C. $X_2=X_{L2}+X_{C2}$　　D. $X_2=X_{L2}-X_{C2}$

38. 电阻器的规格为 10kΩ，0.25W，它的（ ）。

A. 额定电流为 0.25 A　　B. 额定电流为 5 mA

C. 额定电压为 2.5V

39. 金属导体的电阻值随着温度的升高而（ ）。

A. 增大　　B. 减少　　C. 变弱

答案：23. B；24. A；25. A；26. B；27. C；28. C；29. B；30. D；31. A；32. C；33. D；34. A；35. B；36. C；37. B；38. B；39. A

40. 正弦交流电路的视在功率是表征该电路的（ ）。

A. 电压有效值与电流有效值乘积

B. 平均功率

C. 瞬时功率最大值

41. 串联电路的总电容与各分电容的关系是（ ）。

A. 总电容 > 分电容　B. 总电容 = 分电容　C. 总电容 < 分电容　D. 无关

42. 并联电路的总电容与各分电容的关系是（ ）。

A. 总电容 > 分电容　B. 总电容 = 分电容　C. 总电容 < 分电容　D. 无关

43. 纯电感电路的感抗与电路的频率（ ）。

A. 成反比　B. 成反比或正比　C. 成正比　D. 无关

答案：40. A；41. C；42. A；43. C

电子技术基础知识

4.1 模拟电路基础知识

4.1.1 晶体二极管及整流电路

（1）晶体二极管

① 结构及符号　晶体二极管内部有一个 PN 结，在 PN 结两端各引出一根引线，然后用外壳封装起来。P 区引出的引线称为阳极（正极），N 区引出的引线称为阴极（负极）。二极管具有单向导电性，它的结构及电路符号如图 4-1 所示。

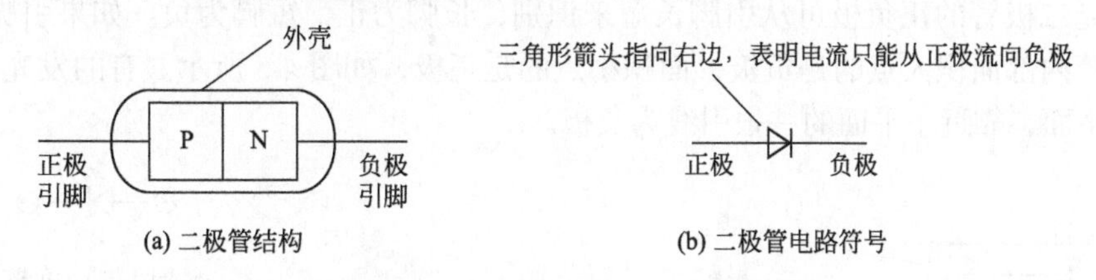

图 4-1　二极管的结构及电路符号

② 种类

a. 按结构不同，二极管可分为点接触型和面接触型两种。

b. 按材料不同，二极管可分为锗二极管和硅二极管。锗管与硅管相比，具有正向压降低（锗管为 0.2 ～ 0.3V，硅管为 0.5 ～ 0.7V）、反向饱和漏电流大、温度稳定性差等特点。

c. 按用途不同，二极管可分为普通二极管、整流二极管、开关二极管、发光二极管、变容二极管、稳压二极管、光电二极管等。几种常用具有特殊功能的二极管的图形符号如图 4-2 所示。

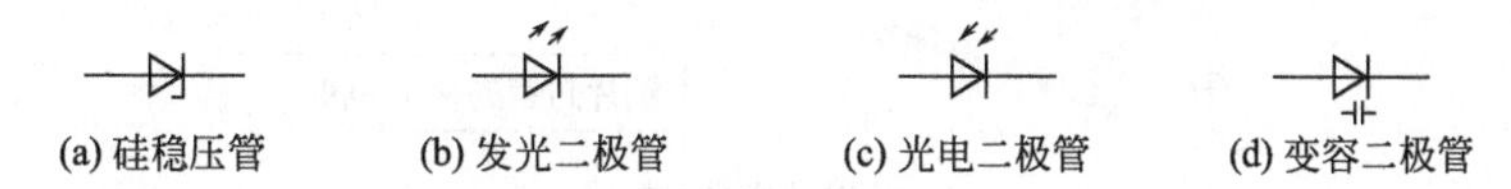

图 4-2　几种常用具有特殊功能的二极管的图形符号

③ 识别

a. 手插二极管引脚极性的标注方法有三种：直标标注法、色环标注法和色点标注法，如图 4-3 所示，仔细观察二极管封装上的一些标记，一般可以看出引脚的正负极性。

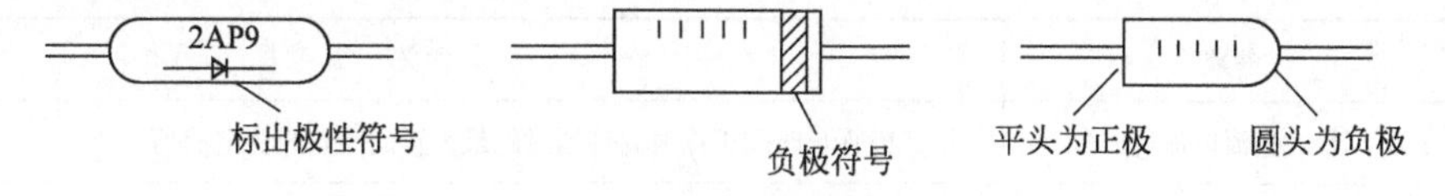

图 4-3　二极管引脚极性识别

也有部分厂家生产的二极管是采用符号标志为“P”“N”来确定二极管极性的。

b. 金属封装的大功率二极管，可以依据其外形特征分辨出正负极，如图 4-4 所示。

图4-4　金属封装大功率二极管极性识别

c. 发光二极管的正负极可从引脚长短来识别，长脚为正，短脚为负。如果引脚一样长，发光二极管内部面积大点的是负极，面积小点的是正极，如图 4-5 所示。有的发光二极管带有一个小平面，靠近小平面的一根引线为负极。

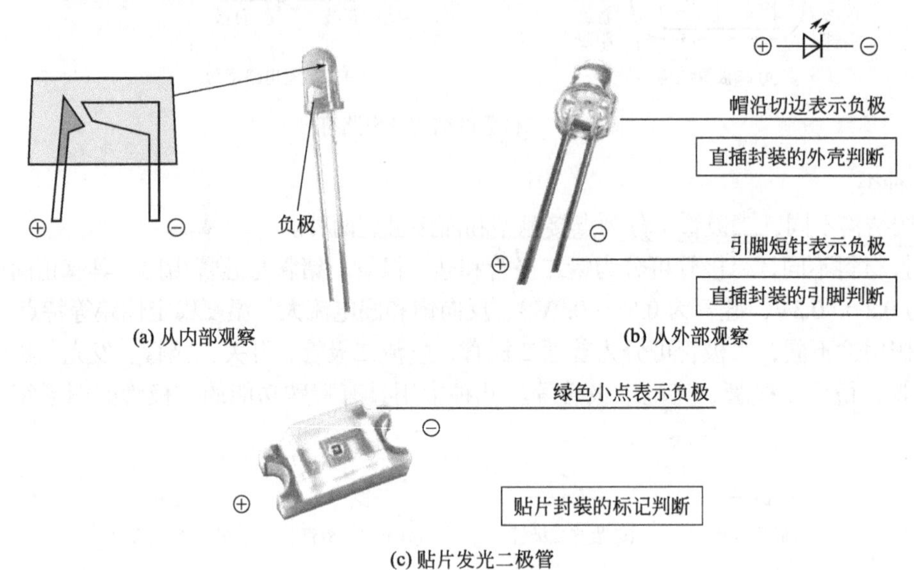

图4-5　发光二极管极性识别

④ 二极管的主要参数　不同用途的二极管，其参数是不一样的。以整流二极管为例，其主要参数见表 4-1。

表 4-1　整流二极管的主要参数

序号	参数	含义
1	最大整流电流I_{OM}	指二极管长时间工作时允许通过的最大正向平均直流电流值
2	最高反向工作电压U_{RM}	指二极管正常使用时所允许加的最高反向工作电压
3	反向电流I_R	指二极管击穿时的反向电流值。其值越小，二极管的单向导电性越好。反向电流值与温度有密切关系，在高温环境中使用二极管时要特别注意这一参数
4	最高工作频率f_M	主要由 PN 结的结电容大小决定，超过此值，二极管的单向导电性将不能很好地体现

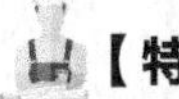

【特别提醒】

上述参数都与温度有关。所以只有在规定的散热条件下，二极管才能在长期运行中保证参数稳定，使二极管能正常工作。

⑤ 二极管的特点　常用二极管的特点见表4-2。在电路中，二极管常用于整流、开关、检波、限幅、钳位、保护和隔离等场合，

表4-2　常用二极管的特点

名称	特点	名称	特点
整流二极管	利用PN结的单向导电性，把交流电变成脉动的直流电	开关二极管	利用二极管的单向导电性，在电路中对电流进行控制，可以起到接通或关断的作用
检波二极管	把调制在高频电磁波上的低频信号检测出来	发光二极管	一种半导体发光器件，在电子电器中常用作指示装置
变容二极管	结电容随着加到管子上的反向电压的大小而变化，利用这个特性取代可变电容器	稳压二极管	它是一种齐纳二极管，利用二极管反向击穿时，其两端的电压固定在某一数值，而基本上不随电流的大小变化

⑥ 用万用表判别二极管好坏的方法　如图4-6所示，将指针式万用表拨到$R\times100$或$R\times1k$电阻挡，用万用表的红、黑表笔分别接触二极管的两个脚，测其正、反向电阻，测得的正反向电阻差值越大越好，只要在50倍以上就可使用。其中，测得阻值最小的那一次的黑表笔接触的就是二极管的正极，红表笔接触的就是二极管的负极。

指针式万用表检测二极管

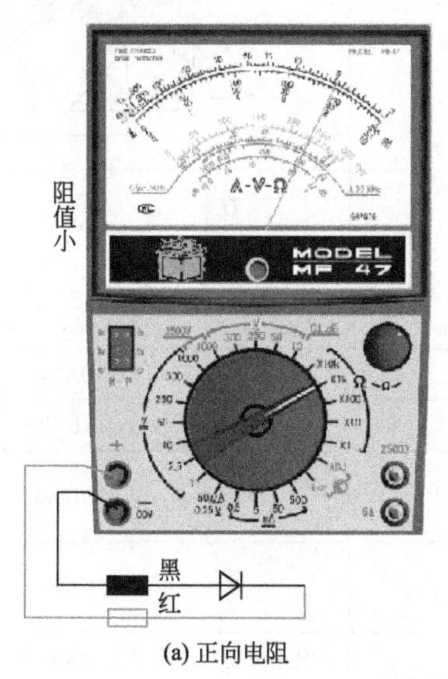

(a) 正向电阻

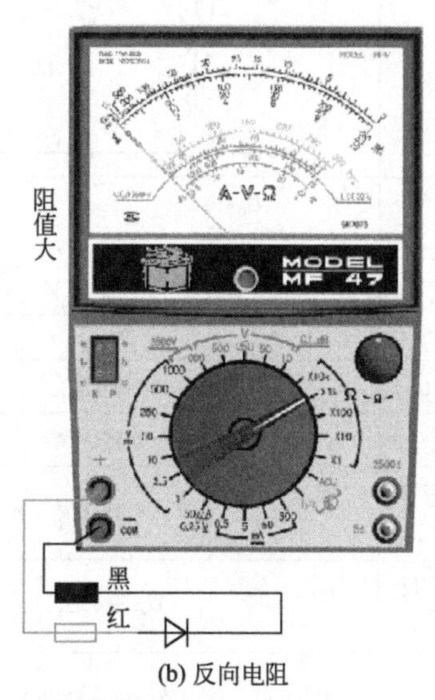

(b) 反向电阻

图4-6　指针式万用表检测晶体二极管

测得的正反向电阻差值越小质量就越差，如果正反向电阻均为无穷大，就表明二极管已经开路损坏；如果正反向电阻均为零，就表明二极管已经击穿损坏。

用数字万用表的二极管挡（"—▶|—"挡），通过测量二极管的正、反电压降可以判断正、负极性。正常的二极管，在测量其正向电压降时，如果是硅二极管正向导通压降约为0.5～0.8V，锗二极管正向导通压降约为0.15～0.3V；测量反向电压降时，表的读数显示为

溢出符号“1”，如图 4-7 所示。在测量正向电压降时，红表笔接的是二极管的正极，黑表笔接的是二极管的负极。若两次测量的显示：一次为“1”字样，另一次为零点几的数字，那么此二极管就是一个正常的二极管；若两次显示都相同，那么此二极管已经损坏。

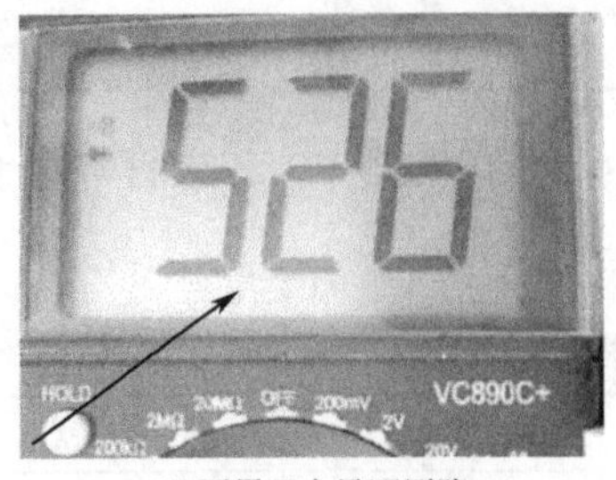

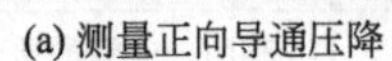
(a) 测量正向导通压降

(b) 测量反向电压降

图4-7　数字万用表检测晶体二极管

(2) 二极管整流电路

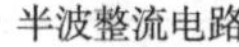
半波整流电路

全波整流电路

晶体二极管由 PN 结构成，PN 结具有单向导电性。利用这一特性可组成二极管整流电路。常用的二极管单相整流电路有半波整流电路、桥式整流电路，见表 4-3。

表 4-3　二极管单相整流电路性能比较

电路名称 比较项目	单相半波 整流电路	单相桥式 全波整流电路
电路结构	T, V, I_o, u_1, u_2, U_o, R_L	T, V_1, V_2, V_3, V_4, I_o, u_1, u_2, U_o, R_L
整流电压波形	U_o, ωt	U_o, ωt
负载电压平均值U_o	U_o=0.45U_2	U_o=0.9U_2
负载电流平均值I_o	I_o=0.45U_2/R_L	I_o=0.9U_2/R_L
通过每支整流二极管的平均电流I_U	I_U=0.45U_2/R_L	I_U=0.9U_2/R_L
整流管承受的最高反向电压U_{RM}	$U_{RM}=\sqrt{2}U_2$	$U_{RM}=\sqrt{2}U_2$
优缺点	电路简单，输出整流电压波动大，整流效率低	电路较复杂，输出电压波动小，整流效率高，输出电压高
适用范围	输出电流不大，对直流稳定度要求不高的场合	输出电流较大，对直流稳定度要求较高的场合

(3) 常用滤波电路

常用滤波电路有电容滤波、电感滤波和复式滤波（RCπ 型滤波、LCπ 型滤波）。

4.1.2 晶体三极管及其放大电路

（1）认识晶体三极管

晶体三极管是一种控制电流的半导体器件，其作用是把微弱信号放大成幅度值较大的电信号，也用作无触点开关。

晶体三极管是在一块半导体基片上制作两个相距很近的PN结，两个PN结把整块半导体分成三部分，中间部分是基区，两侧部分是发射区和集电区，排列方式有PNP和NPN两种。

① 晶体三极管有两个PN结、3个区和3个电极。引出三个电极分别是集电极、发射极和基极，它们的电路符号如图4-8所示。在三极管的符号中，发射极上标的箭头代表其电流方向。

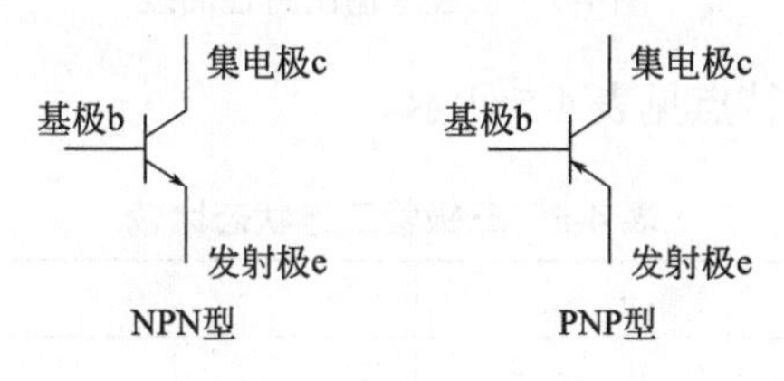

图4-8 三极管的电路符号

② 三极管按内部3个区的半导体类型分，有NPN型三极管和PNP型三极管；按半导体材料分，有锗三极管和硅三极管等。

③ 三极管的主要技术参数见表4-4。

表4-4 三极管的主要技术参数

序号	技术参数	含义
1	交流电流放大系数β	包括共发射极电流放大系数β和共基极电流放大系数，它是表明晶体管放大能力的重要参数
2	集电极最大允许电流I_{CM}	三极管的电流放大系数明显下降时的集电极电流
3	集-射极间反向击穿电压$V_{(BR)CEO}$	三极管基极开路时，集电极和发射极之间允许加的最高反向电压
4	集电极最大允许耗散功率P_{CM}	三极管参数变化不超过规定允许值时的最大集电极耗散功率

在实际选用三极管时，电路中的实际值不允许超过极限参数的，否则三极管会被损坏。集射间穿透电流I_{CEO}、电流放大倍数β是表示三极管性能优良的参数，尤其是集射间穿透电流I_{CEO}要求是越小越好。

④ 三极管电流关系的三个重要公式：

$$I_E=I_B+I_C$$

$$I_C=\beta I_B$$

$$I_E=(1+\beta)I_B$$

⑤ 三极管的特性曲线

三极管电流放大作用

a. 输入特性曲线　是指三极管在U_{CE}保持不变的前提下，基极电流I_B和发射结压降U_{BE}之间的关系。

b. 输出特性曲线　是指三极管在输入电流I_B保持不变的前提下，集电极电流I_C和U_{CE}之间的关系，如图4-9所示。由图可见，当I_B不变时，I_C不随

U_{CE} 的变化而变化；当 I_B 改变时，I_C 和 U_{CE} 的关系是一组平行的曲线族，它有截止、放大、饱和 3 个工作区。

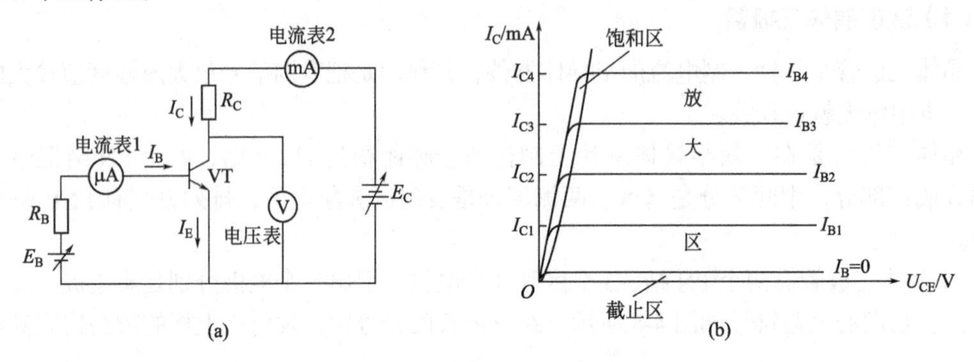

图 4-9　三极管输出特性曲线

三极管三种工作状态的特点见表 4-5 所示。

表 4-5　三极管工作状态比较

状态	截止	放大	饱和
在输出特性曲线上的位置	I_B=0 以下的区域	曲线中平行且等距的区域	曲线左边陡直部分到纵轴之间的区域
PN结偏置状态	集电结反偏，发射结反偏	集电结反偏，发射结正偏	集电结正偏，发射结正偏
c、e间等效状态	相当于“开关”断开	受控于 I_B 的恒流源	相当于“开关”闭合
I_B与I_C的关系	I_B=0，$I_C \approx 0$	受控 $I_C=\beta I_B$	I_B、I_C 较大，但 I_C 不受 I_B 控制

（2）万用表测量三极管

① 数字万用表测量三极管

数字万用表检测三极管

a. 判定基极　将数字万用表的量程开关置于二极管挡，红表笔固定任接某个引脚，用黑表笔依次接触另外两个引脚，如果两次显示值均小于 1V 或都显示溢出符号“1”，则红表笔所接的引脚就是基极 B。如果在两次测试中，一次显示值小于 1V，另一次显示溢出符号“1”，表明红表笔接的引脚不是基极 B，此时应改换其他引脚重新测量，直到找出基极 B 为止。

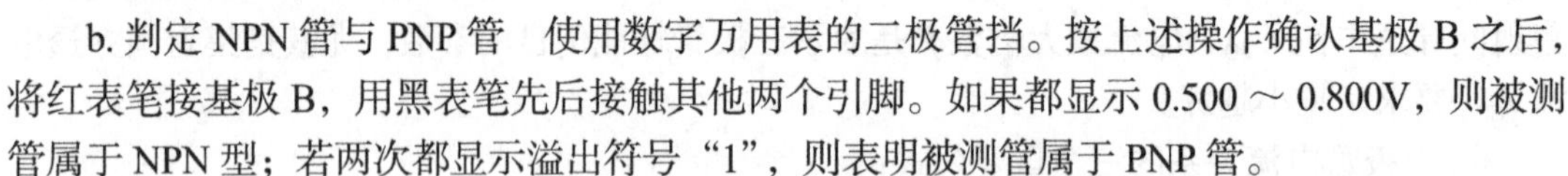

b. 判定 NPN 管与 PNP 管　使用数字万用表的二极管挡。按上述操作确认基极 B 之后，将红表笔接基极 B，用黑表笔先后接触其他两个引脚。如果都显示 0.500 ～ 0.800V，则被测管属于 NPN 型；若两次都显示溢出符号“1”，则表明被测管属于 PNP 管。

c. 判定集电极 C 与发射极 E（兼测 h_{FE} 值）　区分晶体管的集电极 C 与发射极 E，需使用数字万用表的 h_{FE} 挡。如果假设被测管是 NPN 型管，则将数字万用表拨至 h_{FE} 挡，使用 NPN 插孔。把基极 B 插入 B 孔，剩下两个引脚分别插入 C 孔和 E 孔中。若测出的 h_{FE} 为几十～几百，说明管子属于正常接法，放大能力较强，此时 C 孔插的是集电极 C，E 孔插的是发射极 E，如图 4-10 所示。

若测出的 h_{FE} 值只有几～十几，则表明被测管的集电极 C 与发射极 E 插反了，这时 C 孔插的是发射极 E，E 孔插的是集电极 C。

为了使测试结果更可靠，可将基极 B 固定插在 B 孔不变，把集电极 C 与发射极 E 调换复测 1 ～ 2 次，以仪表显示值大（几十～几百）的一次为准，C 孔插的引脚即是集电极 C，

E 孔插的引脚则是发射极 E。

图4-10 三极管C、E极的判定

② 指针式万用表测量三极管

指针式万用表检测三极管

a. 判断基极。万用表置于 $R\times1\text{k}$ 挡，用表笔量三个引脚，其中一个引脚到另外两个引脚都导通的就是基极。

b. 判断管型。如果导通时基极接的是红表笔，则为 NPN 型，反之则是 PNP 型。

c. 判断集电极。对 NPN 型管子，将红表笔接一未知极，在未知极和基极之间接一 10kΩ 电阻，黑表笔接另一未知极，测得电阻较小时，红表笔接触的就是集电极；对 PNP 型管子，将黑表笔接一未知极，在未知极和基极之间接一 10kΩ 电阻，红表笔接另一未知极，测得电阻较小时，黑表笔接触的就是集电极。也可以用手捏住基极与另一个电极，利用人体电阻代替基极与集电极相接的电阻，则同样可以判别出集电极和发射极，如图 4-11 所示。

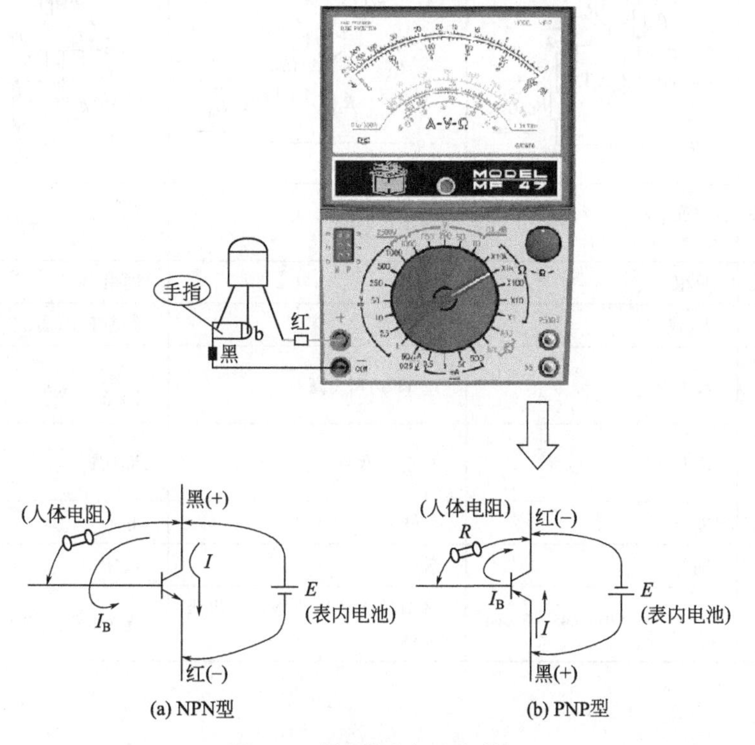

图4-11 判断集电极和发射极

（3）三极管放大电路

放大电路工作原理

三极管是一个电流控制元件，其实质是通过基极的小电流来控制集电极大电流的变化。要使三极管具有电流放大作用，须满足直流条件（发射结正偏，集电结反偏）和交流条件（交流通路必须畅通）。对放大电路的分析，应先进行静态工作点分析，再进行动态分析。

为三极管的各极提供工作电压的电路叫偏置电路，它由电源和电阻构成。NPN 管和 PNP 管的基本偏置电路如图 4-12 所示。

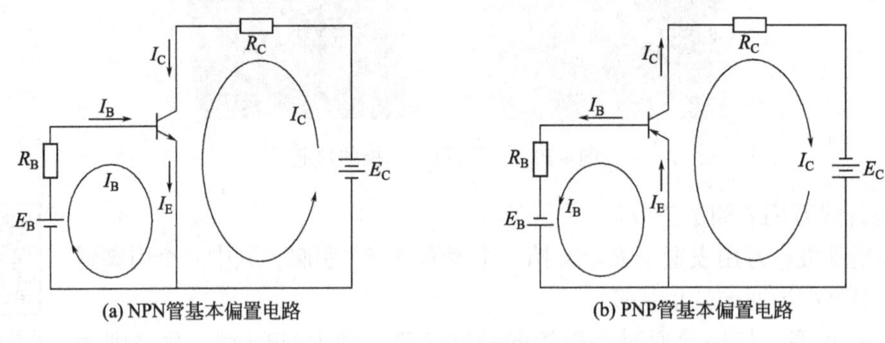

(a) NPN管基本偏置电路　　(b) PNP管基本偏置电路

图4-12　三极管的偏置电路

放大电路的三种组态比较见表 4-6。

表 4-6　放大电路三种组态比较

比较＼组态	共发射极放大电路	共集电极放大电路	共基极放大电路
电路形式			
电压放大倍数Au的大小	$-\frac{\beta R'_L}{r_{be}}$（高）	约等于 1（低）	$\frac{\beta R'_L}{r_{be}}$
输入输出信号相位	反相	同相	同相
电流放大倍数A_i	β（高）	$1+\beta$（高）	约等于 1（低）
输入电阻r_i	r_{be}（中）	$r_{be}+(1+\beta)R'_L$（高）	$\frac{r_{be}}{1+\beta}$（低）
输出电阻r_o	R_c（高）	$\approx\frac{r_{be}}{\beta}$（低）	R_c（高）
高频特性	差	较好	好
稳定性	输差	较好	较好
适用范围	多级放大器中间级，输入级	多级放大器输入级、输出级、缓冲级	高频电路，宽频带放大器

*4.1.3 晶闸管及应用

晶闸管是一种能够像闸门一样控制电流大小的半导体器件。晶闸管具有开关控制、电压调整和整流等功能。

（1）晶闸管的结构及符号

晶闸管是一种具有三个PN结、三个电极（阳极A、阴极K和控制极或称为门极G）的PNPN四层半导体器件。图4-13是晶闸管内部管芯结构及图形符号图。

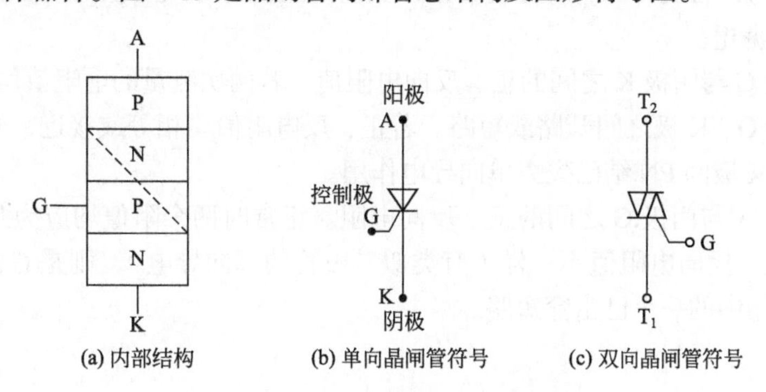

(a) 内部结构　(b) 单向晶闸管符号　(c) 双向晶闸管符号

图4-13　晶闸管内部结构及图形符号

晶闸管具有3个引脚。单向晶闸管的3个引脚分别是阳极A、阴极K和控制极G，使用中应注意识别，不要搞错。双向晶闸管的3个引脚分别是控制极G、主电极T_1和主电极T_2。由于双向品闸管的两个主电极T_1和T_2是对称的，因此使用中可以任意互换。

晶闸管的文字符号为“VS”，晶闸管的外形有螺旋形、平板形和塑封形，如图4-14所示。螺旋形的螺旋一端是阳极，螺纹用于固定散热器，细引线所在的电极是控制极，余下的那个电极就是阴极。平板形的上、下两面金属体是阳极和阴极，凹面用于嵌入各自的散热片，中间的细引出电极是控制极。

螺旋形　平板形　塑封形

图4-14　晶闸管的外形

（2）晶闸管的工作原理

晶闸管具有可控制的单向导电性。即不但具有一般二极管单向导电的整流作用，而且可以对导通电流进行控制，就好像闸门一样，起到控制电流有无和大小的作用。一旦晶闸管导通，控制电压即使取消，也不会影响其正向导通的工作状态。晶体闸流管的这一特点是由其特殊的结构所决定的。晶闸管的导电特性如下。

① 晶闸管的导能条件是：一定的正向阳压和一定的正向触发电压。

② 晶闸管导通后，控制极失去了作用。

③ 晶闸管的阻断条件是：必须使其阳压为零、为负或阳压减小到一定程度，使流过晶闸管的电流小于维持电流，晶闸管才自行关断。

（3）万用表检测晶闸管

① 电极判定　万用表选电阻 $R\times1$ 挡，用红、黑两表笔分别测任意两引脚间正反向电阻直至找出读数为数十欧姆的一对引脚，此时黑表笔的引脚为控制极 G，红表笔的引脚为阴极 K，另一空脚为阳极 A。

② 质量好坏判定

a. 用万用表 $R\times1\text{k}$ 挡测量普通晶闸管阳极 A 与阴极 K 之间的正、反向电阻。正常时均应为无穷大（∞）；若测得 A、K 之间的正、反向电阻值为零或阻值均较小，则说明晶闸管内部击穿短路或漏电。

b. 测量门极 G 与阴极 K 之间的正、反向电阻值。若两次测量的电阻值均很大或均很小，则说明该晶闸管 G、K 极之间开路或短路。若正、反电阻值均相等或接近，则说明该晶闸管已失效，其 G、K 极间 PN 结已失去单向导电作用。

c. 测量阳极 A 与门极 G 之间的正、反向电阻。正常时两个阻值均应为几百千欧姆或无穷大，若出现正、反向电阻值不一样（有类似二极管的单向导电），则是 G、A 极之间反向串联的两个 PN 结中的一个已击穿短路。

4.2　数字电路基础知识

用数字信号完成对数字量进行算术运算和逻辑运算的电路称为数字电路，或数字系统。由于它具有逻辑运算和逻辑处理功能，所以又称数字逻辑电路。现代的数字电路由半导体工艺制成的若干数字集成器件构造而成。逻辑门是数字逻辑电路的基本单元。存储器是用来存储二进制数据的数字电路。从整体上看，数字电路可以分为组合逻辑电路和时序逻辑电路两大类。

4.2.1　数制与代码

（1）数制及转换

① 十进制数（D）　一共 10 个数码（0,1,2,3,4,5,6,7,8,9），计数原则是“逢十进一”。

② 二进制数（B）　只有 0 和 1 两个数码，计数原则是“逢二进一”。

③ 数制间的转换

a. 十进制转化为二进制的方法　采用“除 2 取余法”，首次余数为最低位，最末次余数为最高位。例如：

除数	被除数	余数
2	48	0
2	24	0
2	12	0
2	6	0
2	3	1
	1	

b. 二进制转化为十进制方法 采用“乘权相加法”，关系式：

$$(N)_D=a_{n-1}\times 2^{n-1}+a_{n-2}\times 2^{n-2}+\cdots+a_1\times 2^1+a_0\times 2^0$$

例如：$(101101)_2 = 1\times 2^5+0\times 2^4+1\times 2^3+1\times 2^2+0\times 2^1+1\times 2^0$

$= 32+0+8+4+0+1$

$= 45$

（2）8421码

8421 码又称为 BCD 码，是十进制代码中最常用的一种，即用 4 位二进制码代替一位十进制数码 0 ～ 9，然后按十进制数的顺序排列。它具有二进制数的形式，又具有十进制数的特点。

在 8421 编码方式中，每一位二值代码的“1”都代表一个固定数值。将每位“1”所代表的二进制数加起来就可以得到它所代表的十进制数字。因为代码中从左至右看每一位“1”分别代表数字“8”“4”“2”“1”，故得名 8421 码。其中每一位“1”代表的十进制数称为这一位的权。因为每位的权都是固定不变的，所以 8421 码是恒权码。

4.2.2 逻辑门电路

通常，把反映“条件”和“结果”之间的关系称为逻辑关系。如果以电路的输入信号反映“条件”，以输出信号反映“结果”，此时电路输入、输出之间也就存在确定的逻辑关系。数字电路就是实现特定逻辑关系的电路，因此，又称为逻辑电路。逻辑电路的基本单元是逻辑门，它们反映了基本的逻辑关系。

逻辑门电路是一种开关电路，它是数字电路的基本组成之一，主要由工作于开关状态的二极管、三极管及其他元件构成。逻辑门电路可以实现因果关系。

常用的逻辑关系及逻辑功能如表 4-7 所示。

表 4-7 常用的逻辑关系及逻辑功能

逻辑关系	逻辑功能
与门	有低为低，全高为高
或门	有高为高，全低为低
非门	取反
与非门	有低为高，全高为低
或非门	有高为低，全低为高
与或非门	有低为高，全高为低
异或门	相异为高，相同为低

（1）TTL 数字集成门电路

TTL 是应用最早、技术比较成熟的集成电路，曾被广泛使用，如 74×× 或 54×× 系列。大规模集成电路的发展要求每个逻辑单元电路的结构简单，并且功耗低。TTL 电路不能满足这个条件，因此逐渐被 CMOS 电路取代，退出其主导地位。由于 TTL 技术在整个数字集成电路设计领域中的历史地位和影响，很多数字系统设计技术仍采用 TTL 技术，特别是从小规模到中规模数字系统的集成，因此推出了新型的低功耗和高速 TTL 器件。TTL 电路主要用于高速或超高速数字系统或设备中。

（2）CMOS逻辑门电路

CMOS逻辑门电路是在TTL电路之后出现的一种广泛应用的数字集成器件。按照器件结构的不同形式，可以分为NMOS、PMOS和CMOS三种逻辑门电路。由于制造工艺的不断改进，CMOS电路已成为占主导地位的逻辑器件，其工作速度已经赶上甚至超过TTL电路，它的功耗和抗干扰能力则远优于TTL电路。因此，几乎所有的超大规模存储器以及PLD器件都采用CMOS工艺制造，且费用较低。74HCT系列与TTL兼容，可与TTL器件交换使用。另一种新型CMOS系列是74VHC和74VHCT系列，其工作速度达到了74HC和74HCT系列的两倍。

（3）TTL和CMOS电路的特点

a. TTL电路是电流控制器件，而CMOS电路是电压控制器件。

b. COMS电路的工作电压为5～15V，TTL电路的工作电压为5V。

c. CMOS电路抗干扰能力、驱动负载能力更强。

d. TTL电路速度快，传输快，功耗大；CMOS电路速度较慢，传输较慢，功耗低。

e. CMOS电路不能输入太大的电流。

*4.2.3 组合逻辑电路

组合逻辑电路由与门、或门、非门等多种逻辑门电路组合而成，且任何时刻的输出状态仅取决于该时刻各个输入信号状态的电路。

（1）组合逻辑电路的设计步骤

① 分析实际情况是否能用逻辑变量来表示。

② 确定输入、输出逻辑变量并用逻辑变量字母表示，作出逻辑规定。

③ 根据实际情况列出所有输入变量在不同情况下的逻辑真值表。

④ 根据逻辑真值表写出逻辑表达式并化简。

⑤ 画出逻辑电路图，并标明使用的集成电路和相应的引脚。

⑥ 根据逻辑电路图焊接电路，调试并进一步验证逻辑关系是否与实际情况相符。

（2）组合逻辑电路的分析步骤

① 根据给定的逻辑电路图，推导输出端的逻辑表达式。

② 化简和变换：如果写出的逻辑表达式不是最简表达式，必须利用公式法进行化简。

③ 列真值表：根据逻辑表达式求出真值表。

④ 分析说明：对真值表或逻辑表达式进行分析和总结，通过文字描述电路的功能。

（3）常见的组合逻辑电路有编码器和译码器

① 常见的编码器有二进制编码器、二－十进制编码器和优先编码器。

② 常见的译码器有二进制译码器、二－十进制译码器和显示译码器。

（4）集成触发器

在数字系统中，因运算和控制的需要，常常要将曾经输入过的信号暂时保存进来，以便与新的输入信号共同确定新的输出状态，即需要具有记忆和存储功能的基本逻辑部件，触发器就是组成这类逻辑部件的基本单元。

① 触发器的基本特点　具有两个能自行保持的稳定状态（0 态和 1 态），所以又叫做双稳态电路；在不同的输入信号作用下其可以置成 0 态和 1 态，且当输入信号消失后，触发器获得的新状态能保持下来。

② 触发器的种类

a. 从逻辑功能上区分：有 RS 触发器、D 触发器、JK 触发器等。

b. 从触发方式上分：有电平触发型、边沿触发型等。

*4.2.4　时序逻辑电路

时序逻辑电路主要由门电路和触发器构成，是具有记忆和存储功能的基本逻辑部件，是计算机内部的一个重要组成部分。常见的时序电路有寄存器、计数器等。

（1）寄存器

用来存放二进制数据或代码的电路称为寄存器。

寄存器的作用是暂时存放要处理的数据或中间的运算结果等。按功能可以分为数码寄存器和移位寄存器。按存放数码的输入 / 输出方式不同，移位寄存器有串行入 / 串行出、串行入 / 并行出、并行入 / 串行出、并行入 / 并行出四种工作方式。

（2）计数器

计数器具有对输入脉冲信号进行个数统计，分频、定时、延时、顺序脉冲发生，数字运算等功能。按计数器中触发器的翻转情况，分为同步式和异步式两种；按计数过程中数字的增减分类，分为加法计数器、减法计数器和可逆计数器（或称为加 / 减计数器）；按数字的编码方式，分成二进制计数器、二 - 十进制计数器、循环码计数器等；按计数器的计数容量来区分各种不同的计数器，如十进制计数器、六十进制计数器等。

*4.2.5　脉冲波形与变换

（1）脉冲信号与脉冲波形

在数字电路系统中，常常需要获得各种不同要求的脉冲信号，获得这些信号的电路有：多谐振荡器、单稳态触发器、施密特触发器以及 555 时基集成电路。

把除正弦信号外的各种信号称为脉冲信号。脉冲信号有很多种，如图 4-15 所示，其中最典型的是矩形脉冲。

（2）A/D 转换与 D/A 转换

人们在生活中经常会碰到模拟信号和数字信号之间相互转换的问题。我们把模拟信号转换成数字信号，称为模数转换（或称为 A/D 转换）；把数字信号转换成模拟信号，称为数模转换（或称为 D/A 转换）。

模数转换器即 A/D 转换器，简称 ADC，其转换过程需经采样 - 保持、量化、编码三个步骤。

数模转换器又称 D/A 转换器，简称 DAC。DAC 输入的是二进制数，输出的是模拟量。它是将输入二进制码的每一位先转换成与其数值成正比例的电压或电流模拟量，然后把这些模拟量相加，即得到与输入的数字量成正比的模拟量。由输入寄存器、电子模拟开关、电阻译码网络、基准电压及求和放大器组成。

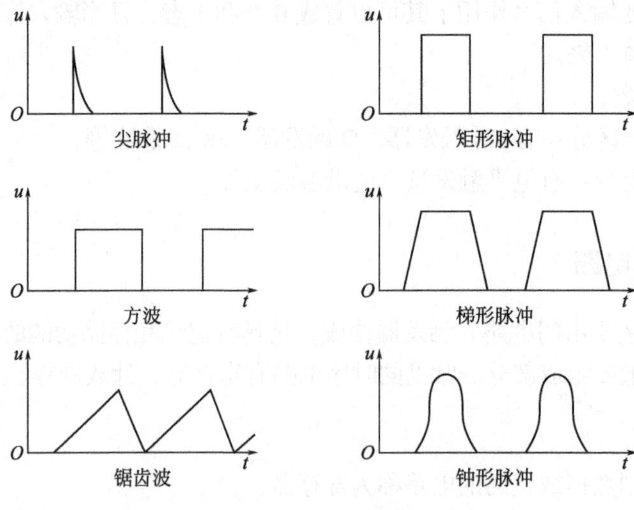

图4-15 脉冲信号

【练习题】

一、选择题

1. 半导体二极管有（ ）个PN结。

A. 1　　B. 2　　C. 3　　D. 4

2. 由分立元件组成的单相桥式整流电路要用到（ ）只二极管。

A. 1　　B. 2　　C. 3　　D. 4

3. 二极管反偏时，以下说法正确的是（ ）。

A. 在达到反向击穿电压之前通过电流很小，称为反向饱和电流

B. 在达到死区电压之前，反向电流很小

C. 二极管反偏一定截止，电流很小，与外加反偏电压大小无关

D. 二极管反向击穿后，其反电流很大

4. 三极管的基极用字母（ ）表示。

A. E　　B. B　　C. C　　D. G

5. 晶闸管有（ ）个PN结。

A. 1　　B. 2　　C. 3　　D. 4

6. 晶闸管的三个电极是（ ）。

A. 基极、发射极、集电极　　B. 基极、阳极、阴极

C. 门极、阳极、阴极　　D. 门极、发射极、集电极

答案：1. A；2. D；3. C；4. B；5. C；6. C

7. 三极管放大的实质是（　　）。

A. 将小能量换成大能量　　B. 将小电压放大成大电压

C. 用较小的电流控制较大的电流　　D. 将小电流放大成电流

8. 关于三极管内部结构，下列说法错误的是（　　）。

A. 发射区的掺杂浓度很高，远高于基区和集电区，目的是为增强载流子发射能力

B. 基区很薄，有利于发射区注入到基区的载流子顺利越过基区到达集电区

C. 集电区面积很大，有利于增强载流子的接收能力

D. 发射区和集电区为同类型的掺杂半导体，C.E 极只有在特殊情况下才能对调使用

9. 在三极管放大电路中，以下关于三极管各电极电位最高的描述，正确的是（　　）。

A. NPN 型管的 B 极　　B. NPN 型管的 C 极

C. PNP 型管的 C 极　　D. PNP 型管的 B 极

10. 下列说法正确的是（　　）。

A. 三极管有 3 个结　　B. 三极管有 2 个电极

C. 三极管有 3 个区　　D. 集电极用字母 e 表示

11. 二极管有两个主要参数（　　）。

A. I_{OM}、U_{RM}　　B. I_{CM}、U_{RM}　　C. I_{OM}、U_{OM}　　D. I_{OM}、U_{OM}

12. 稳压二极管正常工作的范围是（　　）。

A. 反向击穿区　　B. 正向导通区　　C. 反向截止区　　D. 死区

13. 有人在检修时，用直流电压表测得某放大电路中某三极管的三个电极 1、2、3 对地的电位分别为 V_1=2V、V_2=6V、V_3=2.7V，则（　　）。

A. 1 为 C，2 为 B，3 为 E　　B. 1 为 B，2 为 E，3 为 C

C. 1 为 B，2 为 C，3 为 E　　D. 1 为 E，2 为 C，3 为 B

14. 晶闸管硬开通是在（　　）情况下发生的。

A. 阳极反向电压小于反向击穿电压　　B. 阳极正向电压小于正向转折电压

C. 阳极正向电压大于正向转折电压　　D. 阳极加正压，门极加反压

15. 欲使导通晶闸管关断，错误的作法是（　　）。

A. 阳极、阴极间加反向电压　　B. 撤去门极电压

C. 将阳极、阴极间正压减小至小于维持电压

D. 减小阴极电流，使其小于维持电流

16. 晶闸管硬开通是在（　　）情况下发生的。

A. 阳极反向电压小于反向击穿电压　　B. 阳极正向电压小于正向转折电压

C. 阳极正向电压大于正向转折电压　　D. 阳极加正压，门极加反压

17. 二极管两端加上正向电压时（　　）。

A. 一定导通　　B. 超过死区电压才导通

C. 超过 0.3V 才导通　　D. 超过 0.7V 才导通

18. 三极管的开关特性是（　　）。

A. 截止相当于开关接通　　B. 放大相当于开关接通

C. 饱和相当于开关接通　　D. 截止相当于开关断开，饱和相当于开关接通

答案：7. C；8. D；9. B；10. C；11. A；12. A；13. D；14. C；15. B；16. C；17. B；18. D

19. 5 位二进制数能表示十进制数的最大值是（　　）。

A. 16　　B. 64　　C. 47　　D. 31

20. 成语“万事俱备，只欠东风”说的是以下哪种逻辑关系（　　）。

A. 或关系　　B. 与关系　　C. 与非关系　　D. 或非关系

21. 二进制数（1100110）B 转换成十进制数是（　　）。

A.（66）H　　B.（66）D　　C.（102）H　　D.（102）D

22. 十进制数 91 转换成二进制数是（　　）。

A.（10010001）B　　B.（1011011）B　　C.（1011011）D　　D.（10010001）D

23. 与门逻辑关系可表述为（　　）。

A. 有 0 出 1，全 1 出 0　　B. 有 1 出 1，全 0 出 1

C. 有 0 出 0，全 1 出 1　　D. 有 1 出 0，全 0 出 1

24. 如图所示，不属于脉冲信号的是（　　）。

A. 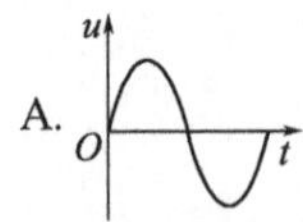

B.　　C.　　D.

25. 组合逻辑电路通常由（　　）组合而成。

A. 门电路　　B. 触发器　　C. 计数器　　D. 寄存器

26. 以下不属于组合逻辑电路的是（　　）。

A. 编码器　　B. 译码器　　C. 计数器　　D. 数值比较器

二、判断题

1. 只要给二极管外加正偏电压，二极管就会导通。（　　）

2. 三极管的放大原理就是：晶体三极管能对交流信号起放大作用，即：在基极输入一个小信号，在集电极就能得到一个较大信号。（　　）

3. 要使三极管具有放大作用，其条件是发射结反向偏置，集电结正向偏置。（　　）

4. 基极电流等于零时，三极管截止。（　　）

5. 二极管有导通和截止两种工作状态。（　　）

6. 锗二极管的死区电压为 0.5V。（　　）

7. 在放大电路中，三极管是用集电极电流控制基极电流大小的电子元件。（　　）

8. 锗管的基极与发射极之间的正向压降比硅管的正向压降大。（　　）

9. 某硅二极管的正极电位为 3.7 V，负极电位为 3 V，表明该二极管工作于击穿状态。（　　）

10. 将 PN 结的 P 区接电源负极，N 区接电源正极，称为给 PN 结正向偏置。（　　）

11. 如图所示，银白色环用来表示二极管的负极。（　　）

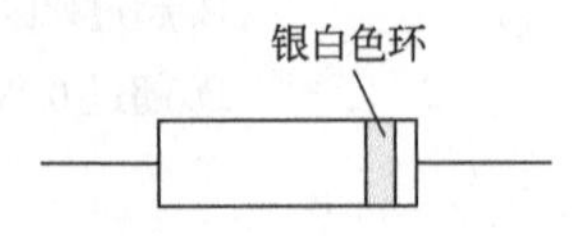

答案：19. D；20. B；21. D；22. B；23. C；24. A；25. A；26. C

1. ×；2. ×；3. ×；4. √；5. √；6. ×；7. ×；8. ×；9. ×；10. ×；11. √

12. 三极管的结构特点为：基区掺杂浓度大，发射区很薄。（ ）

13. 三极管各电极上的电流分配应满足 $I_E=I_B+I_C$ 的关系。（ ）

14. 给晶闸管加上正向阳极电压它就会导通。（ ）

15. 普通晶闸管外部有三个电极，分别是基极、发射极和集电极。（ ）

16. 用万用表 $R\times1k$ 欧姆挡测量二极管时，红表笔接一只脚，黑表笔接另一只脚测得的电阻值约为几百欧姆，反向测量时电阻值很大，则该二极管是好的。（ ）

17. 单相桥式整流电路其整流二极管承受的最大反向电压为变压器二次电压的 2 倍。（ ）

18. 单相全波整流中，通过整流二极管中的平均电流等于负载中流过的平均电流。（ ）

19. 在整流电路中，负载上获得的脉动直流电压常用平均值来说明它的大小。（ ）

20. 带有电容滤波的单相桥式整流电路，其输出电压的平均值与所带负载无关。（ ）

21. 稳压二极管按材料可分为硅管和锗管。（ ）

22. 在硅稳压二极管的简单并联型稳压电路中，稳压二极管应工作在反向击穿区，并且与负载电阻串联。（ ）

23. 二极管正向电阻比反向电阻大。（ ）

24. 晶体三极管的放大作用体现在 $\Delta I_C=\beta\Delta I_b$。（ ）

25. 二进制码 11011010 表示的十进制数为 218。（ ）

26. 十进制转换二进制的方法是“除二取余倒记”法。（ ）

27. “或”门的逻辑功能：有高为高，全低为低。（ ）

28. 通常情况下，用“0”表示高电平，用“1”表示低电平。（ ）

29. A/D 是将连续变化的模拟信号转换成数字信号的一种电路。（ ）

30. 由于场效应管的输入阻抗极高，所以 COMS 门的输入端不能悬空，一旦悬空任何一点感应电压都会让 COMS 门输入端的状态无法确定，从而导致逻辑混乱。（ ）

31. 逻辑电路图、逻辑表达式与真值表之间可以作互换。（ ）

32. 触发器具有记忆功能。（ ）

答案：12. ×；13. √；14. ×；15. ×；16. √；17. ×；18. ×；19. √；20. ×；21. ×；22. ×；23. ×；24. √；25. √；26. √；27. √；28. ×；29. √；30. ×；31. √；32. √

电力配电与照明

5.1 电力系统基础知识

5.1.1 电力系统

（1）电力系统的组成

把由发电、输电、变电、配电、用电设备及相应的辅助系统组成的电能生产、输送、分配、使用的统一整体称为电力系统。也可描述为，电力系统是由电源、电力网以及用户组成的整体。

【特别提醒】

发电厂将一次能源转换成电能，经过电网将电能输送和分配到电力用户的用电设备，从而完成电能从生产到使用的整个过程。电力系统还包括保证其安全可靠运行的继电保护装置、安全自动装置、调度自动化系统和电力通信等相应的辅助系统（一般称为二次系统）。输电网和配电网统称为电网，是电力系统的重要组成部分。

（2）电力系统的功能

电力系统的功能是将自然界的一次能源通过发电动力装置（主要包括锅炉、汽轮机、发电机及电厂辅助生产系统等）转化成电能，再经输、变电系统及配电系统将电能供应到各负荷中心。

（3）电力系统的优点

① 提高了供电的可靠性。

② 减少了系统的备用容量，使电力系统的运行具备灵活性。

③ 通过合理地分配负荷，降低了系统的高峰负荷，提高了运行的经济性。

④ 不受地方负荷影响，可以增大单台机组的容量，而大容量机组比小容量机组效率高，经济性好。

⑤ 降低电价。大型电力系统建立后，其运行成本更低。

5.1.2 电力网

（1）电力网的组成

电力网是电力系统的一部分，把由输电、变电、配电设备及相应的辅助系统组成的联系发电与用电的统一整体称为电力网。其作用是输送、控制和分配电能。

一般电力网可划分为输电网、二级输电网、高压配电网和低压配电网，如图 5-1 所示。

（2）电力网的分类

① 电力网的接线方式，可分无备用和有备用两类。无备用接线包括单回路放射式、干线式和链式网络。有备用接线包括双回路放射式、干线式、链式以及环式和两端供电网络。

② 电力网按供电范围、输送功率和电压等级，可分为地方网、区域网和远距离网三类。

③ 电力网按电压等级，可分为低压网、高压网、超高压网。

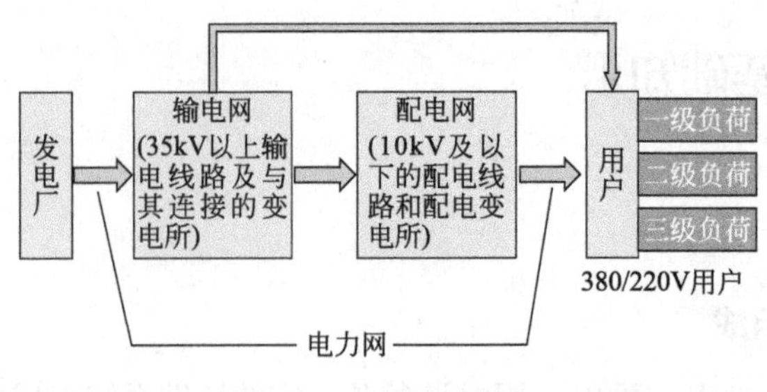

图5-1　电力网的组成

④ 电力网按电网结构，可分为开式电网（凡是用户只能从单方向得到电能的电网）和闭式电网（凡是用户可从两个以上的方向得到电能的电网）。

5.1.3　电力负荷与供电质量

（1）电力负荷的概念

电力负荷又称“用电负荷”，是指电路中的电功率。电能用户的用电设备在某一时刻向电力系统取用的电功率的总和，称为用电负荷。

在交流电路中，电功率包含有功功率和无功功率。有功功率又称为有功负荷，单位kW（千瓦）；无功功率称为无功负荷，也称无功电力，单位kvar（千乏）。视在功率包含着有功、无功两部分，往往以负荷电流取而代之。由于系统电压比较稳定，电压乘以电流就是视在（表观）功率，所以负荷电流也就反映了系统中的视在功率，因此，系统中的电力负荷也可以通过负荷电流反映出来。

（2）电力负荷的分类

① 根据电力用户的不同负荷特征分　电力负荷可分为各种工业负荷、农业负荷、交通运输业负荷和人民生活用电负荷等。

② 按负荷发生的不同部位分　发电负荷、供电负荷、线损负荷和用电负荷。

③ 按照电力系统中负荷发生的不同时间分　高峰负荷、低谷负荷和平均负荷。

④ 按其用电性质及重要性分　工业企业电力负荷对供电可靠性的要求不同，为使供配电系统达到技术上合理和经济上的节约，故将电力负荷分为三类，见表5-1。

表5-1　电力负荷用电性质及重要性分类

负荷种类	性质及重要性	供电要求
一级负荷	中断发电会造成人身伤亡危险或重大设备损坏且难以修复，或给政治上和经济上造成重大损失者	要求采用两个独立的电源供电。独立电源是指不受其他电源的影响与干扰的电源
二级负荷	中断供电将产生大量废品，大量材料报废，大量减产，或将发生重大设备损坏事故，但采取适当措施能够避免者。 这类负荷一般允许短时停电几分钟，它在工业企业中占的比例最大	由两回线路供电，两回线路应尽可能引自不同的变压器或母线段。当取得两回线路确有困难时，允许由一回专用架空线路供电
三级负荷	不属于一、二级负荷的用电设备	对供电无特殊要求，允许较长时间停电，可用单回线路供电

（3）供电质量的含义

供电质量又称为电能质量，包括供电频率质量、电压质量和供电可靠性三方面。供电频率质量以频率允许波动偏差来衡量；供电电压质量以用户受电端的电压幅度来衡量；供电可靠性以对用户每年停电的时间或次数来衡量。

（4）衡量电能质量的主要指标

① 供电电压质量

a. 电压偏差　是指实际电压偏移额定值的大小，一般用相对值表示。我国供电企业对客户供电的电压额定值，低压单相 220V，三相 380V；高压为 10kV、35（6）kV、110kV、220kV。

供电企业供到客户受电端的供电电压质量允许偏差：35kV 及以上电压供电的，电压正负偏差的绝对值之和不超过额定值的 10%；10kV 及以下三相供电的，为额定值的 ±7%；220V 单相供电的，为额定值的 +7%、-10%。

在电力系统非正常情况下，客户受电端的电压最大允许偏差不应超过额定值 ±10%。

计算公式：

$$电压偏差（\%）=（实际电压-额定电压）/额定电压 \times 100\%$$

b. 电压波动和闪变　在某一时段内，电压急剧变化偏离额定值的现象称为电压波动。由电压波动引起的灯光闪烁，光通量急剧波动，对人眼脑的刺激现象称为电压闪变。

国家标准规定对电压波动的允许值为：10kV 及以下为 2.5%；35 ～ 110kV 为 2%；220kV 及以上为 1.6%。

c. 高次谐波　高次谐波的产生是非线性电气设备接到电网中投入运行，使电网电压、电流波形发生不同程度畸变，偏离了正弦波。高次谐波除电力系统自身背景谐波外，主要是用户方面的大功率变流设备、电弧炉等非线性用电设备所引起。

d. 三相不对称　三相电压不对称指三个相电压的幅值和相位关系上存在偏差。三相不对称主要由系统运行参数不对称、三相用电负荷不对称等因素引起。

电力系统公共连接点正常运行方式下不平衡度，国家规定的允许值为 2%，短时不得超过 4%，单个用户不得超过 1.3%。

② 供电频率质量　我国电力设备的额定频率为 50Hz。

在电力系统正常状况下，供电频率的允许偏差分为三种情况：

a. 电网装机容量在 300 万千瓦及以上的，为 0.2Hz；

b. 电网装机容量在 300 万千瓦以下的，为 0.5Hz；

c. 客户冲击负荷引起系统频率变动一般不得超过 0.2Hz。

电系统非正常状况下，供电频率允许偏差不应超过 1.0Hz。

③ 供电可靠性　是指供电企业每年对客户停电的时间和次数，直接反映供电企业的持续供电能力。

供电设备计划检修时，对 35kV 及以上电压供电客户的停电次数，每年不应该超过 1 次，对 10kV 供电的客户，每年不超过 3 次。

供电可靠性可以用如下一系列年指标加以衡量：供电可靠率、用户平均停电时间、用户平均停电次数、用户平均故障停电次数等。

国家规定的城市供电可靠率是 99.96%。即用户年平均停电时间不超过 3.5h；我国供电可靠率目前一般城市地区达到了 3 个 9（即 99.9%）以上，用户年平均停电时间不超过 9h；重要城市中心地区达到了 4 个 9（即 99.99%）以上，用户年平均停电时间不超过 53min。计算公式：

供电可靠率（%）=8760（年供电小时）- 年停电小时 /8760×100%

【特别提醒】

要在保证安全可靠的前提下，使用户得到具有良好质量的电能，并且在保证技术经济合理的同时，使供电系统结构简单、操作灵活、便于安装和维护。

5.2 导线截面积的选择

5.2.1 导线选择的原则

（1）按发热条件选择

每一种导线截面按其允许的发热条件，都对应着一个允许的载流量。因此在选择导线截面时，必须使其允许载流量大于或等于线路的计算电流值。

（2）按电压损耗选择

远距离和中等负荷在安全载流量的基础上，按电压损失条件选择导线截面，远距离和中负荷仅仅不发热是不够的，还要考虑电压损耗，要保证到负荷点的电压在合格范围，电气设备才能正常工作。

（3）按经济电流密度选择

大负荷在安全载流量和电压降合格的基础上，按经济电流密度选择，就是还要考虑电能损失，电能损失和资金投入要在最合理范围。由于线路上有电损耗，因此在选择电线或电缆时，要按电压损耗来选择电线或电缆的截面。

（4）按机械强度选择

由于导线本身的重量，以及风、雨、冰、雪等原因，使导线承受一定的应力，如果导线过细，就容易折断，将引起停电事故。因此，还要根据机械强度来选择，以满足不同用途时导线的最小截面要求。

此外，还应根据具体的环境特征及线路的敷设方式，来确定选用何种型号的电缆和导线。

【特别提醒】

常用的线芯材质有铝芯和铜芯两种。为了节约建设资金，有条件的地方应选用铝芯线。不适宜使用铝芯线的地方可选用铜芯线。

5.2.2 常用导线截面积的选择

通常将各种导线长期最大允许通过的电流称为“载流量”。下面介绍三相配电系统中，相线、中性线、保护线和保护中性线的截面积的选择方法。

（1）相线截面积的选择

应使截面积为 S 的导线允许载流量 I 大于等于线路的计算电流 I_e，即 $I \geqslant I_e$。

另外，对于截面积相同的铜、铝导线，铜线的载流量应是铝线的载流量的 1.3 倍，所以对于载流量相同的铜、铝导线，铜线截面积是铝线截面积的 0.6 倍。

（2）中性线截面积的选择

三相四线制线路的中性线因正常情况下通过的电流为三相不平衡电流和零序电流，所以一般比较小，规定 $S_0 \geqslant 0.5S$。但对于三次谐波电流突出的三相四线制线路和两相三线及单相线路的中性线，它的截面积应该与相线截面积相等。

（3）保护线（PE线）截面积的选择

当 PE 线材质与相线相同时，最小截面积应符合表 5-2 的规定。

表 5-2　保护线最小截面积选择标准

相线截面积S/mm^2	S≤16	16～35	S>35
保护线最小截面积/mm^2	S	16	S/2

（4）保护中性线（PEN线）截面积的选择

对两相三线线路、单相线路和三次谐波突出的三相四线制线路，有 $S_{PEN}=S$；当 $S \leqslant 16$mm^2 时，$S_{PEN}=S$；其他情况下，$S_{PEN} \geqslant 0.5S$。

对 PEN 干线：

铜线：$S_{PEN} \geqslant 10$mm^2；铝线：$S_{PEN} \geqslant 16$mm^2；多芯电缆芯线：$S_{PEN} \geqslant 4$mm^2。

在不需考虑允许的电压损失和导线机械强度的一般情况下，可只按电缆的允许载流量来选择其截面积。选择电缆截面积大小的方法通常有查表法和口诀法两种。

① 查表法　在安装前，常用电缆的允许载流量可通过查阅电工手册得知。

② 口诀法　电工口诀是电工在长期工作实践中总结出来的用于应急解决工程中的一些比较复杂问题的简便方法。

例如，利用下面的口诀介绍的方法，可直接求得导线截面积允许载流量的估算值。

记忆口诀

10下五，100上二；
25、35，四、三界；
70、95，两倍半；
穿管、温度，八、九折；
裸线加一半，铜线升级算。

这个口诀以铝芯绝缘导线明敷、环境温度为 25℃的条件为计算标准，对各种截面导线的载流量（A）用“截面积（mm^2）乘以一定的倍数”来表示。

首先，要熟悉导线芯线截面排列，把口诀的截面积与倍数关系排列起来，表示为

$$\underbrace{\cdots 10}_{\text{五倍}} \quad \underbrace{16\sim25}_{\text{四倍}} \quad \underbrace{35\sim50}_{\text{三倍}} \quad \underbrace{70\sim95}_{\text{二倍半}} \quad \underbrace{100\cdots\text{以上}}_{\text{二倍}}$$

其次，口诀中的“穿管、温度，八、九折”，是指导线不明敷，温度超过 25℃较多时才

予以考虑。若两种条件都已改变，则载流量应打八折后再打九折，或者简单地一次以七折计算（即 0.8×0.9=0.72）。

最后，口诀中的“裸线加一半”是指按一般计算得出的载流量再加一半（即乘以 1.5）；口诀中的“铜线升级算”是指将铜线的截面按截面排列顺序提升一级，然后再按相应的铝线条件计算。

电工师傅在实践中总结出的经验口诀较多，虽然表述方式不同，但计算结果是基本一致的。我们只要记住其中的一两种口诀就可以了。

5.3 电力架空线路

5.3.1 架空线路基础知识

（1）架空线路的优缺点

配电线路按结构可分为架空线路和电缆线路两大类。架空线路将导线架设在杆塔上，并暴露于空气中，电缆线路是将电缆敷设于地下或水底。

架空线路的优点是结构简单，架设方便，投资少；传输电容量大，电压高；散热条件好；维护方便。缺点是网络复杂和集中时，不易架设；在城市人口稠密区既架设不安全，也不美观；工作条件差，易受环境条件，如冰、风、雨、雪、温度、化学腐蚀、雷电等的影响。

（2）架空线路的组成

架空配电线路主要由基础、导线、杆塔、横担、绝缘子、金具、拉线等组成，各组成部分的作用见表 5-3。

表 5-3 架空配电线路各组成部分的作用

序号	组成部分	作用
1	电杆基础	防止电杆因承受垂直荷重、水平荷重及事故荷重等所产生的上拔、下压甚至倾倒等
2	导线	传导电流
3	杆塔	安装横担、绝缘子和架设导线，使导线与导线之间、导线和杆塔之间、导线和大地之间保持规定的距离
4	横担	使导线保持一定的电气距离，且承受档距内线段的荷重。横担和金具的组合使线路处于平稳状态
5	绝缘子	使导线间、导线与地或杆塔间的绝缘，以及固定导线、承受导线的垂直和水平荷载等作用
6	金具	连接和组合线路上各类装置，以传递机械、电气负荷以及起到某种防护作用
7	拉线	平衡电杆各方向的拉力，防止电杆弯曲或倾倒

（3）电杆及选用

① 电杆种类及用途

a. 电杆按所用材质，可分为木杆、水泥杆和金属杆三种。

b. 电杆按其在线路中的用途，可分为直线杆、耐张杆、转角杆、分支杆、终端杆和跨越杆等。

② 电杆选用 混凝土电线杆长度有6m、7m、8m、9m、10m、12m、15m等规格，常用水泥杆为锥度杆的锥度为1/75，小头直径分150mm、170mm、190mm、230mm、350mm等，15m以上长度的都是两节焊接。

通常应考虑以下几个方面的问题：

a. 既要考虑安全可靠，又不能影响车、船的行驶，还要考虑节省材料。

b. 还应根据档距、导线弧垂、导线与地面和各种设施之间的最小垂直距离，以及横担的安装位置来选择杆型。

c. 根据安装地点的具体情况来选择杆型。普通用电单回路2根电线多数采用预应力水泥电线杆，190-10m、190-12m等型号。转角杆和终端杆根据电线的粗细多选用为230-10m、230-12m。杆上式变台的安装，电杆上需要安装下线架、跌落保险支架、避雷器支架、变压器支架，选择12m、15m杆；落地式变台的安装，电杆上只需安装下线架、跌落保险支架、避雷器支架，可选择8m、10m、12m、15m杆。过路过桥杆多数设计成非预应力190-15m，190-18m，190-21m等焊接水泥电线杆。

【特别提醒】

钢筋混凝土电杆不得露筋，并不得有环向裂纹和扭曲等缺陷。

（4）绝缘子及选用

绝缘子俗称瓷瓶，它是用来支持导线的绝缘体，一般的架空线电力工程中都会用到，绝缘子同时也是一种特殊的绝缘控件，能够在架空输电线路中起到重要作用。

① 针式绝缘子主要用于直线杆和角度较小的转角杆支持导线，分为高压、低压两种，如图5-2所示。按材料分针式瓷质绝缘子与针式复合绝缘子。

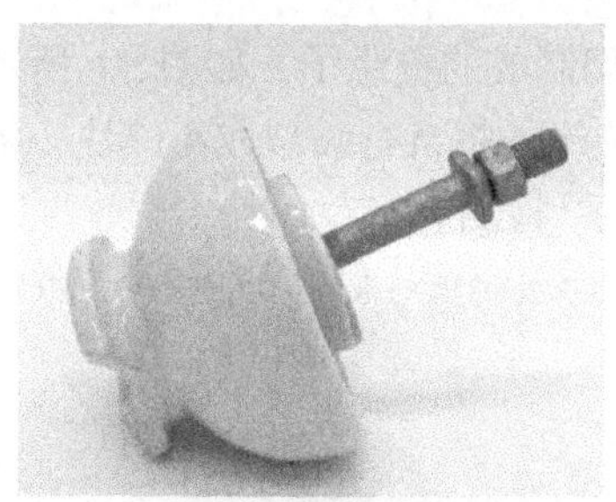

(a) 低压针式绝缘子

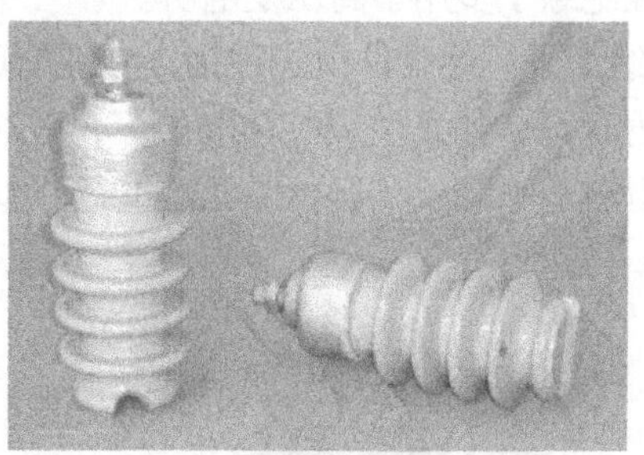

(b) 高压针式绝缘子

图5-2 针式绝缘子

绝缘子型号说明：

P——普通型针式绝缘子；

PQ1——加强绝缘1型（中污型）针式绝缘子；

PQ2——加强绝缘2型（特重污型）针式绝缘子；

FPQ——代表复合针式防污型绝缘子；

B——瓷件侧槽以上部位，除承烧面外，全部上半导体釉；

T——带脚，铁担；

M——长脚；

L——不带脚，瓷件与脚螺纹连接；

LT——带脚，瓷件与脚螺纹连接，铁担；

破折号后的数字 10 表示额定电压 10kV；T 后的数字 16、20 表示下端螺纹直径。

例如：P-15T16，P 表示普通型针式绝缘子，15 表示额定电压 15kV，16 表示下端螺纹直径 16mm。

② 蝶式绝缘子　蝶式绝缘子的全称为蝴蝶形瓷绝缘子，俗称茶台瓷瓶，如图 5-3 所示。分为高压、低压两种，高压型号主要有 E-1、E-2 型等；低压型号主要有 ED-1、ED-2、ED-3、ED-4 型等。蝶式绝缘子主要用于低压配电线路作为直线或耐张绝缘子，也用于 10kV 配电线路终端杆、耐张转角杆和分支杆上。在高压配电线路中，蝶式绝缘子一般应该与悬式绝缘子相配合使用，作为引流线（跳线）支撑线路金具中的一个元件。

③ 悬式瓷绝缘子　如图 5-4 所示，悬式瓷绝缘子主要用于架空配电线路耐张杆，一般低压线路采用一片悬式绝缘子悬挂导线，10kV 线路采用两片组成绝缘子串悬挂导线，电压越高串得越多。悬式瓷绝缘子金属附件连接方式，分球窝型和槽型两种。

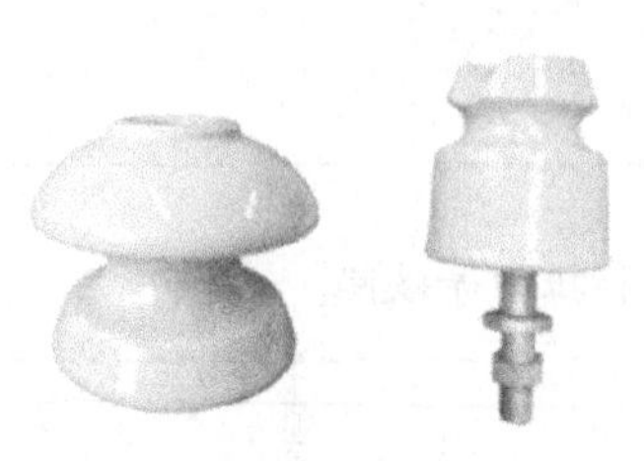

图5-3　蝶式绝缘子

图5-4　悬式瓷绝缘子

④ 支柱绝缘子　主要用于发电厂及变电所的母线和电气设备的绝缘及机械固定，如图 5-5 所示。此外，支柱绝缘子常作为隔离开关和断路器等电气设备的组成部分。支柱绝缘子又可分为针式支柱绝缘子和棒形支柱绝缘子。针式支柱绝缘子多用于低压配电线路和通信线路，棒形支柱绝缘子多用于高压变电所。

⑤ 玻璃绝缘子　绝缘件由经过钢化处理的玻璃制成的绝缘子，如图 5-6 所示。其表面处于压缩预应力状态，如发生裂纹和电击穿，玻璃绝缘子将自行破裂成小碎块，俗称“自爆”。这一特性使得玻璃绝缘子在运行中无需进行“零值”检测。

图5-5　支柱绝缘子

图5-6　玻璃绝缘子

⑥ 耐污绝缘子　主要是采取增加或加大绝缘子伞裙或伞棱的措施以增加绝缘子的爬电距离，以提高绝缘子污秽状态下的电气强度，如图 5-7 所示。同时还采取改变伞裙结构形状以减少表面自然积污量，来提高绝缘子的抗污闪性能。耐污绝缘子的爬电比距一般要比普通绝缘子提高 20% ～ 30%，甚至更多。

⑦ 直流绝缘子　主要指用在直流输电中的盘形绝缘子，如图 5-8 所示。直流绝缘子一般具有比交流耐污型绝缘子更长的爬电距离，其绝缘件具有更高的体电阻率，其连接金具应加

装防电解腐蚀的牺牲电极。

图5-7 耐污绝缘子

图5-8 直流绝缘子

⑧ 拉线绝缘子　拉线瓷绝缘子又称拉线圆瓷，一般用于架空配电线路的终端、转角、耐张杆等穿越导线的拉线上，使下部拉线与上部拉线绝缘，如图5-9所示。其主要作用是防止拉线带电。

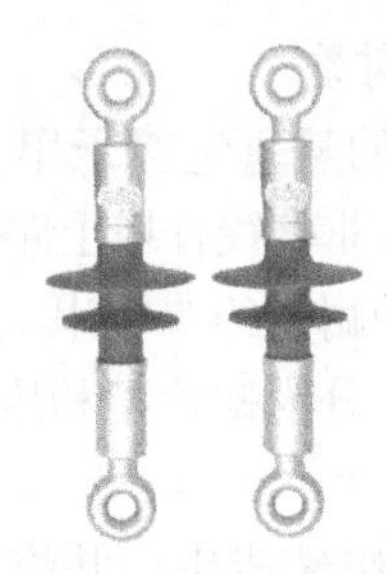

图5-9 拉线绝缘子

低压线路用拉线绝缘子用一般采用瓷拉线绝缘子，一般用J表示（JH表示复合拉线绝缘子），破折号后数值表示机械破坏负荷（kN）；10kV线路用的拉线绝缘子一般采用悬式绝缘（玻璃或瓷绝缘子）。

（5）导线及选用

导线的种类很多，有硬铜线、铝绞线、钢芯铝绞线、钢芯铝合金绞线、铝包钢绞线、铝包钢芯铝绞线等。在实际工程中，最常用的是钢芯铝绞线。

架空输电线路导线截面的选择，一般按经济电流密度来选择，还必须满足电压损失、电晕、机械强度及发热的要求。

架空线路常用的导线有裸导线和绝缘导线，除变压器台的引线和接户线采用绝缘导线外多采用裸导线。从材质上分架空导线有铝芯和铜芯两种，在配电网中，因铝材较轻，对线路连接件和支持件要求低，因此铝芯线应用较多。

市区尽量用绝缘线。绝缘线又分铜线和铝线两种。如常用的铜芯橡胶绝缘线，型号BX-25。铝芯橡胶绝缘线型号BLX。铜、铝塑料绝缘线型号分别为BV、BLV。

（6）金具及选用

架空送电线路的金具使用于导线间连接、绝缘子间连接、绝缘子与杆塔以及绝缘子与导线间连接的零件。线路金具按性能和用途可大致分为悬垂线夹、耐张线夹、连接金具、续接金具、保护金具和拉线金具等。架空送电线路的常用金具如图5-10所示。

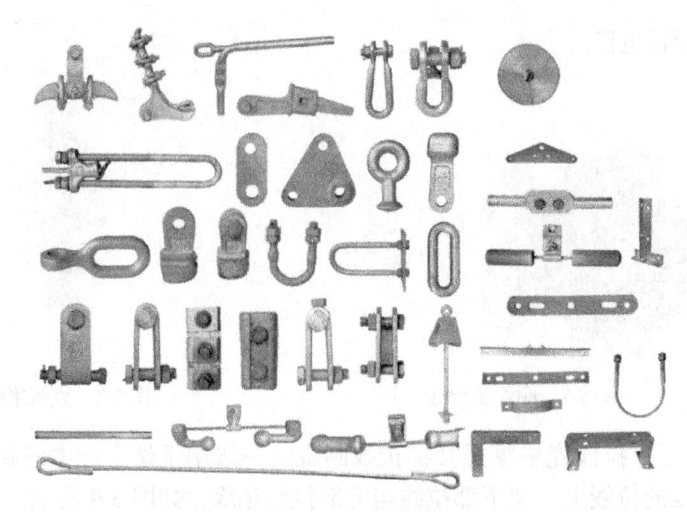

图5-10 架空送电线路常用金具

①线夹 线夹有悬垂线夹和耐张线夹两类。

悬垂线夹用于将导线固定在直线杆塔的悬垂绝缘子串上，或将避雷线悬挂在直线杆塔上，也可用于换位杆塔上支持换位导线以及非直线杆塔上路线的固定。

耐张线夹用于将导线固定在承力杆塔的耐张绝缘子串上，以及将避雷线固定在承力杆塔上。耐张线夹根据使用和安装备件的不同，分为螺栓型和压缩型两大类。螺栓型耐张线夹用于导线截面为240mm^{2}及以上的导线。

②连接金具 连接金具用于将绝缘子组装成串，并将绝缘子串连接、悬挂在杆塔横担上。悬垂线夹、耐张线夹与绝缘子串的连接，拉线金具与杆塔的连接，均要使用连接金具。根据使用条件，分为专用连接金具和通用连接金具。

③接续金具 接续金具用于连接导线及避雷线终端，接续非直线杆塔的跳线及补修损伤断股的导线或避雷线。架空线路常用的连接金具有钳接管、压板管、补修管、并沟线夹及跳线夹等。

④保护金具 保护金具分为机械和电气两大类。机械类保护金具是为了防止导线、避雷线因受振而造成断股。电气类保护金具是为防止绝缘子因电压分布不均匀而过早损坏。

⑤拉线金具 拉线金具主要用于拉线杆塔拉线的坚固、调整和连接，包括从杆塔顶端引至地面拉线之间的所有零件。根据使用条件，拉线金具可分为紧线、调节及连接三类。紧线零件用于紧固拉线端部，与拉线直接接触，必须有足够的握着力。调节零件用于调节拉线的松紧。连接零件用于拉线组装。

(7)接地装置及选用

①接地装置的类型

a. 单极接地装置 适用于对接地要求不太高和电气设备接地点较少的场合。

b. 多极接地装置 适用于对接地要求较高、电气设备接地点较多的场合。

c. 接地网络 适合大型电气设备接地的需要，多用于配电站、大型车间等场所。

②接地装置的技术要求 对接地装置的技术要求主要是对接地电阻的要求，接地电阻原则上越小越好。

接地线选择要注重以下三方面的要求。

a. 接地线有必要具有满意的柔韧性和机械耐拉强度，耐磨，不易锈蚀。

b. 满足短路电流热容量的需求。热容量要经核算断定。

c. 接地线的截面积必须能满足短路电流的需求，且最小不得小于25mm^2（按铜质料需求）。

（8）拉线及选用

① 结构　普通拉线分上下两部分，上部为包括固定在电杆上部的部分（称上把）及与上把连接的部分（称中把或腰把）；下部包括地锚把或拉环、拉线棒及埋在地下部分（包括拉线盘及地横木），称底把。

② 类型及与用途　拉线的作用是用于平衡杆塔承受的水平风力和导线、地线的张力。拉线的种类及用途见表5-4。

表5-4　拉线的种类及用途

序号	拉线名称	用途
1	普通拉线	用于终端、转角和分支杆，装设在电杆受力的反面，用以平衡电杆所受导线的单向拉力。对于耐张杆则在电杆顺线路方前后设拉线，以承受两侧导线的拉力
2	侧面拉线（人字拉线）	用于交叉跨越和耐张段较长的线路上，以便使线路能抵抗横线路方向上的风力，因此有时也叫做风雨拉线或防风拉线，每侧与普通拉线一样
3	水平拉线（拉桩拉线）	用于拉线需要跨越道路或其他障碍时的拉线
4	自身拉线	又叫弓形拉线，用于地面狭窄、受力不大的杆上
5	Y形上下拉线	用于受力较大或较高的杆上
6	Y形水平拉线	用于双杆受力不大的杆上
7	X形拉线（交叉拉线）	用于双杆受力较大的杆上

【特别提醒】

共用拉线应用在直线线路上，如在同一电杆上，一侧导线粗，一侧导线细，两侧负荷不一样产生了不平衡张力，但装设拉线又没有地方，就只能将拉线在第二根电杆上。

5.3.2　架空线路的施工

（1）电杆的定位

先根据设计图样检查地形、道路、河流、树木、管道和建筑物等对线路架设有无妨碍，然后确定线路跨越方法、大致方位，继而确定线路的起点、转角点和终端点以及中间的电杆位置。如果厂区道路已定，则可根据道路的走向定位。

定位的方法可用经纬仪测量法或目测法。

① 交点定位法　电杆的位置可按路边的距离和线路的走向及总长度，确定电杆档距和杆位。

② 目测定位法　适用于已知两杆的位置来确定中间杆的位置。

③ 测量定位法　一般在地面不平整、地下设施较多的地方实施，这种方法精度较高，效果好。如全站仪直接放坐标定位、经纬仪转角度拉尺子定位、GPS流动站跑杆等。

（2）挖坑

坑分为杆坑和拉线坑两种。杆坑又分为圆形坑和梯形坑。对于不带卡盘或底盘的电杆，一般挖成圆形坑。圆形坑挖土量较少，有利于提高电杆的稳定性。如杆身较长较重或带有卡盘的电杆，可挖梯形坑。梯形坑有二阶坑和一阶坑，可按不同深度确定，通常坑深在 1.8m 以上用三阶坑。挖梯形坑的工具可采用镐、锹和锄头等，圆形坑如土质为黏土类，则最好采用螺旋钻或夹铲。

35kV 及以下的架空线路多采用预应力钢筋混凝土电杆，电杆的埋设深度一般应根据有关规程和当地的土壤地质条件来确定。为了简化计算，在一般的土壤地质条件下，埋深可按杆长的 1/6 左右来考虑。

① 挖杆坑时，若坑基土质不良可挖深后换好土夯实，或加枕木。

② 坑底要踏平夯实，分层埋土也要夯实，多余土要堆积压紧在电杆根部。

③ 挖坑时，应注意地下各种工程设施。如地下电缆、地下管道等，应与这些设施保持一定的距离。

④ 土质松软的地段，要采取防止塌方措施。

（3）立杆

电杆立杆的方法有人工立杆（包括人力叉杆法起立电杆；单抱杆起吊法组立电杆；脱落式人字抱杆组立电杆）和吊车起立电杆，如图 5-11 所示。

(a) 人工立杆

(b) 吊车立杆

图5-11　电杆立杆

【特别提醒】

立杆人员必须动作一致，劲往一处用，听从统一指挥，以免发生事故。

采用吊车立杆节省人力、物力、财力，也是在当前施工中提高工作效率的普遍施工方法。

除以上方法之外，对短于 8m 的混凝土杆或长于 8m 的木杆，可采用叉杆法立杆。

通过上述不同方法把电杆立起并调整好后，即可用铁锹将挖出的土沿电杆四周回填坑内，边填边夯实。夯实时对应在电杆两侧交替进行，以防挤动杆位。多余的土应堆在电杆根部周围形成土台，且最好高出地面 300mm 左右，这样可增强电杆的稳固性。

（4）架线

架线是由放线、挂线、紧线、固定线四个工序组成，这四个工序安装顺序同时施工，一气呵成。

① 放线　放线一般有两种方法：一种方法是将导线沿电杆根部放开后，再将导线吊上电杆；另一种方法是在横担上装好开口滑轮，一边放线一边逐挡将导线吊放在滑轮内前进。

② 挂线　挂线操作时，非紧线端导线在横担茶台上固定，可在杆上直接操作，也可在杆下先把导线绑扎在茶台上，然后再登杆操作并把茶台用拉板固定在横担上。直线杆上的挂线可在横担上悬挂开口铜或铝滑轮，必须用铁线将滑轮绑扎牢固。

③ 紧线　紧线时，要注意横担和杆身的偏斜、拉线地锚的松动、导线与其他物的接触或磨损、导线的垂度等。紧线顺序为：对于单回路段，一般在紧好地线后，先紧中导线，后紧边导线。对于双回路段，紧好地线后，从上至下左右对称紧线。

弧垂观测是指在档距内紧线时，利用视线或通过仪器测量判断导线弧垂的大小，使架空线的弧垂符合设计要求，如图5-12所示。

完成弧垂观察后，要进行相应的调整，如针对张力架线紧线弧垂，可以用过粗调和经调两种方式进行，借助机动绞磨收紧导线，使其能够处于合理的位置上，符合设计要求。如果超过两个观测点，人员之间要加强沟通和交流，提高观察的有效性。

图5-12　弧垂观测

④ 导线在绝缘子上的固定

a. 裸铝绞线及钢芯铝绞线在绝缘子上固定前应加裹铝带（护线条），裹铝带的长度，对针式绝缘子要超出绑扎部分两端各50mm，对悬式绝缘子要超出线夹或心形环两端各50mm，对蝶式绝缘子要超出接触部分两端各50mm。

b. 导线在针式绝缘子上固定采用绑扎法，用与导线材质相同的导线或特制绑线将导线绑扎在绝缘子槽内。绑扎高压导线要绑成双十字，导线在针式绝缘子上的绑扎法分为顶扎法和颈扎法（也称为侧绑法）两种。如图5-13所示。

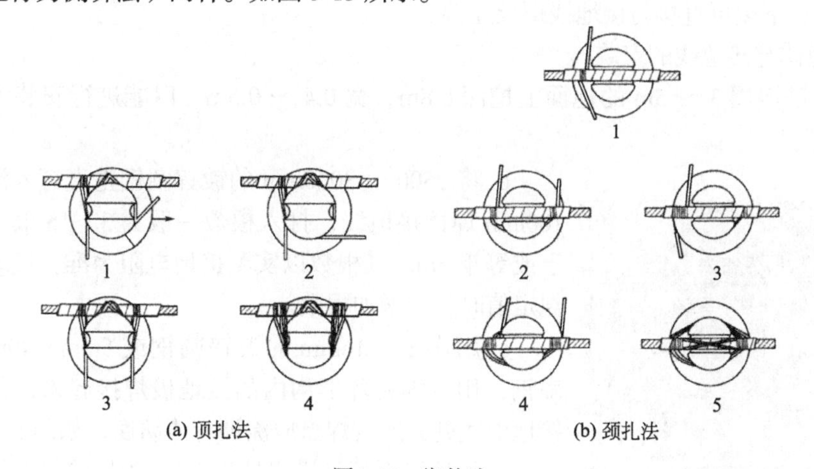

图5-13　绑扎法

c. 导线在蝶式绝缘子上固定时也可采用绑扎法，绑扎长度视导线规格而定，一般为50～200mm。还可采用并沟线夹固定。

d. 导线在悬式绝缘子上固定都采用线夹，如悬垂线夹、螺栓型耐张线夹等。

e. 弓子线的连接和弓子线与主干线的连接，一般采用线夹，如并沟线夹、耐张线夹等。也可采用绑扎法，绑扎长度视导线材质及规格而定，如铝绞线 $35mm^2$ 及以下，为 150mm。

近年来，工程上采用免维护线夹，解决了传统线路采用铝绑线捆绑导线所产生的输电线路断线故障多的严重缺陷，实现了输电线路的免维护，如图 5-14 所示。

图 5-14　免维护线夹应用示例

（5）接地装置的安装

① 钢筋混凝土电杆，都用其内主筋作为接地引线，有的混凝土电杆在制作时已将上下端的接地端引出或加长，避免了用电焊加长引线的作业，否则要动用电焊或气焊将主筋用同径的圆钢焊接加长，然后将上端用钢制并钩线夹将其与架空地线或中性线连接。

下端通常是在引线上焊接一块 300mm 长、4mm 厚且开 2 个 ϕ16mm 圆孔的镀锌扁钢，焊接处要涂沥青漆。然后与由接地体引来的接地线螺栓连接，接地线通常也应用镀锌扁钢引来与接地螺栓连接，螺栓必须有平垫、弹簧垫。

② 预应力水泥杆不允许用主筋接地，一般沿杆身另挂一根接地引线，为了便于用双沟线夹和避雷线连接，一般使用 ϕ16mm 镀锌圆钢或 $50mm^2$ 及以上的镀锌钢绞线，沿杆身每隔 1.5m 用抱箍卡子加以固定。下端采用镀锌圆钢时作法同①；采用镀锌钢绞线时，由接地体引来的接地线应用 ϕ16mm 镀锌圆钢，与钢绞线用双沟线夹可靠连接。

③ 铁塔本身可作为接地导体，上端可用螺栓连接短节镀锌钢绞线，然后再与避雷线并沟线夹连接；下端可直接与接地线螺栓连接。

④ 接地体与接地线的安装

a. 在杆塔四周 3 ～ 5m 的地面上挖深 0.8m、宽 0.4 ～ 0.5m（以能进行安装为宜）环形地沟。

图 5-15　防雷接地体与接地线的连接

b. 将 2500 ～ 3000mm 的镀锌圆钢垂直打入沟内，上留 100mm 焊接接地线，打入根数一般为 3 ～ 5 根，间隔应大于或等于 5m。其根数以实测接地电阻为准，接地电阻大于规定值时，应增加根数。

c. 用 ϕ12 ～ 16mm 的镀锌圆钢或 5mm×40mm 的镀锌扁钢，用电焊将环形沟内的接地极焊接起来，并引至杆塔接地引线处，所有焊点应涂沥青漆防腐，如图 5-15 所示。

d. 接地极引至杆塔出地平 2.0m 处用绝缘套管或镀锌角钢保护，并用两个抱箍将其与杆固定，然后用黑、白漆间隔 50mm 涂刷。

【特别提醒】

接地极接地电阻的要求：接地极安装好未与杆塔接地引线连接前应测试其接地电阻，防雷接地电阻值应小于10Ω；中性线接地的接地电阻值应小于4Ω；重复接地电阻值为10Ω。接地电阻达不到要求时可增补接地极或换土。

（6）安装横担

钢筋混凝土电杆横担安装技术要求见表5-5。

表5-5 横担安装技术要求

项目	安装说明
U形抱箍安装	① 钢筋混凝土电杆使用U形抱箍安装水平排列导线横担。在杆顶向下量200mm，安装U形抱箍，用U形抱箍从电杆背部抱过杆身，抱箍螺扣部分应置于受电侧，在抱箍上安装好M形抱铁，在M形抱铁上再安装横担，在抱箍两端各加一个垫圈用螺母固定，先不要拧紧螺母，留有调节的余地，待全部横担装上后再逐个拧紧螺母 ② 电杆导线进行三角排列时，杆顶支持绝缘子应使用杆顶支座抱箍。由杆顶向下量取150mm，使用支座抱箍时，应将角钢置于受电侧，将抱箍用M16×70方头螺栓，穿过抱箍安装孔，用螺母拧紧固定。安装好杆顶抱箍后，再安装横担。横担的位置由导线的排列方式来决定，导线采用正三角排列时，横担距离杆顶抱箍为0.8m；导线采用扁三角排列时，横担距离杆顶抱箍为0.5m
安装平整度要求	① 横担端部上下歪斜20mm ② 横担端部左右扭斜20mm ③ 带叉梁的双杆组立后，杆身和叉梁均不应有鼓肚现象。叉梁铁板、抱箍与主杆的连接牢固、局部间隙不应大于50mm
安装间距和数量要求	① 导线水平排列时，上层横担距杆顶距离不宜小于200mm ② 10kV线路与35kV线路同杆架设时，两条线路导线之间垂直距离不应小于2m ③ 高、低压同杆架设的线路，高压线路横担应在上层。架设同一电压等级的不同回路导线时，应把线路弧垂较大的横担放置在下层 ④ 同一电源的高、低压线路宜同杆架设。为了维修和减少停电，直线杆横担数不宜超过4层（包括路灯线路）
螺栓使用要求	① 穿入方向的规定 a. 对平面结构：顺线路方向，单面构件由送电侧穿入或按统一方向；横线路方向，两侧由内向外，中间由左向右（面向受电侧）或按统一方向；双面构件由内向外。垂直方向，由下向上 b. 对立体结构：水平方向由内向外；垂直方向，由下向上 ② 连接的构件规定 a. 螺杆应与构件面垂直，螺头平面与构件间不应有空隙 b. 螺栓紧好后，螺杆丝扣露出的长度：单螺母不应少于2扣；双螺母可平扣 c. 必须加垫圈者，每端垫圈不应超过两个
瓷横担安装的规定	① 垂直安装时，顶端顺线路歪斜不应大于10mm ② 水平安装时，顶端应向上翘起5°～10°，顶端顺线路歪斜不应大于20mm ③ 全瓷式瓷横担的固定处应加软垫 ④ 电杆横担安装好以后，横担应平正，双杆的横担，横担与电杆的连接处的高差不应大于连接距离的5/1000；左右扭斜不应大于横担总长度的1/100

（7）拉线制作与装设

拉线制作

拉线材料一般用镀锌钢绞线。拉线上端是通过拉线抱箍和拉线相连接，下部是通过可调节的拉线金具与埋入地下的拉线棒、拉线盘相连接。拉线连接金具一般采用楔形线夹和UT型线夹。

拉线制作有束合法和绞合法两种。绞合法存在绞合不好会产生各股受力不均的缺陷，目前常采用束合法。束合法制作拉线，见表 5-6。

表 5-6　束合法制作拉线

名称		图示	说明
伸线		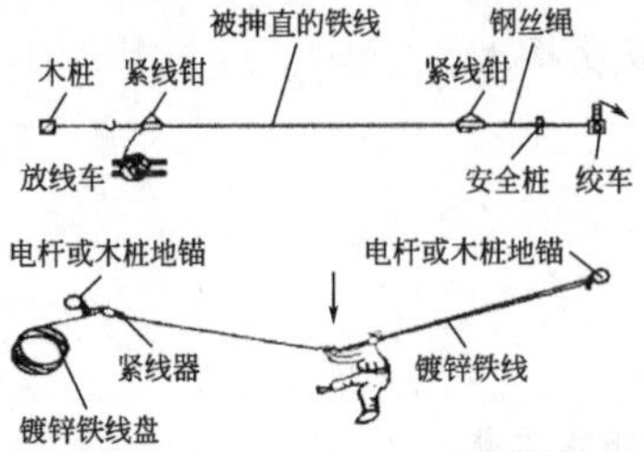 被抻直的铁线 钢丝绳 木桩 紧线钳 紧线钳 放线车 安全桩 绞车 电杆或木桩地锚 电杆或木桩地锚 紧线器 镀锌铁线 镀锌铁线盘	① 将成捆的铁线放开拉伸，使其挺直，以便束合。伸线方法，可使用两只紧线钳将铁线两端夹住，分别固定在柱上，用紧线钳收紧，使铁线伸直 ② 也可以采用人工拉伸，将铁线的两端固定在支柱或大树上，由 2 ～ 3 人手握住铁线中部，每人同时用力拉数次，使铁线充分伸直
束合		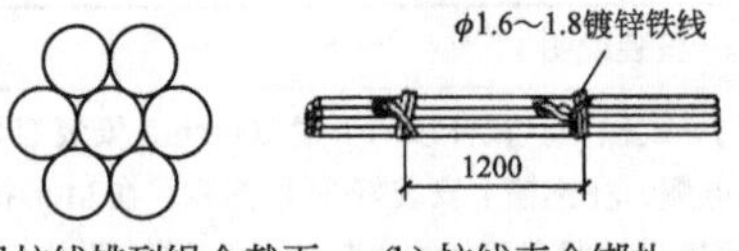 ϕ1.6～1.8镀锌铁线 1200 (a) 7股拉线排列组合截面　(b) 拉线束合绑扎	① 将拉直的铁线按需要股数合在一起，另用ϕ1.6 ～ 1.8mm 镀锌铁线在适当处压住一端拉紧缠扎 3 ～ 4 圈，而后将两端头拧在一起成为拉线节，形成束合线 ② 拉线节在距在面 2m 以内的部分间隔 600mm；在距地面 2m 以上部分间隔 1.2m
拉线把的缠绕	自缠法	10 10 9 8 7 6 (a) 5 6 7 8 9 10 (b)	① 缠绕时先将拉线折弯嵌进三角圈（心形环）折转部分和本线合并，临时用钢绳卡头夹牢，折转一股，其余各股散开紧贴在本线上，然后将折转的一股，用钳子在合并部分紧紧缠绕 10 圈，余留 20mm 长并在线束内，多余部分剪掉。第 1 股缠完后接着再缠第 2 股，用同样方法缠绕 10 圈，依此类推。由第 3 股起每次缠绕圈数依次连递一圈，直至缠绕 6 次为止，如图（a）所示 ② 每次缠绕也可按以下方法进行，即每次取一股按图（b）中所注明的圈数缠绕，换另一股将它压在下面，然后折面留出 10mm，将余线剪掉
	另缠法	3根 2根 2根 150 150 100	① 先将拉线折弯处嵌入心形环，折回的拉线部分和本线合并，颈部用钢丝绳卡头临时夹紧，然后用一根ϕ3.2mm 镀锌铁线作为绑线，一端和拉线束并在一起作衬线，另一端按图中的尺寸缠绕至 150mm 处，绑线两端用钳子自相扭绕 3 转成麻花线，剪去多余线段，同时将拉线折回三股留 20mm 长，紧压在绑线层上 ② 第二次用同样方法缠绕，至 150mm 处又折回拉线两股，依此类推，缠绕三次为止 ③ 如为 3 ～ 5 股拉线，绑线缠绕 400mm 后，即将所有拉线端折回，留 200mm 长紧压在绑线层上，绑线两端自相扭绞成麻花线
钢绞线拉线做法		拉线抱箍 楔形线夹 钢绞线 UT型线夹 拉线棒 β H 拉线盘 楔形线夹 拉线抱箍 钢绞线 UT型线夹 双拉线连板 拉线棒 U形挂板 β H 拉线盘	① 安装前应在线夹螺纹上涂润滑剂，线夹舌板与拉线接触应紧密，受力后无滑动现象，线夹凸尾在尾线侧，安装时不得损伤线股 ② 在拉线弯曲部分不应有明显松股，线夹处露出的拉线尾线长度为 300 ～ 500mm ③ 拉线端头处与拉线主线应固定可靠，尾线回头后与本线应绑扎牢固

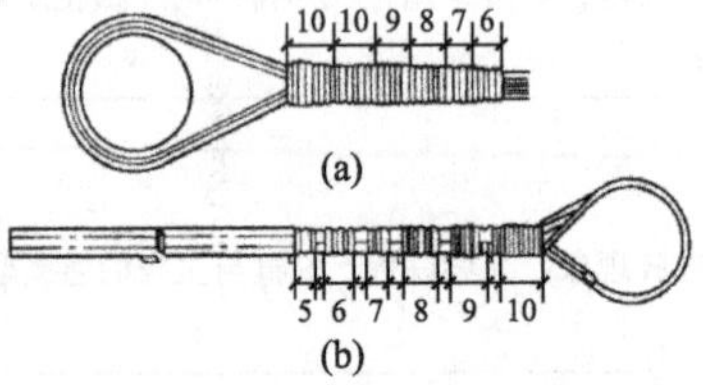

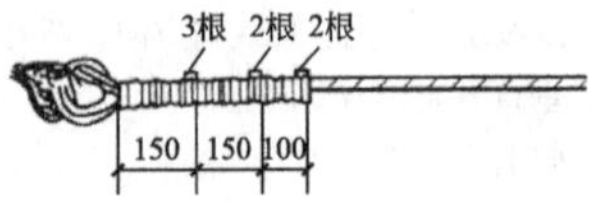

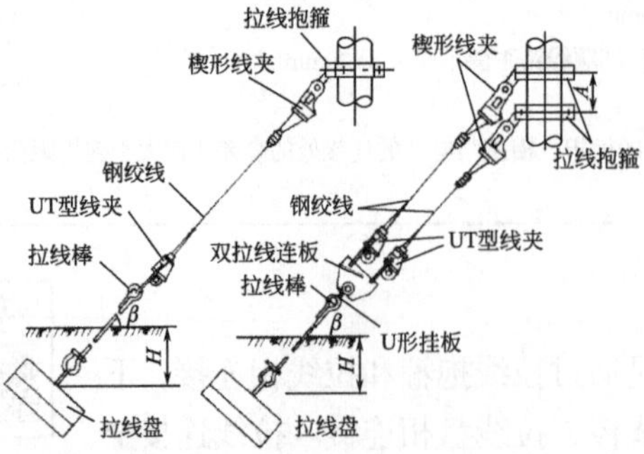

架空线路拉线的装设规定如下：

① 拉线与电杆的夹角不宜小于 45°，当受地形限制时，不应小于 30°。

② 终端杆的拉线及耐张杆承力拉线应与线路方向对正，分角拉线应与线路分角线方向对正，防风拉线应与线路方向垂直。

③ 拉线穿过公路时，对路面中心的距离不应小于 6m，且对路面的最小距离不应小于 4.5m。拉线装设方法见表 5-7。

表 5-7 拉线装设方法

名称	图示	说明
埋设拉线盘	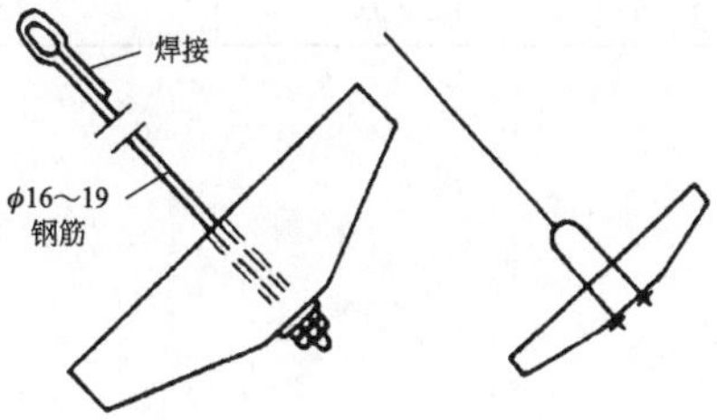 焊接 ϕ16～19 钢筋	① 在埋设拉线盘之前，首先应将下把拉线组装好，然后再进行整体埋设。拉线坑应有斜坡，回填土时应将土块打碎后夯实，拉线坑宜设防沉层 ② 采用圆钢拉线棒的下端套有丝口，上端有拉环，安装时拉线棒穿过水泥拉线盘孔，放好垫圈，拧上双螺母即可 ③ 拉线盘的选择及埋设深度可参照表 5-8 ④ 下把拉线棒装好之后，将拉线盘放正，使底把拉环露出地面 500～700mm，随后就可分层填土夯实 ⑤ 拉线棒地面上下 200～300mm 处，都要涂以沥青，泥土中含有盐碱成分较多的地方，还要从拉线棒出土 150mm 处起，缠卷 80mm 宽的麻带，缠到地面以下 350mm 处，并浸透沥青，以防腐蚀。涂油和缠麻带，都应在填土前做好
做拉线上把	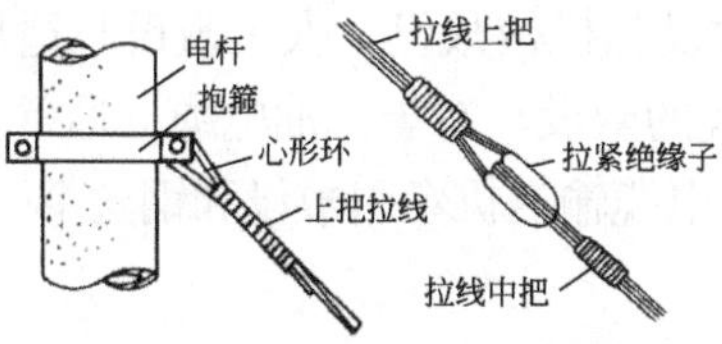 (a) 拉线上把 (b) 拉紧绝缘子的固定	① 用一只螺栓将拉线抱箍抱在电杆上，然后，把预制好的上把拉线环放在两片抱箍的螺孔间，穿入螺栓拧上螺母固定之，上把拉线环的内径，以能穿入 16mm 螺栓为宜，但不能大于 25mm ② 在行人较多的地方，拉线上应装设拉线绝缘子。其安装位置，应使拉线断线而沿电杆下垂时，绝缘子距地面的高度和距电杆距离应当在 2.5m 以上，不致触及行人及在杆上操作人员
做底把及中把下端	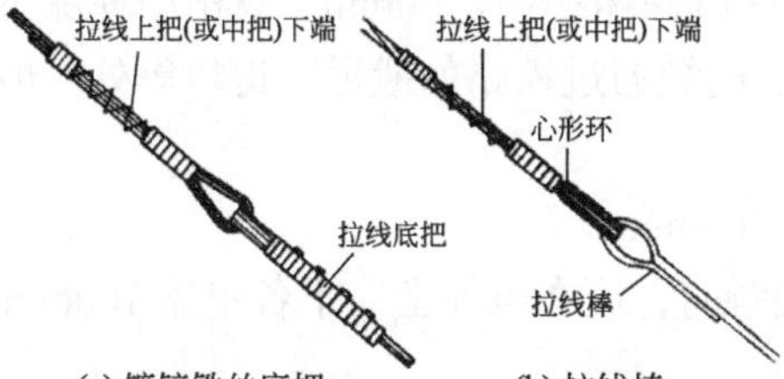 (a) 镀锌铁丝底把 (b) 拉线棒	① 拉线底把用合股镀锌铁线制作的，一般用在木电杆拉线中 ② 钢筋混凝土电杆则使用不同规格的镀锌圆钢做的拉线棒，作为拉线的底把 ③ 拉线棒与拉线盘的拉环连接后，拉线棒的圆环开口处要用铁丝缠绕 ④ 拉线棒与拉线盘采用螺栓连接时，应使用双螺母
收紧拉线中把	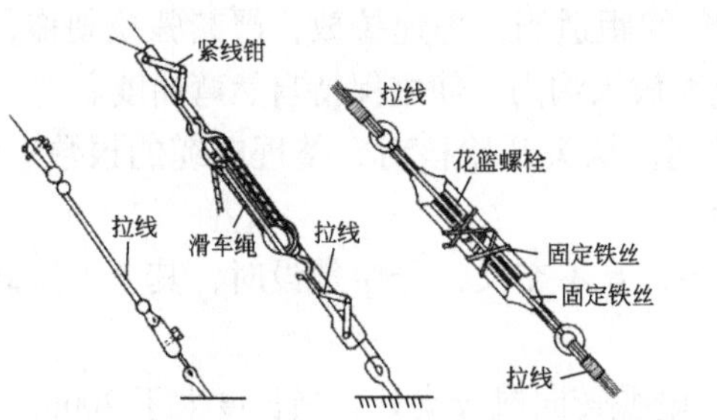 (a) 收紧拉线中把 (b) 拉线花篮螺栓紧固	① 在收紧拉线前，先将花篮螺栓的两端螺杆旋入螺母内，使它们之间保持最大距离，以备继续旋入调整 ② 将紧线钳的钢丝绳伸开，一只紧线钳夹握在拉线高处，再将拉线下端穿过花篮螺栓的拉环，放在三角圈槽里，向上折回，并用另一只紧线钳夹住，花篮螺栓的另一端套在拉线棒的拉环上 ③ 将拉线慢慢收紧，紧到一定程度时，检查一下杆身和拉线的各部位，如无问题后，再继续收紧，把电杆校正 ④ 对于终端杆和转角杆，拉线收紧后，杆顶可向拉线侧倾斜电杆梢径的 1/2 ⑤ 为了防止花篮螺栓螺纹倒转松退，可用一根 ϕ4mm 镀锌铁丝，两端从螺杆孔穿过，在螺栓中间绞拧二次，再分向螺母两侧绕 3 圈，最后将两端头自相扭结，使调整装置不能任意转动

拉线盘的选择及埋设深度见表 5-8。

表 5-8 拉线盘的选择及埋设深度

拉线所受拉力/kN	选用拉线规格		拉线盘规格/m	拉线盘埋深/m
	ϕ4mm镀锌铁线（股数）	镀锌钢绞线/mm²		
15及以下	5及以下	25	0.6×0.3	1.2
21	7	35	0.8×0.4	1.2
27	9	50	0.8×0.4	1.5
39	13	70	1.0×0.5	1.6
54	2×3	2×50	1.2×0.6	1.7
78	2×13	2×70	1.2×0.6	1.9

5.4 电力电缆线路

5.4.1 电力电缆敷设施工方法及技术标准

（1）电力电缆敷设施工方法

电力电缆的敷设施工方法，一般可分为人工敷设和机械敷设。人工敷设只适用于回路较少，每根只有几十米或 100 ～ 200m 的短途普通电缆的敷设。对于充油电缆，通常每米质量可达 30 多千克，不宜采用人工敷设。机械敷设可分为电缆输送机牵引敷设和钢丝牵引敷设。

（2）电缆线路敷设的技术标准

① 电缆敷设时，最小允许弯曲半径为 10*D*（*D* 为电缆外径）。不得出现背扣、小弯现象。

② 电缆沟底应平坦、无石块，电缆埋深距地面不得小于 700mm，农田中埋深不得小于 1200mm；石质地带电缆埋深不得小于 500mm。电缆通过铁路的股道、道口等处一般采用顶管法，其埋深应与电缆沟底相平。

③ 箱盒处的储备电缆最上层埋深应不少于 700mm。

④ 电缆与夹石、铁器以及带腐蚀性物体接触时，应在电缆上、下各垫盖 100mm 软土或细沙。

⑤ 在敷设电缆时，必须根据定测后的电缆径路布置图来敷设电缆，每根电缆两端必须拴上事先备好的写明电缆编号、长度、芯线规格的小铭牌。

⑥ 放电缆时应做到通信畅通，统一指挥，间距适当，匀速拉放，严禁骤拉硬拖，待电缆的首、尾位置适合后，再同时顺序缓缓将电缆放入沟内，使之保持自然弯曲度。

⑦ 待电缆全部放入沟内后，按图纸的排列，从头开始核对、整理电缆的根数、编号、规格及排列位置，最后按要求进行防护和回填土。

⑧ 电缆沟内敷设多条电缆时，应排列整齐，互不交叉，分层敷设时，其上下层间距不得小于 100mm。

⑨ 应在以下地点或附近设立电缆埋设标：电缆转向或分支处；当长度大于 200m 的电缆径路，中间无转向或分支电缆时，应每隔不到 100m 处；信号电缆地下接续处；电缆穿越障碍物处而需标明电缆实际径路的适当地点（路口、桥涵、隧、沟、管、建筑物等处）；根据埋设地点的不同，电缆埋设标上应标明埋深、直线、拐弯或分支等，地下接续处应标写“按续标”字样及接头编号。

⑩ 室外电缆每端储备长度不得小于2m，20m以下电缆不得小于1m、室内储备长度不得小于5m，电缆过桥在桥的两端的储备量为2m，接续点每端电缆的储备量不得小于1m。

5.4.2 电力电缆接头加工

常用35kV及以下电缆接头按结构形式可分为绕包式、热缩式、冷缩式、预制式、模塑式、浇铸式。

电缆接头又称电缆头。电缆线路中间部位的电缆接头称为中间接头，线路两端的电缆接头称为终端头。

（1）电缆接头技术要求

电缆接头的基本要求，见表5-9。

表5-9 电缆接头的基本要求

序号	基本要求	说明
1	导体连接良好	对于终端，电缆导线电芯线与出线杆、出线鼻子之间要连接良好；对于中间接头，电缆芯线要与连接管之间连接良好 要求接触点的电阻要小且稳定，与同长度同截面导线相比，对新装的电缆终端头和中间接头，其比值要不大于1；对已运行的电缆终端头和中端接头，其比值应不大于1.2
2	绝缘可靠	要有能满足电缆线路在各种状态下长期安全运行的绝缘结构，所用绝缘材料不应在运行条件下加速老化而导致降低绝缘的电气强度
3	密封良好	结构上要能有效地防止外界水分和有害物质侵入到绝缘中去，并能防止绝缘内部的绝缘剂向外流失，避免“呼吸”现象发生，保持气密性
4	有足够的机械强度	能适应各种运行条件，能承受电缆线路上产生的机械应力
5	耐压合格	能够经受电气设备交接试验标准规定的直流（或交流）耐压试验
6	焊接好接地线	防止电缆线路流过较大故障电流时，在金属护套中产生的感应电压可能击穿电缆内衬层，引起电弧，甚至将电缆金属护套烧穿

（2）电缆终端头制作

制作电缆终端头的操作步骤及方法见表5-10。

表5-10 制作电缆终端头的操作步骤及方法

序号	步骤	操作方法	图示
1	剥除塑料外套	根据电缆终端的安装位置至连接设备之间的距离决定剥塑尺寸，一般从末端到剖塑口的距离不小于900m	
2	锯铠装层	在离剖塑口20mm处扎绑线，在绑线上侧将钢甲锯掉，在锯口处将统包带及相间填料切除	

续表

序号	步骤	操作方法	图示
3	焊接地线	将10～25mm^{2}的多股软铜线分为三股，在每相的屏蔽上绕上几圈。若电缆屏蔽为铅屏蔽，要将接地铜线绑紧在屏蔽上；若为铜屏蔽，则应焊牢	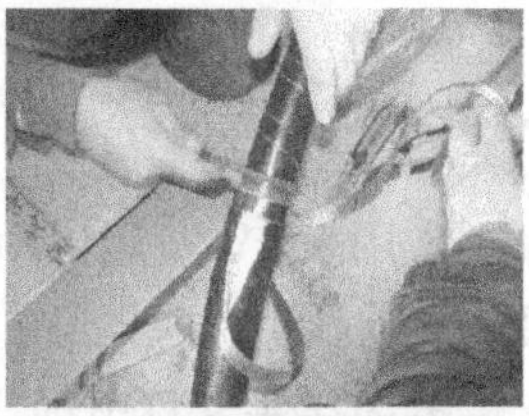
4	套手套	用透明聚氯乙烯带包缠钢甲末端及电缆线芯，使手套套入，松紧要适度。套入手套后，在手套下端用透明聚氯乙烯带包紧，并用黑色聚氯乙烯带包缠两层扎紧	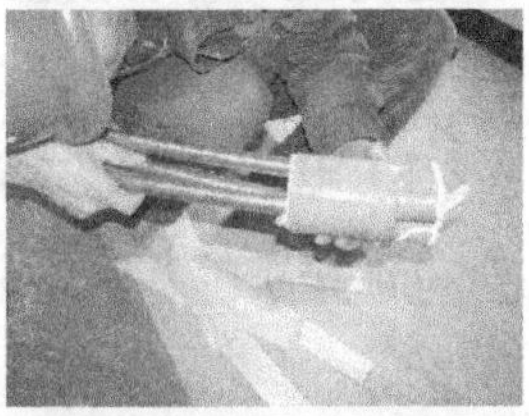
5	剥切屏蔽层	在距手指末端20mm处，用直径为1.25mm的镀锡铜丝绑扎几圈，将屏蔽层扎紧，然后将末端的屏蔽层剥除。屏蔽层内的半导体布带应保留一段，将它临时剥开缠在手指上，以备包应力锥	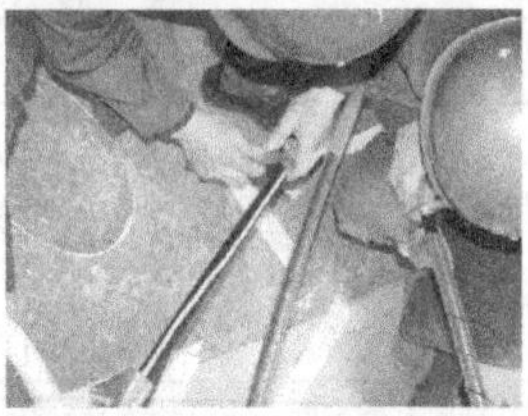
6	包应力锥	① 用汽油将线芯绝缘表面擦拭干净，主要擦除半导体布带黏附在绝缘表面上的炭黑粉 ② 用自黏胶带从距手指20mm处开始包锥。锥长140mm，最大直径在锥的一半处。锥的最大直径为绝缘外径加15mm ③ 将半导体布带包至最大直径处，在其外面，从屏蔽切断处用2mm铅丝紧密缠绕至应力锥的最大直径处，用焊锡将铅丝焊牢，下端和绑线及铜屏蔽层焊在一起（铅屏蔽则只将铅丝和镀锡绑线焊牢） ④ 在应力锥外包两层橡胶自黏带，并将手套的手指口扎紧封口	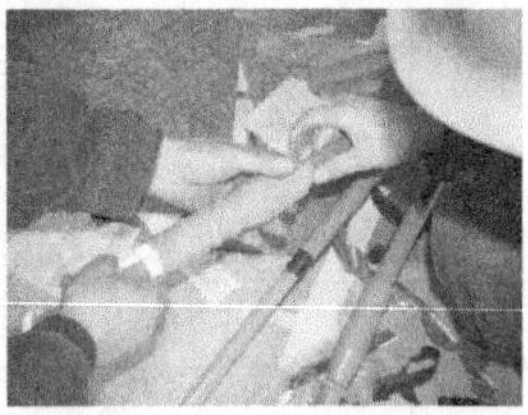
7	压接线鼻子	在线芯末端长度为线鼻子孔深加5mm处剥去线芯绝缘，然后进行压接。压好后用自黏橡胶带将压坑填平，并用橡胶自黏带绕包线鼻子和线芯，将鼻子下口封严，防止雨水渗入芯线	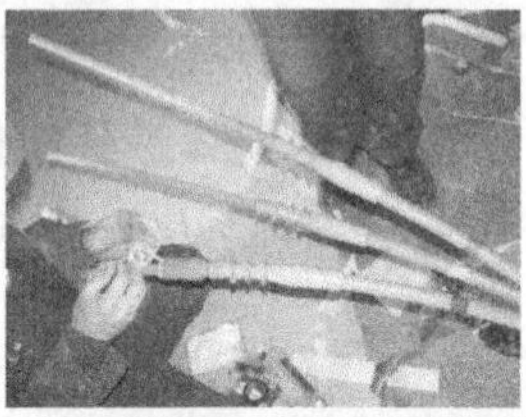
8	包保护层	从线鼻子到手套分叉处，包两层黑色聚氯乙烯带。包缠时，应从线鼻子开始，并在线鼻子处收尾	
9	标明相色	在线鼻子上包相色塑料带两层，标明相色，长度为80～100mm。也应从末端开始，末端收尾。为防止相色带松散，要在末端用绑线绑紧	
10	套防雨罩	对户外电缆终端头还应在压接线鼻子前先套进防雨罩，并用自黏橡胶带固定，自黏带外面应包两层黑色聚氯乙烯带。从防雨罩固定处到应力锥接地处的距离要小于400mm	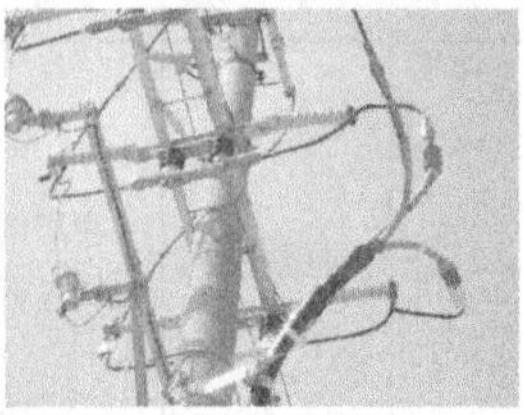

（3）电缆中间接头制作

制作电缆中间接头的步骤及方法见表5-11。

表5-11 制作电缆中间接头的步骤及方法

序号	步骤	操作方法	图示
1	切割电缆	将待接头的两段电缆自断口处交叠，交叠长度为200～300mm；量取交叠长度的中心线并做记号，同时将黑色填充保留后翻，不要割断	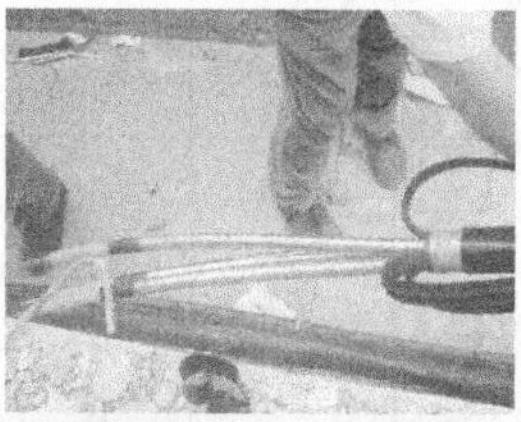
2	芯线处理	将热缩套件中（一长一短两根）直径最大的黑色塑料管分别套入两段电缆，然后处理线芯	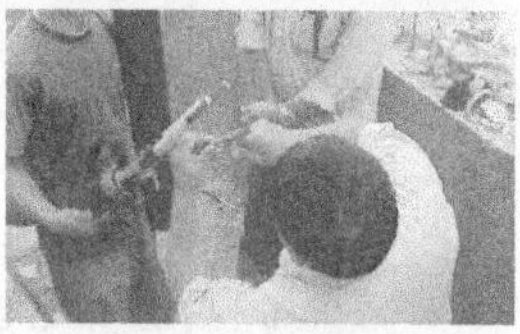
3	清洁半导层	用清洗剂清洁芯线（注意整个过程操作者要保持手的干净）	
4	套入应力控制管	包缠应力疏散胶，并套入应力控制管（图中的黑色短管）	
5	烘烤应力控制管	用喷灯的火焰烘烤应力控制管，图中为已经烘好的应力管	
6	套屏蔽铜网	在长端尾部套入屏蔽铜网	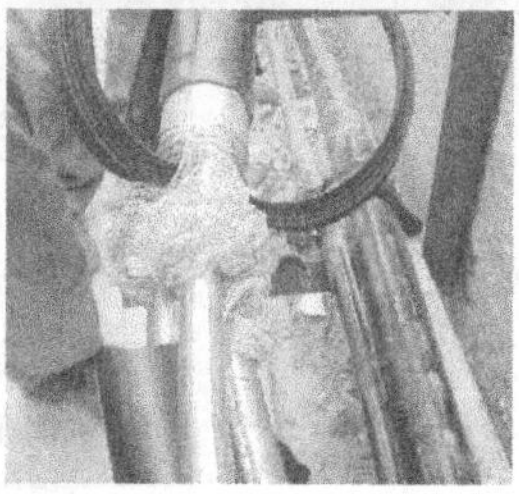
7	套绝缘材料和半导电管	在长端依次套入绝缘材料，短端套入内半导电管	

续表

序号	步骤	操作方法	图示
8	压接芯线	用压接钳压接芯线，注意压接质量	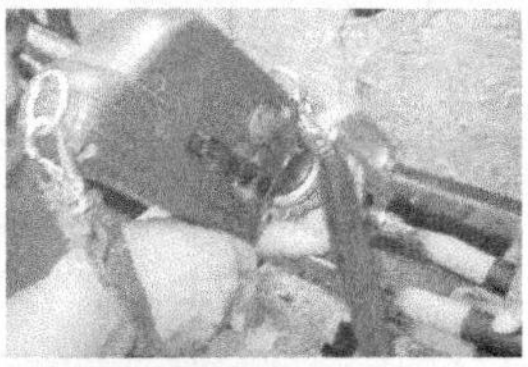
9	打磨压接头	用锉刀打磨压接头，以消除尖端放电	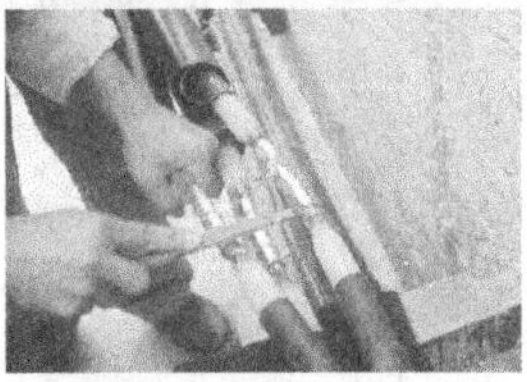
10	包绕半导电带	在接头上包绕黑色半导电带，包缠后接头处外径与主绝缘大小一致；在铅笔头上用红色应力胶填充，将铅笔头填瞒	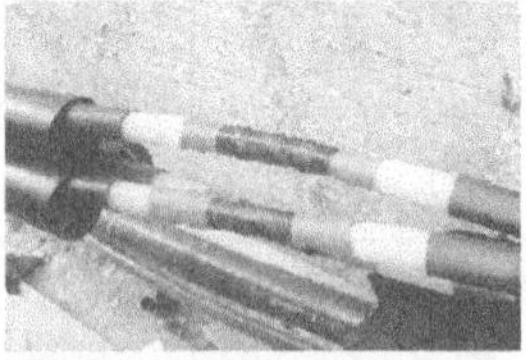
11	烘烤内半导电管	将短端已经套入的黑色内半导电管移至接头上烘烤收缩，用配套清洁剂清洁整个芯线的绝缘层和半导电管及应力管	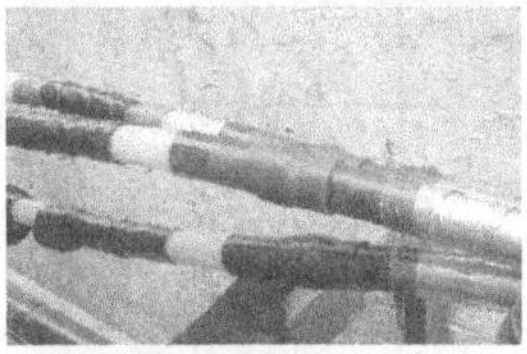
12	烘烤内绝缘	将套入长端最内层的红色内绝缘管移至接头上，在该管两管口部位包绕热熔胶，然后从中间向两端加热收	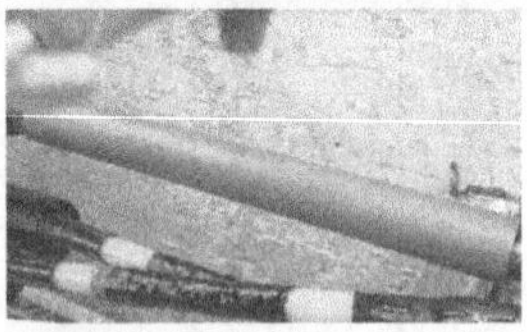
13	烘烤外绝缘管	将套入长端第二层的红色外绝缘管移至接头上，在该管两管口部位包绕热熔胶，然后从中间向两端加热收缩，完成后在两端包绕高压防水胶布密封	
14	烘烤外半导电层	将套入长端最外层的黑色外半导电层移至接头上，在该管两管口部位包绕热熔胶，然后从中间向两端加热收缩	
15	套入铜网屏蔽	各相分别套入铜网屏蔽。将套入长端铜屏蔽网移至接头上，用手将屏蔽网在各相上整平，同时注意将铜网两端压在电缆原来的屏蔽层上，用锡焊焊接	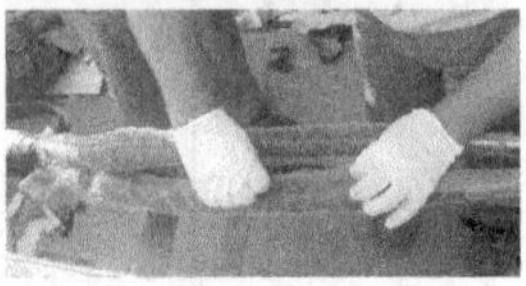

续表

序号	步骤	操作方法	图示
16	绑扎，整形	将原来切割电缆时翻起的填充物（见序号1图示）重新翻回，然后用白纱带将三相芯线绑扎在一起	
17	焊接地线	用附带的编织铜线将接头两端的保护钢铠连接（焊接）起来	
18	烘烤外护层	将一端电缆中早已套入的长外护套管移到超过压接套管位置时开始热缩；将另一端电缆中早已套入的短外护套管移到超过压接管位置，套住先收缩的长外护套管100mm时开始热缩	
19	包缠封口	用黑胶布在外护套交叠处做包缠封口处理	

（4）制作电缆接头的注意事项

① 在电缆接头的制作过程中，应防止粉尘、杂物和潮气、水雾进入绝缘层内，严禁在多尘或潮湿的场所进行制作。在保证质量的前提下，作业时间越短越好，以免潮气侵入。操作时应戴医用手套和口罩，防止手汗和口中热气进入绝缘层。

② 在室内或充油电缆接头制作现场，应备有消防器材，以防火灾。

③ 制作电缆接头用的绝缘材料，应与电缆电压等级相适应，其抗拉强度、膨胀系数等物理性能与电缆本身绝缘材料的性能相近。橡胶绝缘和塑料绝缘电缆应使用黏性好、弹性大的绝缘材料。密封包扎用的绝缘材料，使用前要擦拭干净。

④ 连接电缆线芯用的金具，应采用标准的接线套管或接线端子，其内径应与线芯紧密配合，其截面应为线芯截面的1.2～1.5倍，并按要求进行压接。

⑤ 充油电缆有中间接头时，应先制作、安装中间接头；后制作、安装终端头；线路两端有落差时，应先制作、安装低位终端头。低压电缆终端头与中间接头之间的距离不应小于50m。

⑥ 剥切电缆时不应损伤线芯和内层绝缘。用喷灯封铅或焊接地线时，操作应熟练、迅速，防止过热，避免灼伤铅包皮和绝缘层。

（5）电缆头的接地

电缆头处的接地方式有一端之间接地（另外一段保护接地）、两端之间接地、交叉互联接地。三芯电缆本身对护套产生的感应电压很小，所以三芯电缆只要有接头处直接接地即可。

如图5-16所示是电缆终端接头的接地线安装方法（中间接头也一样，只是接地线不用向后）。钢铠和铜屏蔽层两接地线要求分开焊接时，铜屏蔽层接地线要做好绝缘处理。

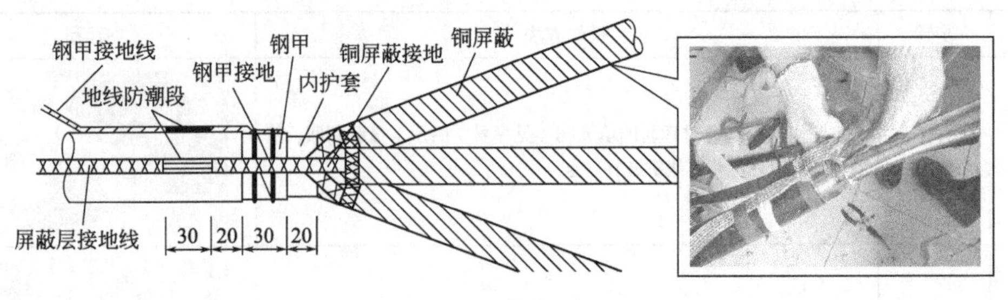

图5-16 电缆终端接头接地

【特别提醒】

制作电缆接头时，提倡分开引出后接地。

5.5 照明电路安装与维修

5.5.1 照明电路布线

（1）线路敷设方式

室内照明线路主要由明敷布线、暗敷布线和明暗混合布线三大类。

① 明敷布线 线路沿墙身和顶棚板外表面敷设，能直接看到线路走向的敷设方法，称明敷布线。

② 暗敷布线 指线路沿墙体内、装饰吊顶内或楼层顶内敷设，不能直接看见线路走向的称暗敷布线。在家装中，常用这种敷设方式布线，如图5-17所示。

③ 明暗混合布线 其特点是，一部分线路可见走向，另一部分线路不可见走向的敷设方法。如在一些室内装饰工程中，在墙身部分采取暗敷布线，进入装饰吊页层则为明敷布线，如图5-18所示。

图5-17 暗敷布线

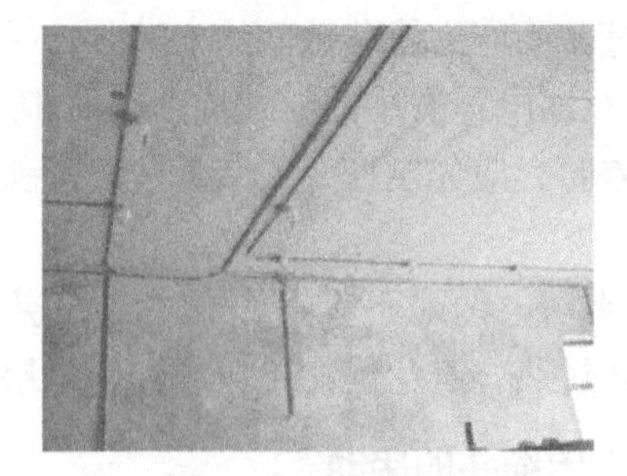

图5-18 明暗混合布线

（2）穿管布线

① 明敷于潮湿环境或直接埋于土内的金属管布线，应采用焊接钢管。明敷或暗敷于干燥环境的金属管布线，可采用管壁厚度不小于1.5mm的电线钢管或镀锌钢管。

② 在有酸碱盐腐蚀介质的环境，应采用阻燃性塑料管腐蚀，但在易受机械损伤的场所不宜采用明敷。暗敷或埋地敷设时，引出地面的一段应采取防止机械损伤的措施；危险爆炸环境，应采用镀锌钢管。

③ 3 根以上绝缘导线穿同一根管时，导线的总截面积（包括外护层）不应大于管内净面积的 40%，2 根导线穿同一根管时，管内径不应小于 2 根导线直径之和的 1.35 倍。

④ 电线管和热水管、蒸汽管同时敷设时，应敷设在热水管、蒸汽管的下面；有困难时，可敷设在上面，与热水管的间距不小于 0.3m，在蒸汽管上面不下于 1.0m；电线管和其他管道的平行净距不应小于 0.1m

⑤ 穿金属管的交流线路，应使所有的相线和零线处在同一管内。

（3）线槽布线

线槽布线宜用于干燥和不易受机械损伤的场所。线槽有塑料（PVC）线槽、金属线槽、地面线槽等。地面线槽每 4 ～ 8m 接一个分线盘或出线盘。强、弱电可以走同路由相邻的地面线槽，而且可接到同一线盒内的各自插座。地面线槽必须接地屏蔽。线槽及配件如图 5-19 所示。

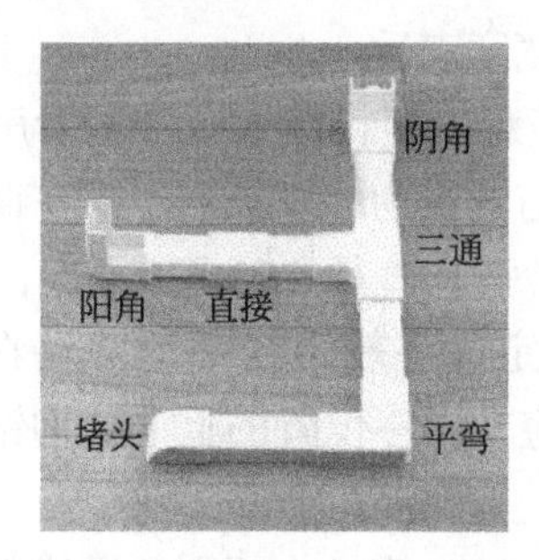

图5-19 线槽布线

5.5.2 施工要求及操作步骤

（1）照明电路施工的技术要求

① 选用的材料应符合设计要求，绝缘应符合电路的安装方式，导线的截面积大小应满足供电的要求。

② 三线制安装必须用三种不同色标。原则上，红色、黄色、绿色为火线色标（宜用红色）；蓝色、黑色为零线色标（宜用蓝色）；黄绿彩线为接地色标。

③ 所用导线在管内不得有接头和扭结。

④ 明敷设线路水平敷设时，导线距离地面不得低于 2.5m。

⑤ 电线管与其他管道和设备保持一定的安全距离。不同电压的导线严禁混穿于一根线管内。

（2）电线管布线施工的操作步骤

① 定位划线。按照设计要求，在墙面确定开关盒、插座盒以及配电箱的位置并定位弹线，标出尺寸。线路应尽量减少弯曲，美观整齐。

PVC电线管暗敷设布线

② 墙体内稳埋盒、箱。按照进场交底时定好的位置，对照设计图纸检查线盒、配电箱的准确位置，用水泥砂浆将盒、箱稳埋端正，等水泥砂浆凝固达

到一定的强度后，接管入盒、箱。

③ 敷设管路。采用管钳或钢锯断管时，管口断面应与中心线垂直，管路连接应该使用直接头。采用专用弯管弹簧进行冷弯，管路垂直或水平敷设时，每隔 1m 左右设置一个固定点；弯曲部位应在圆弧两端 300 ～ 500mm 处各设置一个固定点。管子进入盒、箱，要一管一孔，管、孔用配套的管端接头以及内锁母连接。管与管水平间距保留 10mm。

④ 管路穿线。首先检查各个管口的锁扣是否齐全，如有破损或遗漏，均应更换或补齐；管路较长、弯曲较多的线路可吹入适量的滑石粉以便于穿线；带线与导线绑扎好后，由两人在线路两端拉送导线，并保持相互联系，这样可使一拉一送时配合协调。

⑤ 土建结束后，测试导线绝缘。

⑥ 导线出线接头与设备（开关、插座、灯具等）连接。

⑦ 校验、自检、试通电。

⑧ 验收，并保留管线图和视频资料。

（3）塑料槽板布线的操作步骤

① 线槽选择　根据导线直径及各段线槽中导线的数量确定线槽的规格。线槽的规格是以矩形截面的长、宽来表示，弧形的一般以宽度表示。

② 定位划线　为使线路安装得整齐、美观，塑料槽板应尽量沿房屋的线脚、横梁、墙角等处敷设，并与用电设备的进线口对正、与建筑物的线条平行或垂直。

③ 槽板固定　用手电钻在线槽内钻孔（钻孔直径 4.2mm 左右），用作线槽的固定。相邻固定孔之间的距离应根据线槽的宽度确定，一般距线槽的两端在 5 ～ 10mm，中间在 30 ～ 50mm。线槽宽度超过 50mm，固定孔应在同一位置的上下分别钻孔。中间两钉之间距离一般不大于 500 mm。

④ 导线敷设　敷设导线应以一分路一条 PVC 槽板为原则。导线敷设到灯具、开关、插座等接头处，要留出 100 mm 左右线头，用作接线。在配电箱和集中控制的开关板等处，按实际需要留足长度，并在线段做好统一标记，以便接线时识别。

⑤ 固定盖板　在敷设导线的同时，边敷线边将盖板固定在底板上。

【特别提醒】

电线管和线槽裁断时要遵循“先长后短”原则，即先裁长尺寸的线管，后裁短尺寸的线管（线槽），这样能减少线管（线槽）的损耗率。

5.5.3 照明电光源与灯具

（1）常用电光源

可以将电能转换为光能，从而提供光通量的设备、器具则称为电光源。常用的电光源有：致发光电光源（如白炽灯、卤钨灯等）、气体放电发光电光源（如荧光灯、汞灯、钠灯、金属卤化物灯等）和固体发光电光源（如 LED 和场致发光器件等）。

（2）气体放电发光电光源

① 荧光灯　普通型荧光灯是诞生最早的气体放电型电光源，外形为直管状，且管径较

粗（T12，ϕ38mm）。节能型荧光灯主要有细管径T8型（ϕ26mm）和超细管径T5型（ϕ16mm）两种类型。还有细管H灯、U形灯和双D灯，通常称它们为紧凑型节能灯。上述几种荧光灯在使用时，必须由镇流器和启辉器配合工作。

② 高压汞灯　高压汞灯是利用汞放电时产生的高气压获得可见光的电光源，它的发光效率较高，一般为30～60lm/W，使用寿命长达2500～5000h。它的缺点是显色性差，显色指数为30～40，而且不能瞬间启动，并要求电源的电压波动不能太大，还需要镇流器的配合才能工作。

③ 高压钠灯　高压钠灯是一种高强度气体放电灯，它的发光效率非常高，可达90～100lm/W，寿命可达3000h，其光色柔和，透雾性强，唯独显色指数较低，只有20～25，在工作时需要镇流器、启辉器的配合。

④ 金属卤化物灯　金属卤化物灯集中了荧光灯、高压汞灯和钠灯的优点，是目前世界上最理想的气体放电型电光源，它的发光效率一般为80lm/W左右，显色指数高达65～85，使用寿命大多在10000h以上，是名副其实的高效、节能、广用、长命灯。该灯在工作时也需要镇流器的配合。

（3）常用照明灯具

照明灯具分户外照明和室内照明。户外照明灯具包括道路灯、景观灯、烟花灯、地埋灯、草坪灯、壁灯、射灯、投光灯和洗墙灯等，其用途见表5-12；室内照明灯具包括吊灯、吸顶灯、壁灯、台灯、落地灯等。

表5-12　常用户外照明灯具的用途

序号	种类	用途
1	道路灯	用于夜间的通行照明
2	庭院灯	用于公园、街心花园、宾馆以及工矿企业，机关学校的庭院等场所
3	地埋灯	用于商场、停车场、绿化带、公园旅埋地灯、游景点、住宅小区、城市雕塑、步行街道、大楼台阶等场所
4	洗墙灯	用于建筑装饰照明或勾勒大型建筑的轮廓
5	隧道灯	为解决车辆亮度的突变使视觉产生的“黑洞效应”或“白洞应”，用于隧道照明的特殊灯具
6	景观灯	用于广场、居住区、公共绿地等景观场所
7	投光灯	用于大面积作业场矿、建筑物轮廓、体育场、立交桥、纪念碑、公园和花坛等
8	草坪灯	用于公园、别墅等的草坪周边及步行街、停车场、广场等场所

5.5.4　照明设备的安装

（1）照明开关的选用

照明开关的种类很多。例如，按面板型分，有86型、120型、118型、146型和75型；按开关连接方式分，有单极开关、两极开关、三极开关、三极加中线开关、有公共进入线的双路开关、有一个断开位置的双路开关、两极双路开关、双路换向开关（或中向开关）等；按安装方式分，有明装式和暗装式两种。因此，选择开关时，应从实用性、美观性、性价比等方面予以考虑。

【特别提醒】

开关面板的尺寸应与预埋的开关接线盒的尺寸一致。

（2）照明开关安装要求

双控灯电路的安装

① 控制要求　照明开关应串联在相线（火线）上，不得装在零线上。同一室内开关控制有序，不错位。

② 位置要求　开关的安装位置要便于操控，不得被其他物品遮挡。开关边缘距门框边缘的距离 0.15 ～ 0.2m。

③ 高度要求　拉线开关距地面一般为 2.2 ～ 2.8m，距门框为 0.15 ～ 0.2m ；扳把开关距地面一般为 1.2 ～ 1.4m, 距门框为 0.15 ～ 0.2m。

同一室内的开关高度误差不能超过 5mm。并排安装的开关高度误差不能超过 2mm。开关面板的垂直允许偏差不能超过 0.5mm。

④ 美观要求　安装在同一室内的开关，宜采用同一系列的产品，开关的通断位置应一致，且操作灵活、接触可靠。暗装的开关面板应紧贴墙面，四周无缝隙，安装牢固，表面光滑整洁、无碎裂、划伤。相邻开关的间距应保持一致。

⑤ 特殊要求　在易燃、易爆和特别场所，照明开关应分别采用防爆型、密闭性。

（3）插座的选用

选择时，插座的额定电流值应与用电器的电流值相匹配。如果过载，很容易引起事故。一般来说，电源插座的额定电流应大于已知使用设备额定电流的 1.25 倍。

对于插接电源有触电危险的电气设备（如洗衣机）应采用带开关断开电源的插座。

室内用电电源插座应采用安全型插座，卫生间等潮湿场所应采用防溅型插座。

（4）插座安装要求

插座的安装

① 高度要求　家庭及类似场所，明装插座安装的距地高度一般在 1.5 ～ 1.8m，暗装的插座距地不能低于 0.3m。分体式、壁挂式空调插座宜根据出线管预留洞位置距地面 1.8m 处位置。儿童活动场所应用安全插座，高度不低于 1.8m。

② 特殊要求　不同电压等级的插座应有明显的区别，不能混用。

凡是为携带式或移动式电器用的插座，单相电源应用三孔插座，三相电源应用四孔插座。

厨房、卫生间等比较潮湿场所，安装插座应该同时安装防水盒。

③ 接线要求　单相两孔插座有横装和竖装两种。横装时，面对插座的右极接相线（L），左极接零线（中性线 N），即“左零右相”；竖装时，面对插座的上极接相线，下极接中性线，即“上相下零”。

单相三孔插座接线时，保护接地线（PE）应接在上方，下方的右极接相线，左极接中性线，即“左零右相中 PE”。国标规定的单相插座接线方法如图 5-20 所示。

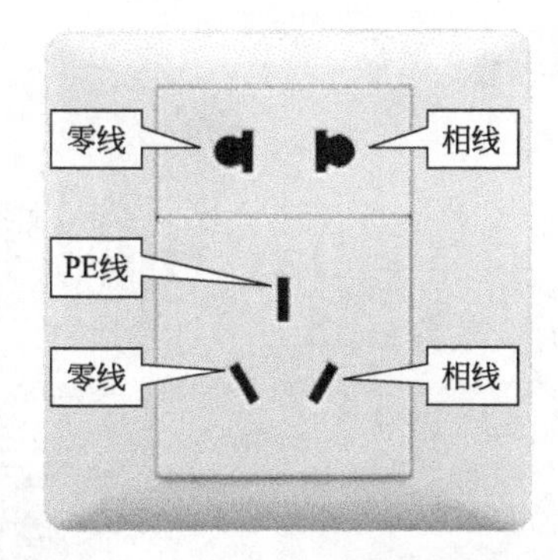

图5-20 国标规定的单相插座接线方法

（5）灯具安装要求

照明灯具的安装

①灯具安装最基本的要求是必须牢固，尤其是比较大的灯具。

a. 灯具质量大于3kg时，吸顶灯安装在砖石结构中要采用预埋螺栓，或用膨胀螺栓、尼龙塞或塑料塞固定。

b. 固定灯座螺栓的数量不应少于灯具底座上的固定孔数，且螺栓直径应与孔径相配。每个灯具用于固定的螺栓或螺钉不应少于2个，且灯具的重心要与螺栓或螺钉的重心相吻合。只有当绝缘台的直径在75mm及以下时，才可采用1个螺栓或螺钉固定。

c. 吸顶灯不可直接安装在可燃的物件上，要采取隔热或散热措施。

d. 吊灯应装有挂线盒，每只挂线盒只可装一套吊灯，如图5-21所示。质量超过1kg的灯具应设置吊链，当吊灯灯具质量超过3kg时，应采用预埋吊钩或螺栓方式固定。吊链灯的灯线不应受到拉力，灯线应与吊链编叉在一起。

图5-21 每只挂线盒装一套吊灯

② 安装灯具一定要注意安全。这里的安全包括两个方面：一是使用安全，二是施工安全。

a. 灯具的金属外壳均应可靠接地，以保证使用安全。Ⅰ类灯具布线时，应该在灯盒处加一根接地导线。

b. 螺口灯座接线时，相线（即与开关连接的火线）应接在中心触点端子上，零线接在螺纹端子上，如图5-22所示。

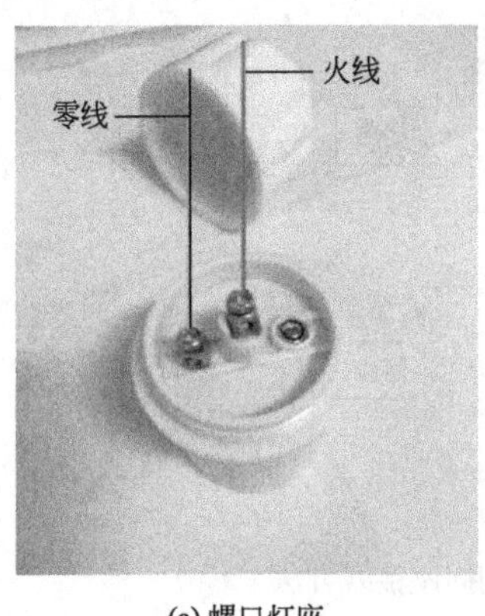

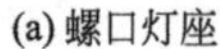
(a) 螺口灯座

(b) 灯泡

图5-22 螺口灯座和灯泡

c. 与灯具电源进线连接的两个线头电气接触应良好，要分别用电工防水绝缘带和黑胶布包好，并保持一定的距离。

d. 安装时，灯头的绝缘外壳不应有破损，以防止漏电。

e. 安装吸顶灯等大型灯具时，操作者要特别注意安全，要有专人在旁边协助操作。

f. 装饰吊平顶安装各类灯具时，应按灯具安装说明的要求进行安装。灯具质量大于3kg时，应采用预埋吊钩或从屋顶用膨胀螺栓直接固定支吊架安装（不能用吊平顶吊龙骨支架安装灯具）。

g. 采用钢管作为灯具的吊杆时，钢管内径不应小于10mm；钢管壁厚度不应小于1.5mm。吊链灯具的灯线不应受拉力，灯线应与吊链编在一起。软线吊灯的软线两端应作保护扣，两端芯线应搪锡。

h. 在易燃、易爆、潮湿的场所，照明设施应采用防爆式、防潮式装置。

③ 高度要求

a. 室外安装的灯具，距地面的高度不宜小于3m；当在墙上安装时，距地面的高度不应小于2.5m。

b. 当设计无要求时，灯具的安装高度不小于表5-13规定的数值（采用安全电压时除外）。低于表中规定的高度，而又没有安全措施的车间照明以及行灯、机床局部照明灯，应采用36V以下的安全电压供电。

表5-13 灯具安装高度要求

场所	最低安装高度/m	场所	最低安装高度/m
室外（室外墙上安装）	2.5	室内	2
厂房	2.5	软吊线带升降器的灯具，在吊线展开后	0.8
金属卤化物灯具	5		

④ 特别要求 公共场所用的应急照明灯和疏散指示灯，应有明显的标志。无专人管理的公共场所照明宜装设自动节能开关。

危险性较大及特殊危险场所，当灯具距地面高度小于2.4m时，使用额定电压为36V及以下的照明灯具，或有专用保护措施。当灯具距地面高度小于2.4m时，灯具的可接近裸露导体必须接地（PE）或接零（PEN），并应有专用接地螺栓，且有标识。

【特别提醒】

照明灯具安装的最基本要求：安全、牢固。同时，还要兼顾美观性。

5.5.5 照明电路故障维修

照明电路故障检修

（1）照明电路故障诊断

照明电路的主要常见故障有断路、短路和漏电，其故障诊断见表5-14。

表5-14 照明电路故障诊断

故障类型	故障现象	故障原因	检查方法
短路	短路故障常引起熔断器熔丝爆断，短路点处有明显烧痕、绝缘炭化，严重时会使导线绝缘层烧焦甚至引起火灾	① 安装不合规格，多股导线未捻紧、涮锡、压接不紧、有毛刺 ② 相线、零线压接松动，两线距离过近，遇到某些外力，使其相碰造成相对零短路或相间短路 ③ 意外原因导致灯座、断路器等电器进水 ④ 电气设备所处环境中有大量导电尘埃 ⑤ 人为因素	应先查出发生短路的原因，找出短路故障点，处理后更换保险丝，恢复送电
断路	相线、零线出现断路故障时，负荷将不能正常工作。单相电路出现断路时，负荷不工作；三相用电器电源出现缺相时，会造成不良后果；三相四线制供电线路不平衡，如零线断线时会造成三相电压不平衡，负荷大的一相相电压低，负荷小的相相电压高，同时，零线断口负荷侧将出现对地电压	① 因负荷过大而使熔丝熔断 ② 开关触点松动，接触不良 ③ 导线断线，接头处腐蚀严重（尤其是铜、铝导线未用铜铝过渡接头而直接连接） ④ 安装时，接线处压接不实，接触电阻过大，使接触处长期过热，造成导线、接线端子接触处氧化 ⑤ 恶劣环境，如大风天气、地震等造成线路断开 ⑥ 人为因素，如搬运过高物品将电线碰断，以及人为破坏等	可用带氖管的试电笔测灯座（灯头）的两极是否有电：若两极都不亮说明相线断路；若两极都亮（带灯泡测试），说明中性线（零线）断路；若一极亮一极不亮，说明灯丝未接通 数显试电笔笔体带LED显示屏，可以直观读取测试电压数字。测照明电路时，火线与地之间有电压U=220V左右。数显试电笔具有断点检测功能，用于检测开路性故障非常方便。按住断点检测键，沿电线纵向移动时，显示窗内无显示处即为断点处
漏电	① 漏电时，用电量会增多；有时候会无缘无故地跳闸 ② 人触及漏电处会感到发麻 ③ 测线路的绝缘电阻时，电阻值会变小	① 绝缘导线受潮或者受污染 ② 电线及电气设备长期使用，绝缘层已老化 ③ 相线与零线之间的绝缘受到外力损伤，而形成相线与地之间的漏电	① 判断是否漏电 ② 判断是火线与零线间的漏电，还是相线与大地间的漏电，或者是两者兼而有之 ③ 确定漏电范围 ④ 找出漏电点

【特别提醒】

照明电路断路故障可分为全部断路、局部断路和个别断路3种情形，检修时应区别对待。

漏电与短路的本质相同，只是事故发展程度不同而已，严重的漏电可能造成短路。

（2）照明电路故障的检修方法

① 故障调查法　在处理故障前应进行故障检查，向出事故时在现场者或操作者了解故障前后的情况，以便初步判断故障种类及故障发生的部位。

② 直观检查法　经过故障调查，进一步通过感官进行直观检查，即：闻、听、看。

闻——有无因温度过高绝缘烧坏而发出的气味。

听——有无放电等异常声响。

看——对于明敷设线路可以沿线路巡视，查看线路上有无明显问题，如：导线破皮、相碰、断线、灯泡损坏、熔断丝烧断、熔断器过热、断路器跳闸、灯座有进水、烧焦等，再进行重点部位检查。

③ 测试法　除了对线路、电气设备进行直观检查外，应充分利用试电笔、万用表、试灯等进行测试。

例如，有缺相故障时，仅仅用试电笔检查有无电是不够的。当线路上相线间接有负荷时，试电笔会发光而误认为该相未断，如图 5-23 所示，此时应使用电压表或万用表交流电压挡测试，方能准确判断是否缺相。

④ 分支路、分段检查法　对于待查电路，可按回路、支路或用“对分法”进行分段检查，缩小故障范围，逐渐逼近故障点。

（3）停电检修的安全措施

① 停电时应切断可能输入被检修线路或设备的所有电源，而且应有明确的分断点。在分断点上挂上“有人操作，禁止合闸”的警告牌，如图 5-24 所示。如果分断点是熔断器的熔体，最好取下带走。

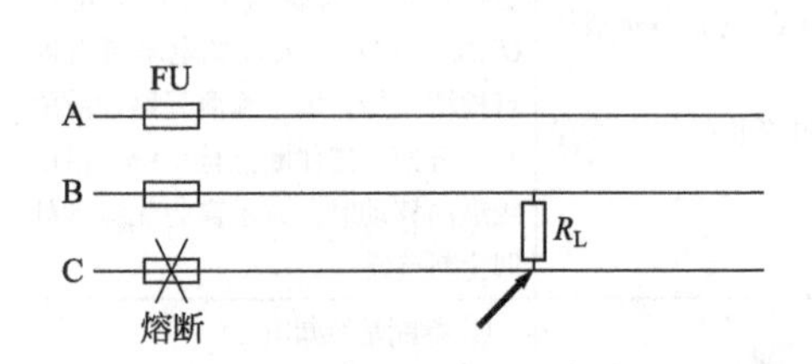

图 5-23　线路缺相故障的检查

图 5-24　在醒目位置悬挂警告牌

② 检修前必须用验电笔复查被检修电路，证明确实无电时，才能开始动手检修。

③ 如果被检修线路比较复杂，应在检修点附近安装临时接地线，将所有相线互相短路后再接地，人为造成相间短路或对地短路，如图 5-25 所示。

④ 线路或设备检修完毕，应全面检查是否有遗漏和检修不合要求的地方，包括该拆换的导线、元器件、应排除的故障点、应恢复的绝缘层等是否全部无误地进行了处理。有无工具、器材等留在线路和设备上，工作人员是否全部撤离现场。

⑤ 拆除检修前安装的作保安用的临时接地装置和各相临时对地短路线或相间短路线，取下电源分断点的警告牌。

⑥ 向已修复的电路或设备供电。

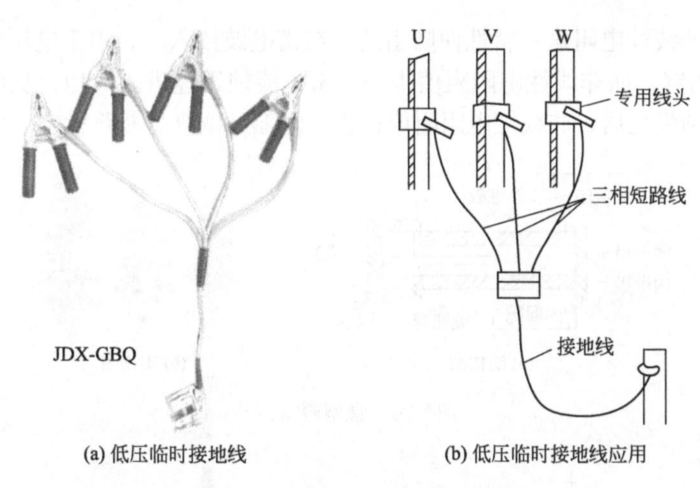

(a) 低压临时接地线　　(b) 低压临时接地线应用

图 5-25　低压临时接地线及应用

5.6 防雷接地装置

5.6.1 防雷与避雷器

（1）雷电的种类及破坏性

雷电可分为直击雷、感应雷（包括静电感应和电磁感应）和球形雷。

雷电具有极大的破坏性，其电压高达数百万伏，瞬间电流可高达数十万安培。雷击所造成的破坏性后果体现在下列三种层次：造成电力系统电气设备损坏及停电事故，甚至人员伤亡事故；设备或元器件寿命降低；传输或储存的信号、数据（模拟或数字）受到干扰或丢失，甚至使电子设备产生误动作而暂时瘫痪或整个系统停顿。因此，科学的防雷具有十分重要的意义。

（2）避雷器

避雷器

避雷器是连接在导线和地之间的一种防止雷击的设备，通常与被保护设备并联。避雷器的主要作用是通过并联放电间隙或非线性电阻的作用，对入侵流动波进行削幅，降低被保护设备所受过电压值，从而达到保护电力设备的作用。

避雷器不仅可用来防护大气高电压（雷击），也可用来防护操作高电压。避雷器的最大作用也是最重要的作用就是限制过电压以保护电气设备。

避雷器的主要类型有管型避雷器、阀型避雷器和氧化锌避雷器等。每种类型避雷器的主要工作原理是不同的，但是它们的工作实质是相同的，都是为了保护点的设备不受损害。

① 管型避雷器　管型避雷器又称为排气式避雷器，由产气管、内外部间隙两部分组成，如图 5-26 所示。产气管可用纤维性材料、有机玻璃或塑料制成。内壁间隙装在产气管的内部，一个电极为环形。外部间隙装在管型避雷器与带电的线路之间。

② 阀型避雷器　阀型避雷器由空气间隙和一个非线性电阻串联并装在密封的瓷瓶中构成，如图 5-27 所示。在正常电压下，非线性电阻阻值很大，而在过电压时，其阻值又很小，

避雷器正是利用非线性电阻这一特性而防雷的。在雷电波侵入时，由于电压很高（即发生过电压），间隙被击穿，而非线性电阻阻值很小，雷电流便迅速进入大地，从而防止雷电波的侵入。当过电压消失之后，非线性电阻阻值很大，间隙又恢复为断路状态。

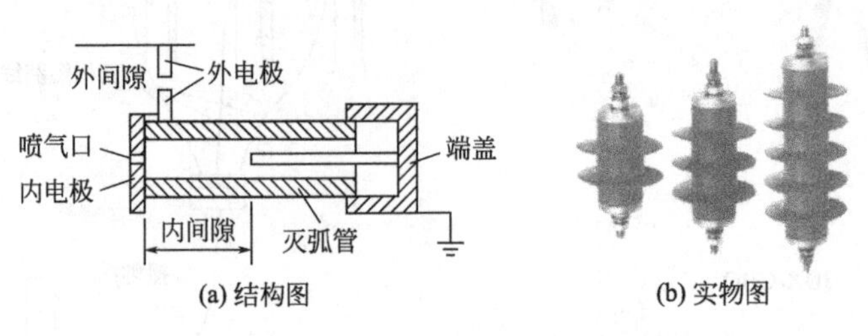

图5-26　管型避雷器

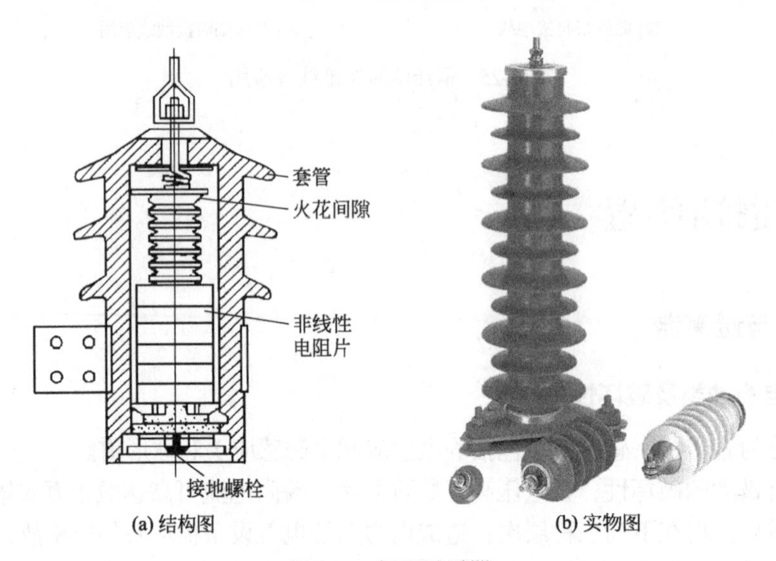

图5-27　阀型避雷器

③ 氧化锌避雷器　由氧化锌阀片组装而成，如图5-28所示。氧化锌阀片在正常工作电压下，具有极高的电阻，呈绝缘状态，在雷电过电压作用下，则呈现低电阻状态，泄放雷电流，使与避雷器并联的电气设备的残压被抑制在设备绝缘安全值以下，待有害的过电压消失后，阀片又迅速恢复高电阻，呈绝缘状态，从而起到保护电气设备绝缘免受过电压损害的目的。

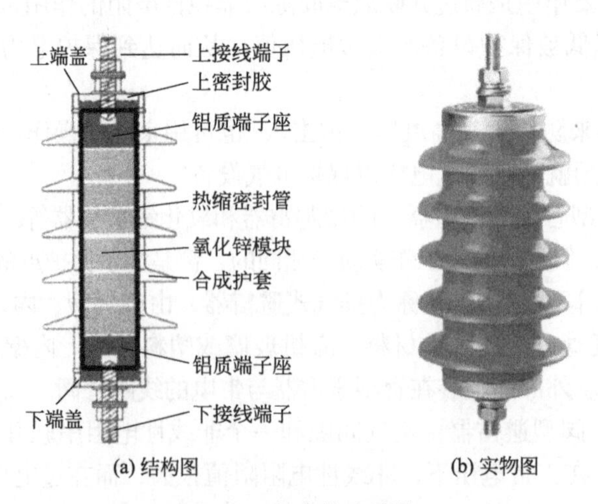

图5-28　氧化锌避雷器

④ 保护间隙　保护间隙是由一个带电极和一个接地极构成，两极之间相隔一定距离构成间隙，如图 5-29 所示。保护间隙是最简单经济的防雷设备，它平时并联在被保护设备旁，在过电压侵入时，间隙先行击穿，把雷电流引入大地，从而保护了设备。

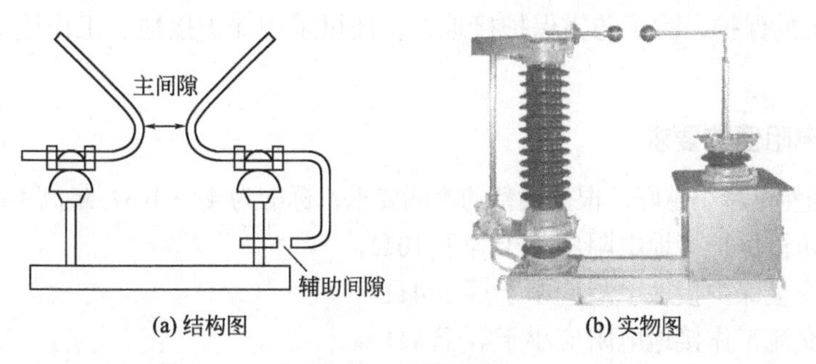

(a) 结构图　(b) 实物图

图 5-29　保护间隙

（3）避雷器安装要求

避雷器的安装标准：避雷器安装在靠近配电变压器侧，配变低压侧也应安装，如图 5-30 所示 MOA（金属氧化物避雷器）接地线应接至配变外壳，严格按照规程要求定期检修试验。

图 5-30　避雷器安装

10kV 避雷器安装要求如下：

① 避雷器应安装牢固、排列整齐，引线相间距离及对地距离应符合规定要求。

② 避雷器接线端子与引线的连接应可靠，上端引流线和下端接地线应使用铜铝端子连接，连接部位不应使避雷器产生外加应力。

③ 避雷器引下线应可靠接地，紧固件及防松零件齐全，引下线应使用截面积不小于 $50mm^2$ 的铝线或截面积不小于 $35mm^2$ 的铜绞线。

④ 避雷器引流线与电源连接处应采用扎线，扎线长度应大于 15cm，裸露带电部分宜进行绝缘处理。

⑤ 避雷器安装前应进行交流耐压试验。

5.6.2　防雷接地要求

（1）防雷接地

防雷接地有信号（弱电）防雷地和电源（强电）防雷地之分。

防雷接地作为防雷措施的一部分，其作用是把雷电流引入大地。建筑物和电气设备的防雷主要是用避雷器（包括避雷针、避雷带、避雷网和消雷装置等）的一端与被保护设备相接，另一端连接地装置，此外，由于雷电引起静电感应效应，为了防止造成间接损害，通常也要将建筑物内的金属设备、金属管道和钢筋结构等接地；雷电波会沿着低压架空线、电视天线侵入房屋，引起屋内电气设备的绝缘击穿，从而造成火灾或人身触电伤亡事故，所以还要将线路上和进屋前的绝缘瓷瓶铁脚接地。

对电气装置的保护，除了防雷保护接地外，还可采用保护接地、工作接地、屏蔽接地等措施。

（2）接地电阻值的要求

接地电阻当然是越小越好，根据设备的不同要求，标准为4～10Ω，最高不能大于10Ω。

① 独立的防雷保护接地电阻应小于等于10Ω。

② 独立的安全保护接地电阻应小于等于4Ω。

③ 独立的交流工作接地电阻应小于等于4Ω。

④ 独立的直流工作接地电阻应小于等于4Ω。

⑤ 共用接地体（联合接地）应不大于接地电阻1Ω。

对于一般用户的变压器，可在进线的第一支持物处装设一组低压避雷器或击穿保险器，并将进户线的绝缘子铁脚接地，接地电阻不超过30Ω。

10kV及以下变压器的防雷接地电阻不应大于4Ω。架空线路的防雷接地电阻不应大于10Ω。

【练习题】

一、选择题

1. 对电力系统的基本要求是（　　）。

A. 保证对用户的供电可靠性和电能质量，提高电力系统运行的经济性，减少对环境的不良影响

B. 保证对用户的供电可靠性和电能质量

C. 保证对用户的供电可靠性，提高系统运行的经济性

D. 保证对用户的供电可靠性

2. 关于单电源环形供电网络，下述说法中正确的是（　　）。

A. 供电可靠性差、正常运行方式下电压质量好

B. 供电可靠性高、正常运行及线路检修（开环运行）情况下都有好的电压质量

C. 供电可靠性高、正常运行情况下具有较好的电压质量，但在线路检修时可能出现电压质量较差的情况

D. 供电可靠性高，但电压质量较差

3. 绝缘台的支持绝缘子高度不应小于（　　）cm。

A. 5　　B. 10　　C. 15　　D. 20

4. 对于供电可靠性，下述说法中正确的是（　　）。

A. 所有负荷都应当做到在任何情况下不中断供电

B. 一级和二级负荷应当在任何情况下不中断供电

答案：1. A；2. A；3. B；4. D

C. 除一级负荷不允许中断供电外，其他负荷随时可以中断供电

D. 一级负荷在任何情况下都不允许中断供电、二级负荷应尽可能不停电、三级负荷可以根据系统运行情况随时停电

5. 为了更好地保证用户供电，通常根据用户的重要程度和对供电可靠性的要求，将电力负荷分为（ ）类。

A. 一类 B. 二类 C. 三类 D. 四类

6. 接地装置地下部分应采用焊接，并采用搭接焊，扁钢焊接长度不应小于其宽度的（ ）倍。

A. 2 B. 3 C. 4 D. 6

7. 低压架空线路导线截面积的选择原则是（ ）。

A. 按发热条件选择

B. 按机械强度选择

C. 按允许电压损失条件选择，按发热条件及机械强度来校验

D. 按发热条件选择，按机械强度来校验

8. 普通拉线与地面的夹角不得大于（ ）。

A. 75° B. 70° C. 65° D. 60°

9. 用于线路起点的杆型是（ ）。

A. 耐张杆 B. 终端杆 C. 分支杆 D. 换位杆

10. 电线杆挖坑时，挖出的土壤应堆积在离坑边（ ）m 以外的地方。

A. 1 B. 1.5 C. 2 D. 5

11. 配电线路电杆的埋深一般为其杆长的（ ）。

A. 1/4 B. 1/5 C. 1/6 D. 1/7

12. 10kV 油浸电缆终端头制作前，应用 2500V 兆欧表测其绝缘电阻，其阻值不小于（ ）Ω 为合格。

A. 50 B. 100 C. 150 D. 200

13. 利用单芯绝缘导线作 PE 线，在有机械防护的条件下，其截面积不得小于（ ）mm^2。

A. 2.5 B. 4 C. 6 D. 10

14. 暗敷电线管弯曲半径不得小于电线管外径的（ ）倍。

A. 5 B. 6 C. 7 D. 8

15. 避雷器的接地引下线应与（ ）可靠连接。

A. 设备金属体 B. 被保护设备的金属外壳

C. 被保护设备的金属构架 D. 接地网

16. 利用低压配电系统的多芯电缆芯线作 PE 线或 PEN 线时，该芯线的截面积不得小于（ ）mm^2。

A. 1.5 B. 2.5 C. 4 D. 6

17. 架空线路与火灾和爆炸危险环境接近时，其间水平距离一般不应小于杆柱高度的（ ）倍。

A. 1.0 B. 1.2 C. 1.3 D. 1.5

18. 当线路较长时，宜按（ ）确定导线截面。

A. 机械强度 B. 允许电压损失 C. 允许电流 D. 经济电流密度

19. 低压架空线相序排列顺序，面向电源从左侧起是（ ）。

A. U—V—W—N B. U—N—V—W C. N—W—V—U D. 任意排列

答案：5. C；6. A；7. C；8. D；9. B；10. A；11. C；12. D；13. A；14. B；15. D；16. C；17. D；18. B；19. B

20. 直线杆同杆架设的上、下层低压横担之间的最小距离不得小于（　　）m。

A. 0.4　　B. 0.5　　C. 0.6　　D. 0.8

21. 杆长 8 m 的混凝土电杆埋设深度不得小于（　　）m。

A. 1.0　　B. 1.2　　C. 1.5　　D. 1.8

22. 低压接户线跨越交通要道，导线在最大弧垂时，离地面的最小高度为（　　）m。

A.6　　B. 5.5　　C. 5　　D. 4.5

23. 杆上作业时，杆上杆下传递工具、器材应采用（　　）方法。

A. 抛扔　　B. 绳和工具袋　　C. 手递手　　D. 长杆挑送

24. 直埋电缆与热力管沟交叉接近时，其间距离不得小于（　　）m。

A. 0.5　　B. 1　　C. 1.5　　D. 2

25. 直埋电缆与城市道路平行时，其间距离不得小于（　　）m。

A. 0.7　　B. 1　　C. 1.5　　D. 2

26. 直埋电缆与城市道路交叉接近时，其间距离不得小于（　　）m。

A. 0.7　　B. 1　　C. 1.5　　D. 2

27. 直埋电缆的最小埋设深度一般为（　　）m。

A. 0.6　　B. 0.7　　C. 1　　D. 2

28. 直埋电缆沟底电缆上、下应铺设厚（　　）mm 的沙或软土。

A. 50　　B. 100　　C. 150　　D. 200

29. 摇测低压电力电缆的绝缘电阻应选用电压（　　）V 的兆欧表。

A. 250　　B. 500　　C. 1000　　D. 2500

30. 临时接地线必须是透明护套多股软铜线，其截面积不得小于（　　）mm^2。

A.6　　B. 10　　C. 15　　D. 25

31. 临时接地线应当采用（　　）。

A. 多股铜绞线　　B. 钢芯铝绞线　　C. 多股软裸铜线　　D. 多股软绝缘铜线

32. 制作热缩电缆头，在将三指手套套入根部加热工作前，应在三叉口根部绕包填充胶，使其最大直径大于电缆外径（　　）。

A. 5mm　　B. 10mm　　C. 15mm　　D. 20mm

33. 电缆头制作中，包应力锥是用自粘胶带从距手指套口 20mm 处开始包锥，锥长 140mm，在锥的一半处，最大直径为绝缘外径加（　　）。

A. 5mm　　B. 10mm　　C. 15mm　　D. 20mm

34. 电线管配线直管部分，每（　　）m 应安装接线盒。

A. 50　　B. 40　　C. 30　　D. 20

35. 电线管配线有一个 90° 弯者，每（　　）m 应安装接线盒。

A. 50　　B. 40　　C. 30　　D. 20

36. 避雷器属于（　　）保护元件。

A. 过电压　　B. 短路　　C. 过负载　　D. 接地

37. 避雷器的作用是防止（　　）的危险。

A. 直击雷　　B. 电磁感应雷　　C. 静电感应雷　　D. 雷电波侵入

答案：20. C；21. C；22. A；23. B；24. A；25. B；26. A；27. B；28. B；29. C；30. D；31. C；32. C；33. C；34. C；35. D；36. A；37. D

38. 标准上规定防雷装置的接地电阻一般指（　　）电阻。

A. 工频　B. 直流　C. 冲击　D. 高频

39. 防雷装置的引下线地下 0.3m 至地上（　　）m 的一段应加保护。

A. 0.5　B. 1.0　C. 1.7　D. 2.4

40. 灯具质量超过（　　）kg，应采用专用的、标准合格的预埋件和吊装件。

A. 1　B. 2　C. 3　D. 4

41. 螺口灯座的顶芯应与（　　）连接。

A. 中性线　B. 工作零线　C. 相线　D. 保护线

二、判断题

1. 电力线路是电力网的主要组成部分，其作用是输送电能。（　　）

2. 电力系统的运行具有灵活性，各地区可以通过电力网互相支持，为保证电力系统安全运行所必需的备用机组必须大大地增加。（　　）

3. 电力系统的中性点指电力系统中采用星形接线的变压器和发电机的中性点。（　　）

4. 供电质量指电能质量与电压合格率。（　　）

5. 负荷等级的分类是按照供电中断或减少所造成的后果的严重程度划分的。（　　）

6. 保证供电可靠性就是在任何情况下都不间断对用户的供电。（　　）

7. 停电将造成设备损坏的用户的用电设备属于二级负荷。（　　）

8. 供电中断将造成产品大量报废的用户的用电设备属于二级负荷。（　　）

9. 一级负荷在任何情况下都不允许停电，所以应采用双电源供电或单电源双回路供电。（　　）

10. 二级负荷可以采用单电源双回路供电。（　　）

11. 电力网是指由变压器和输配电线路组成的用于电能变换和输送分配的网络。（　　）

12. 10kV 及以下架空线路不得跨越火灾和爆炸危险环境。（　　）

13. 架空线路施工时发现导线断股应将其割断压接合格。（　　）

14. 控制吊车起吊过程中的五线合一是指：控制牵引绳中心线、制动绳中心线、抱杆中心线、电杆中心线和基础中心线始终在一垂直平面上（　　）

15. 直埋电缆的敷设方式适合于电缆根数多的区域（　　）

16. 制作电缆终端接头，需要切断绝缘层、内护套。（　　）

17. 冷缩电缆终端与预制式电缆终端相比，相同处是一种规格对应一种电缆截面。（　　）

18. 所有电杆应能承受在断线情况下沿线路方向导线的拉力。（　　）

19. 10kV 线路与低压电力线路交叉时，其间最小垂直距离为 2m，当两者都采用绝缘导线时，最小垂直距离减小为 1.2m。（　　）

20. 架空线路跨越易燃材料制作屋顶的建筑物时，其间垂直距离不得小于 2.5m。（　　）

21. 单股铝线不得架空敷设，但单股铝合金线可以架空敷设。（　　）

22. 耐张杆应能承受在断线情况下沿线路方向导线的拉力。（　　）

答案：38. C；39. C；40. C；41. C

1. ×；2. ×；3. √；4. ×；5. √；6. √；7. ×；8. ×；9. √；10. √；11. √；12. √；13. √；14. √；15. ×；16. √；17. ×；18. ×；19. ×；20. ×；21. ×；22. √

23. 低压配电线路中电杆的埋设深度，一般为杆长的 1/10 加 0.7m。( )
24. 电缆的中间接头是仅连接电缆的导体，以使电缆线路连续的装置。( )
25. 高压钠灯属于气体放电灯。( )
26. 穿管的导线，不论有几条，仅允许其中的一条导线有一个接头。( )
27. 弱电线路与电力线路同杆架设时，弱电线路应架设在电力线路的下方。( )
28. 高压线路与低压线路同杆架设时，档距应符合低压线路的要求。( )
29. 检查架空线路的安全距离时，应按静态最小距离考虑。( )
30. 在城市及居民区，低压架空线路电杆的档距一般不应超过 50m。( )
31. 架空线路同一档距内，同一根导线上只允许有一个接头。( )
32. 电缆敷设中应保持规定的弯曲半径，以防止损伤电缆的绝缘。( )
33. 电力电缆路径走向应与道路中心线垂直。( )
34. 装设独立避雷针以后就可以避免发生雷击。( )
35. 黄绿双色的导线只能用于保护线。( )
36. 高压汞灯关闭后，不能再立即点燃。( )
37. 独立避雷针的接地装置必须与其他接地装置分开。( )
38. 用接地电阻测量仪测量接地电阻时，电压极（P1）距被测接地体不得小于 40m，电流极（C1）距被测接地体不得小于 20m。( )
39. 重复接地与工作接地在电气上是相连接的。( )
40. 避雷器接地电阻不应小于 10Ω。( )
41. 螺口灯座的顶芯接相线 L 或中性线 N 均可以。( )
42. 室内吊灯灯具高度一般应大于 2.5m；受条件限制时可减为 2m。( )

答案：23. √；24. ×；25. √；26. ×；27. √；28. √；29. ×；30. √；31. √；32. √；33. ×；34. ×；35. √；36. √；37. √；38. ×；39. √；40. ×；41. ×；42. ×

第 6 章

电工识图基础知识

6.1 常用电气符号

识读照明平面图

电路图是沟通电气设计人员、安装人员、操作人员的工程语言，必须采用国家规定的统一的电气符号。常用电气符号一般有文字符号、图形符号和回路标号三种，如图 6-1 所示。

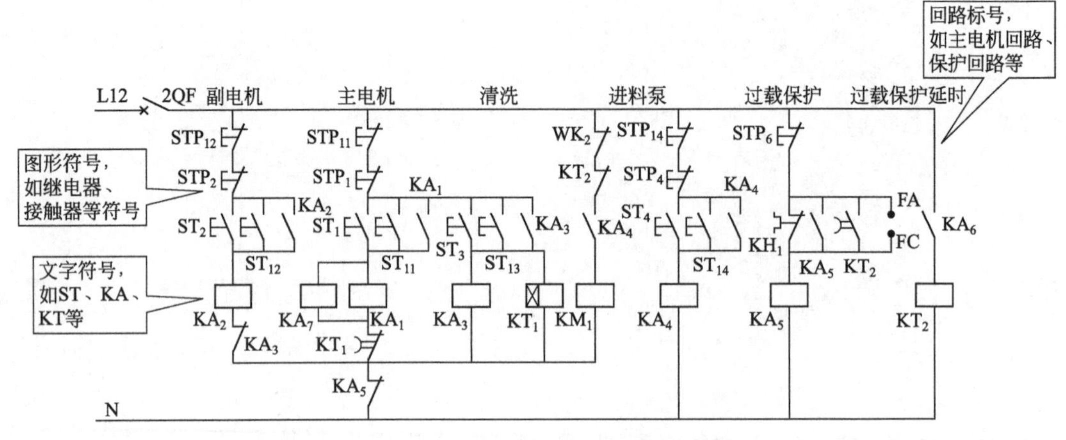

图6-1 电气符号应用示例

6.1.1 电气图形符号

在电气图中，电气图形符号是表示设备或概念的图形、标记或字符等的总称。电气图形符号是构成电气图的最基本的符号。

（1）电气图形符号的组成

电气图形符号通常由一般符号、符号要素、限定符号、方框符号和组合符号等组成，见表 6-1。

表 6-1 电气图形符号的组成

序号	组成部分	说明
1	一般符号	用来表示一类产品和此类产品特征的一种通常很简单的符号
2	符号要素	具有确定意义的简单图形，不能单独使用，必须同其他图形组合后才能构成一个设备或概念的图形符号
3	限定符号	用来提供附加信息的一种加在其他符号上的符号，通常不能单独使用
4	方框符号	用来表示元件、设备等的组合及其功能的一种简单图形符号。既不给出元件、设备的细节，也不考虑所有连接
5	组合符号	通过以上已规定的符号进行适当组合所派生出来的、表示某些特定装置或概念的符号

实际用于电气图中的图形符号的构成形式有以下三种：一般符号＋限定符号（如图 6-2 所示），符号要素＋一般符号（如图 6-3 所示）；符号要素＋一般符号＋限定符号（如图 6-4 所示）。

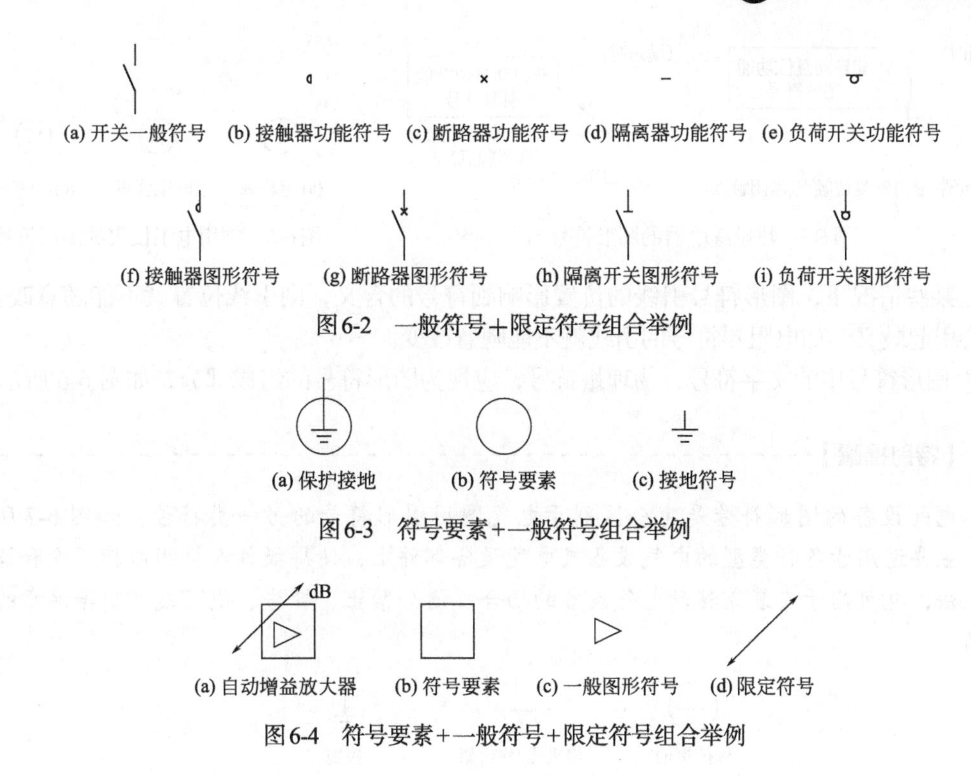

(a) 开关一般符号 (b) 接触器功能符号 (c) 断路器功能符号 (d) 隔离器功能符号 (e) 负荷开关功能符号

(f) 接触器图形符号 (g) 断路器图形符号 (h) 隔离开关图形符号 (i) 负荷开关图形符号

图 6-2 一般符号+限定符号组合举例

(a) 保护接地 (b) 符号要素 (c) 接地符号

图 6-3 符号要素+一般符号组合举例

(a) 自动增益放大器 (b) 符号要素 (c) 一般图形符号 (d) 限定符号

图 6-4 符号要素+一般符号+限定符号组合举例

【特别提醒】

电气图形符号的种类很多，一般采用示意图形绘制，不需要精确的比例。

（2）电气图形符号的绘制

① 电气图形符号均是在电气设备或元件无电压、无外力作用时的常态下绘出。

② 事故、备用、报警等开关表示在设备正常使用时的位置。如在特定的位置时，应在图上有说明。

③ 机械操作开关或触点的工作状态与工作条件或工作位置有关，它们的对应关系应在图形符号附近加以说明。

【特别提醒】

绘制电气图时，应尽可能使用国家标准规定的电气符号。

（3）电气图形符号的应用

① 有些器件的图形符号有几种形式，尽可能采用“优选形”。但在同一张电气图样中只能选择用一种图形形式。

② 图形符号的大小和图线的宽度并不影响符号的含义，因此可根据实际需要缩小和放大。

③ 图形符号的方位不是强制的。根据图面布置的需要，可将图形符号按 90° 或 45° 的角度逆时针旋转或镜像放置，但文字和指示方向不能倒置，如图 6-5 所示。

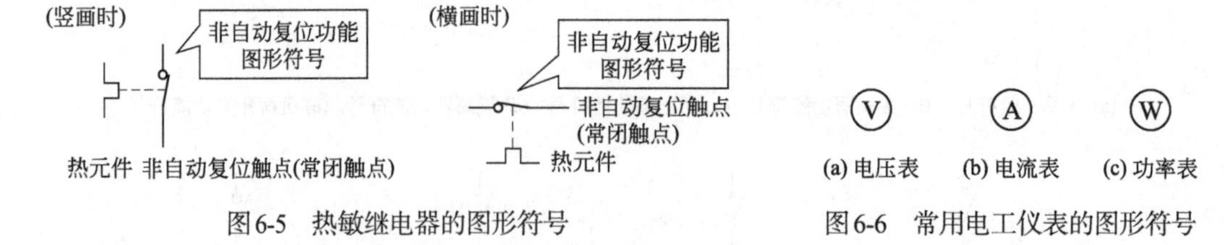

图6-5 热敏继电器的图形符号

图6-6 常用电工仪表的图形符号

在某些情况下，图形符号引线的位置影响到符号的含义，则引线位置就不能随意改变，否则会引起歧义。如电阻器符号的引线就不能随意改变。

④ 图形符号中的文字符号、物理量符号，应视为图形符号的组成部分，如图 6-6 所示。

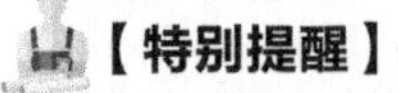
【特别提醒】

电气设备的图形符号是完全区别于电气图用图形符号的另一类符号，如图 6-7 所示。主要适用于各种类型的电气设备或电气设备部件上，使得操作人员明白其用途和操作方法，也可用于安装或移动电气设备的场合，诸如禁止、警告、规定或限制等注意的事项。

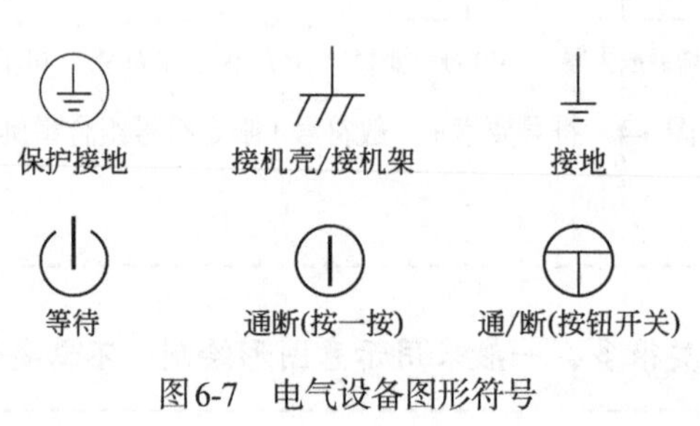

图6-7 电气设备图形符号

6.1.2 电气文字符号

电气文字符号是用来表示电气设备、装置和元器件的名称、功能、状态和特征的字母代码和功能字母代码。电气文字符号包括基本文字符号和辅助文字符号。

(1) 基本文字符号

基本文字符号用来表示电气设备、装置和元件以及线路的基本名称、特性。分为单字母符号和双字母符号。如：电流互感器的单字母符号为 T，双字母符号为 TA 或 CT。

双字母符号是由一个表示种类的单字母符号与另一字母组成，其组合形式应以单字母符号在前、另一字母在后的次序列出。如“F”表示保护器件类，而“FU”表示熔断器，“FR”表示具有延时动作的限流保护器件等。

(2) 辅助文字符号

辅助文字符号通常用表示功能、状态和特征的英文单词的前一、两位字母构成，也有采用缩略语或约定俗成的习惯用法构成，一般不超过三位字母。例如，表示“启动”采用“START”的前两位字母“ST”作为辅助文字符号；而表示“停止（STOP）”的辅助文字符号必须加上一个字母，为“STP”。又如，“SYN”表示同步，“L”表示限制，“RD”表示红色，“F”表示快速。

辅助文字符号也可放在表示种类的单字母符号后面，组成双字母符号，如“GS”表示同步发电机，“YB”表示制动电磁铁等。为简化文字符号起见，若辅助文字符号由两个以上字母组成时，允许只采用其第一位字母进行组合，如“MS”表示同步电动机等。辅助文字符号还可以单独使用，如“ON”表示接通，“OFF”表示关闭，“N”表示交流电源的中性线。

（3）电气文字符号的应用

在电路图中，文字符号组合的一般形式为

基本文字符号＋辅助文字符号＋数字序号

① 在编制电气图及电气技术文件时，应优先选用基本文字符号、辅助文字符号以及它们的组合。而在基本文字符号中，应优选单字母符号。

② 辅助文字符号可单独使用，也可将首位字母放在表示项目种类的单字母符号后面，组成双字母符号。例如，“SP”表示压力传感器。

③ 文字符号可作为限定符号与其他图形符号组合使用，以派生出新的图形符号，如图 6-8 所示。

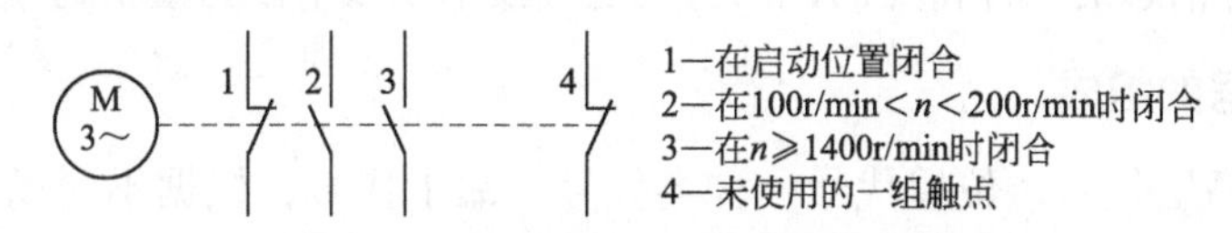

图 6-8 文字符号与图形符号组合使用

④ 在电气图中，一些特殊用途的接线端子、导线等通常采用一些专用的文字符号，称为特殊用途文字符号。例如：交流系统电源的第一相、第二相、第三相，分别用文字符号 L_1、L_2、L_3 表示；交流系统设备的第一相、第二相、第三相，分别用文字符号 U、V、W 表示；直流系统电源的正极、负极，分别用文字符号 L+、L- 表示；交流电、直流电分别用文字符号 AC、DC 表示；接地、保护接地、不接地保护分别用文字符号 E、PE、PU 表示。

6.1.3 回路标号

在电路图中，我们把表示回路种类、特征而标注的文字符号和数字标号统称回路标号，也称为回路线号。回路标号的作用是为便于安装接线，以及线路有故障时方便查找故障点进行检修。

（1）回路标号的原则

① 一般回路标号由三位或三位以下的数字组成（在特殊情况下，允许由四位数字组成）。主回路标号则由文字与数字共同组成。

② 在回路连在一点上的所有导线（包括与接触器连接的可拆卸线段），必须标以相同的回路标号；由电气设备的线圈、绕组、触点或电阻、电容等隔开的线段，要视为不同的线段，应标以不同的回路标号；由其他设备引入本系统中的联锁回路，也可按原引入设备的回路特征进行标号。

（2）回路标号的注意事项

① 数字标号应用阿拉伯数字，文字标号应用汉语拼音字母。与数字标号并列的字母用大写印刷体，脚注字母用小写印刷体。

② 在沿水平方向绘制的回路中，标号一般以从左至右的顺次进行。标号一般位于导线的上方。

③ 在沿垂直方向绘制的回路中，标号一般以从上至下的顺序进行。

④ 当控制回路支路较多时，为便于修改电路，在把第一条支路的线号标完后，第二条支路可不接着上面的线号数往下标，而从“11”开始依次递增。若第一条支路的线号已经标到“10”以上时，则第二条支路可以从“21”开始，以此类推。在一般情况下，回路标号由三位或三位以下的数字组成。

⑤ 电路图和接线图上相应的线号应始终保持一致。

6.1.4 项目代号

项目代号是用来识别图、表图、表格中和设备上的项目种类，并提供项目的层次关系、种类、实际位置等信息的一种特定的代码，是电气技术领域中极为重要的代号。

（1）项目代号的组成

项目代号由高层代号、位置代号、种类代号、端子代号，根据不同场合的需要组合而成，它们分别用不同的前缀符号来识别。前缀符号后面跟字符代码，字符代码可由字母、数字或字母加数字构成，其意义没有统一的规定（种类代号的字符代码除外），通常可以在设计文件中找到说明。大写字母和小写字母具有相同的意义（端子标记例外），但优先采用大写字母。一个完整的项目代号包括 4 个代号段，其名称及前缀符号见表 6-2。

表 6-2 项目代号段及前缀符号

分段	名称	前缀符号	分段	名称	前缀符号
第一段	高层代号	=	第三段	种类代号	–
第二段	位置代号	+	第四段	端子代号	:

（2）项目代号的应用

在电气图中作标注时，有时并不需要将项目代号中的四个代号段全部标注出来。通常可针对项目，按分层说明、适当组合、符合规范、就近标注、有利看图的原则，有目的地进行选注。也就是可以就项目本身的情况标注单一的代号段或几个代号段的组合。

经常使用而又较为简单的图，可以只采用某一个代号段。如图 6-9 所示为端子代号标注举例，图 6-9（a）中电缆 -W137 的相应芯线接到远端 + B5-X1 的端子 26 ～ 30 及 PE 上，如图 6-9（b）所示。

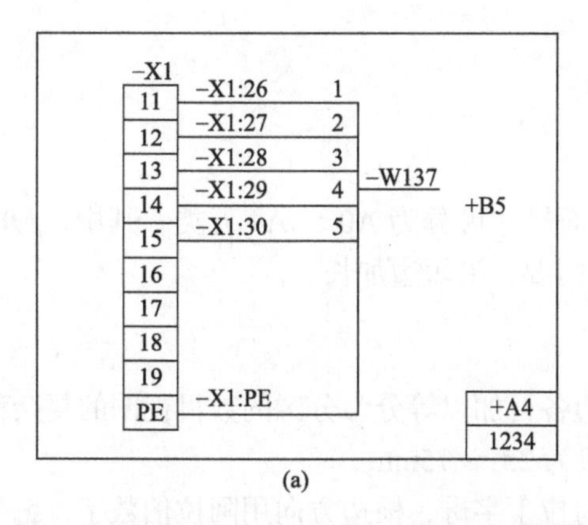

(a)

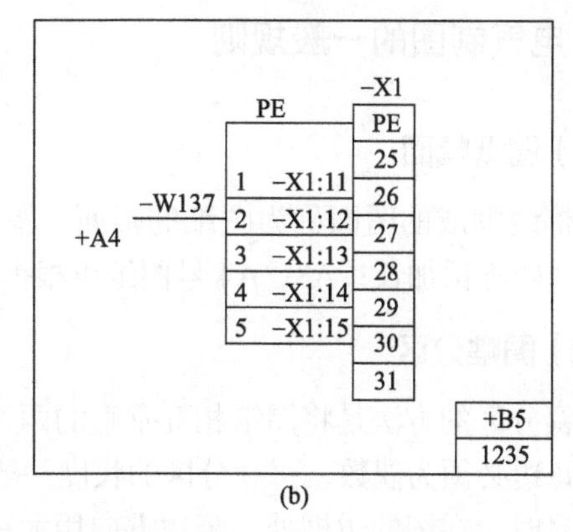

(b)

图 6-9　端子代号标注举例

6.2 电气图

6.2.1 电气图的种类

电气图是表示电气系统、装置和设备各组成部分的相互关系及其连接关系，用以说明其功能、用途、工作原理、安装和使用信息的一种图，这种图通常称为简图或略图。

（1）电气图的分类

电气图大致可分为概略类型的图和详细类型的图。

（2）概略类型的图

概略类型的图主要是用来表明系统的规模、整体方案、组成情况及主要特性等，常见的有：系统图、框图、功能图、功能表图、等效电路图、逻辑图等。

系统图与框图是采用符号或带注释的框来概略表示系统、分系统、成套装置或设备等的基本组成的主要特征以及功能关系的电气用图。

（3）详细类型的图

详细类型的图是将概略图进行具体化，是将设计思想变为可实现和便于实施的文件，详细图分两个层次，首先是电路图，其次是接线文件。

① 电路图是一种根据国家或有关部门制定的标准，用规定的图形符号绘制的较简明的电路，用来表示系统、装置的电气作用原理，可作为分析电路特性用图。电路图习惯又称为“原理图”或“电路原理图”。它不仅能详细表示电路的原理与组成，而且更能详尽地表达各元件和器件的组成，便于了解其作用和原理，分析和计算电路特征。它不能反映电路的实际位置，只能反映电路的功能和原理。

② 接线图、接线表是电气设备之间用导线相互连接的真实反映，它所连接电气设备的安装位置、外形和线路路径与实际情况一致，便于安装和接线及排除故障。

接线图与电路图、位置图结合在一起，是产品制造、检验和维修必不可少的技术文件。

6.2.2 电气制图的一般规则

（1）图纸幅面

边框线围成的图面称为图纸的幅面，幅面尺寸可分为A0～A4五类。其中，A0～A2号图纸一般不得加长；A3、A4号图纸可根据需要，沿短边加长。

（2）图幅分区

图幅分区的方法是将图纸相互垂直的两边各自加以等分。分区的数目视图的复杂程度而定，但每边必须为偶数。每一分区的长度一般为25～75mm。

编号时，在图的边框处，竖边方向用大写拉丁字母，横边方向用阿拉伯数字，编号的顺序从标题栏相对的左上角开始。

（3）图线

电气图中的图线主要有粗实线、细实线、波浪线、双折线、虚线、细点画线、粗点划线、双点画线，其代号依次为A、B、C、D、F、G、J、K。

通常只选用两种宽度的图线，粗线的宽度为细线的2倍。

（4）箭头和指引线

在电气图中，表示信号传输或表示非电过程中的介质流向时需要用箭头。电气图中有开口箭头、实心箭头和普通箭头3种形状的箭头，如图6-10所示。

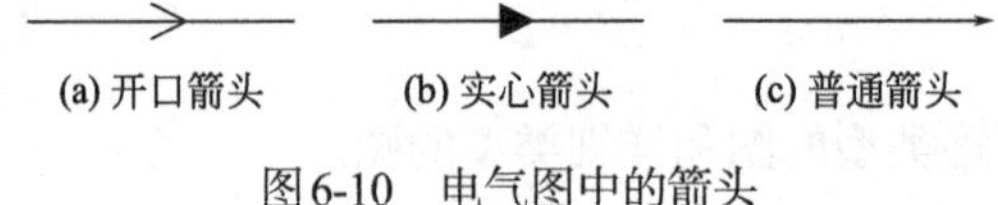

图6-10 电气图中的箭头

指引线用来指示注释的对象，它为细实线，并在其末端加注标记。指引线末端伸入轮廓线内时，末端画一个小圆点。指引线末端指在轮廓线上时，末端用普通箭头指在轮廓线上。指引线末端指在电气连接线上时，末端用一短斜线示出。

（5）连接线

在电气图上，各种图形符号间的相互连线称为连接线。连接线用于电路图时有单线表示法和多线表示法；用于接线图及其他图时有连续线表示法和中断线表示法。当采用带点划线框绘制时，其连接线接到该框内图形符号上；当采用方框符号或带注释的实线框时，则连接线接到框的轮廓线上。

在电路图中，连接线用于表示一根导线、导线组、电线、电缆、传输电路、母线、总线等。根据具体情况，导线可予以适当加粗、延长或者缩短，如图6-11所示。

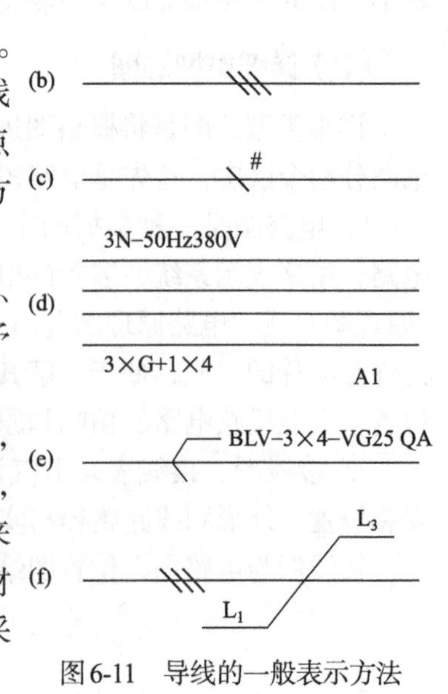

图6-11 导线的一般表示方法

导线根数的表示方法是：1根导线用一条直线段表示，如图6-11（a）所示；4根导线以下用短斜线数目代表根数，如图6-11（b）所示；数量较多时，可用一小斜线标注数字来表示，如图6-11（c）所示。导线的特征表示法（如导线的材料、截面、电压、频率等），可在导线上方、下方或中断处采用符号标注。如图 6-11（d）、（e）所示。如果需要表示电路相序的变更、极性的反向、导线的交换等，可采用图 6-11（f）所示的方法标注，表示图中 L_1 和 L_3 两相需要换位。

（6）围框

当需要在图上显示出图的某一部分，如功能单元、结构单元、项目组时，可用点划线围框表示。如在图上含有安装在别处而功能与本图相关的部分，这部分可加双点划线。

（7）比例

需要按照比例绘制的图一般是电气平面布置一类用于安装布线的简图。常用图纸比例有：1 ∶ 1、1 ∶ 10、1 ∶ 20、1 ∶ 50、1 ∶ 100、1 ∶ 200、1 ∶ 500 等。

同一张图纸中，不宜出现三种以上的比例。

6.3 识读电气图

6.3.1 电气图识读基础

电气照明
识图基础

（1）识读电气图的基本功

对初学者来说，掌握识读电气图的基本功主要包括以下几个方面。

① 熟悉电气图的有关规定　读电气图需要了解有关电气工程的各种标准和规范，特别是导线的表示法、电气图形符号、电气文字符号、线路及照明灯具的标注方法等应重点了解。

② 熟悉各种电气图的特点　在电路原理图中，各电器触头位置都按电路未通电未受外力作用时的常态位置画出，分析原理时，应从触头的常态位置出发。

在电路原理图中，各电气元件不画实际的外形图，而采用国家规定的统一国标符号画出。

在电路原理图中，各电气元件不按它们的实际位置画在一起，而是按其线路中所起作用分画在不同电路中，但它们的动作却是相互关联的，必须标以相同的文字符号。

在电路原理图中，对有直接电联系的交叉导线连接点，用小黑点表示，无直接电联系的交叉导线连接点则不画小黑圆点。

例如：电气照明施工平面图是在建筑平面图的基础上绘制而成的。它包括的主要内容有：

a. 电源进户线的位置、导线规格、型号、根数、引入方法（架空引入时注明架空高度，从地下敷设引入时注明穿管材料、名称、管径等）。

b. 配电箱的位置（包括主配电箱、分配电箱等）。

c. 各用电器材、设备的平面位置、安装高度、安装方法、用电功率。

d. 线路的敷设方法，穿线器材的名称、管径，导线名称、规格、根数。

e. 从各配电箱引出回路的编号。

f. 屋顶防雷平面图及室外接地平面图，还反映避雷带布置平面，选用材料、名称、规格，防雷引下方法，接地极材料、规格、安装要求等。

③ 熟悉电气元件的结构和原理　每一个电路都是由各种电气元件构成的，如在供电电

路中常用到高压隔离开关、断路器、熔断器、互感器、避雷器等；在低压电路中常用到各种继电器、接触器和控制开关等。因此，在看电路图时，首先要搞清这些电气元件的性能、相互控制关系以及在整个电路中的地位和作用，才能看懂电流在整个回路中的流动过程和工作原理，否则电路图是无法看懂的。

例如：接触器的触点包括主触点和辅助触点，主触点的作用是接通和分断主回路，控制较大的电流；辅助触点在控制回路中起电气联锁作用，一般常开、常闭触点各两对，以满足各种控制方式的要求。在识读继电－接触器控制系统原理图时，必须知道继电器、接触器的线圈通电后其触点状态会发生改变（至于如何改变要根据电路原理去分析），从而去控制其他回路的原理。不懂得这些原理，就无法读懂电气图。

同时，掌握主要元件的位置、作用、特性以及主要技术指标，吃透其功能作用，可以帮助我们理解电路图的指导思想。对电路图、方框示意图、元件分布图上的元件，要做到对号入座。有必要时，可将实际电路板和几种图互相结合来进行分析。

（2）电气图识读的基本步骤

① 详看图纸说明　拿到图纸后，首先要仔细阅读图纸的主标题栏和有关说明，如图纸目录、技术说明、电气元件明细表、施工说明书等，结合已有的电工知识，对该电气图的类型、性质、作用有一个明确的认识，从整体上理解图纸的概况和所要表述的重点。

② 看概略图和框图　由于概略图和框图只是概略表示系统或分系统的基本组成、相互关系及其主要特征，因此紧接着就要详细看电路图，才能搞清它们的工作原理。概略图和框图多采用单线图，只有某些380/220V低压配电系统概略图才部分地采用多线图表示。

③ 电路图与接线图对照起来看　接线图和电路图互相对照看图，可帮助看清楚接线图。读接线图时，要根据端子标志、回路标号从电源端顺次查下去，搞清楚线路走向和电路的连接方法，搞清每条支路是怎样通过各个电气元件构成闭合回路的。

【特别提醒】

对于复杂的电气图，首先是粗读，然后是细读，最后是精读。粗读可比细读“粗”点。这里的“粗”不是“粗糙”的“粗”，而是相对不侧重在细节上。

（3）电工识图的基本途径

电工识图的基本途径就是要做到五个结合。即：结合电工基础知识识图、结合电气元件的结构和工作原理识图、结合典型电路识图、结合电气图绘制的特点识图和结合其他专业技术图识图，见表6-3。

表6-3　电工识图的“五个结合”

序号	方法	说明
1	结合电工基础知识识图	看任何电气图都需要具备一定的电工基础理论知识，只有掌握了和电气图有关的基本理论知识才能更好、更准确地识读电路图。如三相笼型异步电动机的正、反转控制，就是基于电动机的旋转方向是由三相电源的相序来决定的原理，用倒顺开关或交流接触器进行换相，从而改变电动机的旋转方向
2	结合电气元件的结构和工作原理识图	要看懂电路图，首先要了解、掌握图中各种电气元器件的结构和工作原理，只有这样才能正确地理解电路图的工作原理。如在高压供电电路中，常用的高压隔离开关、断路器、熔断器、电压互感器、避雷器等；在低压电路中，常用的各种继电器、接触器和控制开关等。了解这些元器件的性能、结构、工作原理、相互控制关系以及在整个电路中的地位和作用是至关重要的，否则很难看懂电路图

续表

序号	方法	说明
3	结合典型电路识图	典型电路就是常见的基本电路，如电动机正、反转控制电路，顺序控制电路，行程控制电路等，不管多么复杂的电路，总能将其分割成若干个典型电路，先搞清每个典型电路的原理和作用，然后再将典型电路串联组合起来看，就能大体把一个复杂电路看懂了。这实际上就是一种从“整体到局部”、再从“局部到整体”的看图方法
4	结合电气图绘制的特点识图	电气图的绘制有一些基本规则和要求，这些规则和要求是为了加强图纸的规范性、通用性和示意性而规定的。可以利用这些制图知识准确看图。 ① 在绘制电路图时，各种电气元件都应使用国际或国家统一规定的图形符号和文字符号。 ② 主电路部分采用粗线条画出，控制（辅助）电路部分采用细线条画出。一般情况下，主电路画在左侧，控制电路画在右侧。 ③ 同一电器的各部分不画在一起，根据其作用原理分散绘制时，为了便于识别，它们用同一文字符号标注。 ④ 对完成具有相同性质任务的几个元器件，在文字符号后面加上数码以示区别。 ⑤ 电路中所有元器件都按无电压、无外力作用的常态绘制
5	结合其他专业技术图识图	对于比较复杂的工程及项目，应结合其他专业技术图进行电气识图。例如，照明灯头盒、开关盒、配电箱及管线等电气设备与土建结构的关系十分密切。它们的布置与建筑平面、立面图有关；线路走向与建筑构件中的梁、柱等的位置有关；安装方法与墙的结构、楼板材料有关，特别是需要暗装、暗敷的设备，需与建筑施工同时进行。在进行量单编制中，特别要清楚各层层高，及各用电设备的安装高度等，以便计量

（4）电工识图的常用方法

主要有化整为零法、比较分析法、指标估算法、检修识图法和综合分析法。

① 化整为零法　就是把总原理图化成若干部分，在细分过程中，如对于个别元件的特殊用途一时难以明了，可以放后研究。在此步骤里，只求弄清各部分主要电路及元件联系及作用。例如：控制电路一般是由开关、按钮、信号指示、接触器、继电器的线圈和各种辅助触点构成，无论简单或复杂的控制电路，一般均是由各种典型电路（如延时电路、联锁电路、顺控电路等）组合而成，用以控制主电路中受控设备的“启动”“运行”“停止”，使主电路中的设备按设计工艺的要求正常工作。对于简单的控制电路，只要依据主电路要实现的功能，结合生产工艺要求及设备动作的先、后顺序依次分析。

通过看主电路，要搞清楚用电设备是怎样取得电源的，电源是经过哪些元件到达负载的，这些元件的作用是什么；看辅助电路时，要搞清电路的构成，各元件间的联系（如顺序、互锁等）及控制关系，在什么条件下电路构成通路或断路，以理解辅助电路对主电路是如何控制动作的，进而搞清楚整个系统的工作原理。

② 比较分析法　对于复杂的控制电路，按各部分所完成的功能，分割成若干个局部控制电路，然后与典型电路相对照，找出相同之处，本着先简后繁、先易后难的原则逐个理解每个局部环节，再找到各环节的相互关系。

③ 指标估算法　为了对电路图有更加深入的了解，可对某些主要技术指标进行一定的估算，必要时要用仪器仪表来验证某个元件的功能及引脚的电气参数，以便对于电路的技术性能获得定量的概念，敢于用事实来怀疑电路图的准确性。因为有些图纸并非原厂图纸。

④ 综合分析法　电气图将经过化整为零分析后，还需要将各个组成部分进行综合分析。因为无论怎样复杂的控制线路，总是由许多简单的基本环节所组成。阅读时可将它们分解开来，先逐个分析各个基本环节，然后再综合起来全面加以解决。

概括地说，综合分析法可归纳为：从机到电，先“主”后“控”，化整为零，连成系统。

6.3.2 常用电气图识读

（1）电路原理图识读

电路原理图是电气图的核心，也是内容最丰富、最难读懂的电气图纸，是看图的重点和难点。

① 看有哪些图形符号和文字符号，了解电路原理图各组成部分的作用，分清主电路和辅助电路、交流回路和直流回路。

② 按照先看主电路，再看辅助电路的顺序进行看图。

a. 看主电路时，通常要从下往上看，即先从用电设备开始，经控制电气元件，顺次往电源端看。通过看主电路，要搞清负载是怎样取得电源的，电源线都经过哪些电气元件到达负载和为什么要通过这些电气元件。

b. 看辅助电路时，则自上而下、从左至右看，即先看主电源，再顺次看各条支路，分析各条支路电气元件的工作情况及其对主电路的控制关系，注意电气与机械机构的连接关系。通过看辅助电路，则应搞清辅助电路的构成，各电气元件之间的相互联系和控制关系及其动作情况等。

③ 综合分析，全面掌握电路图。将辅助电路和主电路综合起来，分析它们之间的相互关系，搞清楚整个电路的工作原理和来龙去脉。

（2）电气元件布置图识读

电气元件布置图的设计依据是部件原理图、组件的划分情况等。设计电气元件布置图时，应遵循以下原则。

① 同一组件中电气元件的布置应注意将体积大和较重的电气元件安装在电器板的下面，而发热元件应安装在电气控制柜的上部或后部，但热继电器宜放在其下部。

② 强电弱电分开并注意屏蔽，防止外界干扰。

③ 需要经常维护、检修、调整的电气元件安装位置不宜过高或过低，人力操作开关及需经常监视的仪表的安装位置应符合人体工程学原理。

④ 电气元件的布置应考虑安全间隙，并做到整齐、美观、对称，外形尺寸与结构类似的电器可安放在一起，以利加工、安装和配线。若采用行线槽配线方式，应适当加大各排电器间距，以利布线和维护。

⑤ 各电气元件的位置确定以后，便可绘制电器布置图。

⑥ 在电器布置图设计中，还要根据本部件进出线的数量、采用导线规格及出线位置等，选择进出线方式及接线端子排、连接器或接插件，并按一定顺序标上进出线的接线号。

（3）接线图

接线图是接线类图的总称，单元接线图、互连接线图、端子接线图和电缆图等属于接线图。这样分类，只是它们表示连接的对象不同而已。接线图的特点是图中只表示电气元件的安装地点和实际尺寸、位置和配线方式等，但不能直观地表示出电路的原理和电气元件间的控制关系。安装接线图的绘制原则如下。

① 各电器以标准电气图形符号代表，不画实体。图上必须明确电气元件（如接线板、插接件、部件和组件等）的安装位置。其代号必须与有关电路图和清单上所用的代号一致，并注明有关接线安装的技术条件。位置图一般还应留出为改进设计所需的空间及导线槽（管）的位置。

② 安装接线图中的各电气元件的字母文字符号及接线端子的编号应与电路图一致，并按电路图的位置进行导线连接，便于接线和检修。

③ 不在同一控制屏（柜）或控制台的电动机（设备）或电气元件之间的导线连接必须通过接线端子进行，同一屏（柜）体中的电气元件之间的接线可以直接相连，即安装接线图中，应当示出接线端子情况。

④ 安装接线图中的分支导线应由各电气元件的接线端引出，不允许在导线两端以外的其他地方连接。每个接线端子只能引出两根导线。

⑤ 安装图上应标明连接导线的规格、型号、根数及穿线管的尺寸。

如图 6-12 所示为线束法表示的三相异步电动机正反转控制电路安装接线图。

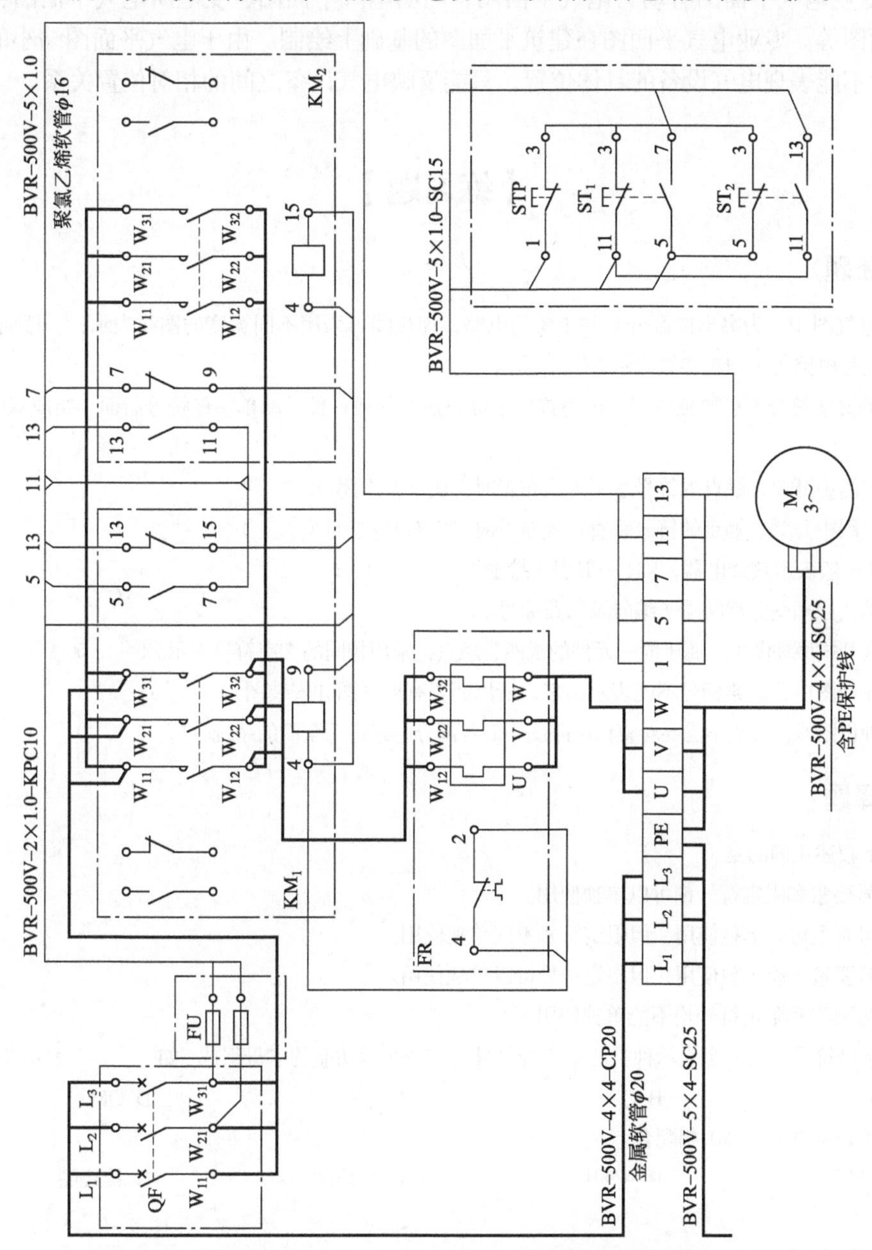

图 6-12　线束法表示的三相异步电动机正反转控制电路安装接线图

（4）电气平面图

电气平面图主要用于表示某一电气工程中电气设备、装置和线路的平面布置。从某种意义上讲，电气平面图是位置图和接线图相互组合的一种图。在电气平面图上，一般需要标注设备的编号、型号、规格、安装和敷设方式等。

电气平面图包括外电总电气平面图和各专业电气平面图。

① 外电总电气平面图是以建筑总平面图为基础，绘出变电所、架空线路、地下电力电缆等的具体位置并注明有关施工方法的图纸。在有些外电总电气平面图中还注明了建筑物的面积、电气负荷分类、电气设备容量等。

② 专业电气平面图有动力电气平面图、照明电气平面图、变电所电气平面图、防雷与接地平面图等。专业电气平面图在建筑平面图的基础上绘制。由于电气平面图缩小的比例较大，因此不能表现电气设备的具体位置，只能反映电气设备之间的相对位置关系。

【练习题】

一、判断题

1. 在电气图中，为突出或区分某些重要的电路，连接线可采用不同宽度的图线表示，一般而言电源主电路，主信号电路等采用粗实线表示。（ ）

2. 辅助文字符号不可单独使用，可将首位字母放在表示项目种类的单字母符号后面，组成双字母符号。（ ）

3. 电气图中开关、触点的符号水平形式布置时，应下开上闭。（ ）

4. 电气图中开关、触点的符号垂直形式布置时，应右开左闭。（ ）

5. KM 一般表示热继电器，KH 一般表示接触器。（ ）

6. 归总式原理图能反映端子编号及回路编号。（ ）

7. 在展开式原理图中，属于同一元件的线圈、触点，采用相同的文字符号表示。（ ）

8. 在原理图中，回路标号不能表示出来，所以还要有展开图和安装图。（ ）

9. 修理识图时，一般不需要对整机电路图中的各部分电路进行全面的系统分析。（ ）

二、选择题

1. 以下叙述正确的是（ ）。

A. 符号要素和限定符号都可以单独使用。

B. 符号要素可以单独使用，但限定符号不能单独使用。

C. 符号要素不能单独使用，但限定符号可以单独使用。

D. 符号要素和限定符号均不能单独使用。

2. 双字母符号是由一个表示种类的单字母符号与一个表示功能的字母组成，如（ ）表示断路器。

A. QA　　B. QS　　C. QF　　D. QM

3. 接线表应与（ ）相配合。

A. 电路图　　B. 逻辑图　　C. 功能图　　D. 接线图

答案：1. √；2. ×；3. √；4. ×；5. ×；6. ×；7. √；8. √；9. √

1. D；2. C；3. A

4. 根据表达信息的内容，电气图分为（ ）种。

A. 1　B. 2　C. 3　D. 4

5. 图形符号一般由符号要素、一般符号和（ ）组成。

A. 数字　B. 文字　C. 限定符号　D. 简图

6. 读图的基本步骤有：看图样说明，（ ），看安装接线图。

A. 看主电路　B. 看电路图　C. 看辅助电路　D. 看交流电路

7. 接线图以粗实线画（ ），以细实线画辅助回路。

A. 辅助回路　B. 主回路　C. 控制回路　D. 照明回路

8. 在原理图中，对有直接接电联系的交叉导线接点，要用（ ）表示。

A. 小黑圆点　B. 小圆圈　C. "X"号　D. 红点

9. 在原理图中，各电器的触头位置都按电路未通电或电器（ ）作用时的常态位置画出。

A. 不受外力　B. 受外力　C. 手动　D. 受合外力

10. 三相异步电动机控制线路中的符号"QF"表示（ ）。

A. 空气开关　B. 接触器　C. 按钮　D. 热继电器

答案：4. B；5. C；6. B；7. B；8. A；9. A；10. A

第7章

高低压电器及应用

7.1 高压电器及应用

7.1.1 高压电器基础知识

国际上公认的高低压电器的分界线：交流 1kV（直流则为 1.5kV）。交流 1kV 以上为高压电器，1kV 及以下为低压电器。工业上的电器一般使用 380/220V 和 6kV 两个电压等级。前者是低压电器，后者是高压电器。

（1）高压电器的分类

电力系统中使用的高压电器器件比较多，按用途和功能可分为开关电器、限制电器、变换电器和组合电器，见表 7-1。

表 7-1 高压电器的分类

<table>
<tr><th colspan="2">电器名称</th><th>简介</th></tr>
<tr><td rowspan="8">高压开关电器</td><td>高压断路器</td><td>又称高压开关，能接通、分断承载线路正常电流，也能在规定的异常电路条件下（例如短路）和一定时间内接通、分断承载电流的机械式开关电器。机械式开关电器是用可分触头接通和分断电路的电器的总称</td></tr>
<tr><td>高压隔离开关</td><td>用于将带电的高压电工设备与电源隔离，一般只具有分合空载电路的能力，当在分断状态时，触头具有明显可见的断开位置，以保证检修时的安全</td></tr>
<tr><td>高压熔断器</td><td>俗称高压保险丝，用于开断过载或短路状态下的电路</td></tr>
<tr><td>高压负荷开关</td><td>用于接通或断开空载、正常负载和过载下的电路，通常与高压熔断器配合使用</td></tr>
<tr><td>接地开关</td><td>用于将高压线路人为地造成对地短路。通常装在降压变压器的高压侧，当用电端发生故障，但故障电流不很大，不足以使送电端的断路器动作时，接地短路器能自动合闸，造成人为接地扩大故障电流，使送电端断路器动作而分闸，切断故障电流</td></tr>
<tr><td>接触器</td><td>手动操作除外，只有一个休止位置，能关合、承载及开断正常电流及规定的过载电流的开断和关合装置</td></tr>
<tr><td>重合器</td><td>能够按照预定的顺序，在导电回路中进行开断和重合操作，并在其后自动复位、分闸闭锁或合闸闭锁的自具（不需外加能源）控制保护功能的开关设备</td></tr>
<tr><td>线路分段器</td><td>一种能够自动判断线路故障和记忆线路故障电流开断的次数，并在达到整定的次数后在无电压或无电流下自动分闸的开关设备</td></tr>
<tr><td>限制电器</td><td>电抗器</td><td>依靠线圈的感抗起阻碍电流变化作用的电器。电抗器可按用途、按有无铁芯和按绝缘结构进行分类
<table>
<tr><th>分类方法</th><th>种类</th><th>说明</th></tr>
<tr><td rowspan="3">按用途分</td><td>限流电抗器</td><td>串联在电力电路中，用来限制短路电流的数值</td></tr>
<tr><td>并联电抗器</td><td>一般接在超高压输电线的末端和地之间，用来防止输电线由于距离很长而引起的工频电压过分升高，还涉及系统稳定、无功平衡、潜供电流、调相电压、自励磁及非全相运行下的谐振状态等方面</td></tr>
<tr><td>消弧电抗器</td><td>又称消弧线圈，接在三相变压器的中性点和地之间，用以在三相电网的一相接地时供给电感性电流，来补偿流过接地点的电容性电流，使电弧不易持续起燃，从而消除由于电弧多次重燃引起的过电压</td></tr>
<tr><td rowspan="2">按有无铁芯分</td><td>空心式电抗器</td><td>线圈中无铁芯，其磁通全部经空气闭合</td></tr>
<tr><td>铁芯式电抗器</td><td>其磁通全部或大部分经铁芯闭合。铁芯式电抗器工作在铁芯饱和状态时，其电感值大大减少，利用这一特性制成的电抗器叫饱和式电抗器</td></tr>
<tr><td rowspan="2">按绝缘结构分</td><td>干式电抗器</td><td>其线圈敞露在空气中，以纸板、木材、层压绝缘板、水泥等固体绝缘材料作为对地绝缘和匝间绝缘</td></tr>
<tr><td>油浸式电抗器</td><td>其线圈装在油箱中，以纸、纸板和变压器油作为对地绝缘和匝间绝缘</td></tr>
</table>
</td></tr>
</table>

续表

电器名称		简介
限制电器	避雷器	一种能释放雷电或兼能释放电力系统操作过电压能量，保护电气设备免受瞬时过电压危害，又能截断续流，不致引起系统接地短路的电器装置。 避雷器通常接于带电导线和地之间，与被保护设备并联。当过电压值达到规定的动作电压时，避雷器立即动作，流过电荷，限制过电压幅值，保护设备绝缘；当电压值正常后，避雷器又迅速恢复原状，以保证系统正常供电
变换电器		又称互感器。按比例变换电压或电流的设备。分为电压互感器和电流互感器两大类。 互感器的功能是：将高电压或大电流按比例变换成标准低电压（100V 或 100/□ V）或标准小电流（5A 或 1A，均指额定值），以便实现测量仪表、保护设备和自动控制设备的标准化、小型化。 此外，互感器还可用于隔离开高电压系统，以保证人身和设备的安全
组合电器		将两种或两种以上的电器，按接线要求组成一个整体而各电器仍保持原性能的装置。组合电器结构紧凑，外形及安装尺寸小，使用方便，且各电器的性能可更好地协调配合

（2）高压电器操作术语

高压电器操作术语的含义见表 7-2。

表 7-2　高压电器操作术语的含义

操作术语	含义
操作	动触头从一个位置转换至另一个位置的动作过程
分（闸）操作	开关从合位置转换到分位置的操作
合（闸）操作	开关从分位置转换到合位置的操作
“合分”操作	开关合后，无任何有意延时就立即进行分的操作
操作循环	从一个位置转换到另一个装置再返回到初始位置的连续操作；如有多位置，则需通过所有的其他位置
操作顺序	具有规定时间间隔和顺序的一连串操作
自动重合（闸）操作	开关分后经预定时间自动再次合的操作顺序
关合（接通）	用于建立回路通电状态的合操作
开断（分断）	在通电状态下，用于回路的分操作
自动重关合	在带电状态下的自动重合（闸）操作
开合	开断和关合的总称
短路开断	对短路故障电流的开断
短路关合	对短路故障电流的关合
近区故障开断	对近区故障短路电流的开断
触头开距	分位置时，开关的一极各触头之间或具连接的任何导电部分之间的总间隙
触头行程	分、合操作中，开关动触头起始位置到任一位置的距离
超行程	合闸操作中，开关触头接触后动触头继续运动的距离
分闸速度	开关分（闸）过程中，动触头的运行速度
合闸速度	开关合（闸）过程中，动触头的运动速度
触头刚分速度	开关合（闸）运程中，动触头与静触头的分离瞬间运动速度
触头刚合速度	开关合（闸）过程中，动触头与静触头的接触瞬间运动速度
开断速度	开关在开断过程中，动触头的运动的速度
关合速度	开关在合闸过程中，动触头的运动速度

（3）高压电器特性参量术语

高压电器特性参量术语的含义见表 7-3。

表 7-3　高压电器特性参量术语的含义

特性参量术语	含义
额定电压	在规定的使用和性能的条件下能连续运行的最高电压，并以它确定高压开关设备的有关试验条件
额定电流	在规定的正常使用和性能条件下，高压开关设备主回路能够连续承载的电流数值
额定频率	在规定的正常使用和性能条件下能连续运行的电网频率数值，并以它和额定电压、额定电流确定高压开关设备的有关试验条件
额定开断电流	在规定条件下，断路器能保证正常开断的最大短路电流
额定短路关合电流	在额定电压以及规定使用和性能条件下，开关能保证正常开断的最大短路峰值电流
额定热稳定电流	在规定的使用和性能条件下，开关在闭合位置所能耐受的额定短时耐受电流第一个大半波的峰值电流
额定短路持续时间	开关在合位置所能承载额定短时耐受电流的时间间隔
温升	开关设备通过电流时各部位的温度与周围空气温度的差值
功率因数	开关设备开合试验回路的等效回路，在工频下的电阻与感抗之比，不包括负荷的阻抗
额定短时工频耐受电压	按规定的条件和时间进行试验时，设备耐受的工频电压标准值（有效值）
额定操作（雷电）冲击耐受电压	在耐压试验时，设备绝缘能耐受的操作（雷电）冲击电压的标准值

7.1.2　高压断路器

高压断路器

（1）高压断路器的作用及种类

高压断路器或称高压开关，是在正常或故障情况下接通或断开高压电路的专用电器，广泛地应用于变配电站、城市街道、住宅小区、宾馆、商场的高压供配电线路中。

高压断路器的类型见表 7-4。

表 7-4　高压断路器的类型

分类方法	种类
按灭弧装置分	油断路器、真空断路器、六氟化硫断路器
按使用场合分	户内安装式断路器、户外安装式断路器、柱（杆）上断路器

（2）常用高压断路器

① 油断路器　油断路器是采用绝缘油液为散热灭弧介质的高压断路器，又分多油断路器和少油断路器。户内一般使用少油断路器和柱（杆）上油断路器。

② 真空断路器　真空断路器是将接通、分断的过程采用大型真空开关管来控制完成的高压断路器，适合于对频繁通断的大容量高压的电路控制。

真空断路器以安装场合不同，分为户内真空断路器和户外真空断路器两类。户内真空断路器又分固定式与手车式；以操作的方式不同又区别为电动弹簧储能操作式、直流电磁操作式、永磁操作式等。

真空断路器是目前应用最多的高压断路器，广泛用于农村高压电网、大型冶炼电弧炉、大功率高压电动机等的控制操作。

③ 六氟化硫断路器　六氟化硫断路器在用途上与油断路器、真空断路器相同。它的特点是分断、接通的过程在无色无味的六氟化硫（SF_6，惰性气体）中完成。相同电容量的情况下，由六氟化硫为灭弧介质构成的断路器占地最少，结构最紧凑。六氟化硫断路器的基本组件见图 7-1。

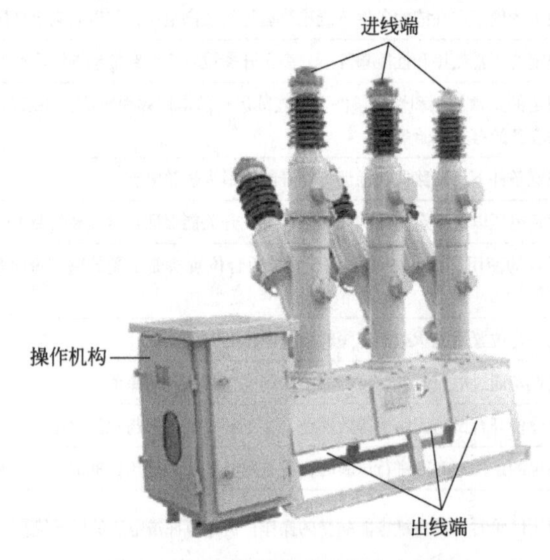

图7-1　六氟化硫断路器的基本组件

（3）高压断路器的选用

① 按正常工作条件包括电压、电流、频率、机械荷载等选择高压断路器。

a. 额定电压应符合所在回路的系统标称电压，其允许最高工作电压 U_{max} 不应小于所在回路的最高运行电压 U_y，即 $U_{max} \geqslant U_y$。

b. 高压电器的额定电流 I_n 不应小于该回路在各种可能运行方式下的持续工作电流 I_g，即 $I_n \geqslant I_g$。

② 按短路条件包括短时耐受电流、峰值耐受电流、关合和开断电流等选择高压断路器。

③ 按环境条件包括温度、湿度、海拔、地震等选择高压断路器。

④ 按承受过电压能力包括绝缘水平等选择高压断路器。

⑤ 按各类高压电器的不同特点包括开关的操作性能、熔断器的保护特性配合、互感器的负荷及准确等级等选择高压断路器。

7.1.3　高压隔离开关

（1）高压隔离开关的作用

高压隔离开关

高压隔离开关需与高压断路器配套使用，其主要作用是：在有电压无载荷情况下分断与闭合电路，起隔离电压的作用，以保证高压电器及装置在检修工作时的安全。

（2）高压隔离开关的类型

① 按安装地点分，高压隔离开关可分为户内式和户外式，如图 7-2 所示。

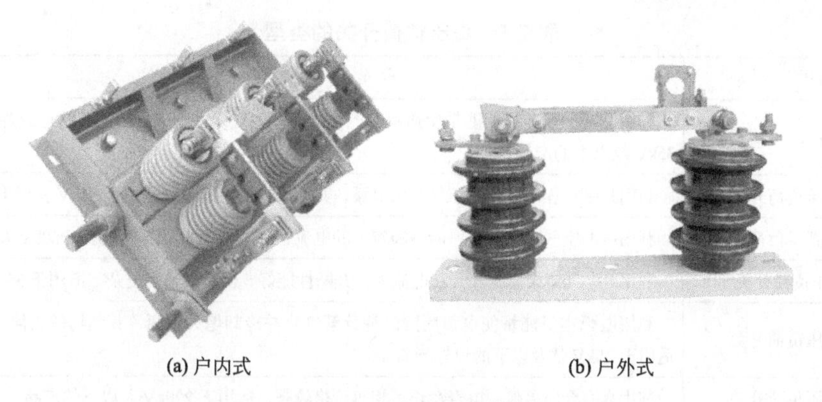

(a) 户内式　　(b) 户外式

图7-2　户内式和户外式

户外式隔离开关常作为供电线路与用户分开的第一断路隔离开关；户内式往往与高压断路器串联连接，配套使用，以保证停电的可靠性。

② 按绝缘支柱数目分，高压隔离开关可分为单柱式、双柱式和三柱式。

③ 按极数分，高压隔离开关可分为单极和三极两种。

室内配电装置一般采用户内式三极的高压隔离开关。

（3）高压隔离开关的选用

高压隔离开关必须要满足该回路的额定电压和通过计算电流的要求，并且按短时和峰值进行耐受电流的校验。在有通断能力的要求时，其断流的能力应该要大于回路预期的电流。

高压隔离开关选择条件除额定电压、电流、动热稳定校验外，还应看其种类和型式的选择，其型式应根据配电装置特点和要求及技术经济条件来确定。

7.1.4　高压负荷开关

高压负荷开关

（1）高压负荷开关的作用

高压负荷开关常与高压熔断器串联配合使用，用于控制电力变压器。

高压负荷开关主要用于 10kV 电流不太大的高压电路中带负荷分断、接通电路。

（2）高压负荷开关的性能特点

① 高压负荷开关具有简单的灭弧装置和一定的分合闸速度，在额定电压和额定电流的条件下，能通断一定的负荷电流和过负荷电流。

② 高压负荷开关不能断开超过规定的短路电流，通常要与高压熔断器串联使用，借助熔断器来进行短路保护，这样可代替高压断路器。

③ 有明显的断开点，多用于固定式高压设备。

④ 高压负荷开关一般以手动方式操作。

（3）高压负荷开关的类型及结构特点

高压负荷开关的种类较多，主要有固体产气式、压气式、压缩空气式、SF_6 式、油浸式、真空式高压负荷开关 6 种，见表 7-5。

表 7-5　高压负荷开关的类型

种类	说明
固体产气式高压负荷开关	利用开断电弧本身的能量使弧室的产气材料产生气体来吹灭电弧，其结构较为简单，适用于35kV 及以下的产品
压气式高压负荷开关	利用开断过程中活塞的压气吹灭电弧，其结构也较为简单，适用于 35kV 及以下产品
压缩空气式高压负荷开关	利用压缩空气吹灭电弧，能开断较大的电流，其结构较为复杂，适用于 60kV 及以上的产品
SF_6式高压负荷开关	利用 SF_6 气体灭弧，其开断电流大，开断性能好，但结构较为复杂，适用于 35kV 及以上产品
油浸式高压负荷开关	利用电弧本身能量使电弧周围的油分解气化并冷却熄灭电弧，其结构较为简单，但重量大，适用于 35kV 伏及以下的户外产品
真空式高压负荷开关	利用真空介质灭弧，电寿命长，相对价格较高，适用于 220kV 及以下的产品

在 10kV 供电线路中，目前较为流行的是产气式、压气式和真空式三种高压负荷开关，其特点见表 7-6。在国家标准中，高压负荷开关被分为一般型和频繁型两种。产气式和压气式属于一般型，而真空式属于频繁型。

表 7-6　三种高压负荷开关的特点

类型	结构	机械寿命
产气式	简单，有可见断口	2000次
压气式	较复杂，有见可断口	2000次
真气式	复杂，无可见断口	10000次

（4）高压负荷开关的选用

选用高压负荷开关，必须满足额定电压、额定电流、开断电流、极限电流及热稳定度 5 个条件。

高压负荷开关的选用原则是：从满足配电网安全运行的角度出发，在满足功能的条件下，应尽量选择结构简单、价格便宜、操作功率小的产品。换言之，能选用一般型就不选用频繁型；在一般型中，能用产气式而尽可能不用压气式。

【特别提醒】

高压断路器、高压隔离开关、高压负荷开关的区别如下：

① 高压负荷开关是可以带负荷分断的，有自灭弧功能，但它的开断容量很小很有限。

② 高压隔离开关一般是不能能带负荷分断的，结构上没有灭弧罩，也有能分断负荷的隔离开关，只是结构上与负荷开关不同，相对来说简单一些。

③ 高压负荷开关和高压隔离开关，都可以形成明显断开点，大部分断路器不具隔离功能，也有少数断路器具隔离功能。

④ 高压隔离开关不具备保护功能，高压负荷开关的保护一般是加熔断器保护，只有速断和过流。

⑤ 高压断路器的开断容量可以在制造过程中做得很高。主要是依靠加电流互感器配合二次设备来保护。可具有短路保护、过载保护、漏电保护等功能。

7.1.5 高压熔断器

（1）高压熔断器的作用及类型

高压熔断器主要用来进行短路保护，但有的也具有过负荷保护功能。根据安装条件不同，高压熔断器可分为户外跌落式熔断器和户内管式熔断器。

（2）管式高压熔断器

管式高压熔断器属于固定式的高压熔断器，一般采用有填料的熔断管，通常为一次性使用，如图 7-3 所示。

图 7-3 管式高压熔断器

（3）跌落式高压熔断器

户外跌落式高压熔断器主要用于 3 ～ 35kV 电力线路和变压器的过负荷和短路保护，主要由绝缘瓷套管、熔管、上下触头等组成，如图 7-4 所示。熔体由铜银合金制成，焊在编织导线上，并穿在熔管内。正常工作时，熔体使熔管上的活动关节锁紧，故熔管能在上触头的压力下处于合闸状态。

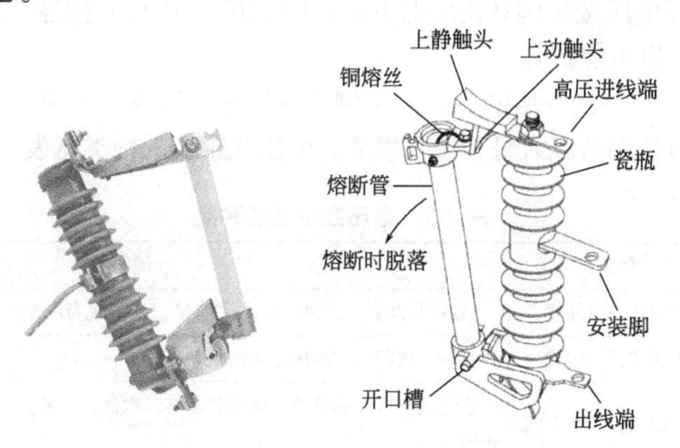

图 7-4 户外跌落式高压熔断器的结构

7.1.6 高压避雷器

（1）高压避雷器的作用

高压避雷器是一种能释放雷电或兼能释放电力系统操作过电压能量，保护电工设备免受瞬时过电压危害，又能截断续流，不致引起系统接地短路的电器装置。

高压避雷器用于电力系统过电压保护，具体来说有以下三个方面的作用。

①限制暂时过电压（持续时间长） 例如单相接地、甩负荷、谐振等。

②限制操作过电压 线路合闸及重合闸，断路器带合闸电阻、并联电抗器等。

③限制雷电过电压 感应雷过电压、雷击输电线路导线、雷击避雷线或杆塔引起的反击。

（2）高压避雷器的种类及应用

①管型避雷器 管型避雷器由两个串联间隙组成，一个间隙在大气中，称为外间隙，它的任务就是隔离工作电压，避免产气管被流经管子的工频泄漏电流所烧坏；另一个装设在气管内，称为内间隙或者灭弧间隙，管型避雷器的灭弧能力与工频续流的大小有关。大多用在供电线路上作避雷保护。

②阀型避雷器 阀型避雷器由火花间隙及阀片电阻组成，阀片电阻的制作材料是特种碳化硅。在正常的情况下，火花间隙是不会被击穿的，阀片电阻的电阻值较高，不会影响通信线路的正常通信。

③氧化锌避雷器 氧化锌避雷器和传统避雷器的差异是它没有放电间隙，利用氧化锌的非线性特性起到泄流和开断的作用。

变电所和发电厂使用的高压避雷器一般为阀型避雷器与氧化锌避雷器。

7.1.7 互感器

电压互感器

（1）电压互感器

①电压互感器简介 电压互感器是一个带铁芯的变压器，它主要由一、二次线圈、铁芯和绝缘组成。

电压互感器将高电压按比例转换成低电压，即100V，电压互感器一次侧接在一次系统，二次侧接测量仪表、继电保护等。

电压互感器的一次侧接有熔断器，二次侧可靠接地，以免一次侧、二次侧绝缘损毁时，二次侧出现对地高电位而造成人身和设备事故。电压互感器的种类见表7-7。

表7-7 电压互感器的种类

分类方法	种类	说明
按安装地点分	户内式，户外式	35kV及以下一般为户内式；35kV以上一般为户外式
按相数分	单相式，三相式	35kV及以上不能制成三相式
按绕组数目分	双绕组式，三绕组式	三绕组电压互感器除一次侧和基本二次侧外，还有一组辅助二次侧，供接地保护用
按绝缘方式分	干式	结构简单、无着火和爆炸危险，但绝缘强度较低，只适用于6kV以下的户内式装置
	浇注式	结构紧凑、维护方便，适用于3～35kV户内式配电装置
	油浸式	绝缘性能较好，可用于10kV以上的户外式配电装置
	充气式	用于SF_6全封闭电器中

②电压互感器的接线方式

a. Vv接线方式 如图7-5所示，Vv接线方式广泛用于中性点绝缘系统或经消弧线圈接地的35kV及以下的高压三相系统，特别是10kV三相系统，接线来源于三角形接线，只是“口”没闭住，称为Vv接，此接线方式可以节省一台电压互感器，可满足三相有功、无功电能计量的要求，但不能用于测量相电压，不能接入监视系统绝缘状况的电压表。

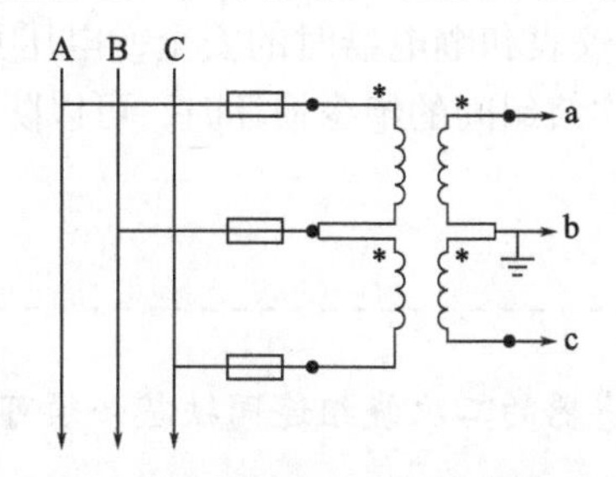

图7-5 电压互感器的Vv接线方式

b. Y, yn接线方式　如图7-6所示，主要采用三铁芯柱三相电压互感器，多用于小电流接地的高压三相系统，二次侧中性接线引出接地，此接线为了防止高压侧单相接地故障，高压侧中性点不允许接地，故不能测量对地电压。

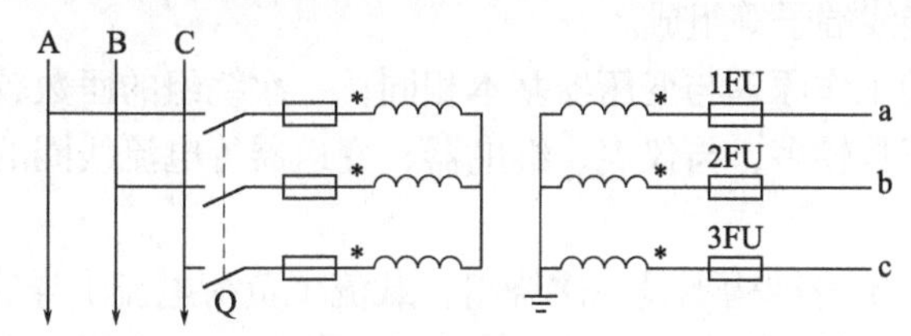

图7-6 电压互感器的Y,yn接线方式

c. YN, yn接线方式　如图7-7所示，多用于大电流接地系统。

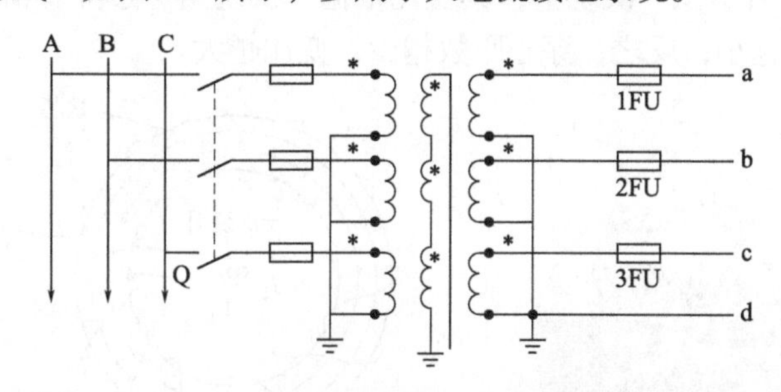

图7-7 电压互感器的YN, yn接线方式

d. YN, yn, d0接线方式　也称为开口三角接线，在正常运行状态下，开口三角的输出端上的电压均为零，如果系统发生一相接地时，其余两个输出端的出口电压为每相剩余电压绕组二次电压的3倍，这样便于交流绝缘监视电压继电器的电压整定，但此接线方式在10kV及以下的系统中不采用。

③ 电压互感器应用注意事项

a. 电压互感器在投入运行前要按照规程规定的项目进行试验检查。例如，测极性、连接组别、摇绝缘、核相序等。

b. 电压互感器的接线应保证其正确性，一次绕组和被测电路并联，二次绕组应和所接的测量仪表、继电保护装置或自动装置的电压线圈并联，同时要注意极性的正确性。

c. 接在电压互感器二次侧的负荷不应超过其额定容量，否则，会使互感器的误差增大，难以达到测量的正确性。

d. 电压互感器二次侧不允许短路。电压互感器可以在二次侧装设熔断器以保护其自身不因二次侧短路而损坏。在可能的情况下，一次侧也应装设熔断器以保护高压电网不因互感器高压绕组或引线故障危及一次系统的安全。

e. 为了确保人在接触测量仪表和继电器时的安全，电压互感器二次绕组必须有一点接地。因为接地后，当一次和二次绕组间的绝缘损坏时，可以防止仪表和继电器出现高电压危及人身安全。

【特别提醒】

为了确保安全，电压互感器的二次绕组连同铁芯必须可靠接地，二次侧绝对不容许短路。

（2）电流互感器

电流互感器

① 电流互感器简介　电流互感器由相互绝缘的一次绕组、二次绕组、铁芯以及构架、壳体、接线端子等组成。

普通电流互感器的工作原理与变压器基本相同，一次绕组的匝数较少，直接串联于电源线路中；二次绕组的匝数较多，与仪表、继电器、变送器等电流线圈的二次负荷串联形成闭合回路。

穿心式电流互感器本身结构不设一次绕组，载流（负荷电流）导线由 L_1 至 L_2 穿过由硅钢片擀卷制成的圆形（或其他形状）铁芯起一次绕组作用。二次绕组直接均匀地缠绕在圆形铁芯上，与仪表、继电器、变送器等电流线圈的二次负荷串联形成闭合回路，如图 7-8 所示。由于穿心式电流互感器不设一次绕组，其变比根据一次绕组穿过互感器铁芯中的匝数确定，穿心匝数越多，变比越小；反之，穿心匝数越少，变比越大。

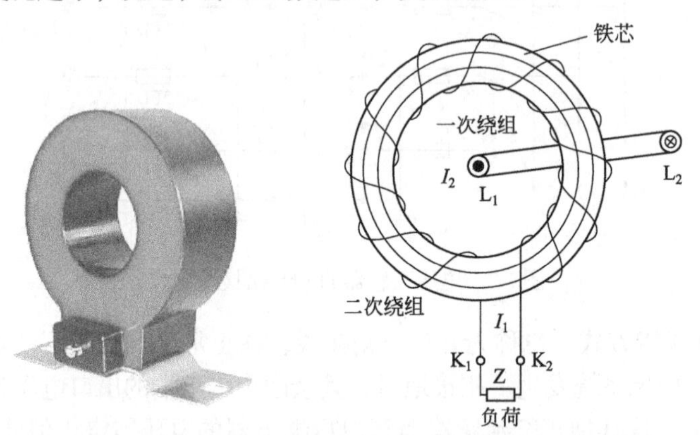

图 7-8　穿心式电流互感器结构原理图

微型电流互感器大致可分为两类，测量用电流互感器和保护用电流互感器。

② 电流互感器应用注意事项

a. 电流互感器的接线应遵守串联原则：即一次绕阻应与被测电路串联，而二次绕阻则与所有仪表负载串联。

b. 按被测电流大小，选择合适的变化，否则误差将增大。同时，二次侧一端必须接地，以防绝缘一旦损坏时，一次侧高压窜入二次低压侧，造成人身和设备事故。

c. 二次侧绝对不允许开路。因此，电流互感器二次侧都备有短路开关，防止一次侧开路。在使用过程中，二次侧一旦开路应马上撤掉电路负载，然后，再停车处理。一切处理好后方可再用。

d. 对于大电流接地系统，一般按三相配置；对于小电流接地系统，依具体要求按二相或三相配置。

e. 对于保护用电流互感器的装设地点，若有两组电流互感器，且位置允许时，应设在断路器两侧，使断路器处于交叉保护范围之中。

f. 电流互感器通常布置在断路器的出线或变压器侧。

g. 用于自动调节励磁装置的电流互感器应布置在发电机定子绕组的出线侧。用于测量仪表的电流互感器宜装在发电机中性点侧。

7.1.8 高压电容器

电力电容器主要应用在电力系统，但在工业生产设备及高电压试验方面也有广泛地应用。按使用电压的高低可分为高压电力电容器和低压电力电容器，以额定电压1000V为界。高压电力电容器一般为油浸电容器，而低压电力电容器多为自愈式电容器，也称金属化电容器。

（1）电力电容器的分类和用途

① 并联电容器　并联电容器是并联补偿电容器的简称，与需补偿设备并联连接于50Hz或60Hz交流电力系统中，用于补偿感性无功功率，改善功率因数和电压质量，降低线路损耗，提高系统或变压器的输出功率。并联电容器的种类见表7-8。

表7-8　并联电容器的种类

序号	种类	说明
1	高压并联电容器	额定电压在1.0kV以上，大多为油浸电容器
2	低压并联电容器	额定电压在1.0kV及下，大多为自愈式电容器
3	自愈式低压并联电容器	额定电压在1.0kV及下
4	集合式并联电容器	也称密集型电容器，准确地说应该称作并联电容器组，额定电压在3.5～66kV
5	箱式电容器	额定电压多在3.5～35kV，与集合式电容器的区别是：集合式电容器是由电容器单元（单台电容器有时也叫电容器单元）串并联组成，放置于金属箱内。箱式电容器是由元件串并联组成芯子，放置于金属箱内

② 串联电容器　串联连接于50Hz或60Hz交流电力系统线路中，其额定电压多在2.0kV以下。串联电容器的作用如下：

a. 提高线路末端电压。一般可将线路末端电压最大可提高10%～20%。

b. 降低受电端电压波动。当线路受电端接有变化很大的冲击负荷（如电弧炉、电焊机、电气轨道等）时，串联电容器能消除电压的剧烈波动。

c. 提高线路输电能力。

d. 提高系统的稳定性。

③ 交流滤波电容器　与电抗器、电阻器连接在一起组成交流滤波器，接于50Hz或60Hz交流电力系统中，用来对一种或多种谐波电流提供低阻抗通道，降低网络谐波水平，改善系统的功率因数。其额定电压在15kV及以下。

④ 耦合电容器 主要用于高压及超高压输电线路的载波通信系统，同时也可作为测量、控制、保护装置中的部件。

⑤ 直流滤波电容器 用于高压整流滤波装置及高压直流输电中。滤除残余交流成分，减少直流中的纹波，提高直流输电的质量。其额定电压多在12kV左右。

（2）电力电容器的结构

各种电容器的结构根据其种类不同差别很大，主要由外壳、芯子、引线和套管等组成。

如图7-9所示为电力电容器的结构。

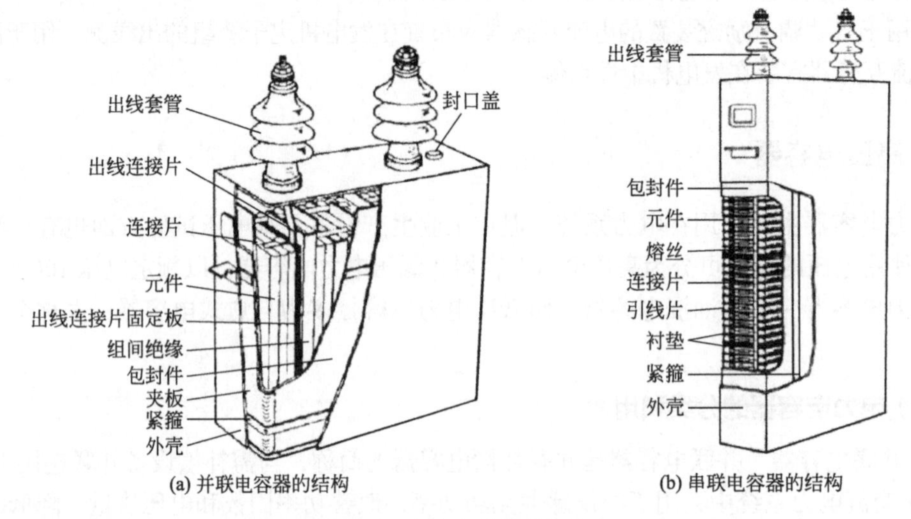

图7-9 电力电容器的结构

（3）电力电容器的补偿原理

补偿原理是把具有容性功率负荷的装置和感性功率负荷并联在同一电容器上，能量在两种负荷间相互转换。这样，电网中的变压器和输电线路的负荷降低，从而输出有功能力增加。在输出一定有功功率的情况下，供电系统的损耗降低。

电容器是减轻变压器、供电系统和工业配电负荷的简便、经济的方法。因此，采用并联电容器作为无功补偿装置已经非常普遍。

（4）电力电容器安装要求

① 安装环境要求

a. 电力电容器所在环境温度不应超过+40℃，周围空气相对湿度不应大于80%，海拔高度不应超过1000m，周围不应有腐蚀性气体或蒸气，不应有大量灰尘或纤维，所安装的环境应无易燃，易爆危险或强烈振动。

b. 电力电容器室应为耐火建筑，耐火等级不应低于二级；电容器室应有良好的通风。

c. 电力电容器应避免阳光直射的窗玻璃应涂以白色。

d. 电力电容器分层安装时一般不超过三层，层与层之间不得有隔板，以免阻碍通风。相邻电容器之间的距离不得小于5m; 上、下层之间的净距不应小于20cm; 下层电容器底面对地高度不宜小于30cm。电容器的铭牌应面向通道。

② 安装作业条件

a. 施工图纸及技术资料齐全。

b. 土建工程基本施工完毕，地面、墙面全部完工，标高、尺寸、结构及预埋件均符合设计要求。

c. 屋顶无漏水现象，门窗及玻璃安装完，门加锁，场地清扫干净，道路畅通。

d. 成套电容器框组安装前，应按设计要求做好型钢基础。电容器的构架应采用非可燃材料制成。

③ 电容器的安装

a. 电容器的额定电压应与电网电压相符，一般应采用角形连接。电容器组应保持三相平衡，三相不平衡电流不大于5%。

b. 电容器安装时铭牌应向通道一侧；电容器必须有放电环节，以保证停电后迅速将储存的电能放掉；电容器的金属外壳必须有可靠接地。

④ 电容器安装注意事项

a. 安装时必须保持电气回路和接地部分的接触良好。

b. 较低电压等级的电容器经串联后运行于较高电压等级网络中时，其各台的外壳对地之间，应通过加装相当于运行电压等级的绝缘子等措施，使之可靠绝缘。

c. 电容器经星形连接后，用于高一级额定电压，且系中性点不接地时，电容器的外壳应对地绝缘。

d. 电容器安装之前，要分配一次电容量，使其相间平衡，偏差不超过总容量的5%。当装有继电保护装置时还应满足运行时平衡电流误差不超过继电保护动作电流的要求。

e. 对分组补偿低压电容器，应该连接在低压分组母线电源开关的外侧，以防止分组母线开关断开时产生的自励磁现象。

f. 集中补偿的低压电容器组，应专设开关并装在线路总开关的外侧，而不要装在低压母线上。

（5）电力电容器的保护

对于3.15kV及以上的电容器，必须在每个电容器上装置单独的熔断器，熔断器的额定电流应按熔丝的特性和接通时的涌流来选定，一般为1.5倍电容器的额定电流为宜，以防止电容器油箱爆炸。

如果电容器同架空线连接时，可用合适的避雷器来进行大气过电压保护。

电容器不允许装设自动重合闸装置，相反应装设无压释放自动跳闸装置。

（6）电力电容器日常维护与保养

① 每天对运行的电容器组的外观巡视检查，如发现箱壳膨胀应停止使用，以免发生故障。检查电容器组每相负荷可用安培表进行。

② 注意检查接有电容器组的电气线路上所有接触处的可靠性。

③ 对电容器电容和熔丝的检查，每个月不得少于一次。如果运行中的电容器需要进行耐压试验，则应按规定值进行试验。

④ 由于继电器动作而使电容器组的断路器跳开，此时在未找出跳开的原因之前，不得重新合上。

⑤ 在运行或运输过程中如发现电容器外壳漏油，可以用锡铅焊料钎焊的方法修理。

（7）电力电容器组倒闸操作

① 在正常情况下，全所停电操作时，应先断开电容器组断路器后，再拉开各路出线断

路器。恢复送电时应与此顺序相反。

② 事故情况下，全所无电后，必须将电容器组的断路器断开。

③ 电容器组断路器跳闸后不准强送电。

④ 电容器组禁止带电荷合闸。

（8）电容器运行监测

① 温度的监测　电容器工作的环境温度一般为 -40 ～ +40℃。可在电容器的外壳贴示温蜡片进行检测。

电容器组运行的温度要求为：1h 温升不超过 +40℃，2h 温升不得超过 +30℃，一年平均温升不得超过 +20℃。如超过时，应采用人工冷却（安装风扇）或将电容器组与电网断开。

② 电压、电流监测　电容器的工作电压和电流，在运行时不得超过 1.1 倍额定电压和 1.3 倍额定电流。电容器在 1.1 倍额定电压运行不得超过 4h。电容器三相电流的差别不应超过 5%。

（9）电容器运行中的故障处理

① 电容器喷油、爆炸着火时，应立即断开电源，并用砂子或干式灭火器灭火。

② 电容器的断路器跳闸，而分路熔断器熔丝未熔断。应对电容器放电 3min 后，再检查断路器、电流互感器、电力电缆及电容器外部等情况。在未查明原因之前，不得试投运。

③ 电容器的熔断器熔丝熔断时，应在值班调度员同意后再断开电容器的断路器。如未发现故障迹象，可换好熔断器熔丝后继续投入运行。如经送电后熔断器的熔丝仍熔断，则应退出故障电容器，并恢复对其余部分的送电运行。

（10）处理故障电容器的安全事项

处理故障电容器应在断开电容器的断路器，拉开断路器两侧的隔离开关，并对电容器组经放电电阻放电后进行。检修人员在接触故障电容器之前，应戴上绝缘手套，先用短路线将故障电容器两极短接，然后方动手拆卸和更换。

对于双星形接线的电容器组的中性线上，以及多个电容器的串接线上，还应单独进行放电。

（11）电容器的修理

① 套管、箱壳上面的漏油，可用锡铅焊料修补，但应注意烙铁不能过热，以免银层脱焊。

② 电容器发生对地绝缘击穿，电容器的损失角正切值增大，箱壳膨胀及开路等故障，需要在专用修理厂进行修理。

7.2 低压电器及应用

7.2.1 低压电器基础知识

（1）低压电器分类

① 低压电器按用途和控制对象分类　按用途和控制对象不同，低压电器可分为电力网

系统用的配电电器、电力拖动及自动控制系统用的控制电器两大类，见表 7-9。

表 7-9 低压电器按用途和控制对象分类

电器名称		主要品种	用途	图示
配电电器	刀开关	大电流刀开关 熔断器式刀开关 开关板用刀开关 负荷开关	主要用于电路隔离，也可用于接通和分断额定电流	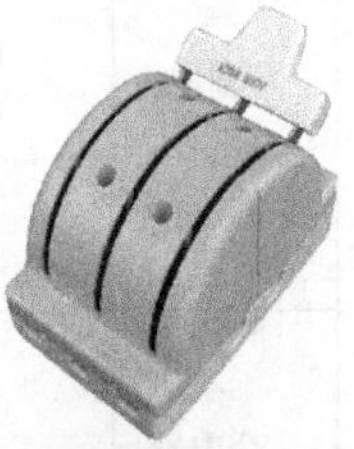
	转换开关	组合开关 换向开关	用于两种以上电源或负载的转换和通断电路	
	断路器	万能式断路器 塑料外壳式断路器 限流式断流器 漏电保护断路器	用于线路过载、短路或欠压保护，也可用作不频繁接通和分断电路	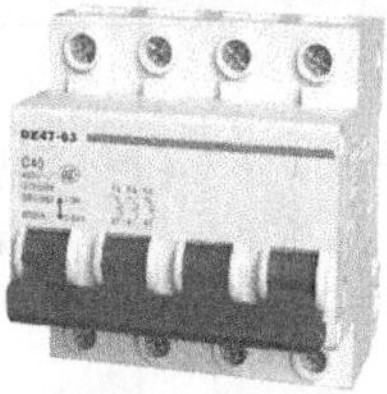
	熔断器	有填料熔断器 无填料熔断器 快速熔断器 自复熔断器	用于线路或电气设备的短路和过载保护	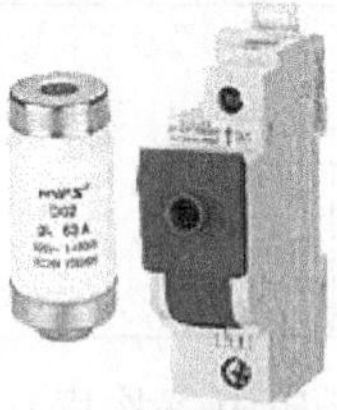
控制电器	接触器	交流接触器 直流接触器	主要用于远距离频繁启动或控制电动机，以及接通和分断正常工作的电路	
	控制继电器	电流继电器 电压继电器 时间继电器 中间继电器 热继电器	主要用于远距离频繁启动或控制其他电器或作主电路的保护	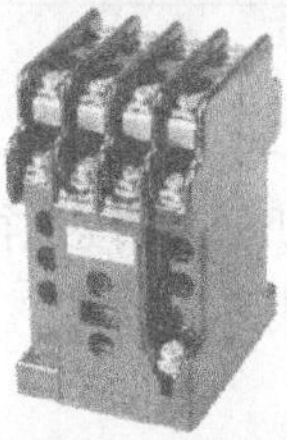
	启动器	磁力启动器 减压启动器	主要用于电动机的启动和正反方向控制	

续表

电器名称		主要品种	用途	图示
控制电器	控制器	凸轮控制器 平面控制器	主要用于电气控制设备中转换主回路或励磁回路的接法，以达到电动机启动、换向和调速的目的	
	主令电器	按钮 限位开关 微动开关 万能转换开关	主要用于接通和分断控制电路	
	电阻器	铁基合金电阻	用于改变电路和电压、电流等参数或变电能为热能	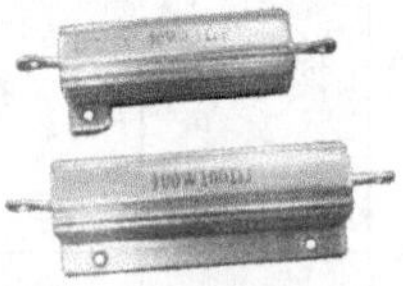
	变阻器	励磁变阻器 启动变阻器 频繁变阻器	主要用于发电机调压以及电动机的减压启动和调速	
	电磁铁	起重电磁铁 牵引电磁铁 制动电磁铁	用于起重、操作或牵引机械装置	

② 低压电器按操作方式分类　按操作方式不同，低压电器可分为自动电器和手动电器两大类，见表 7-10。

表 7-10　低压电器按操作方式分类

电器名称		用途
自动电器	接触器 继电器	通过电磁（或压缩空气）做功来完成接通、分断、启动、反向和停止等动作的电器称为自动电器
手动电器	刀开关 转换开关主令电器	通过人力做功来完成接通、分断、启动、反向和停止等动作的电器称为手动电器

③ 低压电器按执行机构分类　按执行机构不同，低压电器可分为有触点电器和无触点电器，见表 7-11。

表 7-11　低压电器按执行机构分类

电器名称		用途
有触点电器	接触器 继电器	具有可分离的动触点和静触点，利用触点的接触和分离以实现电路的接通和断开控制
无触点电器	接近开关 固态继电器等	没有可分离的触点，主要利用半导体元器件的开关效应来实现电路的通断控制

（2）低压电器的常用术语

要正确选用低压电器，首先得理解其常用术语的含义，见表 7-12。

表 7-12 低压电器常用术语的含义

序号	术语	含义
1	短路接通能力	在规定的条件下，包括开关电器的出线端短路在内的接通能力
2	短路分断能力	在规定的条件下，包括开关电器的出线端短路在内的分断能力
3	操作频率	开关电器在每小时内可能实现的最高循环操作次数
4	通电持续率	电器的有载时间和工作周期之比，常以百分数表示
5	电寿命	在规定的正常工作条件下，机械开关电器不需要修理或更换零件的负载操作循环次数
6	通断时间	从电流开始在开关电器的一个极流过的瞬间起，到所有极的电弧最终熄灭瞬间为止的时间间隔
7	燃弧时间	电器分断过程中，从触头断开（或熔体熔断）出现电弧的瞬间开始，至电弧完全熄灭为止的时间间隔
8	分断能力	开关电器在规定的条件下，能在给定的电压下分断的预期分断电流值
9	接通能力	开关电器在规定的条件下，能在给定的电压下接通的预期接通电流值
10	通断能力	开关电器在规定的条件下，能在给定的电压下接通和分断的预期电流值

（3）低压电器的选用

① 低压电器选用原则　在电力拖动和传输系统中使用的主要低压电器元件，具有不同的用途和不同使用条件，因而也就有不同的选用方法，但是总的要求应遵循安全原则和经济原则。

② 低压电器选用注意事项

a. 根据控制对象的类别（电机控制、机床控制、其他设备的电气控制）、控制要求及使用的环境来选取适合的低压电器。

b. 根据使用正常情况下的工作条件，如：工作的海拔、相对湿度，有害气体、导电尘埃的侵蚀度，允许安装的方位角，抗冲击能力，室内外工作等条件选取适合的低压电器。

c. 根据被控对象的技术要求、确定电气技术指标（如额定电压、额定电流、操作频率、工作制等）。

d. 被选取的低压电器的容量应大于被控设备的容量。对于一些有特殊控制要求的设备，应选用特殊的低压电器来完成（如速度要求、压力要求等）。

e. 在选择与被控设备相符合的低压电器的同时，还要考虑电器的“通”“断”能力、使用寿命、工艺要求等因素。

（4）低压电器安装要求

a. 低压电器应垂直安装。安装位置应便于操作，不易被碰坏。

b. 低压电器要安装在没有剧烈振动的场所，距地面要有适当的高度。若在有剧烈振动的场所安装低压电器时，应采取减振措施。

c. 低压电器的金属外壳或金属支架必须接地（或接零）。开关的分闸位置应有防止自行合闸的装置。

d. 在有易燃、易爆气体或粉尘的厂房，电器应密封安装在室外，且有防雨措施。

e. 单极开关必须接在相线上。落地安装的低压电器，其底部应高出地面 100mm。在安装低压电器的盘面上，标明安装设备的名称及回路编号或路别。

7.2.2 低压断路器

低压断路器

（1）低压断路器的功能

低压断路器主要用于不频繁通断电路，并能在电路过载、短路及失压时自动分断电路。

（2）低压断路器的类型及结构

低压断路器主要包括框架式（万能式）和塑壳式（装置式）两大类。

（3）低压断路器的选用

低压断路器主要应用于控制配电线路、电动机和照明三大类负载。选用低压断路器时，一般应遵循以下原则。

① 低压断路器的整定电流，应不小于电路正常的工作电流。低压断路器整定电流的选择见表 7-13。

表 7-13 低压断路器整定电流的选择

负载类型	整定电流与负载工作电流的关系
照明电路	负载电流的 6 倍
电动机（一台）	装置式低压断路器应为电动机启动电流的 1.7 倍； 万能式低压断路器应为电动机启动电流的 1.35 倍
电动机（多台）	为容量最大的一台电动机启动电流的 1.3 倍加上其余电动机额定电流之和
配电线路	应等于或大于电路中负载的额定电流之和

② 热脱扣器的整定电流要与所控制负载的额定电流一致，否则，应进行人工调节。

③ 选用低压断路器时，在类型、等级、规格等方面要配合上、下级开关的保护特性，不允许因本级保护失灵导致越级跳闸，扩大停电范围。

7.2.3 漏电保护器

（1）漏电保护器的功能

漏电保护断路器具有漏电、触电、过载、短路等保护功能，主要用来对低压电网直接触电和间接触电进行有效保护，也可以作为三相电动机的缺相保护。

漏电保护断路器不仅与其他断路器一样可将主电路接通或断开，而且具有对漏电流检测和判断的功能。当主回路中发生漏电或绝缘破坏时，漏电保护器可根据判断结果将主电路断开。

（2）漏电保护器的类型

漏电保护器有单相的，也有三相的。

（3）漏电保护器的结构

漏电保护断路器主要由试验按钮、操作手柄、漏电指示和接线端几部分组成。

（4）漏电保护器的选用

居民和动力用电（统指 400V 系统）漏电保护器，主要以泄漏电流值作为选用依据，见表 7-14。

表 7-14 漏电保护器的选用

序号	适用场所	选用依据
1	家庭及类似场所	一般选择动作电流不超过 30mA、动作时间不超过 0.1s 的小型漏电保护器
2	浴室、游泳池等场所	漏电保护器的额定动作电流不宜超过 10mA
3	在触电后可能导致二次事故的场所	漏电保护器的额定动作电流不宜超过 10mA

【特别提醒】

在工业配电系统中，漏电保护断路器与熔断器、热继电器配合，可构成功能完善的低压开关元件。

7.2.4 接触器

接触器

（1）接触器简介

接触器是指工业电气设备中利用线圈流过电流产生磁场，使触点闭合，以达到控制负载的电器。接触器按主触点连接回路的形式，可分为交流接触器和直流接触器。

接触器的工作原理就是通过控制接在控制电路的辅助触点的通断来控制接在主电路的主触点的通断以达到控制电路的要求。接触器控制容量大，可远距离操作，配合继电器可以实现定时操作、联锁控制、各种定量控制和失压及欠压保护，广泛应用于自动控制电路，其主要控制对象是电动机，也可用于控制其他电力负载，如电热器、照明、电焊机、电容器组等。

【特别提醒】

交流接触器利用主触点来通断主电路，用辅助触点来执行控制指令。在工业电气中，接触器的型号很多，电流在 5 ～ 1000A 的不等，其应用相当广泛。

（2）交流接触器的结构

交流接触器主要由电磁系统、触点系统、灭弧装置等几部分构成，见表 7-15。

表 7-15 接触器的结构

装置或系统	组成及说明
电磁系统	可动铁芯（衔铁）、静铁芯、电磁线圈、反作用弹簧
触点系统	主触点（用于接通、切断主电路的大电流）、辅助触点（用于控制电路的小电流）；一般有三对常开主触头，若干对辅助触点
灭弧装置	用于迅速切断主触点断开时产生的电弧，以免使主触点烧毛、熔焊。大容量的接触器（20A 以上）采用缝隙灭弧罩及灭弧栅片灭弧，小容量接触器采用双断口触点灭弧、电动力灭弧、相间弧板隔弧及陶土灭弧罩灭弧

交流接触器的触点由银钨合金制成，具有良好的导电性和耐高温烧蚀性。主触点一般是常开触点，而辅助触点常有两对常开触点和常闭触点，小型的接触器也经常作为中间继电器配合主电路使用。

交流接触器动作的动力源于交流通过带铁芯线圈产生的磁场，电磁铁芯由两个“山”字形的硅钢片叠成，其中一个固定铁芯，套有线圈，工作电压可多种选择。为了使磁力稳定，铁芯的吸合面加上短路环。交流接触器在失电后，依靠弹簧复位。另一半是活动铁芯，构造和固定铁芯一样，用以带动主触点和辅助触点的闭合断开。

（3）接触器的选用

接触器的选用方法见表7-16。

表 7-16 接触器的选用

选择要点	方法及说明
接触器的类型	根据电路中负载电流的种类选择。交流负载应选用交流接触器，直流负载应选用直流接触器，如果控制系统中主要是交流负载，直流电动机或直流负载的容量较小，也可都选用交流接触器来控制，但触点的额定电流应选得大一些
主触点的额定电压	接触器主触点的额定电压应等于或大于负载的额定电压 交流接触器的额定电压主要有：127V、220V、380V、500V 直流接触器的额定电压主要有：110V、220V、440V
主触点的额定电流	被选用接触器主触点的额定电流应大于负载电路的额定电流。也可根据所控制的电动机最大功率进行选择。如果接触器是用来控制电动机的频繁启动、正反或反接制动等场合，应将接触器的主触点额定电流降低使用，一般可降低一个等级 交流接触器的额定电流主要有：5A、10A、20A、40A、60A、100A、150A、250A、400A、600A 直流接触器的额定电流主要有：40A、80A、100A、150A、250A、400A、600A
吸引线圈额定电压和辅助触点容量	如果控制线路比较简单，所用接触器的数量较少，则交流接触器线圈的额定电压一般直接选用380V或220V 如果控制线路比较复杂，使用的电器又比较多，为了安全起见，线圈的额定电压可选低一些，这时需要加一个控制变压器 交流接触器吸引线圈额定电压主要有：36V、110（127）V、220V、380V 直流接触器吸引线圈额定电压主要有：24V、48V、220V、440V

7.2.5 继电器

继电器

（1）继电器的种类

继电器是一种具有隔离功能的自动开关元件，其触点通常接在控制电路中，不直接控制电流较大的主电路，而是通过接触器或其他电器对主电路进行控制。

继电器的种类很多，常见继电器见表7-17。

表 7-17 继电器的种类

分类方法	种类
按输入信号性质分	电流继电器、电压继电器、速度继电器、压力继电器
按工作原理分	电磁式继电器、电动式继电器、感应式继电器、晶体管式继电器和热继电器
输出方式分	有触点式和无触点式
按外形尺寸分	微型继电器、超小型继电器、小型继电器
按防护特征分	密封继电器、塑封继电器、防尘罩继电器、敞开继电器

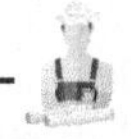【特别提醒】

继电器的额定电流一般不大于 5A。

（2）电压继电器

① 特点 线圈并联在电路中，匝数多，导线细。

② 功能 电压继电器主要用于监控电气线路中的电压变化情况。当电路的电压值变化超过设定值时，电压继电器便会动作，触点状态产生切换，发出信号。

③ 选用

a. 选用过电压继电器主要是看额定电压和动作电压等参数，过电压继电器的动作值一般按系统额定电压的 1.1 ～ 1.2 倍整定。

b. 电压继电器线圈的额定电压一般可按电路的额定电压来选择。

【特别提醒】

电压继电器的线圈匝数多且导线细，使用时将电压继电器的电磁线圈并联接于所监控的电路中，与负载并联，将动作触点串接在控制电路中。

（3）电流继电器

① 特点 线圈串接于电路中，导线粗、匝数少、阻抗小。

② 功能 电流继电器是反映电流变化的控制电器，主要用于监控电气线路中的电流变化。当电路电流的变化超过设定值时，电流继电器便会动作，触点状态产生切换，发出信号。

a. 过电流继电器线圈的额定电流一般可按电动机长期工作的额定电流来选择。对于频繁启动的电动机，考虑到启动电流在继电器中的热效应，因此额定电流可选大一级。

b. 过电流继电器的动作电流可根据电动机工作情况，一般按电动机启动电流的 1.1 ～ 1.3 倍整定，频繁启动场合可取 2.25 ～ 2.5 倍。一般绕线转子感应电动机的启动电流按 2.5 倍额定电流考虑，笼式感应电动机的启动电流按额定电流的 5 ～ 8 倍考虑。

c. 欠电流继电器常用于直流电机磁场的弱磁保护，必须按实际需要进行整定。

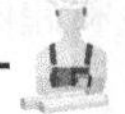【特别提醒】

电流继电器的线圈匝数少且导线粗，使用时将电磁线圈串联接于被监控的主电路中，与负载相串联，动作触点串接在辅助电路中。

（4）中间继电器

① 特点 中间继电器实质上是一种电压继电器，结构和工作原理与接触器相同。但它的触点数量较多，在电路中主要是扩展触点的数量。另外其触点的额定电流较大。

② 功能 中间继电器是传输或转换信号的一种低压电器元件，它可将控制信号传递、放大、翻转、分路、隔离和记忆，以达到一点控多点、小功率控大功率的目标。

③ 选用 选用中间继电器时，主要应根据被控制电路的电压等级、所需触点数量、种类、容量等要求来选择。

（5）热继电器

① 功能　热继电器是用于电动机或其他电气设备、电气线路的过载保护的保护电器。主要用于电动机的过载保护及其他电气设备发热状态的控制，有些型号的热继电器还具有断相及电流不平衡运行的保护。

【特别提醒】

热继电器主要与熔断器配合使用。

② 热继电器的结构形式　热继电器的结构形式主要有双金属片式、热敏电阻式和易熔合金式，见表7-18。

表7-18　热继电器的结构形式

序号	结构形式	保护原理
1	双金属片式	利用双金属片受热弯曲，去推动杠杆使触点动作
2	热敏电阻式	利用电阻值随温度变化而变化的特性制成
3	易熔合金式	利用过载电流发热使易熔合金熔化而使继电器动作

③ 使用与选择　热继电器的热元件与被保护电动机的主电路串联，热继电器的触点串接在接触器线圈所在的控制回路中。

a. 一般电动机轻载启动或短时工作，可选择两相结构的热继电器；当电源电压的均衡性和工作环境较差或多台电动机的功率差别较显著时，可选择三相结构的热继电器；对于三角形接法的电动机，应选用带断相保护装置的热继电器。

b. 热继电器的额定电流应大于电动机的额定电流。

c. 一般将整定电流调整到等于电动机的额定电流；对过载能力差的电动机，可将热元件整定值调整到电动机额定电流的0.6～0.8倍；对启动时间较长，拖动冲击性负载或不允许停车的电动机，热元件的整定电流应调节到电动机额定电流的1.1～1.15倍。绝对不允许弯折双金属片。

（6）时间继电器

① 功能　时间继电器实质上是一个定时器，在定时信号发出之后，时间继电器按预先设定好的时间、时序延时接通和分断被控电路。简单地说，就是按整定时间长短来通断电路。

② 种类　按构成原理分：电磁式、电动式、空气阻尼式、晶体管式和数字式。按延时方式分：通电延时型和断电延时型。

③ 使用与选用

a. 时间继电器的使用工作电压应在额定工作电压范围内。

b. 当负载功率大于时间继电器额定值时，请加装中间继电器。

c. 严禁在通电的情况下安装、拆卸时间继电器。

d. 对可能造成重大经济损失或人身安全的设备，应该采用二重电路保护等安全措施。

7.2.6 熔断器

低压熔断器

（1）熔断器的作用

低压熔断器俗称保险丝，当电流超过限定值时借熔体熔化来分断电路，是一种用于对线路或设备进行过载和短路保护的电器。

【特别提醒】

多数熔断器为不可恢复性产品（可恢复熔断器除外），一旦损坏后应用同规格的熔断器更换。

（2）常用熔断器的结构

常用熔断器有瓷插式、螺旋式、封闭管式和有填料封闭管式 4 种类型。

（3）常用熔断器的特点及应用（见表 7-19）

表 7-19 常用熔断器的特点及应用

类型	特点	应用	图示
瓷插式	结构简单，价格低廉，更换方便，使用时将瓷盖插入瓷座，拔下瓷盖便可更换熔丝	额定电压 380V 及以下、额定电流为 5～200A 的低压线路末端或分支电路中，作线路和用电设备的短路保护，在照明线路中还可起过载保护作用	
螺旋式	熔断管内装有石英砂、熔丝和带小红点的熔断指示器，石英砂用来增强灭弧性能。熔丝熔断后有明显指示	在交流额定电压 500V、额定电流 200A 及以下的电路中，作为短路保护器件	
封闭管式	熔断管为钢质制成，两端为黄铜制成的可拆式管帽，管内熔体为变截面的熔片，更换熔体较方便	用于交流额定电压 380V 及以下、直流 440V 及以下、电流在 600A 以下的电力线路中	
有填料封闭管式	熔体是两片网状紫铜片，中间用锡桥连接。熔体周围填满石英砂起灭弧作用	用于交流 380V 及以下、短路电流较大的电力输配电系统中，作为线路及电气设备的短路保护及过载保护	

7.2.7 主令电器

主令控制器

（1）功能及类型

主令电器是用来接通和分断控制电路以发布命令、或对生产过程作程序控制的开关电器。

主令电器包括控制按钮（简称按钮）、行程开关、万能转换开关和主令控制器等。另外，还有踏脚开关、接近开关、倒顺开关、紧急开关、钮子开关等。

（2）按钮开关

按钮开关的结构种类很多，可分为普通揿钮式、蘑菇头式、自锁式、自复位式、旋柄式、带指示灯式、带灯符号式及钥匙式等，有单钮、双钮、三钮及不同组合形式，常用按钮开关如图 7-10 所示。

图7-10 按钮开关

（3）限位开关

限位开关又称位置开关，常用的有两大类。一类为以机械行程直接接触驱动，作为输入信号的行程开关和微动开关；另一类为以电磁信号（非接触式）作为输入动作信号的接近开关。如图 7-11 所示。

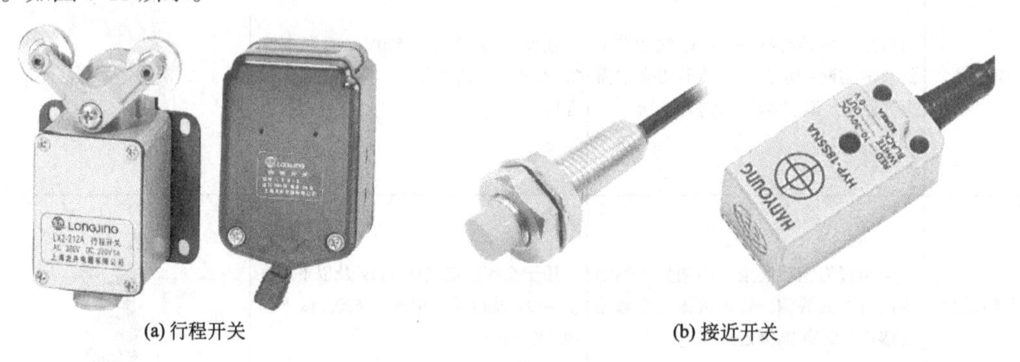

(a) 行程开关 (b) 接近开关

图7-11 常用限位开关

（4）万能转换开关

万能转换开关是一种多挡位、多段式、控制多回路的主令电器，当操作手柄转动时，带动开关内部的凸轮转动，从而使触点按规定顺序闭合或断开，如图 7-12 所示。

万能转换开关主要用于不频繁接通与断开电路，实现换接电源和负载。还可以用于直接控制小容量电动机的启动、调速和换向。

图 7-12　万能转换开关

万能转换开关由转轴、凸轮、触点座、定位机构、螺杆和手柄等组成。当将手柄转动到不同的挡位时，转轴带着凸轮随之转动，使一些触点接通，另一些触点断开。它具有寿命长、使用可靠、结构简单等优点，适用于交流 50Hz、380V，直流 220V 及以下的电源引入，5kW 以下小容量电动机的直接启动，电动机的正、反转控制及照明控制的电路中，但每小时的转换次数不宜超过 15 ～ 20 次。万能转换开关的符号表示如图 7-13 所示。

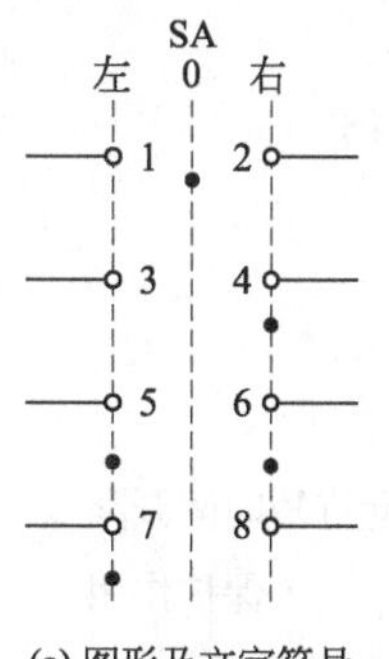

(a) 图形及文字符号

触点	位置		
	左	0	右
1-2		×	
3-4			×
5-6	×		×
7-8	×		

(b) 触点接线表

图 7-13　万能转换开关的符号表示

【练习题】

一、判断题

1. 高压断路器在高压线路中具有控制和保护的双重作用。(　　)

2. 断路器的分闸时间是指跳闸线圈通电到灭弧触头刚分离的这段时间。(　　)

3. 电压互感器正常运行时，相当于一个空载运行的降压变压器。(　　)

4. 真空断路器合闸合空，经检查是由于掣子扣合距离太少而未过死点，应调整对应螺钉，使掣子过死点即可。(　　)

5. 选用油开关（断路器）时，必须注意开关的额定电流容量，不应大于电路发生短路时的短路容量。(　　)

6. 漏电保护开关由零序电流互感器、漏电脱扣器两部分组成。(　　)

答案：1. √；2. ×；3. √；4. √；5. ×；6. ×

7. 漏电保护断路器不具备过载保护。(　　)

8. 低压熔断器按形状可分为半封闭插入式和无填料封闭管式。(　　)

9. 接触器是一种适合用于远距离频繁接通和分断交直流主电路的自动控制电器。(　　)

10. 继电器一般用来直接控制有较大电流的主电路。(　　)

11. 热继电器利用电流的热效应原理来切断电路以保护电动机。(　　)

12. 按钮开关是一种结构简单，应用广泛的主令电器。(　　)

13. 位置开关又称限位开关或行程开关，作用与按钮开关不同。(　　)

14. 高压断路器在电路中的作用是在正常负荷下闭合和开断线路，在线路发生短路故障时，通过继电保护装置的作用将线路自动断开。故高压断路器承担着控制和保护双重任务。(　　)

15. 隔离开关在结构上的特点有明显的断开点，而无灭弧装置，因此，不得切、合负荷电路。(　　)

16. 高压隔离开关可分、合电压互感器、避雷器。(　　)

17. 负荷开关合闸时，主刀片先接通，辅助刀片后接通。(　　)

18. 操作隔离开关过程中，如合闸时发生电弧，应立即拉开，恢复原状。(　　)

19. 高压负荷开关的分断能力与高压断路器的分断能力基本相同。(　　)

20. 少油断路器的油是用来灭弧的，所以油越多越好。(　　)

21. 电容器外壳和钢架均应采取接 PE 线措施。(　　)

22. 电容器集中补偿方式是将电力电容器安装在变配电所内。(　　)

二、判断题

1. 电流互感器二次侧（　　）。

A. 装设熔丝　　B. 不装设熔丝　　C. 允许短时间开路　　D. 允许开路

2. 熔断器在电力拖动系统中和低压配电系统中主要起（　　）保护作用。

A. 轻度过载　　B. 短路　　C. 失电压　　D. 欠电压

3. 速度继电器的作用是（　　）。

A. 限制运行速度　　B. 速度计量　　C. 反接制动　　D. 能耗制动

4. 真空断路器灭弧室的玻璃外壳起（　　）作用。

A. 真空密封　　B. 绝缘

C. 真空密封和绝缘双重　　D. 支撑

5. 户外高压跌落式熔断器的代号是（　　）。

A. RM　　B. RN　　C. RW　　D. RT

6. 互感器线圈的极性一般根据（　　）来判定。

A. 右手定则　　B. 左手定则　　C. 楞次定律　　D. 同名端

7. 过电流继电器的返回系数（　　）。

A. 小于 1　　B. 大于 1　　C. 等于 1　　D. 不确定

答案：7. ×；8. ×；9. √；10. ×；11. √；12. √；13. ×；14. √；15. √；16. √；17. ×；18. ×；19. √；20. ×；21. √；22. √

1. B；2. B；3. C；4. C；5. C；6. D；7. A

8. 真空断路器适合于（　　）。

A. 频繁操作，开断感性电流　　B. 频繁操作，开断容性电流

C. 频繁操作，开断电机负载　　D. 变压器的开断

9. 低压断路器中的电磁脱扣器承担（　　）保护作用。

A. 过流　　B. 过载　　C. 失电压　　D. 欠电压

10. 互感器是根据（　　）的原理制造的。

A. 能量守恒　　B. 电磁感应　　C. 能量变换　　D. 阻抗变换

11. 电压互感器的二次回路（　　）。

A. 根据容量大小确定是否接地　　B. 不一定全接地

C. 根据现场确定是否接地　　D. 必须接地

12. 电流互感器在运行中必须使（　　）。

A. 铁芯及二次绕组牢固接地　　B. 铁芯两点接地

C. 二次绕组不接地　　D. 二次绕组接地

13. 测量超高电压时，应使用（　　）与电压表配合测量。

A. 电压互感器　　B. 电流互感器　　C. 电流表　　D. 电度表

14. 型号 LFC-10/0.5-100 的互感器，其中 100 表示（　　）。

A. 额定电流为 100A　　B. 额定电压 100V

C. 额定电流为 100kA　　D. 额定电压为 100kV

15. 低压电器按其在电气线路中的地位和作用可分为（　　）。

A. 开关电器和保护电器　　B. 操作电器和保护电器

C. 配电电器和操作电器　　D. 控制电器和配电电器

16. 交流接触器在检修时，发现短路环损坏，该接触器（　　）使用。

A. 能继续　　B. 不影响

C. 不能　　D. 额定电流以下降级

17. 安装漏电保护器可防止（　　）。

A. 触电事故的发生　　B. 电压波动　　C. 电流过大　　D. 雷电事故的发生

18. 自动空气开关又称自动开关，适用于（　　）的电路。

A. 不频繁　　B. 频繁操作　　C. 短路电流小　　D. 任何情况

19. 电流互感器在正常运行时，二次绕组处于（　　）。

A. 断路状态　　B. 接近短路状态　　C. 开路状态　　D. 允许开路状态

20. 主令电器的任务是（　　）。

A. 切换主电路　　B. 切换信号回路　　C. 切换测量回路　　D. 切换控制回路

21. 接触器的自锁触点是一对（　　）。

A. 常开辅助触点　　B. 常闭辅助触点　　C. 主触点　　D. 切换触点

22. 选择熔断器时，熔体的熔断电流应不小于电动机额定电流的（　　）。

A. 1.2 倍　　B. 1.5 ～ 2 倍　　C. 1.5 ～ 2.5 倍　　D.3

23. 中间继电器在控制电路中的作用是（　　）。

A. 短路保护　　B. 过压保护　　C. 欠压保护　　D. 信号传递

答案：8. B；9. A；10. B；11. D；12. A；13. A；14. B；15. D；16. C；17. A；18. A；19. B；20. D；21. A；22. C；23. D

24. 电压互感器二次短路会使一次（ ）。

A. 熔断器熔断　　B. 没有变化　　C. 电压变化　　D. 电压降低

25. 按钮在控制系统中的作用是（ ）。

A. 发布命令　　B. 进行保护　　C. 通断电路　　D. 自锁控制

26. 热继电器在使用时，其热元件应（ ）。

A. 串联在电动机的主电路中

B. 并联在电动机的主电路中

C. 串联在电动机的控制电路中

D. 并联在电动机的控制电路中

27. 下列电器组合中，属于低压电器的是（ ）。

A. 熔断器和刀开关、接触器和自动开关、主令电器

B. 熔断器和刀开关、隔离开关和负荷开关、凸轮控制器

C. 熔断器和高压熔断器、磁力驱动器和电磁铁、电阻器

D. 断路器和高压断路器、万能转换开关和行程开关

28. 漏电保护器的使用，正确的说法是（ ）。

A. 漏电保护器既可用来保护人身安全，还可用来对低压系统或设备的对地绝缘状况起到监督作用

B. 漏电保护器安装点以后的线路不可对地绝缘

C. 漏电保护器在日常使用中不可在通电状态下按动实验按钮来检验其是否灵敏可靠

D. 漏电保护器可以避免任何漏电故障

29. 下列电器中，属于主令电器的有（ ）。

A. 自动开关　　B. 接触器　　C. 电磁铁　　D. 位置开关

30. 按钮帽上的颜色用于（ ）。

A. 注意安全　　B. 引起警惕　　C. 区分功能　　D. 无意义

31. 能分、合负载电流，不能分、合短路电流的电器是（ ）。

A. 断路　　B. 隔离开关　　C. 负荷开关　　D. 熔断器

32. 负荷开关用来切、合的电路为（ ）。

A. 空载电路　　B. 负载电路　　C. 短路故障电路　　D. 任何电路

33. 高压断路器额定开断电流是指断路器的（ ）。

A. 最大负荷电流　　B. 故障点三相短路最大瞬时电流值

C. 故障点三相短路电流最大有效值　　D. 故障点三相短路电流平均值

34. 并联电容器投入过多的结果是使线路功率因数（ ）。

A. >1　　B. >0　　C. 超前 <1　　D. <1 电压超前

35. 并联电容器容量的单位是（ ）。

A. kV · A　　B. F　　C. kvar　　D. kW

36. 氧化锌避雷器采用（ ）密封于绝缘套中。

A. 固定电阻　　B. 可变电阻　　C. 热敏电阻　　D. 氧化锌电阻片

37. FS 系列阀型避雷器主要由（ ）组成。

A. 瓷套、火花间隙、熔断器　　B. 断路器、火花间隙、非线性电阻

C. 瓷套、火花间隙、非线性电阻　　D. 瓷套、电容器、非线性电阻

答案：24. A；25. A；26. A；27. A；28. A；29. D；30. C；31. C；32. B；33. C；34. C；35. C；36. D；37. C

电动机与电气控制基础知识

8.1 单相异步电动机基础知识

8.1.1 单相异步电动机简介

单相异步电动机

（1）单相异步电动机的种类

采用单相交流电源供电的电动机称为单相异步电动机，容量一般在750W以下。根据启动方法或运行方式的不同，单相异步电动机分为以下几类。

① 单相电阻启动异步电动机，例如：冰箱压缩机。

② 单相电容启动异步电动机，例如：波轮洗衣机电动机。

③ 单相电容运行异步电动机，例如：空调压缩机。

④ 单相电容启动和运行异步电动机，例如：部分小型机床、水泵、木工机械、食品机械上使用的单相电动机。

此外，在一些小家电产品中，常常使用单相罩极异步电动机作为动力源，例如，洗碗机、抽湿机、抛光机、磨刀器等小家电。

（2）单相异步电动机的优缺点

单相异步电动机的优点：结构简单、成本低廉、运行可靠、维修方便，广泛应用在小容量的场合，如家用电器（电风扇、电冰箱、洗衣机等）、空调设备电动工具（如油泵、砂轮机）、医疗器械及轻工设备中。

单相异步电动机的缺点：与同容量的三相异步电动机相比较，单相异步电动机的体积较大，运行性能较差，因此一般只做成小容量的，我国现有产品功率从几瓦到几百瓦。

【特别提醒】

由于中国的单相电压是220V，而国外的单相电压如美国120V，日本100V，德国、英国、法国230V，所以在使用国外的单相异步电动机时需要注意电动机的额定电压与电源电压是否相同。

（3）单相异步电动机的结构

① 基本结构　单相异步电动机由固定部分——定子、转动部分——转子、支撑部分——端盖和轴承三大部分组成，如图8-1所示。

(a) 前端盖

(b) 转子和轴承

(c) 定子

(d) 后端盖

(e) 固定螺栓

图8-1　单相异步电动机的基本结构

定子由机座和带绕组的铁芯组成。铁芯由硅钢片冲槽叠压而成，槽内嵌装两套空间互隔90° 电角度的主绕组（也称运行绕组）和辅绕组（也称启动绕组或副绕组）。主绕组接交流电源，辅绕组串接离心开关S或启动电容、运行电容等之后，再接入电源。

转子为笼形铸铝转子，它是将铁芯叠压后用铝铸入铁芯的槽中，并一起铸出端环，使转子导条短路成笼形。

② 外部结构 单相异步电动机的外部结构如图 8-2 所示，主要有机座、铁芯、绕组、端盖、轴承、离心开关或启动继电器和 PTC 启动器、铭牌等。

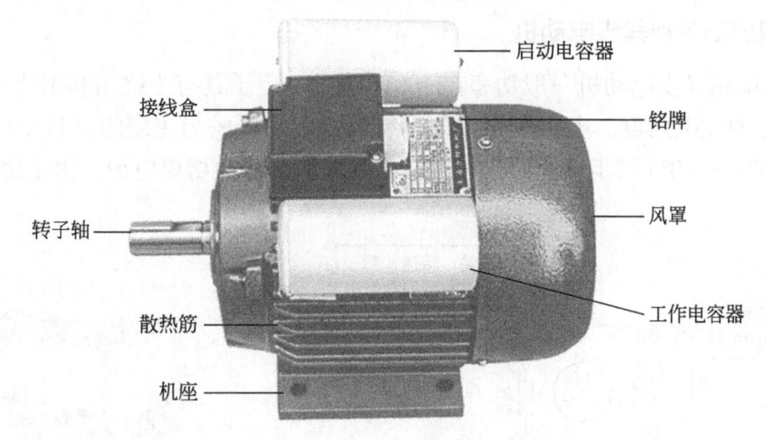

图 8-2 单相异步电动机的外部结构

8.1.2 常用单相异步电动机

单相异步电动机是由单相交流电源供电的旋转电动机，其定子绕组为单相。当接入单相交流电时，只能产生一交变脉动磁场，所以单相异步电动机不能自启动。一般采用电容分相法、电阻分相法或者罩极分相法来获得旋转磁场，使电动机启动旋转。

（1）单相罩极电动机

单相罩极电动机主要由转子组件、定子组件、线包组件、支架组件及连接紧固件组成，如图 8-3 所示。转子组件主要由铸铝转子、轴和防止转子前后窜动的止推垫圈以及调整窜动量的垫片组成；定子组件主要由短路环与主定子铁芯组成；线包组件主要由线圈、骨架、引接线或热保护器及相关绝缘包扎材料组成；支架组件根据轴伸端和非轴伸端安装位置不同，分前支架组件和后支架组件。

单相罩极电动机的电气原理如图 8-4 所示。定子通入电流以后，部分磁通穿过短路环，并在其中产生感应电流。短路环中的电流阻碍磁通的变化，致使有短路环部分和没有短路环部分产生的磁通有了相位差，从而形成旋转磁场，使转子转起来。

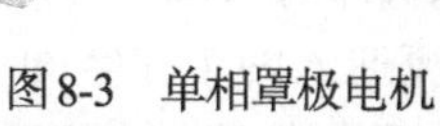

图 8-3 单相罩极电机

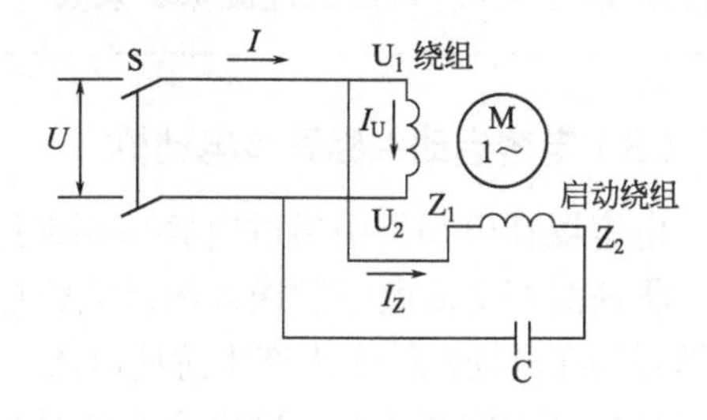

图 8-4 单相罩极电机的电气原理图

单相罩极电动机的功率因数低，约为 0.6；效率很低，约为 25% 以下。主要用于各型投影器等教学仪器、分析仪器、船舶动力设备及其他仪器的冷却或驱动。

【特别提醒】

单相罩极电动机不需配置电容等启动元件而直接通电启动运转。

（2）电阻启动单相异步电动机

电阻启动单相异步电动机一般功率在 100W 以下，定子具有主绕组和副绕组。它们的轴线在空间相差 90° 电角度。电阻值较大的副绕组经启动开关与主绕组并接于电源，当电动机转速达到 75% ～ 80% 同步转速时，通过启动开关将副绕组切离电源，由主绕组单独工作，如图 8-5 所示。

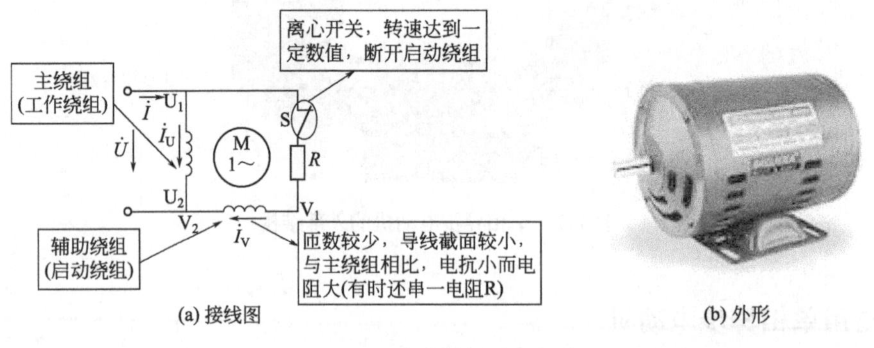

图 8-5　电阻启动单相异步电动机

电阻启动单相异步电动机的工作绕组电阻小，电抗大；启动绕组电阻大，电抗小。通电时在两个绕组中的电流有一定的相位差，从而产生较小的启动转矩。

电阻启动单相异步电动机具有中等启动转矩和过载能力，适用于小型车床、鼓风机、医疗机械等设备。

电阻启动单相异步电动机改变转向的方法是：把主绕组或者副绕组中的任何一个绕组接电源的两出线端对调，也就是把气隙旋转磁通势旋转方向改变，因而转子转向随之也改变了。

【特别提醒】

电阻启动单相异步电动机停机后不能马上开机。因为启动电阻温度还没有降下来阻值还没有变小，如果马上开机，电动机启动线圈无电或电流小而电动机不能启动将把运行线圈烧坏，所以应配过流保护装置。

（3）电容启动单相异步电动机

电容器在电动机中通过电容移相作用，将单相交流电分离出另一相相位差 90° 的交流电。将这两相交流电分别送入两组或四组电动机线圈绕组，就在电动机内形成旋转的磁场，旋转磁场在电动机转子内产生感应电流，感应电流产生的磁场与旋转磁场方向相反，被旋转磁场推拉进入旋转状态。这样两个在时间上相差 90° 的电流通入两个在空间上相差 90° 的绕组，将会在空间上产生（两相）旋转磁场，在这个旋转磁场作用下，转子就能自行启动旋转起来。

电容启动单相异步电动机在定子上有主相、副相成 90° 电角度的两套绕组，辅助绕组与外接电容器接入离心开关，与主绕组并连，并一起接入电源，如图 8-6 所示。在达到同步转速的 75% ～ 80% 时，辅助绕组被切去，成为一台单相电动机。这种电动机的功率为 120 ～ 750W。

（4）电容运行单相异步电动机

电容运行单相异步电动机中有两套绕组，一套为工作绕组，另一套为副绕组或启动绕组，工作绕组或主绕组 M 与副绕组 A 的轴线在空间相隔 90° 电角度，副绕组串联一个适当的电容 C（电容选配不当会使电动机系统变差，如片面增大或减小电容量，负序磁场可能加强，使输出功率减小性能变坏，磁场可能会由圆形或近似圆形变为椭圆形）再与工作绕组并接于电源。

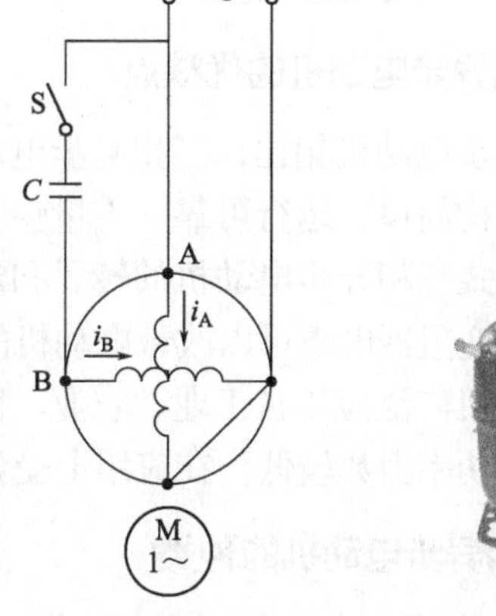

图 8-6 电容启动单相异步电动机

由于副绕组串联了电容，所以副绕组中的电流在相位上超前于主绕组电流，这样由单相电流分解成具有时间相位差的两相电流 i_M 和 i_A（也就是事实上的两相电流），因而电动机的两相绕组就能产生圆形或椭圆形的旋转磁场。电容运转单相异步电动机的工作原理如图 8-7 所示。

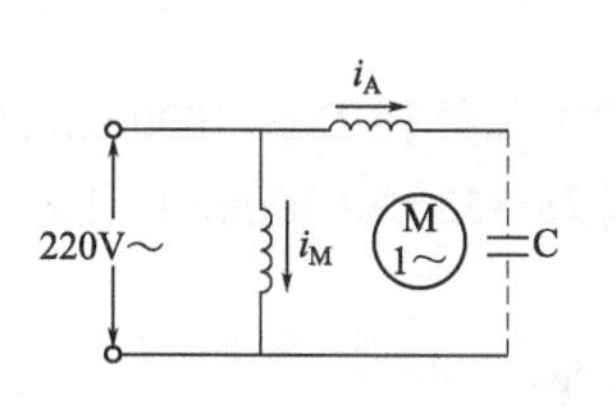

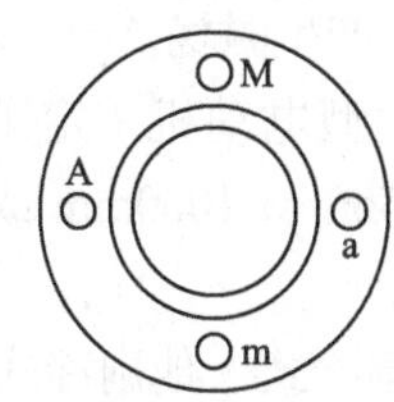

图 8-7 电容运行单相异步电动机

【特别提醒】

单相交流异步电动机中的电容作用有两个：一是实现单相电动机定子的两对主、副线圈之间的单相电源实现移相，以形成旋转磁场；二是为电动机的启动及运行提供更大的励磁电流。

运行电容和启动电容的作用完全相同，只是启动电容的容量较大，所以启动电流较大，可以获得较大的启动转矩，但长期运行将使启动绕组发热。当启动完成后，离心开关切换到较小容量的运行电容，以维持旋转磁场，避免启动绕组发热。

8.2 三相异步电动机基础知识

8.2.1 三相异步电动机简介

认识三相异步电动机

三相异步电动机是靠同时接入 380V 三相交流电流（相位差 120° ）供电的一类电动机，由于三相异步电动机的转子与定子旋转磁场以相同的方向、不同的转速旋转，存在转差率，所以叫三相异步电动机。三相异步电动机转子的转速低于旋转磁场的转速，转子绕组因与磁场间存在着相对运动而产生电动势和电流，并与磁场相互作用产生电磁转矩，实现能量变换。

（1）三相异步电动机的优缺点

与单相异步电动机相比，三相异步电动机运行性能好，并可节省各种材料。笼式转子的异步电动机结构简单、运行可靠、重量轻、价格便宜，得到了广泛的应用，其主要缺点是调速困难。绕线式三相异步电动机的转子和定子设置了三相绕组并通过滑环、电刷与外部变阻器连接。调节变阻器电阻可以改善电动机的启动性能和调节电动机的转速。

三相电动机广泛应用在工业、农业、国防、航天、科研、建筑、交通以及人们的日常生活中。但它的功率因数较低，在应用上受到了一定的限制。

（2）三相异步电动机的种类

三相电动机一般为系列产品，其系列、品种、规格繁多，因而分类也较多。

① 按照工作原理不同，可分为同步电动机和异步电动机。同步电动机与异步电动机最大的区别在于它们的转子速度与定子速度（旋转磁场速度）是否一致。同步同速，异步差速。两种电动机的定子绕组是一样的，区别在于转子结构。异步电动机的转子是短路封闭的绕组，靠电磁感应产生电流，继而产生与定子排斥的电磁场，驱动转子旋转。同步电动机的转子有直流绕组，通过滑环引入外加电流产生磁场。

② 按电动机尺寸大小，可分为大型电动机（定子铁芯外径 $D>1000$mm 或机座中心高 $H>630$mm）、中型电动机（D=500 ～ 1000mm 或 H=355 ～ 630mm）和小型电动机（D=120 ～ 500mm 或 H=80 ～ 315mm）。

③ 按冷却方式可分为自冷式、自扇冷式、他扇冷式等。

④ 按转子结构形式，可分为三相笼型异步电动机和三相绕线型异步电动机。笼式结构简单，成本低，运行可靠维护工作量小，但是启动力矩较小。绕线式结构复杂，成本增加，运行可靠性降低，维护费用增加，但是启动力矩较大。75kW 以下的电动机绝大部分是笼式电动机，大型电动机转子一般采用绕线式。

（3）三相电动机的性能特点

不同种类三相电动机的性能特点见表 8-1。

表 8-1　不同种类三相电动机的性能特点

<table>
<tr><th colspan="3">电动机种类</th><th>主要性能特点</th><th>典型生产机械举例</th></tr>
<tr><td rowspan="4">异步电动机</td><td rowspan="3">笼式</td><td>普通笼式</td><td>机械特性硬，启动转矩不大，调速时需要调速设备</td><td>调试性能要求不高的各种机床、水泵、通风机等</td></tr>
<tr><td>高启动转矩</td><td>启动转矩大</td><td>带冲击性负载的机械，如剪床、冲床、锻压机；静止负载或惯性负载较大的机械，如压缩机、粉碎机、小型起重机等</td></tr>
<tr><td>多速</td><td>有 2 ～ 4 挡转速</td><td>要求有级调速的机床、电梯、冷却塔</td></tr>
<tr><td colspan="2">绕线式</td><td>机械特性硬（转子串电阻后变软）、启动转矩大、调速方法多、调速性能和启动性能较好</td><td>要求有一定调速范围、调速性能较好的生产机械，如桥式起重机；启动、制动频繁且对启动、制动转矩要求高的生产机械，如起重机、矿井提升机、压缩机、不可逆轧钢机等</td></tr>
<tr><td colspan="3">同步电动机</td><td>转速不随负载变化，功率因数可调节</td><td>转速恒定的大功率生产机械，如大中型鼓风及排风机、泵、压缩机、连续式轧钢机、球磨机等</td></tr>
</table>

（4）三相交流异步电动机的结构

三相异步电动机的结构主要由定子和转子两部分组成，如图8-8所示。定子主要由定子铁芯、定子绕组和机座等部分组成；转子由转子铁芯、转子绕组和转轴等部分组成；定子与转子之间有一个很小的气隙。此外，还有机座、端盖轴承、接线盒、风扇等其他部分。

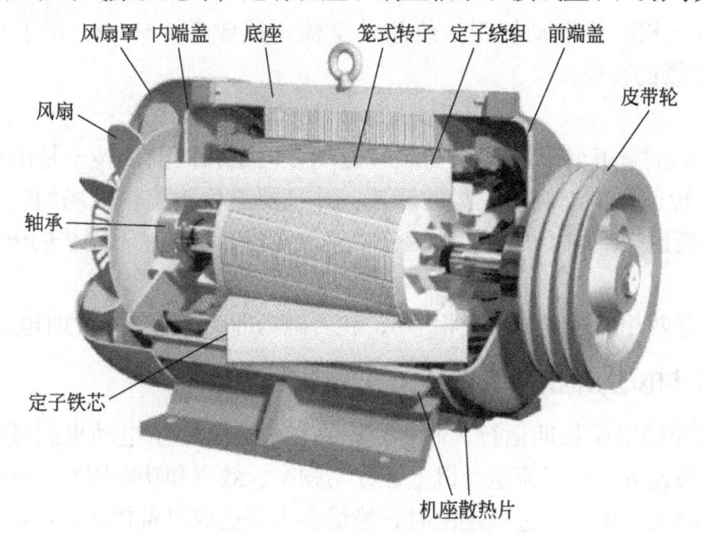

图8-8 三相异步电动机的结构

① 定子　定子由定子铁芯、定子绕组、机座和端盖等组成。定子铁芯的作用是作为电动机磁路的一部分，并在其上放置定子绕组。定子绕组是电动机的电路部分，通入三相交流电，产生旋转磁场。为了减少涡流和磁滞损耗，定子铁芯用0.5mm厚涂有绝缘漆的硅钢片叠成，铁芯内圆周上有许多均匀分布的槽，槽内嵌放定子绕组。

定子绕组分布在定子铁芯的槽内，小型电动机的定子绕组通常用漆包线绕制，三相绕组在定子内圆周空间彼此相隔120°，共有六个出线端，分别引至电动机接线盒的接线柱上。

机座主要是用来支撑电动机各部件，因此应有足够的机械强度和刚度，通常用铸铁制成。

② 转子　转子由转子铁芯、转子绕组、转轴和风扇等组成。转子铁芯是电动机磁路的一部分，一般用0.5mm厚硅钢片冲成转子冲片叠成圆柱形，压装在转轴上。其外围表面冲有凹槽，用来安放转子绕组。

转子绕组的作用是切割定子旋转磁场产生感应电动势及电流，并形成电磁转矩而使电动机旋转。转轴用来传递转矩及支撑转子的重量，一般由中碳钢或合金钢制成。

异步电动机按转子绕组形式不同，可分为绕线式和笼式两种。绕线式转子的绕组和定子绕组一样，也是三相绕组，绕组的三个末端接在一起（Y形），三个首端分别接在转轴上三个彼此绝缘的铜制滑环上，再通过滑环上的电刷与外电路的变阻器相接，以便调节转速或改变电动机的启动性能，如图8-9所示。

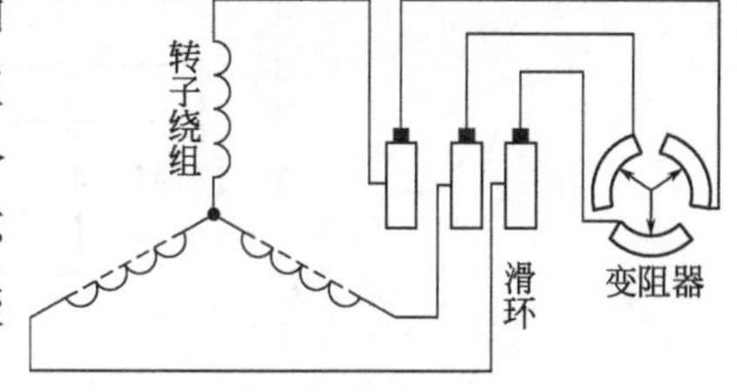

图8-9 绕线式转子

（5）三相异步电动机的工作原理

当电动机的三相定子绕组（各相差120°电角度），通入三相对称交流电后，将产生一个旋转磁场，该旋转磁场切割转子绕组，从而在转子绕组中产生感应电流（转子绕组是闭合通路），载流的转子导体在定子旋转磁场作用下将产生电磁力，从而在电动机转轴上形成电磁转矩，驱动电动机旋转，并且电动机旋转方向与旋转磁场方向相同。

旋转磁场的转速 n（又称同步转速）、三相交流电的频率 f 和磁极对数 p（一对磁极有两个相异的磁极）有以下关系：

$$n=\frac{60f}{p}$$

例如：一台三相异步电动机定子绕组的交流电压频率 f=50Hz，定子绕组的磁极对数 p=3，那么旋转磁场的转速：

$$n=60\times50\div3=1000\text{r/min}$$

电动机在运转时，其转子的转向与旋转磁场方向是相同的，转子是由旋转磁场作用而转动的，转子的转速要小于旋转磁场的转速，并且要滞后于旋转磁场的转速，也就是说转子与旋转磁场的转速是不同步的。这种转子转速与旋转磁场转速不同步的电动机称为异步电动机。

改变电源任意两相的接线（改变相序），旋转磁场即反向旋转，此时电动机反转。

（6）三相异步电动机的铭牌参数

为了电动机能够安全长期运行，制造厂家在铭牌上规定了电动机的额定值，如额定电压、额定电流、转速等，在交流电动机上还标明频率、效率和功率因数 cosϕ，这些值大都与绝缘性能和强度有关，电压超过额定值时，绝缘会击穿造成设备损坏。电动机的铭牌举例如图 8-10 所示。

图8-10 电动机的铭牌举例

交流异步电动机铭牌标注的主要技术参数的含义意义如下。

① 型号：表示电动机的类型、结构、规格及性能等特点的代号，例如：

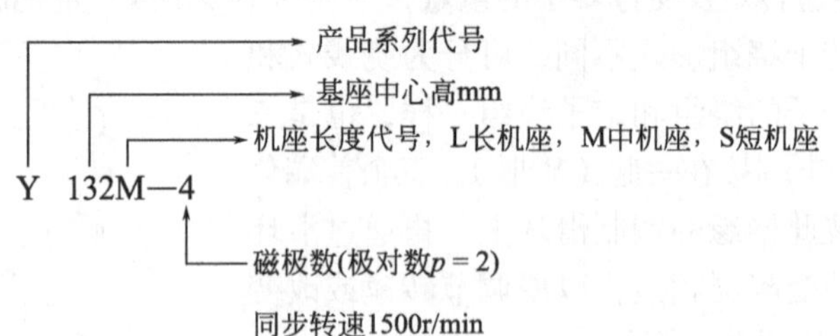

② 额定功率 P_N：指电动机运行时转轴上的输出功率。

③ 额定电压 U_N：指绕组上所加线电压。

④ 额定电流 I_N：指电动机在额定电压和额定功率时定子绕组中的线电流。

⑤ 额定转数：在额定电压、额定频率、额定负载下，转子每分钟的转数。

⑥ 温升：指绝缘等级所耐受超过环境温度。

⑦ 工作定额：即电动机允许的工作运行方式。可分为三种基本方式：连续运行、短时运行和断续运行。

⑧ 绕组接法：△或 Y 连接，与额定电压相对应。例如：若铭牌标注接法是△，额定电压标 380V，则表明电动机电源电压为 380V 时应接成△形；若电压标 380/220V，接法标 Y/ △，则表明电源线电压为 380V 时，应接成 Y 形，当电源线电压为 220V 时，应接成△形。

⑨ 防护等级：电机常用的防护等级有 IP23、IP44、IP54、IP55、IP56、IP65。

【特别提醒】

有的电动机铭牌上还有其他的一些技术参数，如额定转矩、启动转矩与启动能力、最大转矩与过载能力、启动电流、防护等级、噪声等级、频率、绝缘等级等。

8.2.2　三相异步电动机的接线

（1）三相异步电动机的接线方式

三相电动机通常采用星形（Y）和三角形（△）两种接线方式，如图 8-11 所示。在电动机接线端子上有三块连片：将尾端并联为星形接线方式，将首尾串联为三角形接线方式。一般 4kW 以上的电动机都用三角形接法，10kW 以上的要用 Y/ △减压启动接法。

三相电机绕组的连接

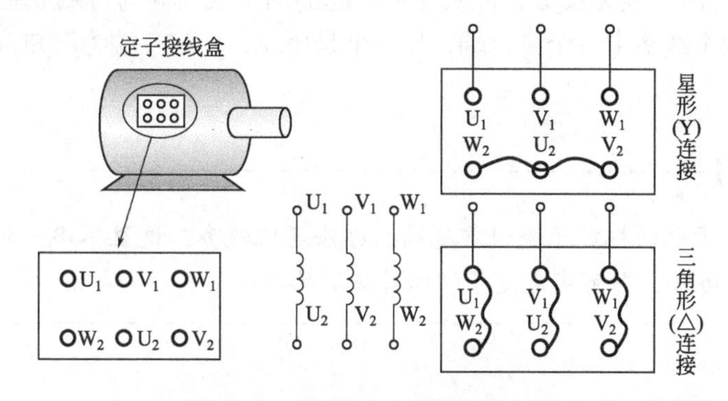

图 8-11　三相异步电动机接线方式

【特别提醒】

星形接法电动机线圈通过的是 220V；三角形接法电动机线圈通过的是 380V。如果接线盒中发生接线错误，或者绕组首末端弄错，轻则电动机不能正常启动，长时间通电造成启动电流过大，电动机发热严重，影响寿命；重则烧毁电动机绕组，或造成电源短路。

切不可误将星形接法的电动机接成三角形接法，否则将烧毁电动机。

（2）三相异步电动机定子绕组首尾端判别

方法一：剩磁法，用万用表或微安表判别首尾端

① 用万用表 $R\times1$ 挡，测出三组电动机绕组（若两端为同一绕组，则阻值很小，接近

0Ω），将测出的同一绕组绑在一起便于区分。

② 各相绕组假设编号为 U_1、U_2、V_1、V_2 和 W_1、W_2。按如图 8-12 所示接线，用手转动电动机转子，如果指针式万用表（用微安挡或毫安挡）指针不动或表的读数非常小，则证明假设的编号是正确的，若表的读数大，说明其中有一相首尾端假设编号不对，应逐相对调重测，直至表针不摆动为止。

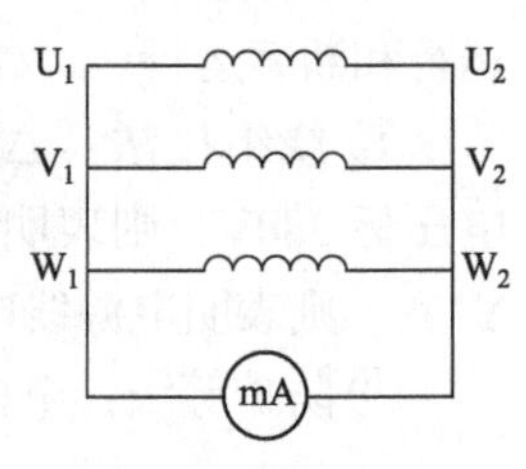

图 8-12　剩磁法判别定子绕组首尾端

方法二：36V 交流电源法判别首尾端

① 用万用表 $R\times1$ 挡，分别找出三相绕组的各相两个出线端。任意给三相绕组的线头分别编号为 U_1 和 U_2、V_1 和 V_2、W_1 和 W_2。

② 把其中任意两相绕组串联后再与电压表或万用表的交流电压挡连接，第三相绕组与 36V 低压交流电源接通，如图 8-13 所示。

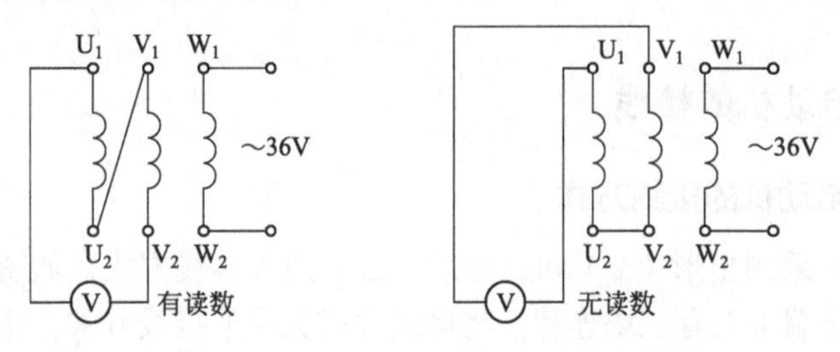

图 8-13　36V 交流电源法判别定子绕组首尾端

③ 通电后，若电压表无读数，说明连在一起的两个线头同为首端或尾端。电压表有读数，连在一起的两个线头中一个是首端，另一个是尾端，任定一端为已知首端，同法可定第三相的首尾端。

【特别提醒】

判别三相异步电动机定子绕组首尾端的办法还比较多，这里不逐一介绍。读者只要掌握其中的一种办法，即可完成定子绕组首尾端的判别。

8.2.3　三相异步电动机的启动

（1）笼式异步电动机的启动

① 直接启动　电动机直接启动时加在电动机定子绕组上的电压为额定电压。其优点是所需启动设备简单，启动时间短，启动方式简单、可靠，所需成本低；其缺点是对电动机及电网有一定冲击。三相异步电动机满足以下任何一个条件即可直接启动。

a. 容量在 7.5kW 以下的电动机均可采用。

b. 电动机在启动瞬间造成的电网电压降不大于电源电压正常值的 10%，对于不常启动的电动机可放宽到 15%。

② 降压启动　降压启动在电动机启动时降低定子绕组上的电压，启动结束时加额定电压的启动方式。降压启动能起到降低电动机启动电流目的，但由于转矩与电压的平方成正比，因此降压启动时电动机的转矩减小较多，故只适用于空载或轻载启动。

笼式异步电动机降压启动的方法有自耦变压（亦称补偿器）降压启动、星－三角（Y-△）

降压启动、软启动和串电阻（或电抗）降压启动。

a. 电动机自耦减压启动：利用自耦变压器的多抽头减低电压，既能适应不同负载启动的需要，又能得到较大的启动转矩，是一种经常被用来启动容量较大电动机的减压启动方式。它的最大优点是启动转矩较大，当其自耦变压器绕组抽头在 80% 处时，启动转矩可达直接启动时的 60%，并且可以通过抽头调节启动转矩，至今仍然还有应用。

b. 星 - 三角（Y- △）降压启动：对于正常运行的定子绕组为三角形接法的笼式异步电动机来说，如果在启动时将定子绕组接成星形，待启动完毕后再接成三角形，就可以降低启动电流，减轻启动时电流对电源电压的冲击。这样的启动方式称为星三角减压启动，简称为星 - 角启动（Y- △启动）。采用星角启动时，启动电流只是原来按三角形接法直接启动时的 1/3。如果直接启动时的启动电流以 6 ～ 7 倍额定电流计算，则在星三角启动时，启动电流才是 2 ～ 3 倍额定电流。简单说采用星三角启动时，启动转矩也降为原来按三角形接法直接启动时的 1/3，适用于空载或者轻载启动的设备。并且同其他减压启动器相比较，星三角降压启动结构最简单，检修比较方便，价格也最便宜。

c. 电动机软启动：软启动器是一种集电动机软启动、软停车、轻载节能和多种保护功能于一体的新颖电动机控制装置，如图 8-14 所示，它的主要构成是串接于电源与被控电动机之间的三相反并联晶闸管及其电子控制电路。它利用晶闸管的移相调压原理来实现对电动机的调压启动，主要用于电动机的启动控制，具有过电流保护，电动机过载、失压、过压、断相、接地故障保护。启动效果好，但成本较高。因使用了单片机、大功率晶闸管元件，而晶闸管工作时谐波干扰较大，对电网有一定的影响。另外，电网的波动也会影响晶闸管元件的导通，特别是同一电网中有多台晶闸管设备时。因此晶闸管元件的故障率较高，因为涉及电力电子技术，因此对维护技术人员的要求也较高。

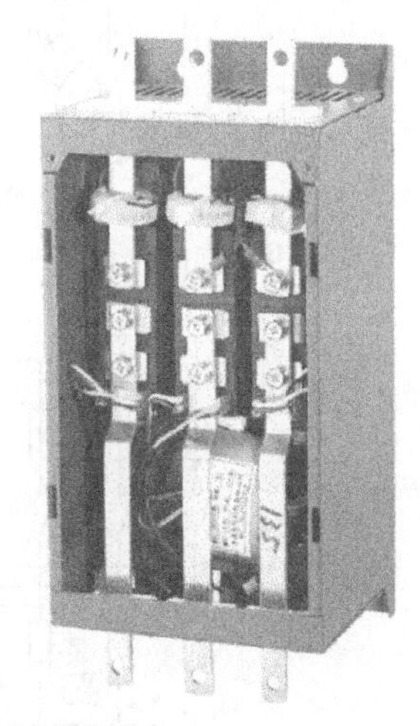

图 8-14　电动机软启动器

d. 定子绕组串接电阻降压启动：是指在电动机启动时，把电阻串接在电动机定子绕组与电源之间，通过电阻的分压作用，来降低定子绕组上的启动电压，待启动后，再将电阻短接，使电动机在额定电压下正常运行。这种降压启动的方法由于电阻上有热能损耗，如用电抗器则体积、成本又较大，因此该方法很少用。这种降压启动控制线路有手动控制、接触器控制、时间继电器控制等，其控制电路如图 8-15 所示。

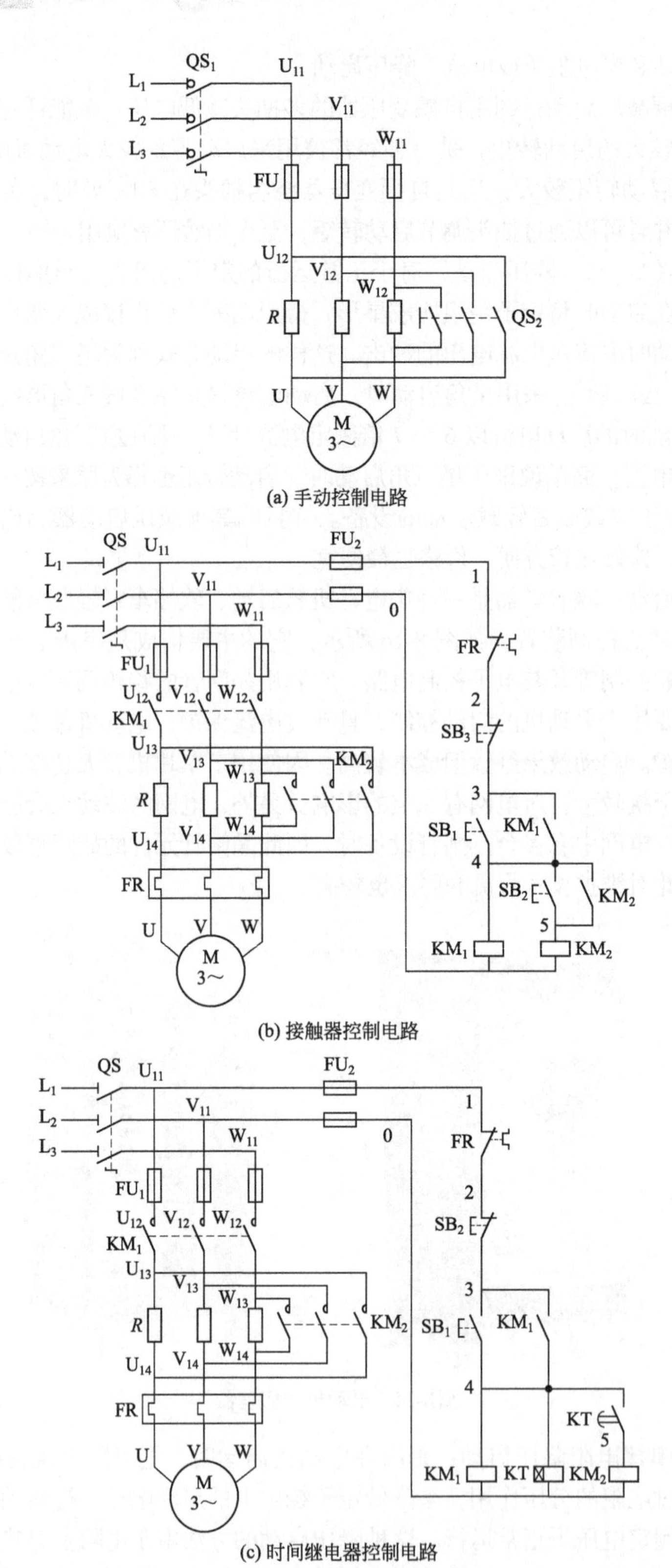

(a) 手动控制电路

(b) 接触器控制电路

(c) 时间继电器控制电路

图8-15　定子绕组串接电阻降压启动控制电路

（2）绕线式异步电动机的启动

① 转子串电阻启动　绕线转子异步电动机转子串入合适的三相对称电阻，既能提高启动转矩，又能减小启动电流。如要求启动转矩等于最大转矩，则 $s_m=1$，为缩短启动时间，增大整个启动过程的加速转矩，使启动过程平滑些，把串接的启动电阻逐步切除。

时间继电器自动控制串接电阻启动电路如图 8-16 所示。电路中 KM_1、KM_2、KM_3 的常闭触点与启动按钮 SB_1 串接，其功能是防止 KM_1、KM_2 或 KM_3 主触点因熔焊或机械故障未能断开时高速启动电动机。

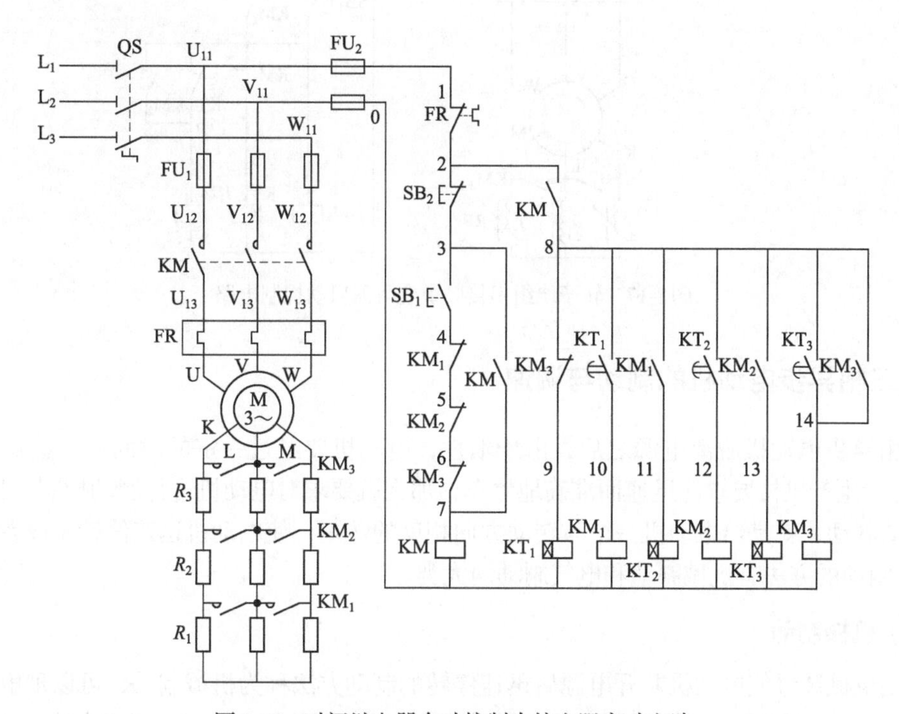

图 8-16　时间继电器自动控制串接电阻启动电路

优点：减少启动电流，启动转矩保持较大范围，需重载启动的设备如桥式起重机、卷扬机等。

缺点：启动设备较多，一部分能量消耗在启动电阻且启动级数较少。

② 频敏变阻器启动　频敏变阻器实际上是一个特殊的三相铁芯电抗器，它有一个三柱铁芯，每个柱上有一个绕组，三相绕组一般接成星形。频敏变阻器的阻抗随着电流频率的变化而有明显的变化。电流频率高时，阻抗值也高，电流频率低时，阻抗值也低。频敏变阻器的这一频率特性非常适合于控制异步电动机的启动过程。启动时，转子电流频率最大，电动机可以获得较大启动转矩。启动后，随着转速的提高转子电流频率逐渐降低，电动机可以近似地得到恒转矩特性，实现了电动机的无级启动。启动完毕后，频敏变阻器应短路切除。转子绕组串接频敏变阻器启动控制电路如图 8-17 所示。

优点：结构较简单，成本较低，维护方便，平滑启动。

缺点：电感存在，$\cos\phi$ 较低，启动转矩并不很大，适于绕线式电动机轻载启动。

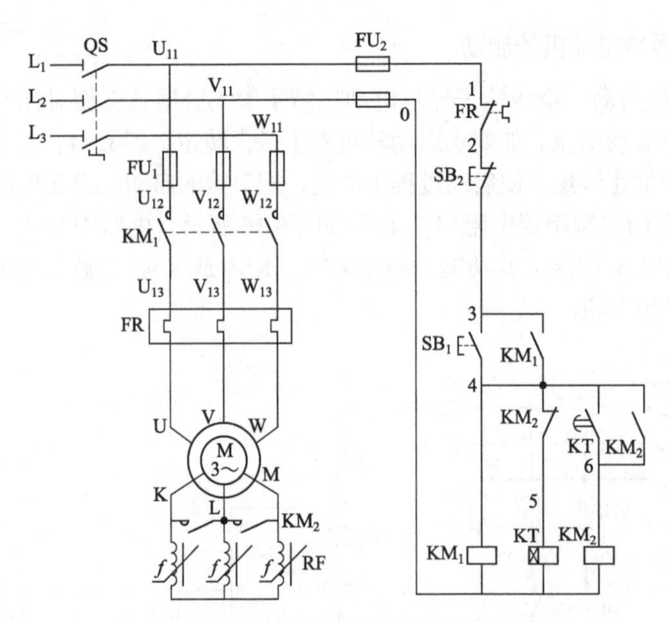

图8-17 转子绕组串接频敏变阻器启动控制电路

8.2.4 三相异步电动机的制动与调速

三相异步电动机脱离电源之后，由于惯性，电动机要经过一定的时间后才会慢慢停下来，但有些生产机械要求能迅速而准确地停车，那么就要求对电动机进行制动控制。

所谓制动，就是给电动机一个与转动方向相反的转矩，使电动机迅速停转（或者限制其转速）。制动的方法有机械制动和电气制动两大类。

（1）机械制动

采用机械装置使电动机断开电源后迅速停转的制动方法称为机械制动，可以理解为通过机械装置锁住电动机的轴，使电动机停止转动。一般有电磁抱闸制动和电磁离合器制动两类。

① 电磁抱闸制动　电磁抱闸制动器如图8-18所示，一般分为断电制动型和通电制动型两种。

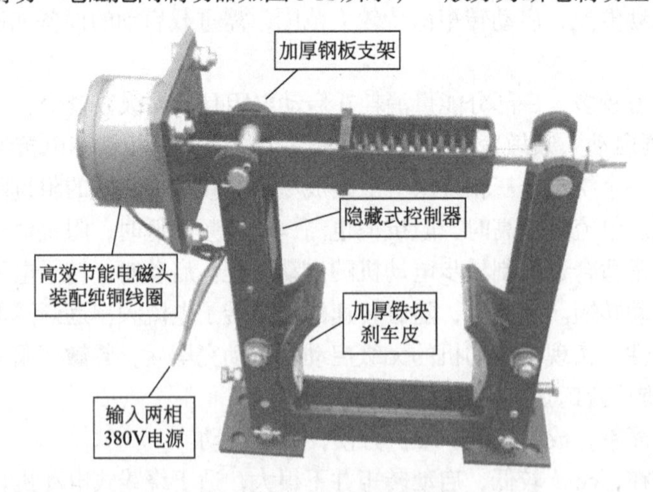

图8-18 电磁抱闸制动器

a. 断电制动型的工作原理：当制动电磁铁的线圈得电时，制动器的闸瓦与闸轮分开，无制动作用；当线圈失电时，闸瓦紧紧抱住闸轮制动。断电型电磁抱闸制动控制电路如图8-19所示。

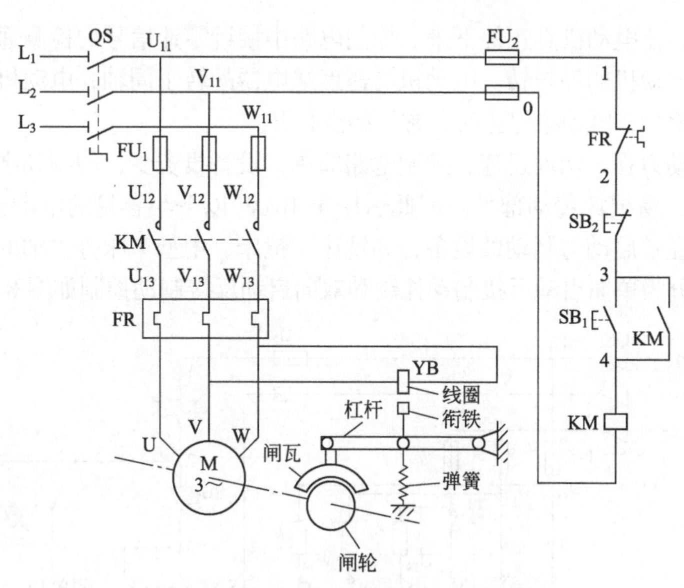

图 8-19 断电型电磁抱闸制动控制电路

b. 通电制动型的工作原理：当线圈得电时，闸瓦紧紧抱住闸轮制动；当线圈失电时，闸瓦与闸轮分开，无制动作用。通电型电磁抱闸制动控制电路如图 8-20 所示。

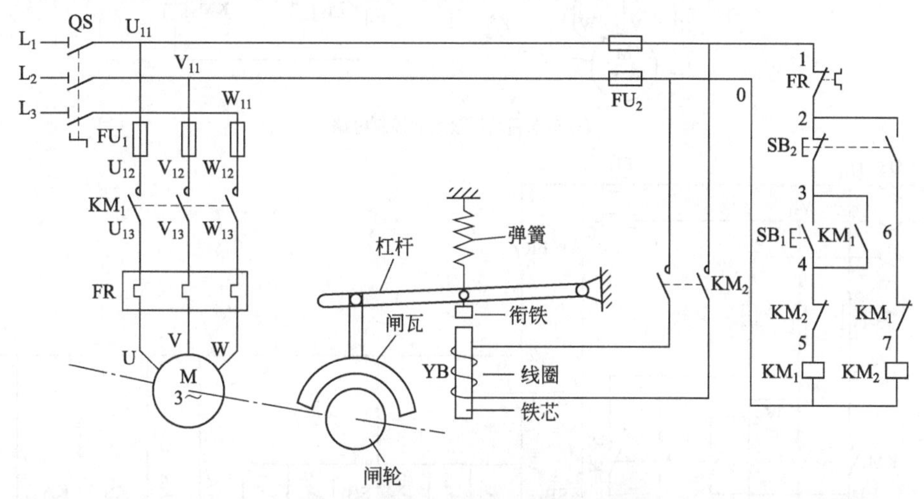

图 8-20 通电型电磁抱闸制动控制电路

② 电磁离合器制动 电磁离合器制动的原理和电磁抱闸制动器的制动原理类似。电磁离合器通电（标准电压为 24V DC）后，线圈产生强大的磁场，电枢板在磁场力的作用下被吸引到电磁制动器磁轭或电磁离合器转子的摩擦衬套上。驱动或制动扭矩通过板式弹簧传递，运行时无滑转，连接后无磨损。失电后，电枢板在板式弹簧力的作用下，离开电磁制动器磁轭或电磁离合器转子的衬套，准备下一次的动作。释放时没有残留扭矩。

电磁离合器水平或垂直安装都可实现扭矩的传递，无论高速或空载都不产生旋转阻力。

（2）电气制动

电动机在切断电源的同时给电动机一个和实际转向相反的电磁力矩（制动力矩）使电动迅速停止的方法。一般有能耗制动、反接制动和回馈制动三种方法。

① 反接制动 在电动机切断正常运转电源的同时改变电动机定子绕组的电源相序，使之有反转趋势而产生较大的制动力矩的方法。反接制动的实质：在电动机制动接近零速时，

将反接电源切断，让电动机真正停下来。控制电路中接近零速信号的检测通常采用速度继电器，以“判断”电动机的停与转。电动机与速度继电器的转子同轴，电动机转动时，速度继电器的常开触点闭合；电动机停正时，常开触点打开。

反接制动制动力强，制动迅速，控制电路简单，设备投资少，但制动准确性差，制动过程中冲击力强烈，易损坏传动部件。因此适用于 10kW 以下小容量的电动机制动要求迅速、系统惯性大，不经常启动与制动的设备，如铣床、镗床、中型车床等主轴的制动控制。反接制动控制电路可分为单向启动反接制动控制和双向启动反接制动控制如图 8-21 所示。

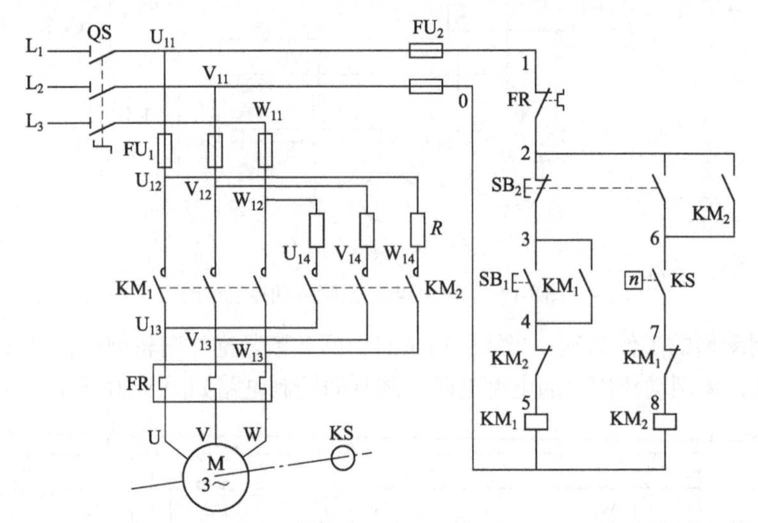

(a) 单向启动反接制动控制电路

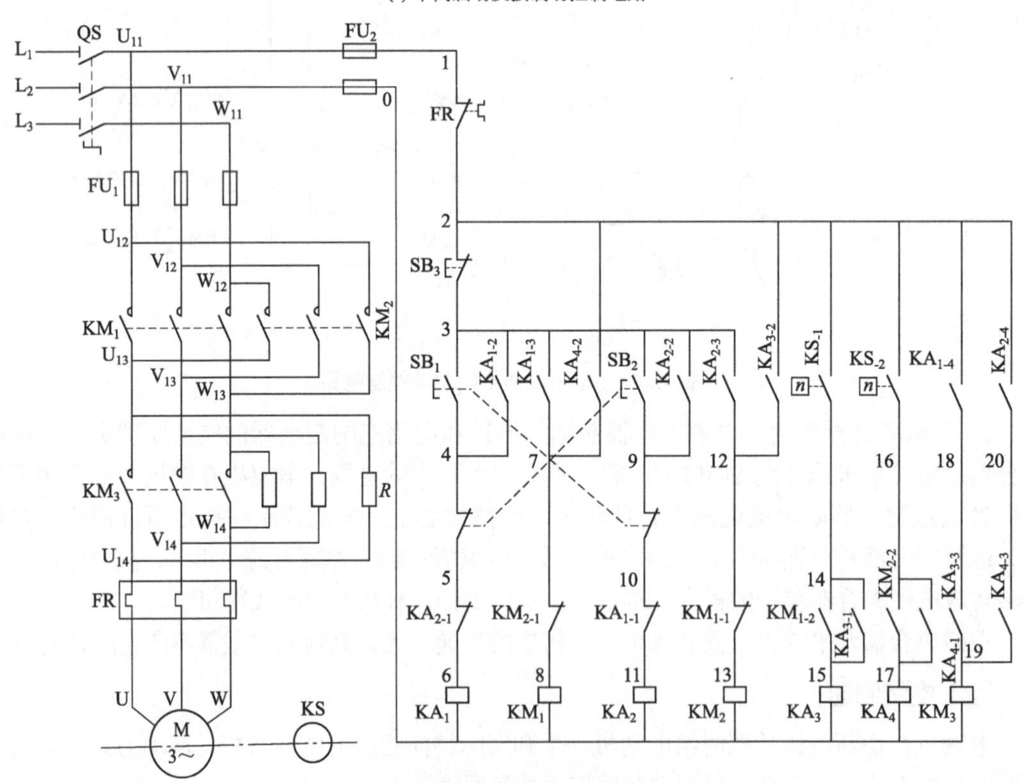

(b) 双向启动反接制动控制电路

图8-21　反接制动控制电路

② 能耗制动　电动机切断交流电源的同时给定子绕组的任意两相加一直流电源，以产生静止磁场，依靠转子的惯性转动切割该静止磁场产生制动力矩的方法。

能耗制动平稳、准确，能量消耗小，但需附加直流电源装置，费用高，且制动时间较长，一般多用于要求制动平稳、准确的场合，如起重提升设备及机床等生产机械中。

无变压器单相半波整流能耗制动控制电路如图 8-22 所示，采用一个二极管构成半波整流电路，将交流电转换成直流电，适合 10kW 以下小容量电动机的制动控制。

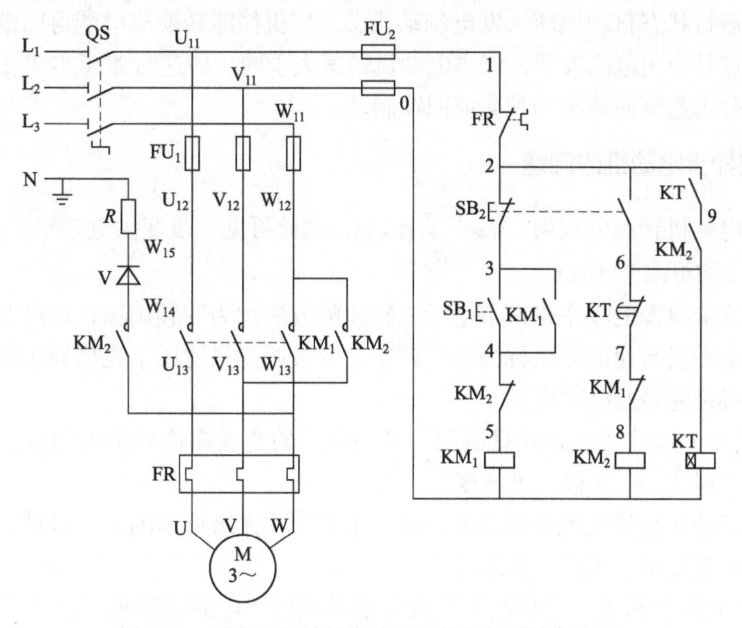

图 8-22　无变压器单相半波整流能耗制动控制电路

有变压器单相桥式整流能耗制动电路如图 8-23 所示，适合于 10kW 以上大容量电动机的制动控制。

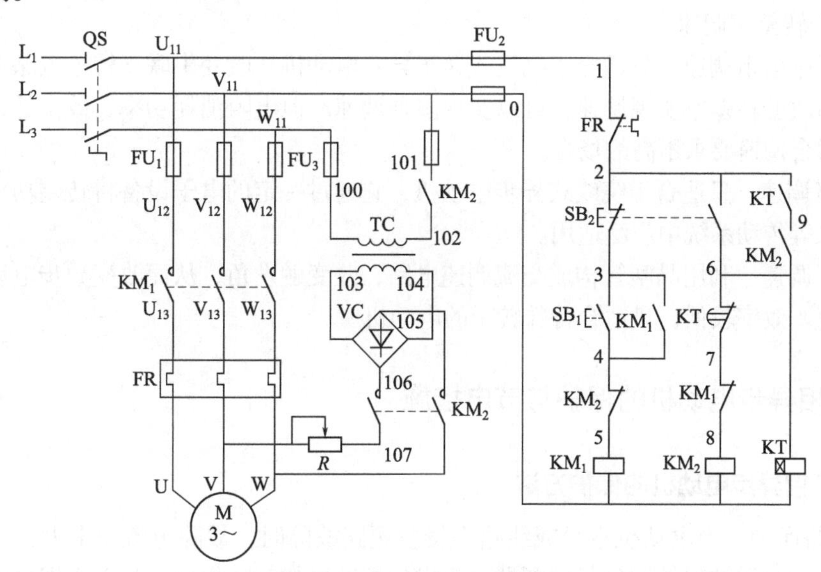

图 8-23　有变压器单相桥式整流能耗制动电路

③ 回馈制动　回馈发电制动是指电动机转向不变的情况下，由于某种原因，使得电动机的转速大于同步转速，比如在起重机械下放重物、电动机车下坡时，都会出现这种情况，这

时重物拖动转子，转速大于同步转速，转子相对于旋转磁场改变运动方向，转子感应电动势及转子电流也反向，于是转子受到制动力矩，使得重物匀速下降。此过程中电动机将势能转换为电能回馈给电网，所以称为回馈发电制动。

对多速电动机变速时，如使电动机由二极变为四极时，定子旋转磁场的同步转速 n_1 由 3000r/min 变为 1500r/min，而转子由于惯性仍以原来的转速 n（接近 3000r/min）旋转，此时 $n>n_1$，电动机产生发电制动作用。发电制动是一种比较经济的制动方法。制动时不需改变线路即可从电动运行状态自动地转入发电制动状态，把机械能转换成电能再回馈到电网，节能效果显著。缺点是应用范围较窄，仅当电动机转速大于同步转速时才能实现发电制动。

回馈制动分为直流回馈制动和交流回馈制动。

（3）交流异步电动机的调速

三相异步电动机转速公式为：$n=\frac{60f}{p}(1-s)$，由此可见，改变供电频率 f、电动机的极对数 p 及转差率 s 均可改变转速。

通过改变交流电源的频率来调节电动机转速的方法称为变频调速；通过改变电动机的磁极对数来调节电动机转速的方法称为变极调速。变极调速只适用于笼型异步电动机，适合变极调速的电动机称为多速电动机。

① 变极调速　这种变速方式只适用于专门生产的变极多速异步电动机，通过绕组的不同连接方式，获得 2、3、4 极三种速度。

变极调速只能实现较大范围的调速，适用于不需要无级调速的生产机械，如金属切削机床、升降机、起重设备、风机、水泵等。

② 改变供电频率调速　变频调速是改变电动机定子电源的频率，从而改变其同步转速的调速方法。变频调速系统主要设备是提供变频电源的变频器，变频器可分成交流 - 直流 - 交流变频器和交流 - 交流变频器两大类，目前国内大都使用交 - 直 - 交变频器。

变频调速适用于要求精度高、调速性能较好场合。

③ 改变转差率调速

a. 转子串电阻调速　只适合于绕线式转子异步电动机，改变串联于转子电路上的电阻的阻值，从而改变转差率实现调速，可以实现多种调速。但电阻消耗功率，效率低，力学性能变软，只适合调速要求不高的场合。

b. 串级调速　只适合于绕线式异步电动机，它通过一定的电子设备将转差功率反馈到电网。在风泵等传动系统中广泛适用。

c. 调压调速　利用晶闸管构成交流调速电路，改变触发角，从而改变异步电动机的端电压进行调速。效率较低，只适合特殊转子的电动机。

8.2.5　三相异步电动机的保护与节电措施

（1）三相异步电动机的保护方法

① 短路保护　当电动机本身或线路中发生短路故障时，故障电流非常大，因此必须采取短路保护。常用的保护元件是熔断器。当发生短路事故时，熔丝（片）立即爆断，从而保护电动机及线路。

对于容量较大的电动机，也常采用断路器的短路脱扣器作短路保护。

② 过载保护　对于重要场合的电动机或容量较大的电动机都设有过载保护装置。容量很小的电动机不必设过载保护。常用的过载保护元件是热继电器。当通过热继电器的电流达到设定值时，经过一定的延时，热元件便动作，切断电动机的控制回路（即启动接触器线圈回路），从而使电动机失去电源而停止运行。

热继电器不宜作重复短时工作制的异步电动机的过载保护。对于容量较大的电动机，也有采用断路器的过载脱扣器（一般与热继电器配合使用）作过载保护的。

③ 欠压保护　电压过低会引起电动机转速降低，甚至停止运行。因此，当电源电压降到 60% ～ 80% 额定电压时，将电动机电源切除而停止工作，这种保护成为欠电压保护。其方法是将欠电压继电器线圈跨接在电源上，其常开触点串接在接触器控制回路中。当电网电压低于欠电压继电器整定值时，吸合电压通常整定值为 $(0.8 \sim 0.85)U_N$，释放电压通常整定为 $(0.5 \sim 0.7)U_N$ 欠电压继电器动作使接触器释放，接触器主触点断开电动机电源实现欠电压保护。

④ 失压保护　如果由于某种原因而发生电网突然断电，电动机会停转。为防止电压恢复时电动机的自行启动或电气元件自行投入工作而设置的保护，称为失电压保护。采用接触器和按钮控制的启动、停止，就具有失电压保护作用。这时因为当电源电压消失时，接触器就会自动释放而切断电动机电源，当电源电压恢复时，由于接触器自锁触点已断开，不会自行启动。如果不是采用按钮而是用不能自动复位的手动开关、行程开关来控制接触器，必须采用专门的零电压继电器。工作过程中一旦断电，零电压继电器释放，其自锁电路断开，电源电压恢复时，不会自行启动。

⑤ 过电流保护　过电流保护是区别于短路保护的一种电流型保护。过电流保护常用过电流继电器来实现，通常过电流继电器与接触器配合使用，即将过电流电器线圈串接在被保护电路中，当电路电流达到其整定值时，过电流继电器动作，而电流继电器常闭触点串接在接触器线圈电路中，使接触器线圈断电释放，接触器主触点断开来切断电动机电源。这种电流保护环节常用于直流电动机和三相绕线转子异步电动机的控制电路中。

⑥ 缺相保护　电动机运行时，如果电源任一相断开，电动机将在缺相情况下低速运转或堵转，定子电流很大，这是造成电动机绝缘及绕组烧毁的常见故障之一。因此应进行断相保护。

a. 利用灯光信号报警装置或双刀开关对三相异步电动机进行缺相保护。由于三相异步电动机的缺相运行大多是一相熔断器熔断造成的，所以在条件简陋而又有值班人员经常值班的场合，给每一相熔断器并联一只小红色灯泡，就可及时发现一相断线故障。这种方法只能反映熔断器熔断所引起的缺相运行，而不能反映其他原因造成的断相故障。此外，由于灯泡只能给出故障信号，不能产生保护动作，所以值班人员必须经常注意监视。

b. 利用欠电流继电器对三相异步电动机进行缺相保护。在电动机的每相线路中各串联一个欠电流继电器，分别流过三相线电流。当电动机正常运行时，三个继电器的常开触点全部接通。当某相发生断线故障时，串联在该相的欠电流继电器就因失电而动作，断开接触器的线圈电路，电动机脱离电源，于是电动机停转。这种保护方案具有动作准确、可靠的优点，其缺点是继电器线圈长期通过电动机的工作电流，而且当电动机容量较大时，还需要配用电流互感器，因而费用较高。但对一些重要的生产机械或科研设备来说，采用欠电流继电器来保护电动机，还是很适宜的。

c. 带缺相保护装置的热继电器。其结构特点是在普通热继电器结构的基础上增加了一个差动机构，该继电器即可对三相均衡过载起保护作用，又可对缺相运行起保护作用。

⑦ 温度保护及装置

a. 双金属盘式温度保护器。这种温度保护器通常装在电动机端盖上，其体积和触头的电流容量一般都较大，外壳用酚醛塑料制成。双金属盘式温度保护器不但对温度敏感，而且对电流也敏感，因此它具有更全面的保护功能。

b. 嵌入式温度保护器。这种温度保护器通常装在电动机绕组中、绕组表面或绕组端面上，与电动机绕组一起进行浸渍处理。嵌入式温度保护器具有体积小、灵敏度高、可靠性好等优点，常用于各类小容量电动机的直接保护。

c. 热断式温度保护器。这种温度保护器是一次性动作的热保护器。由于感温材料熔化后不能复原，所以这种保护器只能一次性使用，它通常装在电动机的外壳上。

d. 正温度系数热敏电阻式温度保护器。这类温度保护器是一种对温度敏感的新型半导体元件（简称 PTC），即通称的热敏电阻。为准确反映电动机绕组的温度，通常在电动机制造时将其埋设在定子绕组中，导线绑扎后由电动机接线盒引出。此外，热敏电阻也可用于检测电动机断相温度信号，实现断相保护。

⑧ 漏电保护及装置　当人体可能触及的电动机漏电时，保护装置以人体接触的安全电压值或流过人体的安全电流值为基准，自动及时切断电源，以保护人身安全，这种保护称为电动机的漏电保护。在中性点直接接地的低压电网中，为提高接地保护的保护效果，可在电动机的电源侧装设漏电开关（漏电保护器）。当电动机发生碰壳故障时，漏电开关立即动作，切断电源，从而可防止人身触电。

（2）三相异步电动机的节电措施

① 选择恰当的电动机容量　选择合适的电动机容量，能够满足负载的需要，实现合理匹配。轻载和空载运行都会造成损耗相对高，运行效率低。同一台电动机拖动的负载，运行效率也是在变化的，不是固定不变的，随着负载大小的波动而在变化。实践经验表明，负载率为 70% ~ 85% 时的效率最高。当负载低于此值时，很不经济。当长期处于 40% 的负载运行时，效率很低，这也是国家规定所不允许的。当电动机的负载率高于前值范围时，效率也不是处于较高的状态，此时运行也不经济。负载率低的感应式电动机，有功损耗比例较大，无功损耗比例更大。空载运行也是如此，无功损耗特别大。

② 空载运行时间长的电动机安装自控装置　为了减少空载时间内的电能损失，对于经常性空载的电动机，应安装空载自控装置。在空载运行一段时间后，能够自动切断电源，退出空载运行，恢复正常运行状态。

③ 低负载率的电动机降压运行　三相异步电动机的铁损和铜损，与输入电压的大小直接有关。一般负载不变的情况下，降低输入电压可使铁损减少，铜损增加。但是这时轻载运行电动机的总损耗中，铁损要比铜损的作用大。因此，适当降低绕组电压运行的办法能使总的损耗下降，具有一定的现实意义。而实现这一措施，可以通过特别的电压自控装置来完成。

此外，新购电动机应首先考虑选用高效节能电动机，然后再按需考虑其他性能指标，以便节约电能。提高电动机本身的效率，如将电动机自冷风扇改为它冷风扇，可在负荷很小或户外电动机在冬天时，停用冷风扇，有利于降低能耗。更换“大马拉小车”电动机，可达到节能的目的。合理安装并联低压电容进行无功补偿，有效地提高功率因数，减少无功损耗，节约电能。

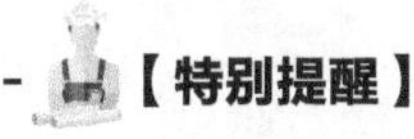

以上措施可以分别采用，也可多项同时采用。

8.2.6 双速异步电动机的原理及接线方式

(1) 双速异步电动机的原理

电动机的变速采用改变绕组的连接方式，也就是说，用改变电动机旋转磁场的磁极对数来改变它的转速。根据公式：$n_1=60f/p$ 可知，异步电动机的同步转速与磁极对数成反比，磁极对数增加一倍，同步转速 n_1 下降至原转速的一半，电动机额定转速 n 也将下降近似一半，所以改变磁极对数可以达到改变电动机转速的目的。这种调速方法是有级的，不能平滑调速，而且只适用于笼式电动机。

双速异步电动机主要是通过以下外部控制线路的切换来改变电动机线圈的绕组连接方式来实现。

① 在定子槽内嵌有两个不同极对数的共有绕组，通过外部控制线路的切换来改变电动机定子绕组的接法来实现变更磁极对数。

② 在定子槽内嵌有两个不同极对数的独立绕组。

③ 在定子槽内嵌有两个不同极对数的独立绕组，而且每个绕组又可以有不同的连接。

(2) 双速异步电动机的接线方式

双速异步电动机的接线有△/YY 连接和 YY/Y 连接两种方式。

① △/YY 连接　如图 8-24 所示，低速时接成△连接，磁极为 4 极，同步转速为 1500r/min；高速时接成 YY 连接，磁极为 2 极，同步转速为 3000r/min。由此可见，双速电动机高速运转时同步转速是低速运转时的 2 倍，主要用于恒功率负载的调速，如金属切削机床。

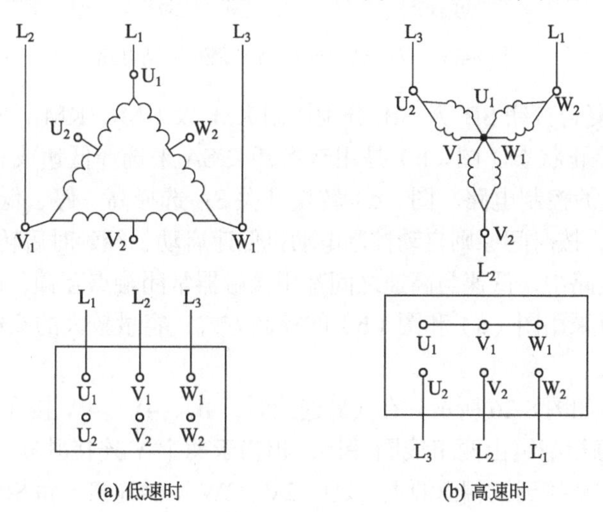

(a) 低速时　　(b) 高速时

图 8-24　双速异步电动机的△/YY 连接

如图 8-25 所示为常用的双速电动机△/YY 调速控制电路图，其中：KM_1 得电为低速，KM_2 得电为高速，KM_3 为短接接触器。

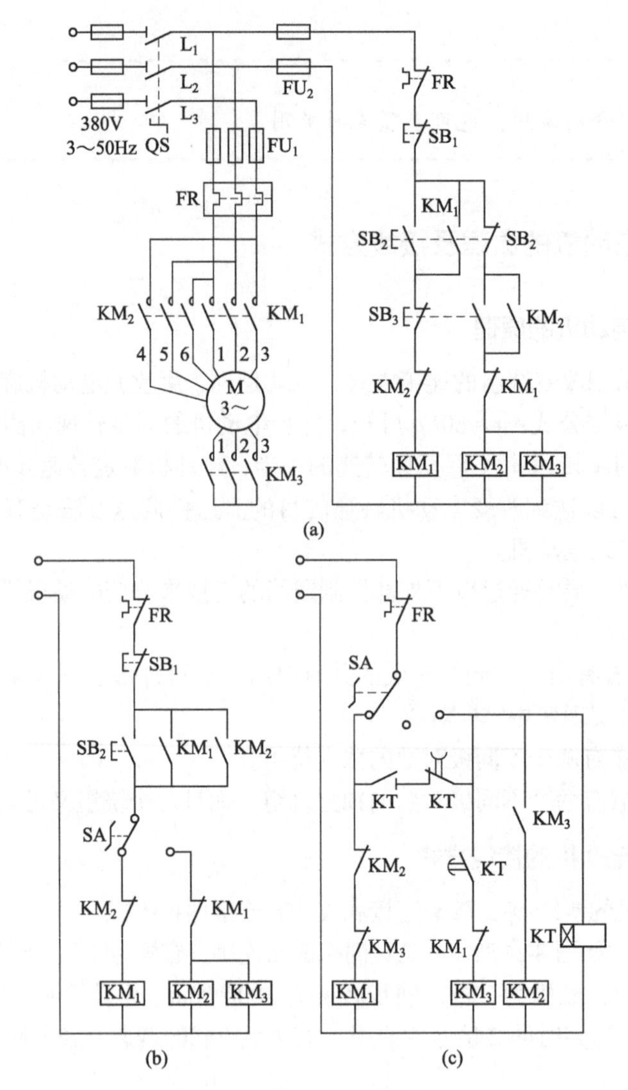

图8-25　双速电动机△/YY调速控制电路

图（a）用两个复合按钮 SB_2 及 SB_3 分别控制 KM_1 及 KM_2、KM_3，实现低速与高速的直接转换而无需经过停止状态。图（b）是用转换开关 SA 来选择低速或高速方式后，由按钮 SB_2 发令启动电动机的控制电路。图（c）转换开关 SA 选择高、停、低速。当选择高速时，采用时间继电器 KT，按时间原则自动控制电动机低速启动、经延时后转换到高速运行。

上述三个控制电路中，低速与高速之间都用接触器常闭触点互锁，以防短路故障。功率较小的双速电动机可采用图（a）和图（b）的控制方式；容量较大的双速电动机，宜可采用图（c）的控制方式。

② YY/Y 连接　如图 8-26 所示，在 YY 连接时，4U、4V、4W 接在一起，2U、2V、2W 接到三相电源上，每相绕组由两组线圈并接，相当于两个 Y 连接并联，极数 $2p=2$；在单 Y 连接中，4U、4V、4W 接到三相由源上，2U、2V、2W 不做连接，每相绕组由两组线圈串联而成，极数 $2p=4$。这种变极调速方式，调速前后的电动机的转矩不变，故适用于负载转矩恒定情况下的调速，如起重机、运输机械等。

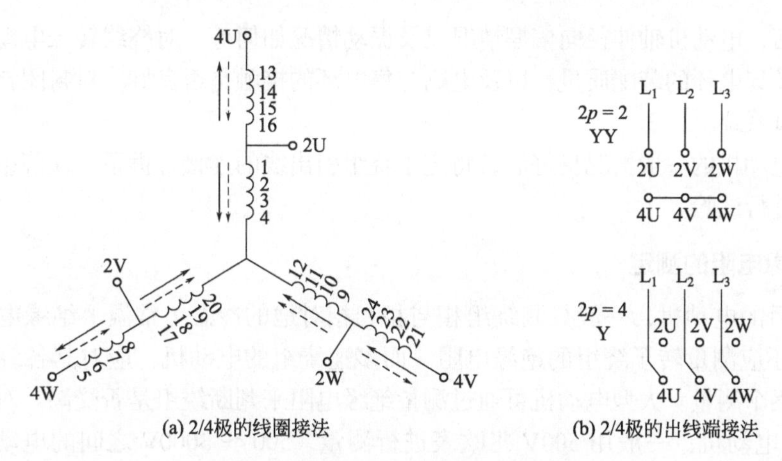

(a) 2/4极的线圈接法　　(b) 2/4极的出线端接法

图 8-26　双速异步电动机的 YY/Y 连接

双速异步电动机在 YY 连接下的转速是△连接时的两倍。时间继电器控制的双速异步电动机调速电路如图 8-27 所示。

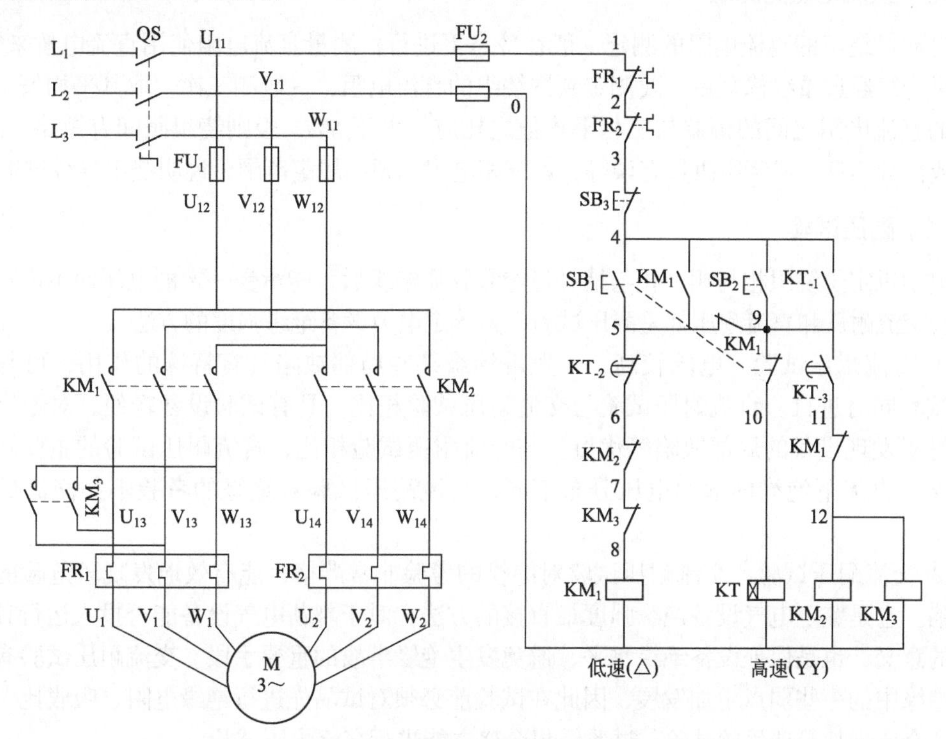

图 8-27　时间继电器控制的双速异步电动机调速电路

8.2.7　三相异步电动机的一般试验

电动机在长期闲置、修理及保养后，使用前都要经过必要的检查和试验。试验的项目主要有绝缘试验、直流电阻测定、空载试验及温升试验等，其中最基本的试验项目是绝缘试验、空载电流的测定等。

（1）外观检查

检查外形是否完整，出线端的标志是否正确，固紧用螺钉、螺栓及螺母是否旋紧，转子转动是否灵活，电动机轴伸径向偏摆情况以及振动情况如何等。对绕线转子电动机还应检查电刷、刷架及集电环的装配质量，以及电刷与集电环的接触是否良好。对封闭自扇冷式电动机应检查排风系统。

在确认电动机的一般情况良好后，将定子绕组引出线的连接片拆下，使绕组的六个端头独立，方可进行试验。

（2）绝缘电阻的测定

对修理后的电动机，一般只测绕组相与相、相对地的冷态（常温）绝缘电阻，对绕线转子电动机还应测量转子绕组的绝缘电阻。而多速绕组的电动机，应对其各绕组的绝缘电阻进行分别逐个测量。大型电动机可通过测量绝缘电阻来判断绕组是否受潮。对于额定电压500V以下的电动机，一般用500V兆欧表进行测量，500～3000V之间的电动机用1000V兆欧表；3000V以上的电动机用2500V兆欧表。对于500V以下电动机，绝缘电阻应不低于0.5MΩ。全部更换绕组的不应低于5MΩ。

（3）直流电阻的测定

电动机绕组的直流电阻的测定一般在冷态下进行，测量直流电阻使用直流电桥来完成。电动机绕组经过重绕修复后，要测定新嵌绕组的直流电阻，一般测三次，取其平均值。三相绕组的直流电阻之间的偏差与三相平均值之比应不大于5%，否则绕组匝间有短路、断路、焊接或接触不良，或绕组匝数有误等，若三相电阻都超出规定范围，说明绕组导线过细。

（4）耐压试验

电动机定子绕组相与相、相与地经过绝缘物质绝缘后，能承受一定的电压而不击穿称作耐压。交流耐压和直流耐压都是耐压试验，是鉴定电力设备绝缘强度的方法。

① 直流耐压试验　电压较高，对发现绝缘某些局部缺陷具有特殊的作用，可与泄漏电流试验同时进行。直流耐压试验与交流耐压试验相比，具有试验设备轻便、对绝缘损伤小和易于发现设备的局部缺陷等优点。与交流耐压试验相比，直流耐压试验的主要缺点是由于交、直流下绝缘内部的电压分布不同，直流耐压试验对绝缘的考验不如交流更接近实际。

② 交流耐压试验　交流耐压试验对绝缘的考验非常严格，能有效地发现较危险的集中性缺陷。它是鉴定电气设备绝缘强度最直接的方法，对于判断电气设备能否投入运行具有决定性的意义，也是保证设备绝缘水平、避免发生绝缘事故的重要手段。交流耐压试验有时可能使绝缘中的一些弱点更加发展，因此在试验前必须对试品先进行绝缘电阻、吸收比、泄漏电流和介质损耗等项目的试验，试验结果合格方能进行交流耐压试验。

a. 定子绕组　交接试验时，对额定电压为0.4kV及以下者取1kV，额定电压为6kV者取10kV；对运行中的电动机，以及对大修中未更换或局部更换定子绕组的电动机取1.5倍额定电压，但不得低于1000V；全部更换定子绕组的电动机取2倍额定电压再加1000V，但不得低于1500V；100kW以下不甚重要的低压电动机，其交流耐压试验可用2500V兆欧表来测试。

b. 转子绕组　交接试验时，对不可逆转子取1.5倍额定电压，可逆转子取3倍额定电压。

同步电动机转子线圈的交流耐压试验，试验电压为励磁电压的7.5倍，但不应低于1200V，不高于出厂试验电压的75%。

（5）匝间绝缘试验

把电源电压提高到额定电压的 130%，使电动机空转 5min，应不发生短路现象，称匝间绝缘试验，其目的是考核匝与匝之间的绝缘性能。

（6）转子开路电压的测定

测量转子开路电压时，转子静止不动，转子绕组开路，启动变阻器断开，在定子绕组上施加额定电压，在转子集电环间测量各线间电压，额定电压在 500V 以上的电动机，施于定子绕组上的电压可适当降低。

（7）空载试验

空载试验的目的是检查电动机的装配质量及运行情况，测定电动机的空载电流和空载损耗功率。

按如图 8-28 所示接线后，逐渐升高电压至额定值（380V），此时电动机应稳定运行，无异常噪声和振动。电流表所测得的数值即为空载电流，功率表显示的输入功率值就是电动机的空载损耗功率。其中空载电流应三相平衡，任意一相空载电流与三相电流平均的偏差均不得大于 10%。

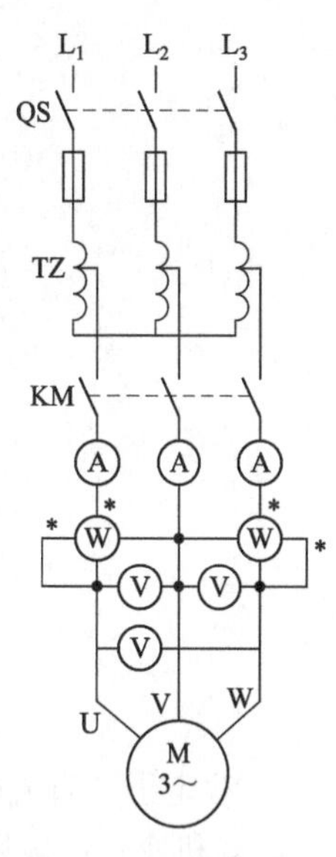

图 8-28　电动机空载试验接线

一般情况下，多采用更简便的空载试验方法，即通过控制开关直接给电动机通电，空载启动，用钳形电流表测出空载电流，用固定离心式转速表测出空载速度，并观察电动机的空载运转情况，以确定电动机的好坏。

在空载试验时，应观察电动机运行情况，监听有无异常声音，铁芯是否过热，轴承的温升及运转是否正常。对绕线线转子电动机，应检查电刷有无火花和过热现象。

对修理后的异步电动机，在做空载试验时，通常仅测量空载电流以检查电动机修后的质量。只有在有必要时才做空载损耗试验。

（8）负载试验

负载试验的方法很多，进行负载试验时，被试电动机应在接近热状态下，并且在额定电压和额定频率下测量不同的负载点，试验过程尽可能快的完成。

三相异步电动机负载试验的目的是确定电动机的效率、功率因数、转速、定子电流、输入功率等与输出功率的关系。测取电动机的工作特性曲线，并考核效率和功率因数是否合格，取得分析电动机运行性能的必要数据资料。

（9）温升试验

温升试验又称热试验，温升试验有两种方法：直接法和间接法。直接法温升试验应在额定频率、额定电压和额定负载或铭牌电流下进行。间接法主要包括降低电压负载法、降低电流负载法、定子叠频法等。

温升试验的目的是为了确定额定负载条件下运行时，定子绕组的工作温度和电动机某些部分温度高于冷却介质温度的温升。电动机温升的高低，决定着电动机绝缘的使用寿命，所以温升试验对电动机的质量具有非常重要的作用。

8.3 直流电动机

8.3.1 直流电动机简介

（1）直流电动机的结构

直流电动机是将直流电能转换为机械能的电动机。因其良好的调速性能而在电力拖动中得到广泛应用。直流电动机由定子和转子两大部分组成，如图 8-29 所示。

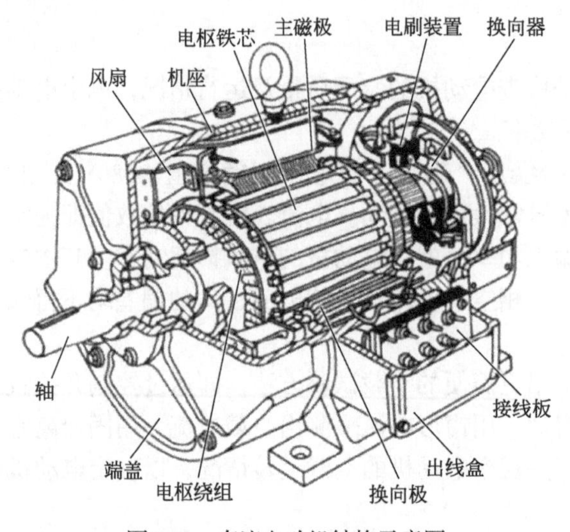

图 8-29　直流电动机结构示意图

① 定子　直流电动机的定子由机座、主磁极、换向磁极和电刷装置组成。

a. 机座：一般用导磁性能较好的铸钢件或钢板焊接而成。机座有两方面的作用：一方面起导磁作用，作为电动机磁路的一部分。另一方面起安装、支撑作用。

b. 主磁极：由主磁极铁芯和励磁绕组组成。主磁极铁芯为电动机磁路的一部分，主磁极绕组的作用是通入直流电产生励磁磁场。

c. 换向磁极：是位于两个主磁极之间的小磁极，又称为附加磁极，其作用是产生换向磁场，改善电动机的换向。它由换向磁极铁芯和换向磁极绕组组成。

d. 电刷装置：作用是通过电刷与换向器的滑动接触，把电枢绕组中的电动势（或电流）引到外电路，或把外电路的电压、电流引入电枢绕组。

② 转子　直流电动机的转子又称电枢，它是产生感应电动势、电流、电磁转矩而实现能量转换的部件。

a. 电枢铁芯：是直流电动机主磁路的一部分，在铁芯槽中嵌放电枢绕组。电枢铁芯一般采用硅钢片叠压而成。

b. 电枢绕组：作用是通过电流产生感应电动势和电磁转矩实现能量转换。

③ 换向器　换向器由许多彼此绝缘的钢质换向片组成一个圆柱体，装在转子转轴的一端。转子绕组的每一个绕组线圈分别接在两个与转轴对称的换向片上。换向片通过和电刷的滑动接触与外加直流电源相连通。当转子转轴每旋转 180° 时，接在相应换向片上的直流电改变一次极性，相当于每个转子绕组线圈中接的是交流电，保证了形成固定方向的电磁转矩。

换向器是直流电动机的标志性部件，它将加于电刷之间固定极性的直流电流变成转子绕组内部的交流电流，从而保证所有导体上产生的转矩方向一致。

④ 转轴　作用是用来传递转矩。为了使电动机能可靠地运行，转轴一般用合金钢锻压加工而成。

⑤ 风扇　用来降低运行中电动机的温升。

（2）直流电动机的种类

① 直流电动机按结构及工作原理，可分为无刷直流电动机和有刷直流电动机。

② 直流电动机按励磁方式，可分为永磁、他励和自励 3 类，其中自励又分为并励、串励和复励 3 种。

（3）直流电动机的原理

直流电动机的工作原理是将直流电源通过电刷接通电枢绕组，使电枢导体有电流流过。电动机内部有磁场存在。载流的转子（即电枢）导体将受到电磁力的作用，所有导体产生的电磁力作用于转子，使转子以 n（r/min）旋转，以便拖动机械负载。

直流电机的运行是可逆的。即一台直流电机即可作为发电机运行，也可作为电动机运行。当它作为发电机运行时，外加转矩拖动转子旋转，绕组产生感应电动势，接通负载以后提供电流，从而将机械能转变成电能。当它作为直流电动机运行时，通电的绕组导体在磁场中受力，产生电磁转矩并拖动负载转动，从而将电能变成机械能。

8.3.2　直流电动机的接线方法

（1）他励直流电动机

励磁绕组与电枢绕组无连接关系，而由其他直流电源对励磁绕组供电的直流电动机称为他励直流电动机，接线如图 8-30（a）所示。图中 M 表示电动机，若为发电机，则用 G 表示。永磁直流电动机也可看作他励直流电动机。

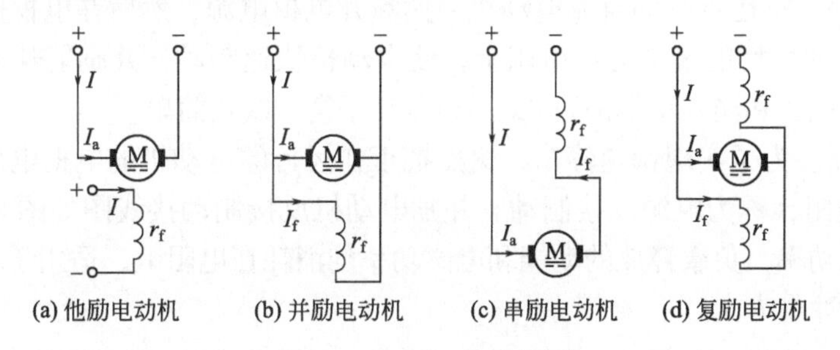

图 8-30　直流电动机的接线

（2）并励直流电动机

并励直流电动机的励磁绕组与电枢绕组相并联，接线如图 8-30（b）所示。作为并励发电机来说，是电机本身发出来的端电压为励磁绕组供电；作为并励电动机来说，励磁绕组与电枢共用同一电源，从性能上讲与他励直流电动机相同。

（3）串励直流电动机

串励直流电动机的励磁绕组与电枢绕组串联后，再接于直流电源，接线如图 8-30（c）所示。这种直流电动机的励磁电流就是电枢电流。

（4）复励直流电动机

复励直流电动机有并励和串励两个励磁绕组，接线如图 8-30（d）所示。若串励绕组产生的磁通势与并励绕组产生的磁通势方向相同称为积复励。若两个磁通势方向相反，则称为差复励。

8.3.3 直流电动机的运行

（1）直流电动机的启动

直流电动机的启动方法有直接启动、电枢回路串电阻启动和降压启动三种。采用哪种启动方法要看应用场合。

① 直接启动快、设备简单，但冲击电流较大，要考虑电动机和电源能否承受得住。

② 电枢回路串电阻启动设备成本低，冲击电流小，但需要随转速增加慢慢切除电阻（有专门的启动器）。

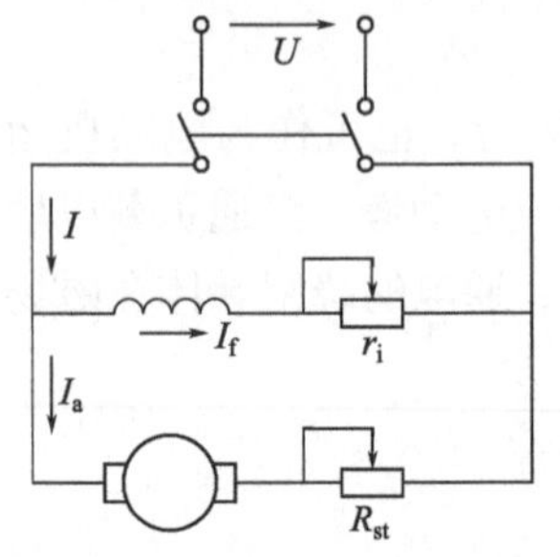

图 8-31 电枢回路串电阻启动

如图 8-31 所示，在转子电路中串入一个专用的启动变阻器 R_{st}。启动变阻器一般采用小阻值、大电流的变阻器。启动时，先将 R_{st} 置于最大值，然后再接通转子电源，随着转速的增加再逐渐减小 R_{st}，待电动机转速稳定后，再完全切除 R_{st}，启动过程结束。

③ 降压启动，将专用可调直流电源接到转子电路中。启动时，调节电源电压，从零开始逐渐上升至额定值。这种启动方法仅适用于他励式直流电动机。

（2）直流电动机的制动

直流电动机的制动方式有机械制动、能耗制动、反接制动和回馈制动。

① 直流电动机的机械制动与交流电动机的机械制动类似，一般采用电磁抱闸制动。

② 能耗制动。指运行中的直流电动机突然断开电枢电源，然后在电枢回路串入制动电阻，使电枢绕组的惯性能量消耗在电阻上，使电动机快速制动，并励能耗制动接线图如图 8-32 所示。由于电压和输入功率都为 0，所以制动平衡，线路简单。

③ 反接制动。为了实现快速停车，突然把正在运行的电动机的电枢电压反接，并在电枢回路中串入电阻，称为电源反接制动，并励电动机反接制动接线图如图 8-33 所示。制动期间电源仍输入功率，负载释放的动能和电磁功率均消耗在电阻上，适用于快速停转并反转的场合，对设备冲击力大。

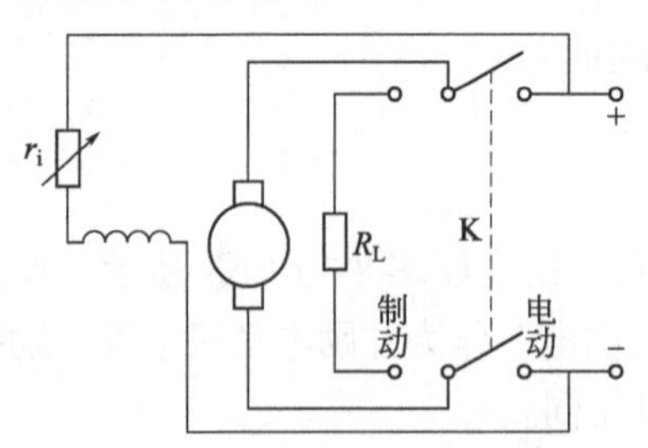

图 8-32 并励能耗制动接线图

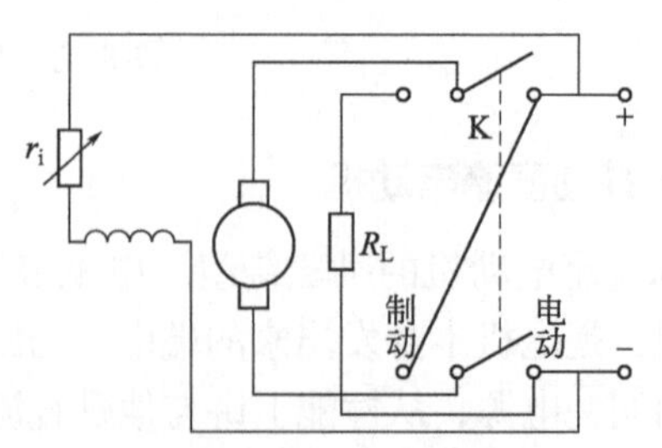

图 8-33 并励电动机反接制动接线图

④ 回馈制动。当电动机的转速在生产机械的作用下超过理想空载转速时（如提升机下放重物），电动机由电动状态变为发电回馈制动状态。所以，产生发电回馈制动的条件是 $n>n_0$。

发电回馈制动的优点是不改变电动机的接线方式，而且能将机械能转变为电能反馈回电网，因此经济效益好。

正向回馈：当电动机减速时，电动机转速从高到低所释放的动能转变为电能，一部分消耗在电枢回路的电阻上，一部分返回电源。

反向回馈：电动机拖位能负载（如下放重物）时，可能会出现这种状态。重物拖动电动机超过给定速度运行，电动机处于发电状态。电磁功率反向，功率回馈电源。

（3）直流电动机的调速

要改变直流电动机的转速 n 可以采用3种方法，即改变转子电阻的大小、改变转子电源电压的大小或改变主磁通的大小。

（4）直流电动机的正反转

① 他励、串励和并励直流电动机　要改变直流电动机的旋转方向，就需要改变直流电动机的电磁转矩方向。改变电动机转向的方法有两种：

a. 将电枢两端电压反接，改变电枢电流的方向。

b. 改变励磁绕组的极性，即改变主磁场的方向。

在实际运行中，由于直流电动机的励磁绕组匝数较多，电感很大，把励磁绕组断开将产生较大的自感电动势，使开关产生很大的火花，并且还可能击穿励磁绕组的绝缘。因此，要求频繁反向的直流电动机，应采用改变电枢电流方向这一方法来实现反转。

仅采用上述方法之一即可实现直流电动机的反转，如果同时使用这两种方法，则反反为正，反而不能达到电动机反转的目的。

② 永磁直流电动机　永磁式直流电动机只要将电源正、负极连接方向调换，就可以实现电动机反转。

③ 无刷电动机　装置两套转子位置传感器，采用一套转子位置传感器借助逻辑电路改变功率开关晶体管的导通顺序，从而实现电动机的正反转。

④ 串励式直流电动机　需要改变定子线圈与碳刷（转子）串联的方向即可实现电动机的反转。

8.3.4　直流电动机的试验

（1）直流电动机试验前的一般检查

① 对电动机的装配质量进行一般性检查（如紧固件是否拧紧、转子转动是否灵活）；刷握应牢固而精确地固定在刷架上，刷握下缘应与换向器表面平行，各刷握之间的距离应相等；电刷应能自由地在刷握内上下移动，但也不能太松；电刷表面与换向器应很好吻合；电刷顶端的弹簧压力应调节适当；换向器表面应清洁光滑，换向片间的云母片不得高出换向器表面，凹进深度为1～1.5㎜；检查电动机的出线是否正确。

② 用塞规在电枢圆周上检查各磁极下的气隙，每次在电动机轴向两端测量。空气隙的最大容许偏差值不应超过其算术平均值的 ±10%。

（2）修理后的直流电动机的试验

① 检查电动机绕组的极性及其连接的正确性；检查主磁极与换向极绕组连接的正确性；检查串励对并励绕组之间（或各并励绕组之间）连接的正确性；绕组对机壳及绕组相互间绝

缘电阻的测定、测量时，除了测量各绕组对机壳及其相互间的绝缘电阻以外，还测量电枢绕组的钢丝箍对换向器之间、换向器紧圈对换向片之间、刷架对机壳之间（此时电刷应提起）的绝缘电阻。绝缘电阻值不应低于下式计算的数值，即 $R=U_N/(1000+P_N/100)$，式中 R 为绝缘电阻，MΩ；U_N 为电动机额定电压，V；P_N 为电动机额定功率，kW。

② 测量绕组的直流电阻，采用双臂电桥。测量应进行三次，取其算术平均值，同时用温度计测量环境温度；在电动机各绕组正确接线的情况下，为保证电动机运行性能良好，电动机的电刷必须放在几何中性线位置上；如有更换绕组、检修换向器等情况，或对绕组绝缘有怀疑时，将各绕组和换向器对机壳做耐压试验，及各绕组之间做耐压试验；

③ 如果上述各项试验合格，对电动机即可通电进行空载试验。

④ 一般检修后的直流电动机可不进行负载试验。

8.4 电动机的电气控制

8.4.1 电动机电气控制的原则

（1）行程控制原则

根据生产机械运动部件的行程或位置，利用行程开关来控制电动机的工作状态。这是生产机械电气自动化中应用最多和作用原理最简单的一种方式。

（2）时间控制原则

利用时间继电器按一定时间间隔来控制电动机的工作状态。如：在电动机的降压启动、制动及变速过程中，利用时间继电器按一定的时间间隔改变线路的接线方式，以自动完成电动机的各种控制要求。在这里，换接时间的控制信号由时间继电器发出，换接时间的长短则根据生产工艺要求或者电动机的启动、制动和变速过程的持续时间来整定时间继电器的动作时间。

（3）速度控制原则

根据电动机的速度变化，利用速度继电器等电器来控制电动机的工作状态。反映速度变化的电器有多种。直接测量速度的电器有速度继电器、小型测速发电机。间接测量电动机速度的，对于直流电动机用其感应电动势来反映，通过电压继电器来控制；对于交流绕线式异步电动机可用转子频率来反映，通过频率继电器来控制。

（4）电流控制原则

根据电动机主回路电流的大小，利用电流继电器来控制电动机的工作状态。

8.4.2 电动机传统控制方式

为了使电动机能按生产的要求进行启动、运行、调速、制动和反转等，就需要对电动机进行控制。控制设备主要有开关、继电器、接触器、电子元器件等。

（1）启动控制方式

传统的笼型异步电动机启动方式有全压启动、减压启动。

常见的降压启动方法有 4 种：定子绕组串接电阻降压启动、自耦变压器 (补偿器) 降压启动、Y- △降压启动和延边三角形降压启动。

（2）正转控制方式

三相异步电动机常用的正转控制方式有五种：手动正转控制方式、点动正转控制方式、接触器自锁控制方式、具有过载保护的接触器自锁正转控制方式、连续与点动混合正转控制方式。

（3）正反转控制方式

三相异步电动机常用的正反转控制方式有四种：倒顺开关正反转控制方式，接触器联锁正反转控制方式，按钮联锁正反转控制方式，按钮、接触器联锁正反转控制方式。

（4）电动机制动方式

电动机制动方式有能耗制动、反接制动、回馈制动。

上述任何一种控制方式的实现通常都由继电器 - 接触器组成的控制系统来完成的。这种传统的继电器 - 接触器控制方式的控制逻辑清晰，采用了机电一体组合方式，便于普通机电类技术人员的维修，但由于使用的电气元件体积大、触点多、故障率大、寿命短，因此运行的可靠性低。

8.4.3　电动机的 PLC 控制

（1）电动机的传统控制与 PLC 控制的比较

可编程控制器，简称为 PLC，由于 PLC 在设计制造时充分考虑到工业控制现场环境问题，并采取了多层次、多种有效措施来提高工作可靠性，因此采用 PLC 实现电动机控制，特别是对工作条件恶劣的工矿企业更为适用。目前，PLC 已广泛用于冶金、化工、轻工、机械、电力、建筑、交通和运输等各行业。

PLC 控制是由继电器接触器控制发展而来的，两者之间既有相似性又有很多不同之处，见表 8-2。

表 8-2　PLC 控制与继电 - 接触器控制的区别

区别	PLC控制	继电-接触器控制
控制逻辑不同	PLC 控制为“软接”技术，同一个器件的线圈和它的各个触点动作不同时发生	继电 - 接触器控制为硬接线技术，同一个继电器的所有触点与线圈通电或断电同时发生
控制速度不同	PLC 控制速度极快	继电 - 接触器控制速度慢
定时 / 计数不同	PLC 控制定时精度高，范围大，有计数功能	继电 - 接触器控制定时精度不高，范围小，无计数功能
设计与施工不同	PLC 现场施工与程序设计同步进行，周期短，调试及维修方便	继电 - 接触器控制设计、现场施工、调试必须依次进行，周期长，且修改困难
可靠性和维护性不同	PLC 连线少，使用方便，并具有自诊断功能	继电 - 接触器连线多，使用不方便，没有自诊断功能
价格不同	PLC 价格贵（具有长远利益）	继电 - 接触器价格便宜（具有短期利益）

（2）电动机PLC控制方案的设计特点

① 硬件方面

a. 设置了滤波器。在 PLC 中一般对供电系统及输入线路采用多种形式的滤波器，如 LC 型或 π 型滤波器

b. 采用了隔离和屏蔽技术技术。 在 PLC 系统中 CPU 和各种 I/O 通道之间都采用光电隔离和屏蔽技术，以防止外界信号的干扰，影响 CPU 的正常工作或导致 CPU 的损坏。

c. 采用了模块结构。PLC 通常采用模块式结构，目的是便于用户检修和更换模块，另外在各模块上都设有故障检测电路，并用相应的指示器标示它的状态，使用户能够迅速确定故障块的位置。

d. 设置了特定的电源。 PLC 中的电源，尤其是为 CPU 模块供电的 +5V 主电源，都有很强的抗电网电压波动和高频扰动的能力，同时还具有过电压、过电流等保护措施，以防止 PLC 的损坏。

e. 设置了联锁功能。PLC 中各个输出通道之间都设有联锁和互锁功能，以防止各被控对象之间误动作可能造成的事故。

f. 设置了环境检测和诊断电路。 这部分电路负责对 PLC 的运行环境（如电网电压、工作温度、环境湿度等）做检测，同时也完成对 PLC 中各模块工作状态的监测。这部分电路往往是与软件相配合工作的，以实现故障的自动诊断和预报。

② 软件方面

a. 软件与硬件相配合。软件装在 PLC 的某一固定的存储区中，它定时对外界的工作环境状态检测，以便在有异常情况下可及时处理。

b. 工作信号会自动保护。PLC 在受到强干扰而导致工作进程混乱甚至停止时，如果 PLC 的硬件系统未受损，则它的保护软件迅速将当前的工作状况和有关的信息存放到磁性的或带电保护型存储器中，以便强干扰消失后，PLC 自动从这种存储器中取出这些信息，继续完成因强干扰而中断的工作。

c. PLC 采用扫描方式进行工作。 PLC 对信号的输入、数据的处理和信号的输出分别在一个扫描周期的不同时间间隔里以批处理方式进行，因此使得用户编程简单、不易出错。

（3）梯形图

PLC 常用的编程语言有梯形图、指令语句表、控制流程图等，本书仅简要介绍梯形图语言。

梯形图语言是一种以图形符号及图形符号在图中的相互关系表示控制关系的编程语言，是从继电器电路图演变过来的。梯形图与继电 - 接触器控制系统的电路图很相似（梯形图中用了继电 - 接触器线路的一些图形符号，这些图形符号被称为编程组件，每一个编程组件对应有一个编号），具有直观易懂的优点，很容易被电气人员掌握，特别适用于开关量逻辑控制。

不同厂家的 PLC 的编程组件的多少及编号方法不尽相同，但基本的组件及功能相差不大。例如，对图 8-34（a）所示的继电 - 接触器控制电路，如果用 PLC 完成其控制动作，则梯形图如图 8-34（b）所示。

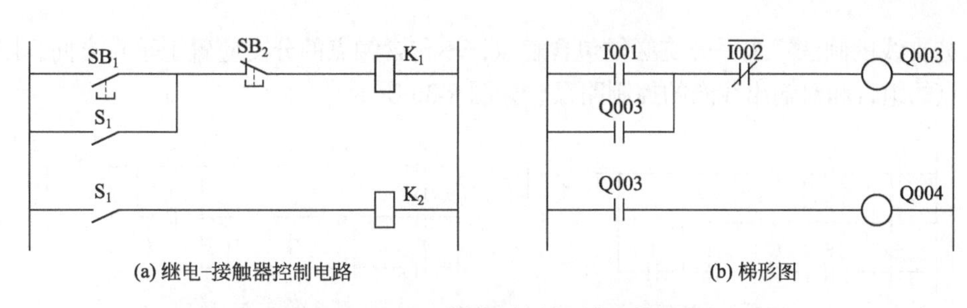

(a) 继电-接触器控制电路　(b) 梯形图

图8-34　继电-接触器控制电路和梯形图

① PLC 梯形图的特点

a. 梯形图按自上而下、从左到右的顺序排列。每一个继电器线圈为一个逻辑行，称为一个梯形。每一个逻辑行起始于左母线，然后是触点的各种连接，最后是线圈与右母线相连，整个图形呈阶梯形。

b. 梯形图中的继电器不是继电器控制线路中的物理继电器，它实质上是变量存储器中的位触发器，因此称为“软继电器”。梯形图中继电器的线圈又是广义的，除了输出继电器、内部继电器线圈，还包括定时器、计数器、移位寄存器以及各种比较运算的结果。

c. 在梯形图中，一般情况下(除有跳转指令和步进指令的程序段外)某个编号的继电器线圈只能出现一次，而继电器触点则可无限引用，既可是常开触点又可是常闭触点。

d. 其左右两侧母线不接任何电源，图中各支路没有真实的电流流过。但为了方便，常用“有电流”或“得电”等来形象地描述用户程序运算中满足输出线圈的动作条件，所以仅仅是概念上的电流，而且认为它只能由左向右流动，层次的改变也只能先上后下。

e. 输入继电器用于接收 PLC 的外部输入信号，而不能由内部其他继电器的触点驱动。因此，梯形图中只出现输入继电器的触点而不出现输入继电器的线圈。输入继电器的触点表示相应的外电路输入信号的状态。

f. 输出继电器供 PLC 作输出控制，但它只是输出状态寄存器的相应位，不能直接驱动现场执行部件，而是通过开关量输出模块相应的功率开关去驱动现场执行部件。当梯形图中的输出继电器得电接通时，则相应模块上的功率开关闭合。

g. PLC 的内部继电器不能作输出控制用，它们只是一些逻辑运算用中间存储单元的状态，其触点可供 PLC 内部使用。

h. PLC 在运算用户逻辑时就是按梯形图从上到下、从左到右的先后顺序逐行进行处理，即按扫描方式顺序执行程序，因此存在几条并列支路的同时动作，这在设计梯形图时可以减少许多有约束关系的联锁电路，从而使电路设计大大简化。

② 梯形图的画法

a. 触点的画法　垂直分支不能包含触点，触点只能画在水平线上。

如图 8-35（a）所示，触点 C 被画在垂直路径上，难以识别它与其他触点的关系，也难以确定通过 C 触点的能流方向，因此无法编程。可按梯形图设计规则将 C 触点改画于水平分支，如图 8-35（b）所示。

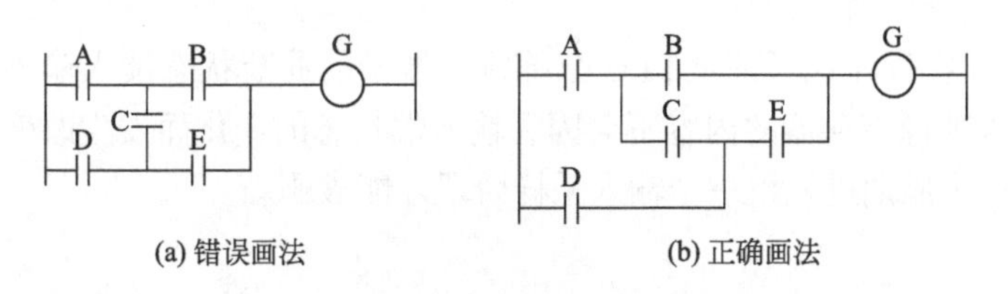

(a) 错误画法　(b) 正确画法

图8-35　触点的画法

b. 分支线的画法　水平分支必须包含触点，不包含触点的分支应置于垂直方向，以便于识别节点的组合和对输出线圈的控制路径，如图 8-36 所示。

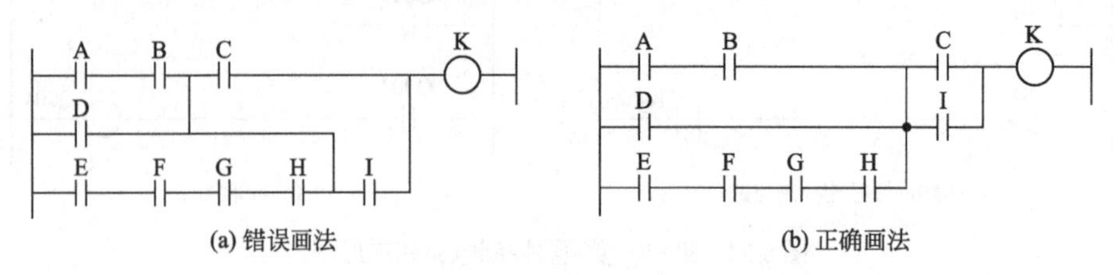

图8-36　分支线的画法

c. 梯形图中分支的安排　每个"梯级"中的并行支路(水平分支)的最上一条并联支路与输出线圈或其他线圈平齐绘制，如图 8-37 所示。

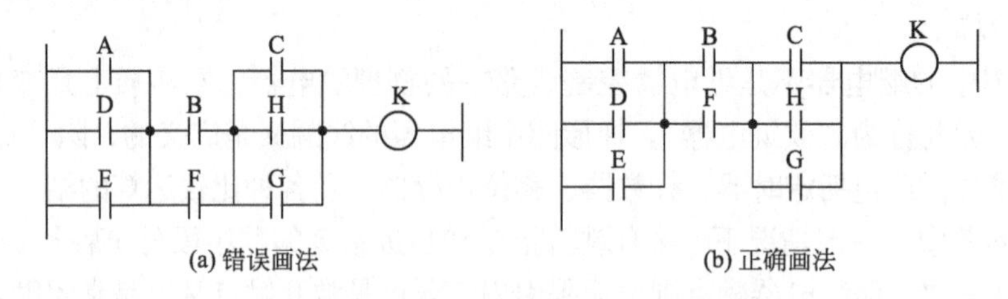

图8-37　梯形图中分支的安排

d. 触点数量的优化　因 PLC 内部继电器的触点数量不受限制，也无触点的接触损耗问题，因此在程序设计时，以编程方便为主，不一定要求触点数量为最少。例如图 8-38（a）和图 8-38（b）在不改变原梯形图功能的情况下，两个图之间就可以相互转换，这大大简化了编程。显然，图 8-38（a）中的梯形图所用语句比图 8-38（b）中的要多。

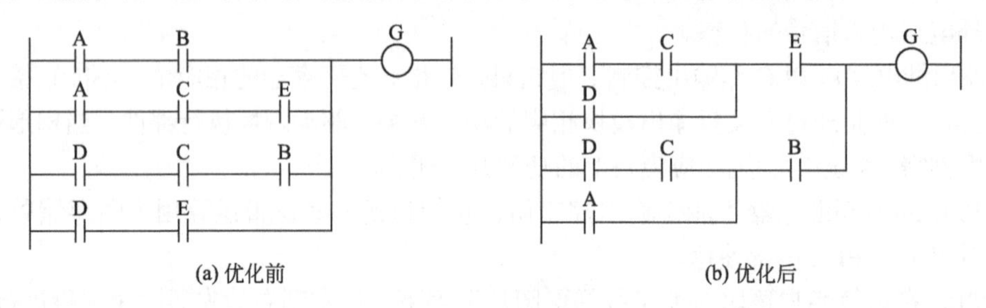

图8-38　梯形图的优化

（4）PLC简明工作原理

PLC 作为一种专用的工业控制计算机，它是从继电器 - 接触器系统发展而来的，采用了周期性循环扫描的工作方式，即 PLC 从 00000 号存储地址开始执行程序，指导遇到 END 指令的程序运行结束，然后再从头执行，这样周而复始重复，一直到停机或切换到停止(STOP)状态为止。每一个扫描周期分为输入采样、程序执行、输出刷新三个阶段，如图 8-39 所示。

① 输入采样　在程序执行前把 PLC 全部输入端子的通断状态读入输入映像寄存器，当程序执行时，输入映像寄存器的内容不会因为输入端状态的变化而发生改变。输入信号变化的状态只有经过一个周期进入下一个输入采样阶段才能被刷新。

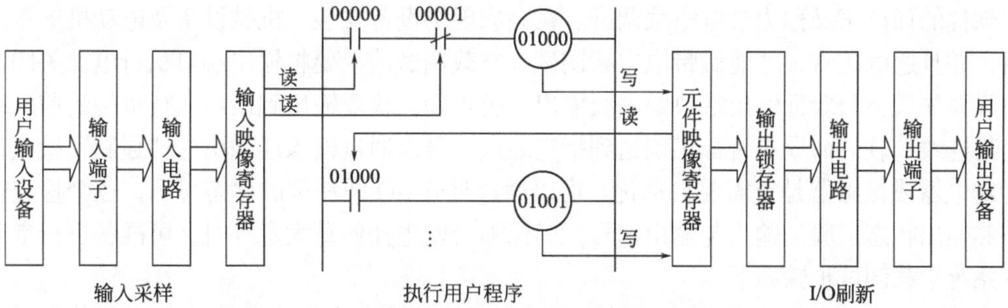

图8-39 PLC扫描工作过程

② 程序执行 PLC在完成输入采样工作后，在没有接到跳转指令时，根据用户程序存储器中的指令将有关软件的通、断状态从输入映像寄存器或其他软元件的映像寄存器读出，然后按照从上到下、先左后右的步序进行顺序运算或逻辑运算（即从第一条指令开始逐条顺序执行用户程序），并将运算结果写入有关的映像寄存器保存。也就是说，各软元件的映像寄存器中所寄存的内容是随着程序的执行而不断变化的，这个结果在全部程序没有执行完毕之前是不会送到输出端子的。

③ 输出刷新 输出刷新也称为输出处理，在程序执行完毕后，将输出映像寄存器中的内容送到输出锁存器中进行输出，并通过隔离电路、功率放大电路驱动外部负载。

（5）PLC对I/O处理的原则

根据PLC机工作过程的特点，可知PLC对I/O处理的原则为：输入映像寄存器的数据取决于输入端子板上各输入点在上一个刷新周期的接通/断开状态；程序如何执行取决于用户所编程序和输入/输出映像寄存器的内容及其他各元件映像寄存器的内容；输出映像寄存器的数据取决于输出指令的执行结果；输出锁存器中的数据由上一次输出刷新期间输出映像寄存器中的数据决定；输出端子的接通/断开状态由输出锁存器决定。

PLC采取这种集中采样、集中输出(刷新)的工作方式可以减少外界干扰的影响，提高PLC的抗干扰能力。

（6）PLC电气控制电路安装

① 将熔断器、接触器、转换开关、PLC装在一块配线板上。

② 根据设计好的I/O连接图和PLC的I/O点数分配进行接线。

③ 程序的输入和调试。

a. 程序输入时，将编程器放在编程状态。了解便携式编程器的使用，依据设计的语句表指令，逐条输入，完毕后逐条校对。

b. 把控制电路各个电气元器件的线圈负载去掉，将编程器放置在运行状态。按照设计的流程图的要求进行模拟调试。模拟调试时，观察输出指示灯的点亮顺序是否与流程图要求的动作一致。如果不一致，可以修改程序，直到输出指示灯的点亮顺序与流程图要求的动作一致。

c. 把全部控制电路各个电气元器件的线圈负载接上，将编程器放置在运行状态。按照考核试题的要求，进行调试。使各种电气元器件的动作符合设计要求的功能。

（7）PLC控制电路的调试

系统的调试包括软件和硬件两大部分，但主要是软件的调试。在调试过程中，两者应协调。软件的预调试又称为带电空载调试。在完成现场设备安装、机械设备及电动机等本地检查后，并且通电正常，才能做带电空载调试。空载调试前，要将输出端口执行电源关闭，这段时间要先调整与验证输出端口最末级输出是否正确，检查输出到最后执行机构的前一级是否全部连线，软件命令是否都正确送到指定终点。可以通过输入或输出的“强制”检查输出端的继电器或接触器是否需要自动化。可以通过打开I/O缓冲区的状态显示，逐个检查输入状态和输出状态。验证输入与输出信号，确保不会发生任何重大意外时，可准备进行空载调试。系统空载调试步骤如下：

① 使用I/O表在输出表中“强制”调试，即检查输出表中输出端口为“1”状态时，外部设备是否运行；为“0”状态时，外部设备是否真的停止。也可以交叉地对某些设备做“1”与“0”的“强制”，应考虑供电系统是否能保证准确而安全启动或者停止。

② 通过人机命令在用户软件监视下，考核外部设备的启动或停止。对于某些关键设备，为了能及时判断它的运行，可以在用户软件中加入一些人机命令联锁，细心地检查它们，检查正确后，再将这些插入的人机命令拆除。这种做法同于软件调试设置断点或语言调试的暂停。

③ 空载调试全部完成后，要对现场再做一次完整的检查，去掉多余的中间检查用的临时配线和临时布置的信号，将现场做成真正使用的状态。

【特别提醒】

① 软件调试时，应首先调试子程序功能模块，然后调试初始化程序，最后调试主程序。

② 调试的输出部分尽可能逼近实际系统，并考虑到各种可能出现的状态，并应做多次反复的调试，发生问题应及时分析和调整。不要轻易放过出现的异常现象，以免造成运行中出现事故。

③ 系统的试运行。在试运行阶段，系统设计者应密切注视和观察系统的运行情况，遇到问题应及时停机，认真分析产生问题的原因，找出解决问题的方法，并做好记录。

【练习题】

一、选择题

1. 工业自动化仪表的电风扇使用的电动机属于（　　）异步电动机。

A. 单相罩极式　　B. 电阻启动单相

C. 单相电容式运转　　D. 电容启动单相

2. 单相电容启动异步电动机的（　　）组定子绕组在启动时串联有电容器。

A. 1　　B. 2　　C. 3　　D. 4

答案：1. A；2. A

3. 单相罩极异步电动机的转动方向（ ）。

A. 是固定不变的

B. 只能由罩极部分向非罩极部分转动

C. 是可以改变的

D. 可用改变定子电压相位的办法来改变

4. 罩极式单相异步电动机的定子绕组是（ ）连接电源的。

A. 经过电阻　　B. 经过电容　　C. 经过电感　　D. 直接

5. 异步电动机旋转磁场的转速与极数（ ）。

A. 成正比　　B. 的平方成正比　　C. 成反比　　D. 无关

6. 三相异步电动机之所以能转动起来，是由于（ ）作用产生电磁转矩。

A. 转子旋转磁场与定子电流　　B. 定子旋转磁场与定子电流

C. 转子旋转磁场与转子电流　　D. 定子旋转磁场与转子电流

7. 三相异步电动机的三相绕组既可接成△形，也可接成Y形。究竟接哪一种形式，应根据（ ）来确定。

A. 负载的大小　　B. 绕组的额定电压和电源电压

C. 输出功率多少　　D. 电流的大小

8. 一般来说，三相异步电动机直接启动的电流是额定电流的（ ）。

A. 10倍　　B. 1～3倍　　C. 5～7倍　　D. 1/3倍

9. 电动机定子三相绕组与交流电源的连接叫接法，其中Y为（ ）。

A. 三角形接法　　B. 星形接法　　C. 延边三角形接法

10. 三相笼形异步电动机的启动方式有两类，即在额定电压下的直接启动和（ ）启动。

A. 转子串电阻　　B. 转子串频敏　　C. 降低启动电压

11. 国家标准规定凡（ ）kW以上的电动机均采用三角形接法。

A. 3　　B. 4　　C. 7. 5

12. 三相异步电动机一般可直接启动的功率为（ ）kW以下。

A. 7　　B. 10　　C. 16

13. 星－三角降压启动，是启动时把定子三相绕组做（ ）连接。

A. 三角形　　B. 星形　　C. 延边三角形

14. 下列叙述不属于三相电动机优点的是（ ）

A. 电动机开动和停止都比较方便　　B. 电动机构造简单，体积小

C. 电动机效率高，对环境无污染　　D. 电动机要消耗能源

15. 用（ ）可判别三相异步电动机定子绕组首尾端。

A. 电压表　　B. 功率表　　C. 万用表　　D. 兆欧表

16. 绕线式异步电动机一般利用改变（ ）的方法进行调速。

A. 电源频率　　B. 磁极对数　　C. 转子电路中的电阻　　D. 电源电压

17. 双速异步电动机的接线方法应为（ ）。

A. △/Y　　B. Y/△　　C. YY/Y　　D. Y/△△

答案：3. A；4. D；5. C；6. D；7. B；8. C；9. B；10. C；11. B；12. A；13. B；14. D；15. C；16. C；17. C

18. △ /YY 接线的双速异步电动机，在△形接线下开始低速运行，当定子绕组接成（　　）形接线时便开始高速启动运行。

A. △　　B. Y　　C. YY　　D. △或者 YY

19. 某直流电动机拆开后，发现主磁极上的励磁绕组有两种：一为匝数多而绕组导线较细；另一为匝数少但绕组导线较粗。可断定该电动机的励磁方式为（　　）。

A. 他励　　B. 并励　　C. 串励　　D. 复励

20. 对直流电动机进行制动的所有方法中，最经济的方法是（　　）

A. 机械制动　　B. 回馈制动　　C. 能耗制动　　D. 反接制动

21. 异步电动机采用启动补偿器启动时，其三相定子绕组的接法（　　）。

A. 只能采用三角形接法　　B. 只能采用星形接法

C. 只能采用星形 / 三角接法　　D. 三角形接法及星形接法都可以

22. 为防止电路恢复来电而导致电动机启动而酿成事故的保护措施叫做（　　）。

A. 过载保护　　B. 失压保护　　C. 欠压保护　　D. 短路保护

23. 在三相交流异步电动机定子上布置结构完全相同、在空间位置上互差 120° 电角度的三相绕组，分别通入（　　），则在定子与转子的空气隙间将会产生旋转磁场。

A. 直流电　　B. 交流电　　C. 脉动直流电　　D. 三相对称交流电

24. 异步启动时，同步电动机的励磁绕组不能直接短路，否则（　　）。

A. 引起电流太大，电机发热

B. 将产生高电势，影响人身安全

C. 将发生漏电，影响人身安全

D. 转速无法上升到接近同步转速，不能正常启动

25. 适用于电机容量较大且不允许频繁启动的降压启动方法是（　　）。

A. Y- △　　B. 自耦变压器　　C. 定子串电阻　　D. 延边三角形

26. 对存在机械摩擦和阻尼的生产机械和需要多台电动机同时制动的场合，应采用（　　）制动。

A. 反接　　B. 能耗　　C. 电容　　D. 再生发电

27. 双速电动机的调速属于（　　）调速方法

A. 变频　　B. 改变转差率　　C. 改变磁极对数　　D. 降低电压

28. 三相绕线转子异步电动机的调速控制采用（　　）的方法。

A. 改变电源频率　　B. 改变定子绕组磁极对数

C. 转子回路串联频敏电阻器　　D. 转子回路串联可调电阻

29. 串励直流电动机启动时，不能（　　）启动。

A. 串电阻　　B. 降低电枢电压　　C. 空载　　D. 有载

30. 直流电动机励磁绕组不与电枢连接，励磁电流由独立的电源供给，称为（　　）电动机。

A. 他励　　B. 串励　　C. 并励　　D. 复励

31. 直流电动机主磁极上两个励磁绕组，一个与电枢绕组串联，一个与电枢绕组并联，称为（　　）电动机。

A. 他励　　B. 串励　　C. 并励　　D. 复励

32. 直流电动机主磁极的作用是（　　）。

A. 产生换向磁场　　B. 产生主磁场　　C. 削弱主磁场　　D. 削弱电枢磁场

答案：18. C；19. D；20. B；21. D；22. B；23. D；24. D；25. B；26. D；27. C；28. D；29. C；30. A；31. D；32. B

33. 直流电动机中的换向极由（　　）组成。

A. 换向极铁芯　　B. 换向极绕组

C. 换向器　　D. 换向极铁芯和换向极绕组

34. 直流电动机是利用（　　）的原理工作的。

A. 导体切割磁力线　　B. 通电线圈产生磁场

C. 通电导体在磁场中受力运动　　D. 电磁感应

35. 在三相交流异步电动机的定子上布置有（　　）的三相绕组。

A. 结构相同，空间位置互差 90° 电角度

B. 结构相同，空间位置互差 120° 电角度

C. 结构不同，空间位置互差 180° 电角度

D. 结构不同，空间位置互差 120° 电角度

36. 三相异步电动机定子各相绕组在每个磁极下应均为分布，以达到（　　）的目的。

A. 磁场均匀　　B. 磁场对称　　C. 增强磁场　　D. 减弱磁场

37. 同步电动机转子的励磁绕组的作用是通电后产生一个（　　）磁场。

A. 脉动　　B. 交变

C. 极性不变但大小变化的　　D. 大小和极性都不变化的恒定

38. 同步电动机出现“失步”现象的原因是（　　）。

A. 电源电压过高　　B. 电源电压太低

C. 电动机轴上负载转矩太大　　D. 电动机轴上负载转矩太小

39. 直流发电机电枢上产生的电动势是（　　）。

A. 直流电动势　　B. 交变电动势

C. 脉冲电动势　　D. 非正弦交变电动势

40. 三相同步电动机采用能耗制动时，电源断开后，保持转子励磁绕组的直流励磁，同步电动机就成为电枢被外电阻短接的（　　）。

A. 异步电动机　　B. 异步发电机　　C. 同步发电机　　D. 同步电动机

41. 转子绕组串电阻启动适用于（　　）

A. 笼式异步电动机　　B. 绕线式异步电动机

C. 串励直流电动机　　D. 并励直流电动机

42. 串励电动机的反转宜采用励磁绕组反接法。因为串励电动机的电枢两端电压很高、励磁绕组两端的（　　），反接较容易。

A. 电压很低　　B. 电流很低　　C. 电压很高　　D. 电流很高

43. 他励直流电动机改变旋转方向，常采用（　　）来完成。

A. 电枢绕组反接法　　B. 励磁绕组反接法

C. 电枢、励磁绕组同时反接　　D. 断开励磁绕组，电枢绕组反接

44. 下面哪种不是 PLC 的编程语言表达方式（　　）

A. 梯形图　　B. C 语言　　C. 指令语句表　　D. 逻辑功能图

45. PLC 的工作方式是（　　）

A. 等待工作方式　　B. 中断工作方式　　C. 扫描工作方式　　D. 循环扫描工作方式

答案：33. D；34. C；35. B；36. B；37. D；38. C；39. B；40. C；41. B；42. A；43. A；44. B；45. D

46. 在 PLC 梯形图中，(　　) 软继电器的线圈不能出现。

A. 输入继电器　　B. 辅助继电器　　C. 输出继电器　　D. 变量存储器

47. PLC 程序梯形图执行原则是 (　　)

A. 从下到上，从左到右　　B. 从下到上，从右到左

C. 从上到下，从左到右　　D. 从上到下，从右到左

二、判断题

1. 直流电动机启动时，必须限制启动电流。(　　)

2. 励磁绕组反接法控制并励直流电动机正反转的原理是：保持电枢电流方向不变，改变励磁绕组电流的方向。(　　)

3. 三相异步电动机主要由定子和转轴组成。(　　)

4. 三相异步电动机的额定功率是满载时转子轴上输出的机械功率，额定电流是满载时定子绕组的线电流。(　　)

5. 电动机的额定电压是指输入定子绕组的每相电压而不是线间电压。(　　)

6. 能耗制动是在制动转矩的作用下，电动机将迅速停车。(　　)

7. 经常反转及频繁通断工作的电动机，宜采用热继电器来保护。(　　)

8. 检查低压电动机定子、转子绕组各相之间和绕组对地的绝缘电阻，用 500V 绝缘电阻测量时，其数值不应低于 0.5MΩ，否则应进行干燥处理。(　　)

9. 直流电机按主磁极励磁绕组的接法不同，可分为他励和自励两大类。其中，他励直流电动机由于励磁电源可调，应用范围更广泛。(　　)

10. 直流电机进行能耗制动时，必须将所有电源切断。(　　)

11. 直流电机进行能耗制动时，必须将所有电源切断。(　　)

12. 直流电动机改变励磁磁通调速法是通过改变励磁电流的大小来实现的。(　　)

13. 同步电动机本身没有启动转矩，所以不能自行启动。(　　)

14. 同步电动机停车时，如需进行电力制动，最常用的方法是能耗制动。(　　)

15. 要使三相绕线式异步电动机的启动转矩为最大转矩，可以通过在转子回路中串入合适电阻的方法来实现。(　　)

16. 三相笼式异步电动机正反转控制线路，采用按钮和接触器双重联锁较为可靠。(　　)

17. 反接制动由于制动时对电机产生的冲击比较大，因此应串入限制电阻，而且仅用于小功率异步电动机。(　　)

18. 改变三相异步电动机磁极对数的调速，称为变极调速。(　　)

19. 三相异步电动机的变极调速属于无级调速。(　　)

20. 直流电动机是依据通电导体在磁场中受力而运动的原理制造的。(　　)

21. 直流电动机的定子是产生电动机磁场的部分。(　　)

22. 串励直流电动机的励磁绕组导线截面积较大，匝数较多。(　　)

答案：46. A；47. C

1. √；2. √；3. ×；4. √；5. ×；6. √；7. ×；8. √；9. √；10. ×；11. ×；12. √；13. √；14. √；15. √；16. √；17. √；18. √；19. √；20. √；21. √；22. √

23. 不论是单叠绕组还是单波绕组，电刷一般都应放置在磁极中心线上。(　　)

24. 对于异步电动机，国家标准规定 3kW 以下的电动机均采用三角形连接。(　　)

25. 再生发电制动只用于电动机转速高于同步转速的场合。(　　)

26. 用星 - 三角降压启动时，启动转矩为直接采用三角形连接时启动转矩的 1/3。(　　)

27. 交流电动机铭牌上的频率是此电机使用的交流电源的频率。(　　)

28. 为改善电动机的启动及运行性能，笼式异步电动机转子铁芯一般采用直槽结构。(　　)

29. 改变转子电阻调速这种方法只适用于绕线式异步电动机。(　　)

30. 并励直流电动机的正反转控制可采用电枢反接法，即保持励磁磁场方向不变，改变电枢电流方向。(　　)

31. 并励直流电动机采用反接制动时，经常是将正在电动运行的电动机电枢绕组反接。(　　)

32. 在小型串励直流电动机上，常采用改变励磁绕组的匝数或接线方式来实现调磁调速。(　　)

33. 为改善换向，所有直流电动机都必须装换向极。(　　)

34. 并励直流电动机启动时，常用减小电枢电压和电枢回路串电阻两种方法。(　　)

35. 三相电动机的转子和定子要同时通电才能工作。(　　)

36. 异步电动机的转差率是旋转磁场的转速与电动机转速之差与旋转磁场的转速之比。(　　)

37. 改变转子电阻调速这种方法只适用于绕线式异步电动机。(　　)

38. 能耗制动这种方法是将转子的动能转化为电能，并消耗在转子回路的电阻上。(　　)

39. 转子串频敏变阻器启动的转矩大，适合重载启动。(　　)

40.PLC 等效的输出继电器由程序内部指令驱动。(　　)

41. 可编程序控制器一般由 CPU、储存器、输入 / 输出接口、电源及编程器等五部分组成。(　　)

42. 逻辑功能图不是 PLC 语言。(　　)

43. 在梯形图中两个或两个以上的线圈不可以并联输出。(　　)

44. 输出继电器是 PLC 的输出信号，用来控制外部负载。(　　)

答案：23. √；24. ×；25. √；26. √；27. √；28. ×；29. √；30. √；31. √；32. √；33. ×；34. √；35. ×；36. √；37. √；38. √；39. ×；40. √；41. √；42. ×；43. ×；44. √

配电线路安装技能训练

9.1 电工登杆作业技能训练

9.1.1 穿戴安全带

【训练题1】五点双挂式安全带佩戴使用

五点式安全带佩戴

一、操作准备

1. 场地准备

（1）鉴定场地。

（2）场地空旷平整。

2. 设备及工具准备

五点双挂式安全带。

二、考核方式

实际操作，以操作过程与操作标准进行评分。

三、考核时限

（1）准备工作 2min。

（2）正式操作 3min。

（3）超时 1min 从总分中扣 1 分，总超时 3min 停止操作。

四、评分记录表（见表 9-1）

表 9-1　评分记录表

序号	考核内容	考核要求	评分标准	配分	扣分事项	得分
1	穿戴前的准备工作	① 检查安全带：握住安全带背部衬垫的 D 形环扣，保证织带没有缠绕在一起 ② 检查安全带、连接绳是否有开线、开扣情况 ③ 检查塑料件或金属件如有开裂、脱落，弹簧脱落或折断钩舌能否使用情况	① 安全带背部织带有缠绕，扣 10 分 ② 未检查安全带、连接绳情况，扣 10 分 ③ 未检查塑料件、金属件、弹簧等情况，扣 10 分	30		
2	穿戴步骤	① 将连接绳上环形钩与安全带相连接，环形钩应处于保险闭合状态 ② 将安全带滑过手臂至双肩。保证所有织带没有缠结，自由悬挂。肩带保持垂直 ③ 胸带放在前胸，调整好胸带长度，使胸带通过穿套式搭扣连接在一起，并且将多于长度织带穿入调整环中 ④ 左手握腰带卡，用右手将腰带尾穿入腰带卡孔内，调整好长度传出腰带卡，再穿入调整环中 ⑤ 握住黄色腿带，将它们与臀部两边的蓝色织带上的搭扣连接，将多余长度的织带穿入调整环中（计时结束）	① 未将环形钩处于闭合状态扣 10 分，未将环形钩与安全带连接的扣 20 分 ② 未将肩带背部 D 形环位于两肩胛骨之间扣 10 分 ③ 未将胸部织带交叉在胸部中间位置扣 5 分，未将多余织带穿入调整环中扣 5 分 ④ 未将腰带织带固定好在腰带卡扣 5 分，未将多余织带放入调整环中扣 5 分 ⑤ 未将腿部织带固定在搭扣的扣 5 分，未将多余织带放入调整环的扣 5 分	60		
3	安全及其他	劳保穿戴齐全，戴好安全帽	穿戴不齐全不得分	10		
	合计			100		

9.1.2 登高板登杆

【训练题2】登高板登杆

登高板登杆

一、操作准备

1. 场地准备

（1）鉴定场地。

（2）场地空旷平整。

（3）每次鉴定一人。

2. 设备及工具准备

电力线路电杆、踏板、安全带。

二、操作考核规定说明

1. 操作程序

（1）检查登杆工具：安全带 、踏板。

（2）检查电杆杆根及拉线，确保其牢固。

（3）系好安全带。

（4）上杆

① 站在平地挂踏板，另一块踏板背挂在肩上，左右手分别握住麻绳，右脚踏上踏脚板；

② 两手脚同时用力使人体上升，左手立即上扶电杆，人体随即站到踏脚板上；

③ 站在板上将提上的左脚围绕左边麻绳，踏入麻绳的三角挡内站稳，然后脱卸肩上踏脚板；

④ 站在板上，悬挂上面一级踏脚板；

⑤ 引身攀登上面一级踏脚板；

⑥ 左脚蹬杆，左手随即抓住下面一级踏脚板挂钩，脱掉下一级踏脚板后往上提吊。

（5）下杆

① 下杆时悬挂下面一级踏脚板；

② 侧身将下面一级踏脚板尽量往下移；

③ 抓住上面一级踏脚板，重心往下移。

（6）手和脚的动作顺序应协调一致。

（7）如操作违章，将停止考核。

2. 考核方式

实际操作，以操作过程与操作标准进行评分。

3. 考核时限

（1）准备工作 3min。

（2）正式操作 5min。

（3）超时 1min 从总分中扣 1 分，总超时 3min 停止操作。

三、评分记录表（见表 9-2）

表 9-2　评分记录表

序号	考核项目	评分要素	配分	评分标准	检测结果	扣分	得分	备注
1	准备	工具、用具准备	3	少一件扣 0.5 分				

续表

序号	考核项目	评分要素	配分	评分标准	检测结果	扣分	得分	备注
2	操作前的检查工作	① 检查踏板、安全带等用具 ② 检查杆根及拉线	6	① 少检查一项扣 1 分 ② 少检查一项扣 3 分				
3	操作	登杆	15	上杆前不检查踏板 1 分；上杆至 1m 以上时不系安全带扣 3 分；上杆时，脚、手不协调扣 3 分				
4	安全生产	按国家颁发的有关法规或企业自定的有关规定	6	少穿一件劳保用品从总分中扣 2 分；每违反一项规定从总分中扣 2 分；严重违规取消考核				
5	时间	5min		规定时间内完成，不加分也不减分；每超时 1min 从总分中扣 1 分，超时 3min 仍未完成该项考核不合格				
	合计		30					

9.1.3 脚扣登杆

【训练题 3】脚扣登杆

一、考核要求

脚扣登杆

（1）人员分工：2 人（监护 1 人，登杆 1 人）。

（2）工具准备：脚扣，安全带，吊绳，工具包。

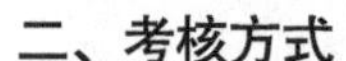

二、考核方式

实际操作，以操作过程与操作标准进行评分。

三、考核时限

（1）准备工作 3min。

（2）正式操作 5min。

（3）超时 1min 从总分中扣 1 分，总超时 3min 停止操作。

四、评分记录表（见表 9-3）

表 9-3 评分记录表

项目			标准	配分	扣分	得分
考核内容	登杆前的准备	着装要求	工作服、绝缘鞋、安全手套、安全帽	8		
		检查使用安全带	正确系法、外表完好、是否在安全实验周期以内	6		
		登杆前检查	① 核对线路名称、杆号、是否停电 ② 检查杆体与杆根部是否牢固，有无裂纹 ③ 仔细检查脚扣各部分有无裂纹、锈蚀，脚扣皮带是否扣牢可靠；脚扣皮带严禁用绳子或电线替代 ④ 戴好安全帽，穿好脚扣，将安全带系在腰部偏下部位 ⑤ 对脚扣和安全带进行人体载荷冲击试验	26		

续表

项目				标准	配分	扣分	得分
考核内容	登杆步骤及技术要求	上杆步骤	左脚	左脚向杆上跨扣时，左手应同时向上扶住电杆，当左脚扣在电杆上牢靠后，身体重心逐步移到左脚上	8		
			右脚	右脚向上抬起跨扣，右手应同时向上扶住电杆，当右脚扣在电杆上牢靠后，身体重心逐步移到右脚上	8		
			调整	当登到一定高度时，应检查脚扣扣环的大小，并调整到合适位置只有当脚扣可靠地扣住电杆后，方可开始移动身体	4		
		下杆步骤	右脚	下杆时，右脚先向下跨扣，同时右手往下移动扶住电杆，当右脚扣在电杆上牢靠后，重心移到右脚	8		
			左脚	左脚往下移动跨扣，同时左手往下扶住电杆，当左脚扣在电杆上牢靠后，重心移到左脚	8		
			调整	当登到一定高度时，应检查脚扣扣环的大小，并调整到合适位置。只有当脚扣可靠地扣住电杆后，方可开始移动身体	6		
	安全及注意		检查	登杆前必须检查个人安全工具、登杆工具	4		
			技术	①必须将铁环完全套入电杆踩紧 ②上下杆每一步必须使脚扣环可靠地套住电杆，防止脚扣脱落 ③上下杆时，手脚配合要协调 ④登杆过程中要注意兼顾周围环境	10		
			环境	雨雾不登（防滑措施），覆冰霜不登	4		
合计					100		

9.2 杆上作业技能训练

9.2.1 横担安装

【训练题4】配电架空线路直线杆附件安装（横担安装）

一、考核要求

（1）人员分工：2人（监护1人，登杆1人）。

（2）工具准备：脚扣，安全带，吊绳，工具包。

二、考核方式

实际操作，以操作过程与操作标准进行评分。

三、考核时限

（1）准备工作3min。

（2）正式操作20min。

（3）超时1min从总分中扣1分，总超时3min停止操作。

四、评分记录表（见表 9-4）

表 9-4 评分记录表

试题正文	配电架空线路直线杆附件安装		考试时限	20 min	本卷满分		100
操作起始时间	时 分至 时 分		实用时间				
需要说明的问题和要求	① 地面设一人配合工作 ② 所需材料规格根据现场电杆的规格配备						
工具、材料、设备、场地	杆顶支架一副、直线杆横担一副、U 形抱箍一副、柱形绝缘、矮脚 2 个、高脚 1 个、登杆工具、安全帽、安全带、吊物绳、电工工具等						
评分标准	序号	项目名称	质量要求	配分	扣分标准	扣分	得分
	1	工作前准备		15			
	1.1	正确选择材料	配备齐全，逐一检查	5	漏、错检一项扣 1 分 不按规定穿着一项扣 1 分		
	1.2	准备工具	满足工作需要，并做外观检查	5			
	1.3	戴好安全帽、穿绝缘鞋、工作服	穿戴正确、无误	5			
	2	工作过程		55			
	2.1	登杆前的检查	检查杆根是否能登杆	5	漏检一项扣 2 分 不做试验扣 4 分 动作不熟练扣 2 ～ 5 分 过高、过矮均扣 2 分 错一处扣 2 分 安装不正确扣 3 分 方法不正确扣 2 ～ 10 分 绳结不正确扣 2 分 松动扣 5 分		
	2.2	对登杆工具的试验	登杆前对登杆工具进行冲击试验	5			
	2.3	登杆	登杆动作规范、熟练	10			
	2.4	工作位置确定	工作站位符合工作需要	5			
	2.5	安全带固定	系绑在电杆上、牢固	5			
	2.6	横担安装	方法正确 横担与线路方向垂直 横担与杆顶距离符合要求 横担两端处于水平位置 U 形抱箍螺栓紧固并用双螺母并紧	15			
	2.7	杆顶支架安装	安装方法正确	5			
	2.8	柱形绝缘子安装	安装方法正确	5			
	3	工作终结验收检查		30			
	3.1	杆顶支架安装	符合安装有关	10	不符合要求扣 2 ～ 8 分 杆上遗留一物扣 3 分 高空跌落一物扣 5 分 不符合要求扣 2 ～ 4 分		
	3.2	柱形绝缘子安装	符合安装有关	10			
	3.3	安全文明生产	无损伤	10			
		合计		100			
考评组长签字：				考评员签字：			

操作说明：

（1）在指定的场地上独立完成操作；

（2）时间到应立即停止操作，整理工具材料离开操作场地；

（3）严格遵守安全操作规程。

9.2.2 绝缘子安装

【训练题5】横担、杆顶支架及绝缘子安装

一、考核要点

（1）登杆用具、安全用具及个人工器具的选择和作用。

（2）工器具的使用和检查。

（3）熟悉材料的规格、型号及适用范围。

（4）横担、杆顶支架及绝缘子安装的操作步骤、技术规范及工艺要求。

（5）安全措施及注意事项。

二、考核时限

40min。

三、说明事项

（1）杆上单独操作，设监护人1名、辅助工1名。

（2）每超时3min扣1分。

四、工具、材料、设备、场地

（1）登杆工具：脚扣、安全带。

（2）个人工具、安全帽、传递绳、直线杆横担1副、杆顶支架1副（配螺母）、U形抱箍1副、针式绝缘子3只。

（3）利用现有停电线路或利用培训线路操作。

五、考核要求（见表9-5）

表9-5 考核要求

序号	项目名称	质量要求
1	工作前准备（答题要点）	
1.1	登杆工具	外观检查及冲击试验合格的登杆工具
1.2	传递绳	规格、长度合格，方便工作
1.3	着装、安全帽	着装规范、安全帽佩戴正确
1.4	工器具、材料	准备齐全、符合规范
1.5	杆塔稳固性	登杆前检查杆根、拉线是否牢固
1.6	现场交底	由工作负责人现场模拟召开站班会交底
2	操作步骤（答题要点）	
2.1	登杆	登杆熟练，吊绳带上杆
2.2	所选工作位置正确	适合操作的最佳位置
2.3	安全带使用正确	系好安全带后应检查扣环是否扣牢并系好后备保护绳
2.4	吊上横担和U形抱箍并安装	①横担与线路方向垂直 ②横担距杆顶距离符合要求 ③横担两端处于水平位置 ④U形抱箍螺栓紧固并用双螺母紧固 ⑤杆上工作无遗落物
2.5	吊上杆顶支架并安装	动作熟练、安装正确、螺栓紧固
2.6	绝缘子安装	针式绝缘子与横担垂直，且螺栓紧固

续表

序号	项目名称	质量要求
3	安全及其他要求（答题要点）	
3.1	严格执行安全工作规程	
3.2	动作熟练流畅，无野蛮作业	
3.3	传递绳应绑牢，杆上不能掉东西	
3.4	检查现场，清理工具，文明生产	
总成绩：		

9.2.3 紧线与绑扎导线

【训练题6】在针式绝缘子颈部绑扎导线

一、操作准备

1. 场地准备

（1）鉴定场地。

（2）场地空旷平整。

（3）每次鉴定一人。

2. 工具及材料准备

（1）工具：钢丝钳。

（2）材料：绑扎线、铝包带、钢芯铝绞线（LGJ-50）、针式绝缘子（P-15T）。

二、操作考核规定说明

1. 操作程序

（1）在 LGJ-50 钢芯铝绞线上缠绕铝包带，其缠绕方向与外层线股的绞制方向一致；把导线嵌入绝缘子颈部的嵌线槽内。

（2）把绑扎线短端先贴近绝缘子处导线右边缠绕 3 圈，接着与绑扎线长端互绞 6 圈。

（3）一只手把导线扳紧在嵌线槽内，另一只手把绑扎线长端从绝缘子的背后紧紧绕到导线左下方。

（4）接着把绑扎线长端从导线的左下方围绕到导线右上方，并如同上法再把绑扎线长端绕扎绝缘子一圈。

（5）把绑扎线长端再绕到导线左上方，并继续绕到导线右下方，使绑扎线在导线上形成 X 形的交叉状。

（6）重复步骤（5），再把绑扎线围绕到导线左上方。

（7）最后把绑扎线长端在贴近绝缘子处紧绕导线 3 圈，然后向绝缘子背后绕去，与绑扎线短端紧绞 6 圈后剪去余端。

（8）收拾好工具、用具。

2. 操作说明

（1）绑扎必须紧密、整齐、牢固和可靠。

（2）铝包带的缠绕长度应超出接触部分 30mm。

（3）导线截面积在 $50mm^2$ 及以下时宜采用直径为 2mm 绑扎线，导线截面积在 $70mm^2$ 及以上时宜采用直径为 3mm 的绑扎线。

（4）如操作违章，将停止考核。

3. 考核方式

实际操作，以操作过程与操作标准进行评分。

4. 考核时限

（1）准备工作 3min。

（2）正式操作 10min。

（3）超时 1min 从总分中扣 1 分，总超时 5min 停止操作。

三、评分记录表（见表 9-6）

表 9-6 评分记录表

序号	考核项目	评分要素	配分	评分标准	检测结果	扣分	得分	备注
1	准备	工具、用具准备	3	少一件扣 0.5 分				
2	选择铝绑扎线	根据导线型号选择铝绑扎线	3	选择错误扣 3 分				
3	绑扎导线	在导线上缠绕铝包带	5	缠绕方向不正确扣 3 分；缠绕长度未超出接触部分 30mm 扣 2 分				
		绑扎导线	15	绑扎线每绑扎错一处扣 3 分；绑扎不牢固扣 6 分；绑扎线不整齐扣 3 分				
4	文明操作	清理现场	4	未清理现场扣2分；未收拾工具、用具扣 2 分				
5	安全生产	按国家颁发的有关法规或企业自定的有关规定		少穿一件劳保用品从总分中扣 2 分；每违反一项规定从总分中扣 2 分；严重违规取消考核				
6	时间	10min		在规定的时间内完成，不加分也不减分，每超时 1min 从总分中扣 1 分；超时 5min 终止操作，该项操作无成绩				
	合计		30					

9.3 拉线安装技能训练

【训练题 7】普通拉线的制作

制作拉线

一、考核要求

（1）能正确识读如图 9-1 所示普通拉线安装图。

（2）正确识别设备、材料，正确选用电工工具、仪表。

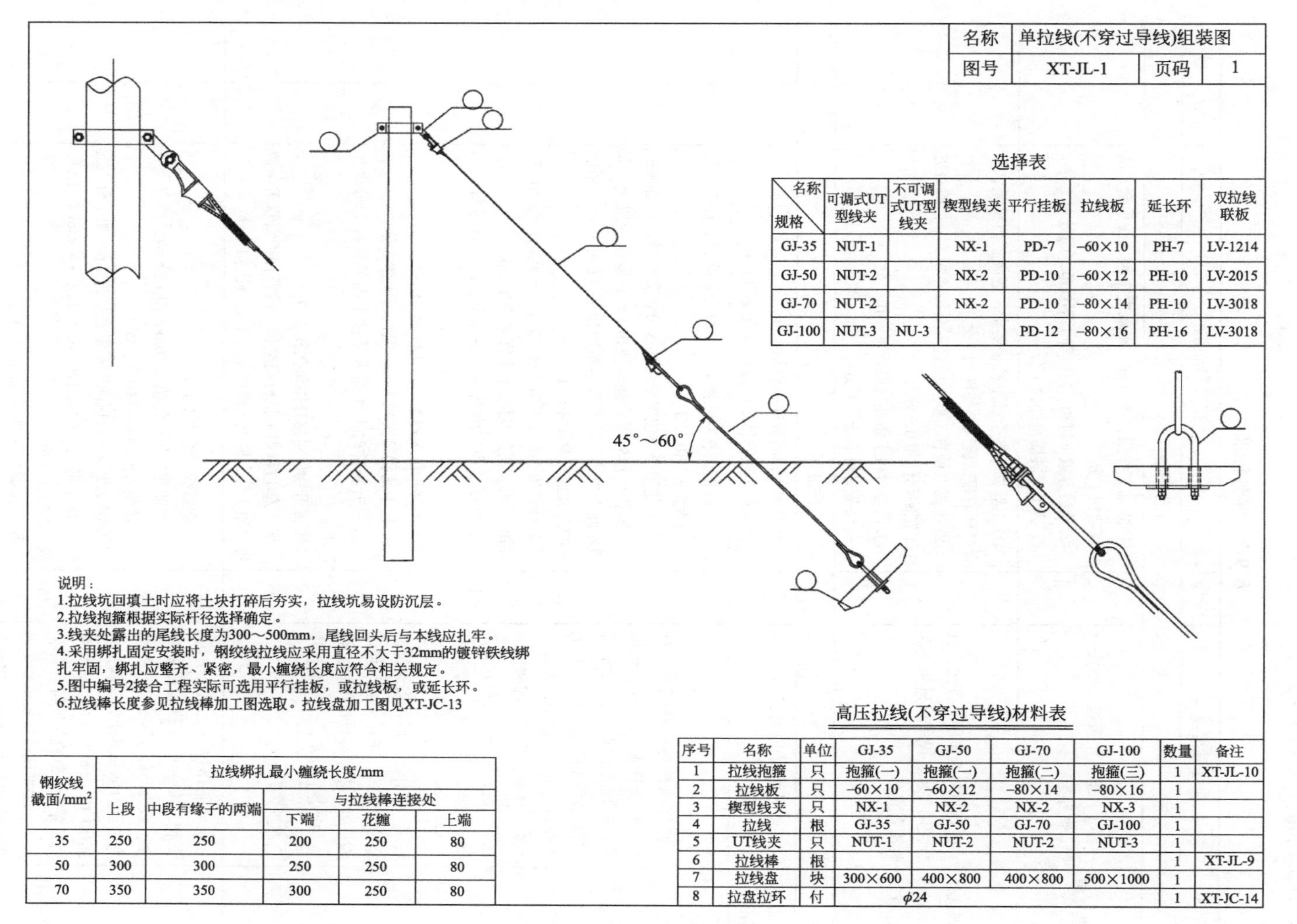

选择表

规格 \ 名称	可调式UT型线夹	不可调式UT型线夹	楔型线夹	平行挂板	拉线板	延长环	双拉线联板
GJ-35	NUT-1		NX-1	PD-7	−60×10	PH-7	LV-1214
GJ-50	NUT-2		NX-2	PD-10	−60×12	PH-10	LV-2015
GJ-70	NUT-2		NX-2	PD-10	−80×14	PH-10	LV-3018
GJ-100	NUT-3	NU-3		PD-12	−80×16	PH-16	LV-3018

说明：
1.拉线坑回填土时应将土块打碎后夯实，拉线坑易设防沉层。
2.拉线抱箍根据实际杆径选择确定。
3.线夹处露出的尾线长度为300～500mm，尾线回头后与本线应扎牢。
4.采用绑扎固定安装时，钢绞线拉线应采用直径不大于32mm的镀锌铁线绑扎牢固，绑扎应整齐、紧密，最小缠绕长度应符合相关规定。
5.图中编号2接合工程实际可选用平行挂板，或拉线板，或延长环。
6.拉线棒长度参见拉线棒加工图选取。拉线盘加工图见XT-JC-13

钢绞线截面/mm^2	拉线绑扎最小缠绕长度/mm				
	上段	中段有绝缘子的两端	与拉线棒连接处		
			下端	花缠	上端
35	250	250	200	250	80
50	300	300	250	250	80
70	350	350	300	250	80

高压拉线(不穿过导线)材料表

序号	名称	单位	GJ-35	GJ-50	GJ-70	GJ-100	数量	备注
1	拉线抱箍	只	抱箍(一)	抱箍(一)	抱箍(二)	抱箍(三)	1	XT-JL-10
2	拉线板	只	−60×10	−60×12	−80×14	−80×16	1	
3	楔型线夹	只	NX-1	NX-2	NX-2	NX-3	1	
4	拉线	根	GJ-35	GJ-50	GJ-70	GJ-100	1	
5	UT线夹	只	NUT-1	NUT-2	NUT-2	NUT-3	1	
6	拉线棒	根					1	XT-JL-9
7	拉线盘	块	300×600	400×800	400×800	500×1000	1	
8	拉盘拉环	付	ϕ24				1	XT-JC-14

图 9-1 普通拉线安装图

（3）按照技术要求完成普通拉线安装作业。

（4）元器件安装正确、牢固可靠，工艺符合要求。

（5）检查、验收。

二、评分标准（见表 9-7）

表 9-7 评分标准

序号	项目	考核要点	配分	评分标准	扣分	得分
1	工作准备					
1.1	着装穿戴	穿工作服、绝缘鞋；戴安全帽、线手套	5	①未穿工作服、绝缘鞋，未戴安全帽、线手套，缺少每项扣 1 分 ②着装穿戴（纽扣、拉链等）不规范，每处扣 1 分 ③线手套破损每处扣 1 分		
1.2	材料选择及工器具检查	选择材料及工器具齐全，符合使用要求，设备材料须一次性准备充分	5	①工器具不齐全或不符合要求，登高工器具无试验合格证或超试验周期每件扣 1 分 ②工具未检查、检查项目不全每件扣 1 分；检查方法不正确每件扣 0.5 分 ③设备材料未做外观检查每件扣 1 分 ④设备材料准备不充分，少选、错选每件扣 2 分		
2	工作过程					
2.1	工器具使用	工器具使用正确恰当，不得掉落	5	①使用手锤时戴线手套扣 3 分 / 次 ②使用金属物件敲打金具或拉线扣 1 分		
2.2	登高作业	登杆前核对线路名称、杆号，检查杆基、杆身、拉线等；正确使用全方位安全带（绑腿必须在膝盖以上）；杆上作业站立位置正确（在人体的右方工作时，右方支撑脚应该在下，左方工作时，左方支撑脚应该在下）；避免高空意外落物；施工工器具使用工具袋传递，工作绳、后备安全绳固定位置正确，工作中必须使用安全带、安全绳双重保护并检查扣环是否扣牢，全过程使用安全带保护	15	①登杆前未核对线路名称、杆号，未检查杆基、杆身、拉线每项扣 1 分 ②未使用全方位安全带扣 5 分；安全带、后备保护绳、脚扣未作外观检查每件扣 1 分，安全带扭结、绑腿在膝盖以下、绑肩脱落每项扣 1 分；第一次使用前未冲击试验安检每件扣 1 分 ③使用安全带、后备保护绳时，未检查扣环扣好每次扣 1 分，登杆全过程不系安全带扣 5 分 ④登杆过程中脚踏空、手抓空、脚扣互碰每次扣 2 分 ⑤掉脚扣每次扣 5 分，从杆上滑落扣 10 分 ⑥杆上落物每次扣 1 分，抛物每次扣 2 分 ⑦提升物件时工作绳未系在牢固的构件上每次扣 2 分 ⑧提升物件时碰杆体每次扣 1 分 ⑨工作过程中不执行安全带、后备保护绳双重保护每次扣 2 分，杆上工作时站姿不对每次扣 1 分		
2.3	拉线制作	正确制作拉线上把、中把、下把，夹舌板与拉线接触紧密，线夹凸肚安装合理，拉线弯曲部分无明显松股，线夹处露出的尾线长度合适，绑扎整齐、紧密，缠绕长度符合要求 上、中把尾线从楔形线夹处露出的长度为 300mm；尾线在凸肚侧用 1 个 12# 钢丝卡子距尾线头 50mm 处卡住（U 形卡副线）。正确计算钢绞线长度并一次截取	45	①钢绞线散股扣 1 分 / 处 ②尾线露出长度每超 ±10mm 扣 1 分 / 处 ③尾线方向错误扣 10 分 / 处 ④钢绞线与夹舍板间隙不紧密每超 2mm 扣 1 分 / 处 ⑤铁丝绑扎长度为 120mm，每超 ±10mm 扣 1 分；绞向不对扣 5 分 ⑥尾线端头每超 ±10mm 扣 1 分 ⑦绑扎缝隙每超 1mm 扣 1 分 ⑧绑线损伤、钢绞线损伤、线夹损伤扣 1 分 / 件 ⑨缺少垫片备帽或备帽不紧扣 1 分 ⑩拉线完成制作后钢绞线在绑把内绞花扣 2 分		

续表

序号	项目	考核要点	配分	评分标准	扣分	得分
2.3	拉线制作	下把尾线从UT线夹处露出的长度为500mm，绑扎终点距尾线末端50mm，尾线用10#铁丝绑扎120mm，小辫不少于3个花；副头应在UT凸出部分，留有1/2螺杆丝扣长度可供调整。所有拉线尾头均应用铁丝绑扎牢固防止散股、尾线应在凸肚侧；拉线绝缘子在拉线段落时，距离地面不小于2.5m，绝缘子安装方向正确；拉线制作过程中不应损伤镀锌层	45	⑪小辫收尾没有拧紧、收尾不规范（小辫少于3扣）、收尾没有剪断压平；小辫压平方向不正确每处扣2分 ⑫钢丝卡子距离不正确每超10mm扣1分，上、中把拉线钢丝卡子U形不卡副线扣1分；拉线绝缘子两侧钢丝卡子安装方向、位置错误扣1分/个；螺栓不紧固每处扣1分 ⑬拉线绝缘子高度未达到要求扣2分；方向装反扣2分，不使用拉线绝缘子扣20分 ⑭拉线尾头未使用铁丝绑扎或铁丝缠绕方向错误每处扣1分；铁丝脱落扣1分/处，铁丝缠绕不紧密扣0.5分/处 ⑮使用不合格材料每件扣5分		
2.4	拉线安装	正确安装拉线，使用紧线器调整，拉线紧固无松弛现象；安装工艺规范，线夹平面应向上，螺栓穿向符合规定	15	①正确使用紧线器调整拉线，不使用紧线器调整拉线扣5分；使用紧线器不正确每次扣2分；未检查电杆调整是否到位扣2分，拉线松弛不紧固扣5分 ②线夹装反或螺栓穿向错误每处扣1分 ③UT线夹双螺母紧后露出丝距不得大于丝纹总长的1/2丝杆，不得小于2个丝扣，不规范扣2分/处 ④缺少、漏装元件（如垫圈、弹簧销等）扣1分/件		
3	工作终结验收					
3.1	安全文明生产	汇报结束前，所选工器具放回原位，摆放整齐；无损坏工具；恢复现场；无不安全行为	5	①出现不安全行为每次扣5分；工作过程不戴线手套（打锤除外）扣1分/次 ②损坏工器具，每件扣3分 ③作业完毕，现场清理不彻底扣1分，不清理现场扣2分 ④出现重大安全问题，裁判终止工作		
3.2	速度分		5	在规定时间内完成，超过时间停止工作，用时最短者得5分，其余选手按下列公式计算时间分：选手得分=用时最短选手所用时间/本人操作时间 ×5		
	合计		100	每项分值扣完为止		

三、操作工艺及要求

（1）识读安装图，明确各项安全技术措施。

（2）检查电杆牢固情况，检查设备、材料，应符合设计要求。

（3）准备登高作业的工具、安全用具和搬运工具，并检查是否符合安全技术要求。

（4）按技术要求，挖地锚坑。

（5）埋设拉线石条并填土夯实。

（6）按技术要求，先用1只螺栓将拉线抱箍固定在电线杆上，然后把上把拉环放在拉线抱箍内，用另一只螺栓固定，然后安装中把和下把。

（7）登高作业必须有人在现场监护。注意文明操作和安全操作，电杆下严禁有人工作，除监护人外，其他人员必须在1.2倍杆高的距离以外。

9.4 线路绝缘电阻测量技能训练

【训练题8】用兆欧表测量10kV电缆线路的绝缘电阻

一、操作准备

1. 场地准备

（1）鉴定场地。

（2）场地空旷平整。

（3）每次鉴定一人。

2. 设备及工具准备

（1）设备：10kV 电缆。

（2）工具：活动扳手。

（3）仪表：2500V 兆欧表。

二、操作考核规定说明

1. 操作程序

（1）测量前先对兆欧表进行检查，即对兆欧表做开路试验、短路试验，以确认兆欧表的完好。

（2）核对将要测量的线路名称，办理停电工作票，得到停电通知后，进行验电并做好安全措施。

（3）打开电缆头并将电缆放电。

（4）正确接线。接线柱“L”接电缆芯线，“E”接电缆金属外皮，接线柱“G”引线缠绕在电缆的屏蔽纸上。

（5）线路接好后，按顺时针方向由慢到快摇动兆欧表手柄。当调速器发生滑动时，说明发电机达到了额定转速。

（6）保持均匀转速，待表盘上的指针停稳后，指针指示值就是被测电缆的绝缘电阻值。

（7）正确读数值并做记录。

（8）将电缆放电。

（9）对电缆绝缘电阻值与以前的测量值进行对比，符合规程要求时，将电缆按原来各相连接方式重新连接好。

（10）拆下兆欧表的引线，收好工具、用具。

2. 规定说明

（1）测量前，必须切断被测电缆的电源；电缆相间及对地应充分放电。

（2）接线柱引线应选用绝缘良好的多股软铜线，且不允许缠绕在一起，也不得与地面接触。

（3）测量时，电缆的电容量较大时，应有一定的充电时间。

（4）测量后，应将电缆对地充分放电。

（5）如操作违章，将停止考核。

3. 考核方式

实际操作，以操作过程与操作标准进行评分。

4. 考核时间

（1）准备工作 3min。

（2）正式操作 15min。

（3）超时 1min 从总分中扣 1 分，总超时 5min 停止操作。

三、评分记录表（见表 9-8）

表 9-8 评分记录表

序号	考核项目	评分要素	配分	评分标准	检测结果	扣分	得分	备注
1	准备	工具、用具准备	4	少一件扣 1 分				
2	测量前的检查工作	①对兆欧表进行检查 ②核对线路名称，办理停电工作票，停电后进行验电，并作安全措施 ③将电缆解开并放电	8	未做短路试验、开路试验各扣 2 分 未核对线路名称扣 2 分；未办理工作票扣 4 分；停电后，未验电并做安全措施从总分中扣 8 分 未放电扣 2 分				
3	测量绝缘电阻	①正确接线 ②正确测量 ③和以前的测量值进行对比	20	接线不正确，扣 4 分，不会本项目不得分 转速不均匀扣 4 分；转速未达到 120r/min 扣 4 分；未等到指针停稳就读数扣 4 分；读数不准确或数值单位错误扣 4 分；不会操作仪表本项不得分 未进行对比扣 4 分				
4	测量后整理	①将电缆充分放电 ②将电缆头按原来的各相连接方式重新连接好 ③拆下兆欧表的引线收好工具、用具	8	未充分放电扣 2 分 未连接扣 4 分；未按原来的方式连接扣 2 分 未拆下引线扣 1 分；未收拾工具、用具扣 2 分				
5	安全生产	按国家颁发的有关法规或企业自定的有关规定		少穿一件劳保用品从总分中扣 2 分；每违反一项规定从总分中扣 2 分；严重违规取消考核				
6	时间	15min		规定时间内完成，不加分也不减分；每超时 1min 从总分中扣 1 分，超时 5min 仍未完成该项考核不合格				
	合计		40					

9.5 照明线路接线技能训练

9.5.1 导线连接

单股铜芯直线连接

单股导线T形连接

【训练题 9】单股铜芯线连接

一、考试方式

实物操作方式。

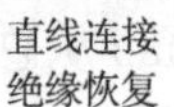
直线连接绝缘恢复

T形连接绝缘恢复

二、考试时间

15min。

三、训练（考试）要求

（1）掌握电工在操作前、操作过程中及操作后的安全措施。

（2）熟练规范地使用电工工具进行安全技术操作。

（3）能正确使用绝缘胶带。

四、评分记录表（见表 9-9）

表 9-9 评分记录表

序号	考试项目	评分要素	配分	评分标准	检测结果	扣分	得分
1	准备工作	按规定穿戴安全护具	5	未按规定穿戴（帽、工作服、安全鞋）安全护具的（按实际情况：主要看学生是否是穿拖鞋来比赛等，如有本项目分全扣）			
		工具准备	5	没有准备好工具的，扣 5 分；每缺一种，扣 2 分			
		检查工具情况	5	未检查工具不扣分，但因工具故障影响比赛，更换工具后才能完成的，全扣 5 分			
2	操作程序	导线连接整齐、美观、机械强度跟原导线相同、导电性能良好	65	导线连接表面有明显压痕、有毛刺，每处扣 5 分			
				导线连接有松动情况扣 10 分，不美观扣 2 分			
				导线线线间隔过于宽松，视间隔大小每处扣 1；绝缘包扎不规范每端扣 10 分			
				导线接线完毕未清理盘面、桌面，扣 2 分。未摆放好电工工具及仪表扣 2 分			
3	安全生产	正确执行电业安全操作规程	20	违反规定出现事故的，从总分中扣20分；不听指挥、未经允许擅自送电，从总分中扣 30 分			
	合计		100				

五、注意事项

（1）剥削导线时不得损伤芯线。

（2）分支线的连接处，干线不应受来自支线的横向拉力。

（3）接线不得松动。

9.5.2 单相电能表带照明灯的接线

【训练题10】单相电能表带照明灯的接线

单相电能表带照明灯的接线

一、考试方式

实物操作方式。

二、考试时间

30min。

三、训练（考试）要求

（1）掌握电工在操作前、操作过程中及操作后的安全措施。

（2）熟练规范地使用电工工具进行安全技术操作。

（3）会正确使用电工常用仪表，并能正确读数。

（4）实操开考前，考试点应将完好的电路板、各种颜色的绝缘导线及负载等考试设备和测量仪表及工具准备到位，确保无任何安全隐患的存在，在考评员同意后，考试才能开考；

如果在考试过程中考试设备出现了安全隐患或不能立即排除的故障，本实操项目的考试终止，其后果由考点负责。

四、评分记录表（见表 9-10）

表 9-10 评分记录表

序号	考试项目	考试内容及要求	配分	评分标准	得分
1	操作前的准备	防护用品的正确穿戴	2	①未正确穿戴工作服的，扣 1 分 ②未穿绝缘鞋的，扣 1 分	
2	操作前的安全	安全隐患的检查	4	①未检查操作工位及平台上是否存在安全隐患的，扣 2 分 ②操作平台上的安全隐患未处置的，扣 1 分 ③未指出操作平台上的绝缘线破损或元器件损坏的，扣 2 分	
3	操作过程的安全	安全操作规程	11	①未经考评员同意，擅自通电的，扣 5 分 ②通、断电的操作顺序违反安全操作规程的，扣 5 分 ③刀闸（或断路器）操作不规范的，扣 3 分 ④考生在操作过程中，有不安全行为的，扣 3 分	
		安全操作技术	16	①电能表进出线错误的，扣 3 分 ②电能表压接头不符合要求的，每处扣 2 分 ③控制开关安装的位置不正确的，扣 5 分 ④漏电断路器接线错误的，扣 5 分 ⑤插座接线不规范的，扣 5 分 ⑥未正确连接 PE 线的，扣 3 分 ⑦工作零线与保护零线混用的，扣 5 分 ⑧接线处露铜超出标准规定的，每处扣 1 分 ⑨压接头松动的，每处扣 2 分 ⑩电路板中的接线不合理、不规范的，扣 2 分 ⑪绝缘线用色不规范的，扣 5 分 ⑫接线端子排列不规范的，每处扣 1 分 ⑬工具使用不熟练或不规范的，扣 2 分	
4	操作后的安全	操作完毕作业现场的安全检查	3	①操作工位未清理、不整洁的，扣 2 分 ②工具及仪表摆放不规范的，扣 1 分 ③损坏元器件的，扣 2 分	
5	仪表的使用	用摇表测量电路的绝缘电阻	4	①摇表不会使用的或使用方法不正确的，扣 4 分 ②不会读数的，每扣 2 分	
6	考试时限	30min	扣分项	每超时 1min 扣 2 分，直至超时 10min，终止整个实操项目考试	
7	否定项	否定项说明	扣除该题分数	出现以下情况之一的，该题记为零分： ①接线原理错误的 ②电路出现短路或损坏设备等故障的 ③功能不能完全实现的 ④未接入插座的 ⑤在操作过程中出现安全事故的	
	合计		40		

五、训练（考试）操作步骤

（1）检查操作工位及平台上是否存在安全隐患（人为设置），并能排除所存在的安全隐患。

（2）根据如图 9-2 所示电气原理图，在已安装好的电路板上选择所需的电气元件，并确定配线方案。

（3）按给定条件选配不同颜色的连接导线。

（4）按要求对单相电能表带照明灯电路进行接线。

① 电能表有 4 个接线柱，从左至右，接线规则为：1—进火，2—出火，3—进零，4—出零。

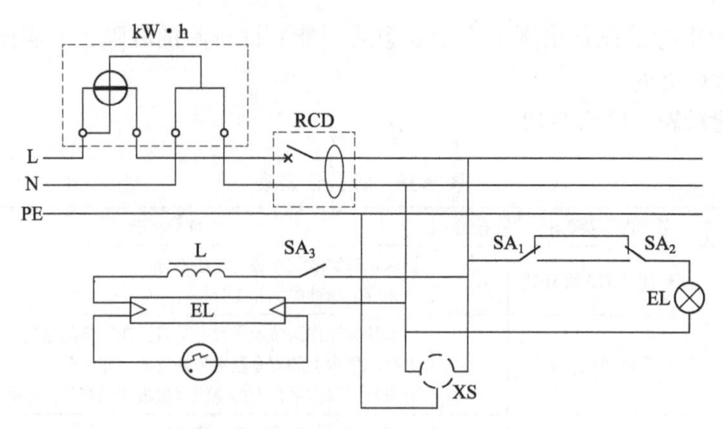

图9-2　单相电能表带照明灯接线原理图

② 开关串联在火线上，才能控灯又安全。

③ 火线与螺口灯座的中心触点连接。

④ 按照漏电断路器上的电源和负载标志进行接线，不得将两者接反。

⑤ 插座的接线，左零（零线 N）右火（相线 L）上接地（保护零线 PE）。

（5）通电前使用仪表检查线路，确保不存在安全隐患后再通电。

（6）检查单相漏电断路器能否起漏电保护作用，白炽灯能否实现双控作用，日光灯（或 LED 灯）能否实现单控作用等。

（7）用摇表检测三相电动机的绝缘，并会正确读数。

（8）操作完毕作业现场的安全检查。

六、注意事项

（1）布线工艺要求

① 导线尽可能靠近元器件走线；尽量用导线颜色分相，必须符合平直、整齐、走线合理等要求。

② 对明露导线要求横平竖直，导线之间避免直接交叉；导线转弯应成 90° 带圆弧的直角，在接线时可借助螺丝刀刀杆进行弯线，避免用尖嘴钳等进行直接弯线，以免损伤导线绝缘。

③ 控制线应紧贴控制板布线，主电路相邻元件之间距离短的可“架空走线”。

④ 板前明线布线时，布线通道应尽可能少同路并行导线按主、控电路分类集中。

⑤ 可移动控制按钮连接线必须用软线，与配电板上元器件连接时必须通过接线端子，并加以编号。

⑥ 所有导线从一个端子到另一个端子的走线必须是连续的，中间不得有接头。

⑦ 所有导线的连接必须牢固，不得压塑料层、露铜不得超过 3mm，导线与端子的接线，一般是一个端子只连接一根导线，最多不得超过两根。

⑧ 导线线号的标志应与原理图和接线图相符。在每一根连接导线的线头上必须套上标有线号的套管，位置应接近端子处。在遇到 6 和 9 或 16 和 91 这类倒顺都能读数的号码时，必须做记号加以区别，以免造成线号混淆。线号的编制方法应符合国家相关标准。

⑨ 装接线路的顺序一般以接触器为中心由里向外，由低向高，先控制电路后主电路，以不妨碍后继布线为原则。对于电气元件的进出线，则必须按照上面为进线，下面为出线，左边为进线，右边为出线的原则接线。

⑩ 螺旋式熔断器中心片应接进线端，螺壳接负载方；电器上空余螺钉一律拧紧。

⑪ 接线柱上有垫片的，平垫片应放在接线圈的上方，弹簧垫片放在平垫片的上方。

（2）电能表安装好后，合上隔离开关，开启用电设备，转盘从左向右转动（点表示通常有转向指示图标）；关闭用电设备后转盘有时会有轻微转动，但不超过一圈为正常。

（3）安装时必须严格区分中性线和保护接地线。保护地线不得接入漏电断路器内。

（4）操作试验按钮，检查漏电断路器是否能可靠动作。一般情况下应试验 3 次以上，并且都能正常动作才行。

9.5.3　三相四线有功电能表的接线

【训练题 11】间接式三相四线有功电能表的接线

一、考试方式

实物操作方式。

二、考试时间

30min。

三、训练（考试）要求

间接式三相四线有功电能表的接线

（1）掌握整个操作过程的安全措施，熟练规范地使用电工工具进行安全技术操作。

（2）按照原理图正确接线，通电运行正常；会正确使用万用表测量电路中的电压，并能够正确读数。

（3）三相负载可以用三相异步电动机或者用 3 个灯泡组合代替。

（4）做好准备工作，在考评员同意后才能开考。

四、评分记录表（见表 9-11）

表 9-11　评分记录表

序号	考试项目	考试内容及要求	配分	评分标准	得分
1	操作前的准备	防护用品的正确穿戴	2	①未正确穿戴工作服的，扣1分 ②未穿绝缘鞋的，扣1分	
2	操作前的安全	安全隐患的检查	4	①未检查操作工位及平台上是否存在安全隐患的，扣2分 ②操作平台上的安全隐患未处置的，扣1分 ③未指出操作平台上的绝缘线破损或元器件损坏的，扣2分	
3	操作过程的安全	安全操作规程	11	①未经考评员同意，擅自通电的，扣5分 ②通、断电的操作顺序违反安全操作规程的，扣5分 ③刀闸（或断路器）操作不规范的，扣3分 ④考生在操作过程中，有不安全行为的，扣3分	
		安全操作技术	16	①三相电能表进出线接线错误的，扣3分 ②三相电能表压接头不符合要求的，每处扣2分 ③互感器一、二次接线不规范，每处扣2分 ④断路器进出线接线错误的，扣2分 ⑤一次接线和二次接线混接的，扣5分 ⑥未正确连接三相负载的，扣4分 ⑦未正确连接PE线的，扣3分 ⑧工作零线与保护零线混用的，扣5分 ⑨电路板中的接线不合理、不规范的，扣2分 ⑩接线端子排列不规范的，每处扣1分 ⑪接线处露铜超出标准规定的，每处扣1分 ⑫接线松动的，每处扣2分 ⑬绝缘线用色不规范的，每处扣5分 ⑭工具使用不熟练或不规范的，扣2分	

续表

序号	考试项目	考试内容及要求	配分	评分标准	得分
4	操作后的安全	操作完毕作业现场的安全检查	3	①操作工位未清理、不整洁的，扣2分 ②工具及仪表摆放不规范的。扣1分 ③损坏元器件的，扣2分	
5	仪表的使用	用摇表测量电路的绝缘电阻	4	①摇表不会使用的或使用方法不正确的，扣4分 ②不会读数的，每扣2分	
6	考试时限	30min	扣分项	每超时1min扣2分，直至超时10min，终止整个实操项目考试	
7	否定项	否定项说明	扣除该题分数	出现以下情况之一的，该题记为0分 ①接线原理错误的或接线不符合安全规范的 ②电路出现短路或损坏设备等故障的 ③电流互感器的同名端与三相电能表的进出线接线错误的 ④在操作过程中出现安全事故的	
	合计		40		

五、训练（考试）操作步骤

（1）根据如图9-3所示三相有功电度表经电流互感器的接线原理图，选择合适的元器件和绝缘导线。

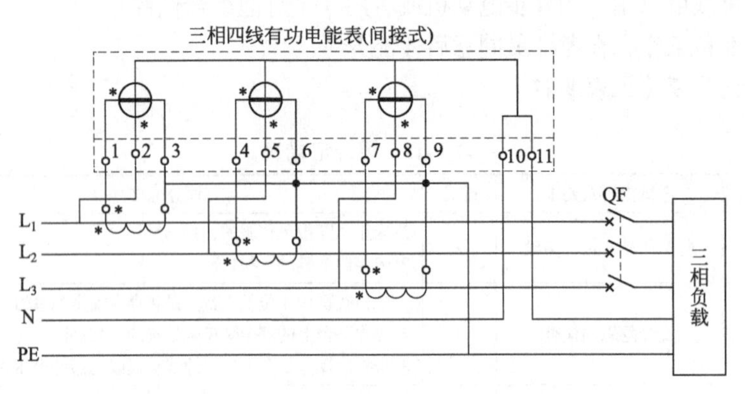

图9-3　三相有功电度表经电流互感器接线图

（2）按要求在配电板上合理安装元器件，对间接式三相四线有功电能表进行接线，如图9-4所示。

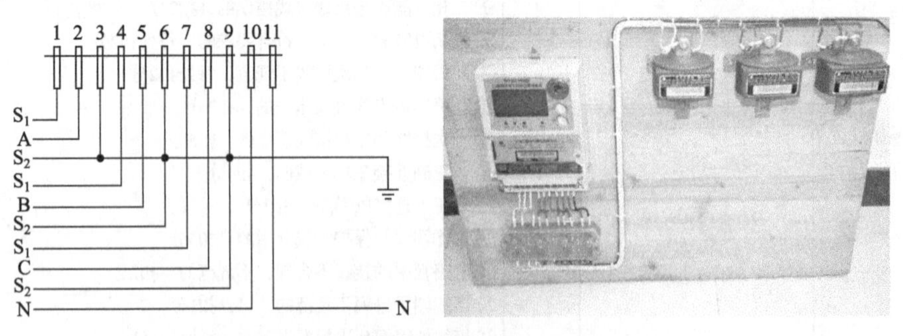

图9-4　间接式三相四线有功电能表接线图

（3）三相负载可以用三相异步电动机或者用 3 个灯泡组合代替。
（4）检查 3 个电流互感器的同名端与三相四线有功电能表的接线是否正确。
（5）通电前使用仪表检查线路，确保不存在安全隐患后再通电。
（6）操作完毕，对作业现场进行安全检查。

六、注意事项

（1）三相电能表接线应注意相序。互感器接线的线径，不能小于 2.5mm^2 的铜芯线。
（2）电源的零线不能剪断直接接入用户的负荷开关，以防止断零线和烧坏用户的设备。
（3）注意电压的连接片螺钉要拧紧，以防止松脱，造成断压故障。
（4）检查接线应正确，接头牢固，接触良好，不得虚接。通电时应使电能表垂直地面。

9.6 高压电气设备安装

9.6.1 10kV柱上（变压器台）高低压引线、接地体的安装

【训练题12】配电变压器高低压引下线、接地装置的安装

一、考核要求

正确识读如图 9-5 所示安装图，识别本科目所需设备。材料、正确选择工具、仪器、仪表，完成 BT-3 直线型双杆变压器引下线、接地装置的安装。

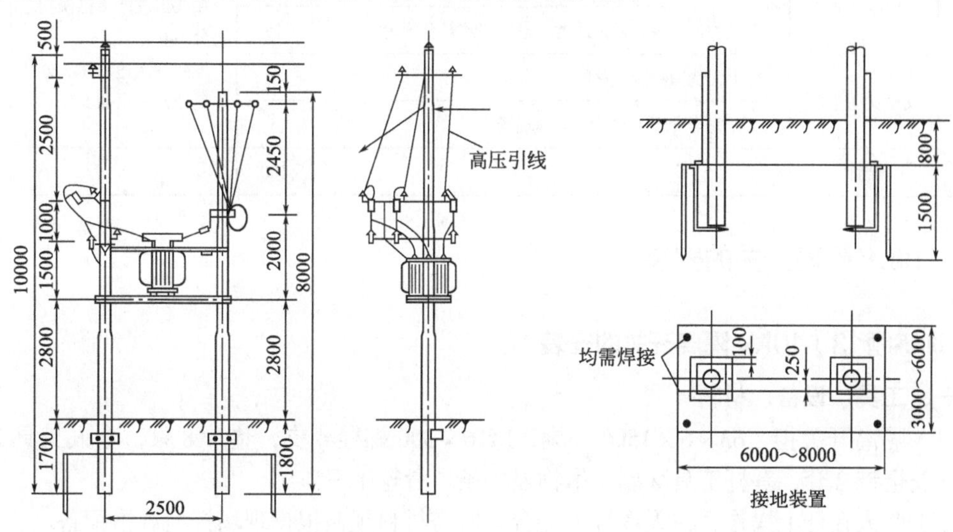

图9-5 BT-3直线型双杆变压器引下线、接地装置安装图

二、说明

（1）避雷器、跌落式熔断器、变压器、接地引线、低压横担、绝缘子等均已安装好。
（2）所需材料及设备由操作者根据变压器容量选择。
（3）工作时设专人监护。
（4）在培训（考试）场地操作。

三、评分标准（见表 9-12）

表 9-12 评分标准

序号	项目名称	质量要求	配分	扣 分	得分
1	工作前准备				
1.1	选择材料	选择与变压器容量相匹配的高低压导线、设备线夹等	10	每漏、错选一项扣 2 分	
1.2	选择工器具	带好所需的个人工具	5		
1.3	安全着装	穿戴好安全帽、工作服、绝缘鞋等	5		
2	工作过程				
2.1	登杆工具检查	对登杆工具进行人体冲击试验	5	位置选择不当扣 5 分，动作不熟练扣 5 分 一头不牢靠扣 3 分 一相绑扎不正确扣 2 分	
2.2	登杆	登杆选择位置合适，动作熟练、规范	10		
2.3	接线安装	变压器高压引线与跌落式熔断器下端头连接牢靠 变压器低压侧零线与避雷器下端头连接牢靠 接地线与接地体焊接	10		
2.4	导线固定	高压引线与高压绝缘子绑扎正确 低压引线与低压绝缘子绑扎正确 变压器低压侧零线桩头引线与接地引线连接牢靠 接地引线与接地螺栓连接牢固	15		
3	工作终结验收				
3.1	引线检查	引线连接操作程序正确、熟练	10	接线出现严重错误扣总题分 100% 发生一次违章扣 5 分 其他错一项扣 5 分	
		布线均匀美观、松紧适度。电气间隙符合规定	15		
3.2	安全文明生产	杆上无遗留物及跌落物	10		
		工作完毕交还工器具，清理现场	5		
	合计		100		

9.6.2 10kV 隔离开关的安装

【训练题13】10kV隔离开关的安装

一、工具、设备、材料

（1）隔离开关担∠63×6×1500 一副，M16×300 螺栓 4 支，垫片 8 只，个人工具 2 套，防坠落安全带 2 套，登杆工具 2 副，吊物绳一条，滑轮 1 只。

（2）两人在杆上操作，一人在杆下配合。所需材料规格根据现场杆型规格配备。

二、评分标准（见表 9-13）

表 9-13 10kV 隔离开关安装评分表

序号	项目名称	质量要求	配分	扣分	得分
1	工作前准备				
1.1	正确选择材料	选择材料规格相匹配	5	错、漏检一项扣 1 分 不按规定穿着扣 2 分	
1.2	正确选择工器具	满足工作要求，并作检查	5		
1.3	着装	正确穿戴棉质工作服及安全帽	5		

续表

序号	项目名称	质量要求	配分	扣分	得分
2	工作过程				
2.1	登杆前检查	检查杆根及拉线符合登杆要求	5	未做检查扣 4 分 未做试验扣 4 分 登杆不熟练扣 2 ～ 4 分 过高过矮均扣 2 分 安装方法不正确、不熟练扣 2 ～ 4 分 顺序有误扣 3 分	
2.2	登杆工具检查	对登杆工具接线冲击试验	5		
2.3	登杆	登杆动作规范、熟练，使用防坠装置	5		
2.4	工作位置确定	站位恰当，安全带使用正确	5		
2.5	隔离开关安装	方法正确，动作规范、熟练	20		
2.6	操作顺序	操作熟练，方法正确	5		
2.7	安全生产	传递工具材料使用绳索，传送横担使用倒背扣，动作规范 后备保护绳	10	抛掷工具材料每次 10 分 掉工具、材料每次扣 3 分 绳扣不正确扣 3 分 不扣后备保护绳扣 5 分 传送过程发生明显碰撞每次扣 2 分	
3	工作终结验收				
3.1	隔离开关安装	符合规范要求，操作机构安装牢固，转动部分涂以润滑油。限位位置准确可靠，分、合闸指示符合规定	20	不合规定扣 1 ～ 5 分 不水平扣 2 ～ 4 分 不牢固扣 5 分 不用双螺母每一处扣 2 分	
3.2	文明生产	工具材料摆放整齐有序	5		
3.3	综合评价	整个工作过程评价	5		
	合计		100		

9.6.3　10kV 互感器的安装

【训练题 14】电压互感器安装

一、考核要求

（1）根据给定的设备和仪器仪表，在规定的时间内按如图 9-6 所示安装图进行安装连接，不要漏接或错接，达到考题规定的要求。

（2）安装完毕应做认真自查，在确认无误后，在监护人指导下按程序进行通电试运转。操作时注意安全。

（3）正确识别本科目所需设备、材料，正确选择电工工具、仪器、仪表。

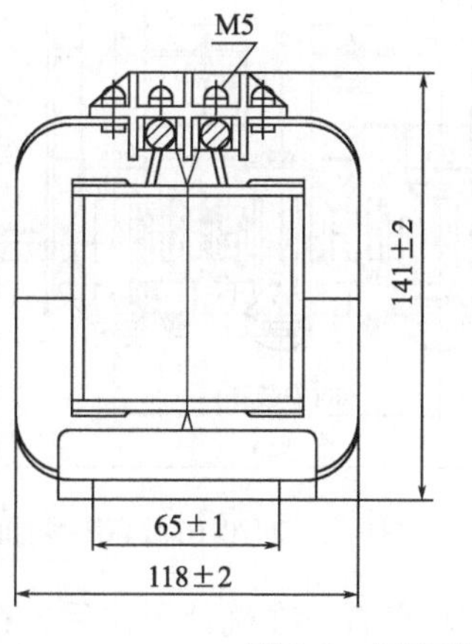

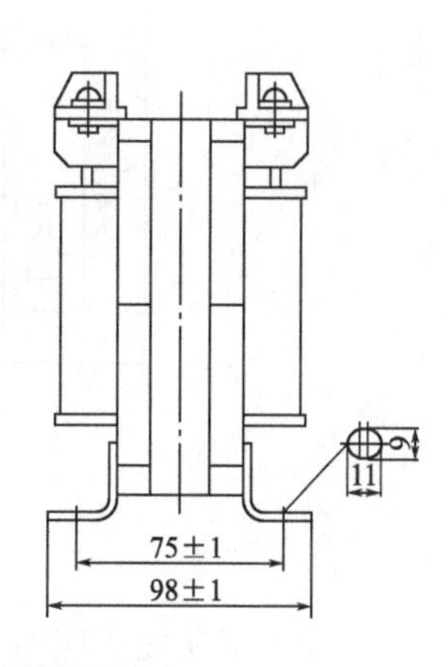

图 9-6　电压互感器安装尺寸

二、操作工艺提示

（1）根据电压互感器的安装图正确选择电工工具、仪器仪表。

（2）对互感器进行外观检查。

（3）安装固定电压互感器。

（4）接线：接套管上的母线，接接地线（电压互感器的铁芯和二次绕组在同一点接地）。

三、评分标准（见表9-14）

表9-14 评分标准

项目名称		质量要求	配分	扣分	得分
本体检验	铭牌标志	完整，清晰	5		
	外观	完整，无损伤	5		
	引线端子	连接牢固	5		
	绝缘检查	绝缘良好	10		
	变比及极性检查	正确	10		
互感器安装	极性方向	三相一致	10		
	接线端子位置	在维护侧	10		
	与母线接触	紧密可靠	10		
	所有连接螺栓	齐全，紧固	15		
接地	外壳接地	牢固可靠	10		
	互感器备用次绕组接地	短路后可靠接地	10		
合计			100		

9.6.4 10kV断路器的安装

【训练题15】SN10-10型高压少油断路器的安装

一、考核要求

（1）根据给定的设备和仪器仪表，在规定的时间内按如图9-7所示所示安装图进行安装连接，不要漏接或错接，达到考题规定的要求。

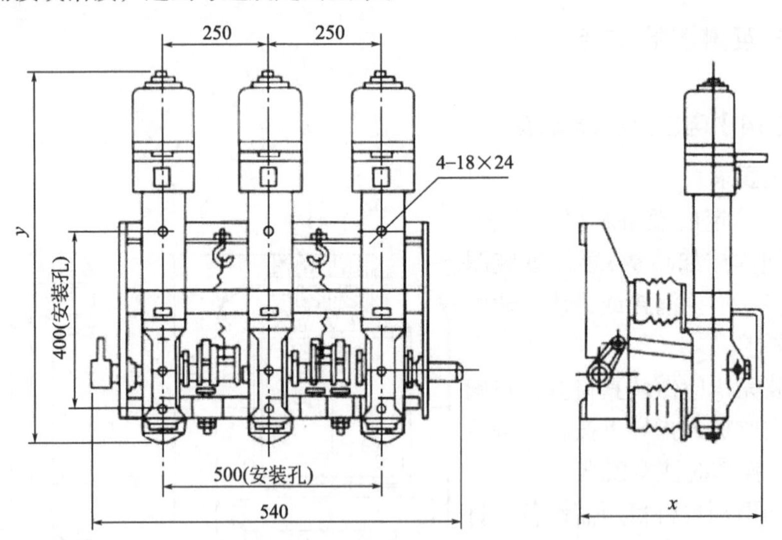

图9-7 SN10-10型高压少油断路器安装图

（2）安装完毕应做认真自查，在确认无误后，在监护人指导下按程序进行通电试运转。操作时注意安全。

（3）正确识别本科目所需设备、材料，正确选择电工工具、仪器、仪表。

二、操作工艺提示

（1）断路器安装前应进行必要的检查。

（2）按图安装断路器。先在地面进行单相组装，然后分相吊装到基础上，用螺栓紧固。

（3）按照工艺要求进行断路器的拆装和调整。

（4）交验。

三、评分标准（见表 9-15）

表 9-15 评分标准

工序	项目名称	质量要求	配分	扣分	得分
本体检验	导电部分	洁净光滑，镀银层完好，无机械损伤	5		
	机械传动装置	无损伤和变形，锁片锁牢，防松螺母拧紧，开口销张开	5		
	缓冲器	清洁，灵活，无卡阻	5		
	操作机构	动作可靠，密封完好	5		
断路器安装	基础及支架安装	焊接良好，螺栓紧固	10		
	本体安装	垂直、平固、垫后 5mm，油箱清洁，绝缘干燥，油阀畅通，无渗油，油漆完整	30		
	缓冲器安装	安装正确	10		
	操作机构和传动装置安装	部件齐全完整，连接牢固，合闸接触器，切换开关动作准确可靠，操作机构与固定部分间隙，移动距离，转动角度在允许误差范围，联动正常，无卡阻，分闸指示正确	20		
接线	断路器与电缆软母线连接	连接牢固，符合安全距离要求	10		
	合计		100		

【特别提醒】

断路器在调整时，断路器没有注满油前禁止分、合闸。调整后，手动分合闸几次，确定正常后才能通电操作。

第10章

电气控制线路接线与故障排除

10.1 接触器-继电器控制线路接线

10.1.1 点动控制线路接线

电动机点动控制电路安装

【操作试题1】三相异步电动机点动控制电路的接线

三相异步电动机点动控制电气原理图如图10-1所示。

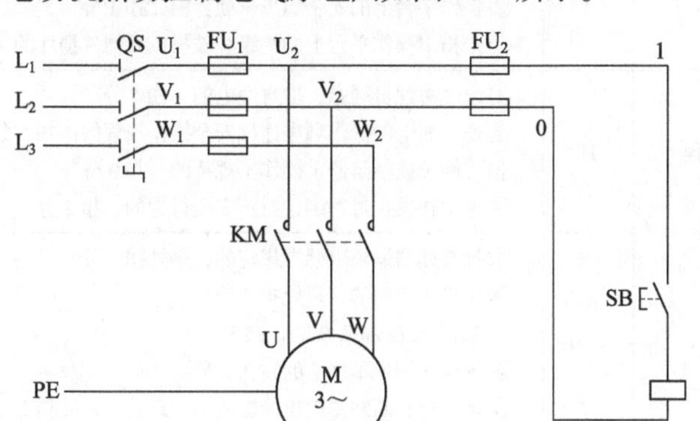

图10-1 三相异步电动机点动控制电气原理图

一、训练器材

训练所需器材见表10-1。

表10-1 器材明细表

代号	名 称	型 号	规 格	数量
M	三相异步电动机	Y-112M-4	4kW、380V、△接法	1
QS	组合开关	HZ10-25-3	三极，额定电流25A	1
FU_1	螺旋式熔断器	RL1-60/25	500V、60A配熔体额定电流25A	3
FU_2	螺旋式熔断器	RL1-15/2	500V、15A配熔体额定电流2A	2
KM	交流接触器	CJ10-20	20A线圈、电压380V	1
SB	按钮	LA10-3H	保护式、按钮数3	1
XT	端子排	JX2-1015	10A、15节	1
	木板（配电板）		650mm×500mm×50mm	1
	万用表	MF47型		1

二、考试时间

35min。

三、训练（考试）要求

（1）掌握电工在操作前、操作过程中及操作后的安全措施。

（2）熟练规范地使用电工工具进行安全技术操作。

（3）会正确地使用电工常用仪表，并能读数。

（4）实操开考前，考试点应将完好的电路板、各种颜色的绝缘导线及负载等考试设备和测量仪表及工具准备到位，确保无任何安全隐患的存在，在考评员同意后，考试才能开考；如果在考试过程中考试设备出现了安全隐患或不能立即排除的故障，本实操项目的考试终止，其后果由考点负责。

（5）评分标准，见表 10-2。

表 10-2 评分标准

序号	考试项目	考试内容及要求	配分	评分标准	得分
1	操作前的准备	防护用品的正确穿戴	2	①未正确穿戴工作服的，扣 1 分 ②未穿绝缘鞋的，扣 1 分	
2	操作前的安全	安全隐患的检查	4	①未检查操作工位及平台上是否存在安全隐患的，扣 2 分 ②操作平台上的安全隐患未处置的，扣 1 分 ③未指出操作平台上的绝缘线破损或元器件损坏的，扣 2 分	
3	操作过程的安全	安全操作规程	11	①未经考评员同意，擅自通电的，扣 5 分 ②通、断电的操作顺序违反安全操作规程的，扣 5 分 ③刀闸（或断路器）操作不规范的，扣 3 分 ④考生在操作过程中，有不安全行为的，扣 3 分	
		安全操作技术	16	①接线处露铜超出标准规定的，每处扣 1 分 ②压接头松动的，每处扣 2 分 ③未正确连接 PE 线的，扣 3 分 ④绝缘线用色不规范的，扣 5 分 ⑤熔断器、断路器进出线接线不规范的，每处扣 2 分 ⑥电路板中的接线不合理、不规范的，扣 2 分 ⑦未正确连接三相负载的，扣 3 分 ⑧接线端子排列不规范的，每处扣 1 分 ⑨工具使用不熟练或不规范的，扣 2 分	
4	操作后的安全	操作完毕作业现场的安全检查	3	①操作工位未清理、不整洁的，扣 2 分 ②工具及仪表摆放不规范的，扣 1 分 ③损坏元器件的，扣 2 分	
5	仪表的使用	用指针式万用表测量电压	4	①万用表不会使用的或使用方法不正确的，扣 4 分 ②不会读数的，每扣 2 分	
6	考试时限	35min	扣分项	每超时 1min 扣 2 分，直至超时 10min，终止整个实操项目考试	
7	否定项	否定项说明	扣除该题分数	出现以下情况之一的，该题记为零分： ①接线原理错误的 ②电路出现短路或损坏设备等故障的 ③功能不能完全实现的 ④在操作过程中出现安全事故的	
	合计		40		

四、训练（考试）操作步骤

1. 准备工作

（1）熟悉电器的结构及动作原理。在连接控制线路前，应熟悉按钮开关、交流接触器的结构形式、动作原理及接线方式和方法。

（2）记录设备参数。将所使用的主要电器的型号、规格及额定参数记录下来，并理解和体会各参数的实际意义。

（3）电动机外观检查。接线前，应先检查电动机的外观有无异常。如果条件许可，可以用手转动电动机的转子，观察转子转动是否灵活，与定子的间隙是否有摩擦现象等。

用兆欧表测量电动机绝缘电阻

（4）电动机的绝缘检查。电动机在安装或投入运行前，应对其绕组进行绝缘电阻的检测，其测量项目包括各绕组的相间绝缘电阻和各绕组对外壳（地）

的绝缘电阻，把测量结果填入表 10-3 中，检查绝缘电阻值是否符合要求。

表 10-3 电动机绕组绝缘电阻的测定

相间绝缘	绝缘电阻/MΩ	各相对地绝缘	绝缘电阻/MΩ
U相与V相		U相对地	
V相与W相		V相对地	
W相与U相		W相对地	

【特别提醒】

测量电动机的绝缘电阻，一般有两项内容，一是测量每相绕组间绝缘，二是测量每相绕组对机壳（地）间的绝缘。

测量绝缘电阻时，将兆欧表端钮 L、E 分别接到待测绝缘电阻两端，如测量绕组对地（或对电动机外壳）的绝缘电阻时，则应将 E 接地（或电动机外壳），L 接绕组的一端。

一般来说，对于 500V 以下的中、小型电动机，其绝缘电阻应大于 0.5MΩ 以上。

2. 安装接线

（1）检查电气元件质量。在不通电的情况下，用万用表检查各触点的分、合情况是否良好。检查接触器时，应拆卸灭弧罩，用手同时按下 3 副主触点并用力均匀。同时，应检查接触器线圈电压与电源电压是否相符。

（2）安装电气元件。在配电板上将电气元件摆放均匀、整齐、紧凑、合理，元器件布置图可参考图 10-2 所示。注意组合开关、熔断器的受电端子应安装在控制板的外侧，并使熔断器的受电端为底座的中心端；紧固各元件时应用力均匀，紧固程度适当。

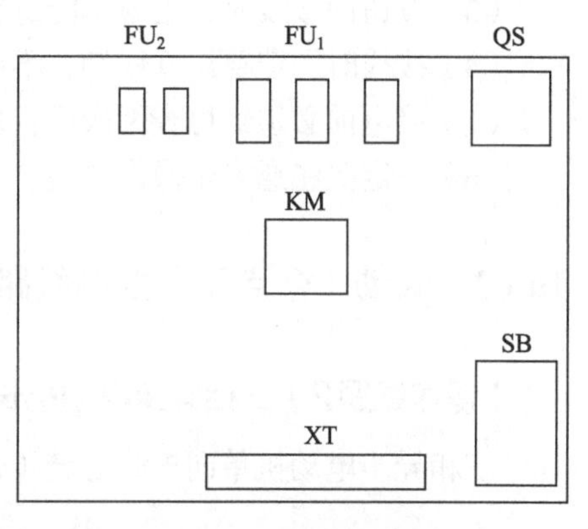

图 10-2 元器件布置图

（3）布线。主电路采用 BV1.5mm^2（黑色）；控制电路采用 BV1mm^2（红色）；按钮线采用 BVR0.75mm^2（红色）；接地线采用 BVR1.5mm^2（绿 / 黄双色线）。

布线要符合电气原理图要求。先将主电路的导线配完后，再配控制回路的导线。布线时还应符合平直、整齐、紧贴敷设面、走线合理及触点不得松动等要求。具体来说，应注意以下几点。

① 走线通道应尽可能少，同一通道中的沉底导线按主、控电路分类集中，单层平行密排，并紧贴敷设面。

② 同一平面的导线应高低一致或前后一致，不能交叉。当必须交叉时，该根导线应在接线端子引出时，水平架空跨越，但必须走线合理。

③ 布线应横平竖直，变换走向应垂直。

④ 导线与接线端子或线桩连接时，应不压绝缘层、不反圈及不露铜过长。并做到同一元件、同一回路的不同触点的导线间距离保持一致。

⑤ 一个元件接线端子上的连接导线不得超过两根，每节接线端子板上的连接导线一般只允许连接 1 根。

⑥ 布线时，严禁损伤线芯和导线绝缘。不在控制板上的电气元件要从端子排上引出。

（4）检验控制板布线正确性。

① 按照如图 10-1 所示用万用表进行检查时，应选用电阻挡的适当倍率，并进行校零，以防错漏短路故障。

② 检查控制电路，可以将表笔分别搭在 U_1、V_1 线端上，读数应为“∞”，按下 SB 时读数应为接触器线圈的直流电阻阻值。

③ 检查主电路时，可以用手动来代替接触器受电线圈励磁吸合时的情况进行检查。

（5）连接电源、电动机等控制板外部的导线。

3. 通电试车

经检查合格后，可以通电试车。

（1）接通电源，合上电源开关 QS。

（2）按下启动按钮 SB，接触器 KM 线圈得电，KM 主触点闭合，电动机 M 启动运转，观察线路和电动机运行有无异常现象；松开启动按钮 SB，接触器 KM 线圈失电，KM 主触点断开，电动机停转，这就是所谓的点动控制电路。

若操作中发现有不正常现象，应断开电源，经分析排除后重新操作。

五、注意事项

（1）电动机和按钮的金属外壳必须可靠接地。接至电动机的导线必须穿在导线通道内加以保护，或者采用坚韧的四芯橡胶线或塑料护套线进行临时通电校验。

（2）电源进线应接在螺旋式熔断器底座的中心端上，出线应接在螺纹外壳上。

（3）按钮内接线时，用力不能过猛，以防螺钉打滑。

（4）接线时一定要认真仔细，不可接错。

（5）接电前必须经检查无误后，才能通电操作。

（6）一定要注意安全操作。

10.1.2 长动（带点动）控制线路接线

单向连续运转（带点动）控制线路接线

【操作试题 2】三相异步电动机长动（带点动）控制线路的接线

三相异步电动机单向连续运转（带点动）电路原理如图 10-3 所示。

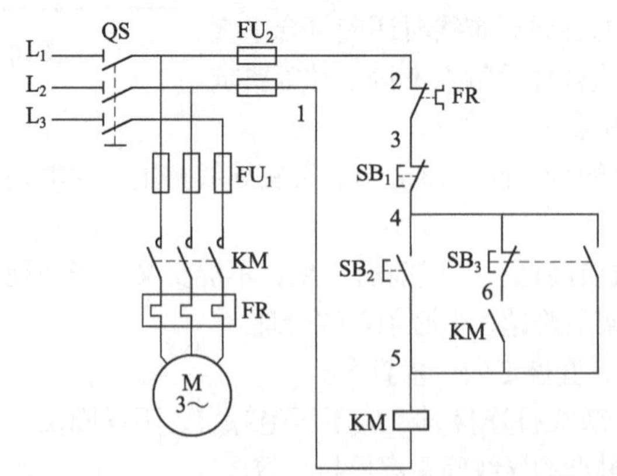

图 10-3 三相异步电动机单向连续运转（带点动）电路原理图

一、考试时间

35min。

二、训练（考试）要求

（1）掌握电工在操作前、操作过程中及操作后的安全措施。

（2）熟练规范地使用电工工具进行安全技术操作。

（3）会正确的使用电工常用仪表，并能读数。

（4）实操开考前，考试点应将完好的电路板、各种颜色的绝缘导线及负载等考试设备和测量仪表及工具准备到位，确保无任何安全隐患的存在，在考评员同意后，考试才能开考；如果在考试过程中考试设备出现了安全隐患或不能立即排除的故障，本实操项目的考试终止，其后果由考点负责。

（5）评分标准，见表10-4。

表10-4　三相异步电动机单向连续运转（带点动）线路的接线

序号	考试项目	考试内容及要求	配分	评分标准	得分
1	操作前的准备	防护用品的正确穿戴	2	①未正确穿戴工作服的，扣1分 ②未穿绝缘鞋的，扣1分	
2	操作前的安全	安全隐患的检查	4	①未检查操作工位及平台上是否存在安全隐患的，扣2分 ②操作平台上的安全隐患未处置的，扣1分 ③未指出操作平台上的绝缘线破损或元器件损坏的，扣2分	
3	操作过程的安全	安全操作规程	11	①未经考评员同意，擅自通电的，扣5分 ②通、断电的操作顺序违反安全操作规程的，扣5分 ③刀闸（或断路器）操作不规范的，扣3分 ④考生在操作过程中，有不安全行为的，扣3分	
		安全操作技术	16	①接线处露铜超出标准规定的，每处扣1分 ②压接头松动的，每处扣2分 ③未正确连接PE线的，扣3分 ④绝缘线用色不规范的，扣5分 ⑤熔断器、断路器、热继电器进出线接线不规范的，每处扣2分 ⑥电路板中的接线不合理、不规范的，扣2分 ⑦启停控制按钮用色不规范的，扣3分 ⑧未正确连接三相负载的，扣3分 ⑨接线端子排列不规范的，每处扣1分 ⑩工具使用不熟练或不规范的，扣2分	
4	操作后的安全	操作完毕作业现场的安全检查	3	①操作工位未清理、不整洁的，扣2分 ②工具及仪表摆放不规范的，扣1分 ③损坏元器件的，扣2分	
5	仪表的使用	用指针式万用表测量电压	4	①万用表不会使用的或使用方法不正确的，扣4分 ②不会读数的，每扣2分	
6	考试时限	35min	扣分项	每超时1min扣2分，直至超时10min，终止整个实操项目考试	
7	否定项	否定项说明	扣除该题分数	出现以下情况之一的，该题记为零分： ①接线原理错误的 ②电路出现短路或损坏设备等故障的 ③功能不能完全实现的 ④在操作过程中出现安全事故的	
	合计		40		

三、训练（考试）操作步骤

（1）检查操作工位及平台上是否存在安全隐患（人为设置），并能排除所存在的安全隐患。

（2）根据给定的如图 10-3 所示的电气原理图，在已安装好的电路板上选择所需的电气元件，并确定配线方案。

（3）按给定条件选配不同颜色的连接导线。

（4）按要求对三相电动机进行单向连续运转（带点动控制）线路进行接线。安装完毕，必须经过认真检查后，以防止接线错误或漏接线引起线路动作不正常，甚至造成短路事故。

① 核对接线。按电气原理图或电气接线图从电源端开始，逐段核对接线及接线端子处线号，重点检查主电路有无漏接、错接及控制电路中容易接错的线号，还应核对同一导线两端线号是否一致。

② 检查端子接线是否牢固。检查端子上所有接线压接是否牢固，接触是否良好，不允许有松动、脱落现象，以免通电试车时因导线虚接造成故障。

（5）通电前使用仪表检查线路，确保不存在安全隐患后再通电。在控制电路不通电时，用手动来模拟电器的操作动作，用万用表测量线路的通断情况。检查时应根据控制电路的动作来确定检查步骤和内容，并根据原理图和接线图选择测量点。

（6）检查电动机能否实现点动、连续运行和停止。通电步骤如下：

① 将电源引入配电板（注意不准带电引入）。

② 合闸送电，检测电源是否有电（用试电笔测试）。

③ 按工作原理操作电路；不带电动机，检查控制电路的功能；接入电动机，检查主电路的功能，检查电动机运行是否正常。

（7）用指针式万用表检测电路中的电压，并会正确读数。

（8）操作完毕作业现场的安全检查。

四、电路安装

（1）布置电气元件时，不可将元件安装到控制板边上，至少留 50mm 的距离；元件之间至少留 50mm 的距离，既有安全距离，又能便于走线。

（2）在安装电气元件之前，先检测器件的外形是否完整，有无破损，触点的电压、电流是否符合要求；用万用表电阻挡检查每个元器件的常开、常闭触点及线圈阻值是否符合要求。

（3）布线顺序为先控制电路，后主电路进行，以不妨碍后续布线为原则。布线时严禁损伤线芯和导线绝缘层。

五、布线工艺要求

（1）导线尽可能靠近元器件走线；尽量用导线颜色分相，必须符合平直、整齐、走线合理等要求。

（2）对明露导线要求横平竖直，导线之间避免直接交叉；导线转弯应成 90° 带圆弧的直角，在接线时可借助螺丝刀刀杆进行弯线，避免用尖嘴钳等进行直接弯线，以免损伤导线绝缘。

（3）控制线应紧贴控制板布线，主电路相邻元件之间距离短的可“架空走线”。

（4）板前明线布线时，布线通道应尽可能少同路并行，导线按主、控电路分类集中。

（5）可移动控制按钮连接线必须用软线，与配电板上元器件连接时必须通过接线端子，并加以编号。

（6）所有导线从一个端子到另一个端子的走线必须是连续的，中间不得有接头。

（7）所有导线的连接必须牢固，不得压塑料层，露铜不得超过 3mm，导线与端子的接线，一般是一个端子只连接一根导线，最多不得超过两根。

（8）导线线号的标志应与原理图和接线图相符。在每一根连接导线的线头上必须套上标有线号的套管，位置应接近端子处。在遇到6和9或16和91这类倒顺都能读数的号码时，必须做记号加以区别，以免造成线号混淆。线号的编制方法应符合国家相关标准。

（9）装接线路的顺序一般以接触器为中心由里向外，由低向高，先控制电路后主电路，以不妨碍后继布线为原则。对于电气元件的进出线，则必须按照上面为进线、下面为出线、左边为进线、右边为出线的原则接线。

（10）螺旋式熔断器中心片应接进线端，螺壳接负载方；电器上空余螺钉一律拧紧。

（11）接线柱上有垫片的，平垫片应放在接线圈的上方，弹簧垫片放在平垫片的上方。

六、注意事项

（1）正确选择按钮，绿色为启动，红色为停止，黑色为点动。

（2）穿正规工作服，穿好绝缘鞋，通电时要有人监护。

（3）安装完毕的控制电路板，必须经过认真检查后，才能通电试车，以防止接线错误或漏接线引起线路动作不正常，甚至造成短路事故。

10.1.3　电动机正反转控制线路接线

电动机正反转控制线路接线

【操作试题3】三相异步电动机正反转控制线路的接线

三相异步电动机接触器联锁正反转控制原理图如图10-4所示。

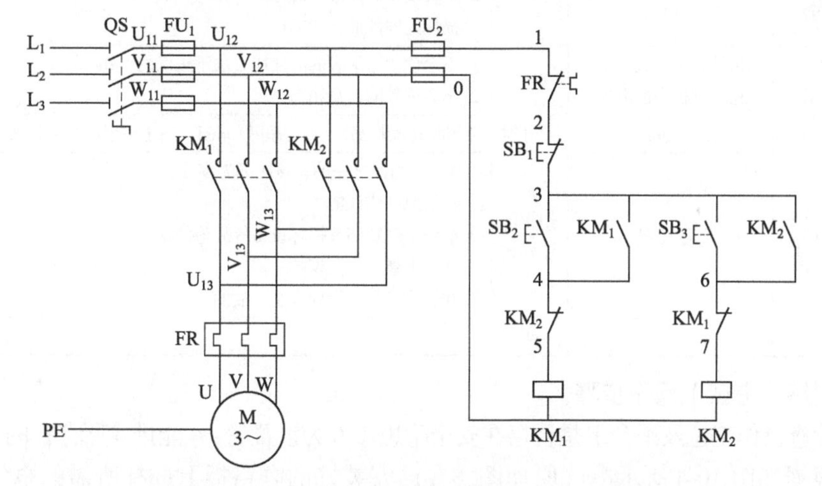

图10-4　三相异步电动机接触器联锁正反转控制原理图

一、考试时间

35min。

二、训练（考试）要求

（1）按给定电气原理图，选择合适的电气元件及绝缘电线进行接线。

（2）按要求对电动机进行正反转运行接线。

（3）通电前使用仪表检查电路，确保不存在安全隐患以后再上电。

（4）电动机运行良好，各项控制功能正常实现。

（5）评分标准，见表10-5。

表 10-5 评分标准

序号	考试项目	考试内容及要求	配分	评分标准	得分
1	操作前的准备	防护用品的正确穿戴	2	① 未正确穿戴工作服的，扣1分 ② 未穿绝缘鞋的，扣1分	
2	操作前的安全	操作工位及平台的安全检查	4	① 未检查操作工位及平台上是否存在安全隐患的，扣2分 ② 操作平台上的安全隐患未处置的，扣1分 ③ 未指出操作平台上的绝缘线破损或元器件损坏的，扣2分	
3	操作过程的安全	安全操作规程	11	① 未经考评员同意，擅自通电的，扣5分 ② 通、断电的操作顺序违反安全操作规程的，扣5分 ③ 刀闸（或断路器）操作不规范的，扣3分 ④ 考生在操作过程中，有不安全行为的，扣3分	
		安全操作	16	① 接线处露铜超出标准规定的，每处扣1分 ② 压接头松动的，每处扣2分 ③ 未正确连接PE线的，扣3分 ④ 绝缘线用色不规范的，扣5分 ⑤ 熔断器、断路器、热继电器进出线接线不规范的，每处扣2分 ⑥ 电路板中的接线不合理、不规范的，扣2分 ⑦ 启停控制按钮用色不规范的，扣3分 ⑧ 未正确连接三相负载的，扣3分 ⑨ 接线端子排列不规范的，每处扣1分 ⑩ 工具使用不熟练或不规范的，扣2分	
4	操作后的安全	操作完毕作业现场的安全检查	3	① 操作工位未清理、不整洁的，扣2分 ② 工具及仪表摆放不规范的，扣1分 ③ 损坏元器件的，扣2分	
5	仪表的使用	用指针式钳形表测量三相电动机中的电流	4	① 不会使用钳形表的或使用方法不正确的，扣4分 ② 不会读数的，每扣2分	
6	考试时限	40min	扣分项	每超时1min扣2分，直至超时10min，终止整个实操项目考试	
7	否定项	否定项说明	扣除该题分数	出现以下情况之一的，该题记为零分： ① 接线原理错误的 ② 电路出现短路或损坏设备等故障的 ③ 功能不能完全实现的 ④ 在操作过程中出现安全事故的	
	合计		40		

三、训练（考试）操作步骤

（1）检查操作工位及平台上是否存在安全隐患（人为设置），并能排除所存在的安全隐患。

（2）根据如图 10-4 所示电气原理图，在已安装好的电路板上选择所需的电气元件，并确定配线方案。

（3）按给定条件选配不同颜色的连接导线。

（4）按要求对三相异步电动机正反转控制线路进行接线。

（5）通电前使用仪表检查线路，确保不存在安全隐患后再通电。

在控制电路不通电时，用手动来模拟电器的操作动作，用万用表测量线路的通断情况。检查时应根据控制电路的动作来确定检查步骤和内容，并根据原理图和接线图选择测量点。

（6）检查电动机能否实现正转、反转运行和停止。

（7）用指针式钳形电流表检测电动机运行中的电流，并会正确读数。

（8）操作完毕作业现场的安全检查。

四、电路安装

（1）布置电气元件时，不可将元件安装到控制板边上，至少留 50mm 的距离；元件之间至少留50mm的距离，既有安全距离，又能便于走线。

（2）在安装电气元件之前，先检测器件的外形是否完整，有无破损，触点的电压、电流是否符合要求；用万用表电阻挡检查每个元器件的常开、常闭触点及线圈阻值是否符合要求。

（3）布线顺序为先控制电路，后主电路进行，以不妨碍后续布线为原则。主电路的连接线般采用较粗的2.5mm^{2}的单股塑料铜芯线；控制电路一般采用1mm^{2}的单股塑料铜芯线，并且要用不同颜色的导线来区分主电路、控制电路和接地线。明配线安装的特点是线路整齐美观，导线去向清楚，便于查找故障。

五、注意事项

（1）布线工艺要求与10.1.2相同。

（2）简单的电气控制线路可直接进行布置接线；较为复杂的电气控制线路，布置前建议绘制电气接线图。

（3）穿正规工作服，穿好绝缘鞋，通电时要有人监护。

【特别提醒】

电动机正反转控制电路中KM_1和KM_2常闭触点起互锁作用，是为了防止两个交流接触器同时吸合导致主电路短路事故。

短路保护与过载保护的区别是：短路保护是指线路或设备发生短路时，能迅速切断电源的一种保护；过载保护是指线路或设备的负荷超过允许的范围时，能适当延时后切断电源的一种保护。

10.1.4 带测量功能的电动机控制线路接线

带互感器的电动机控制线路接线

【操作试题4】带测量功能的电动机控制线路的接线

带熔断器（断路器）、仪表、互感器的电动机控制线路如图10-5所示。

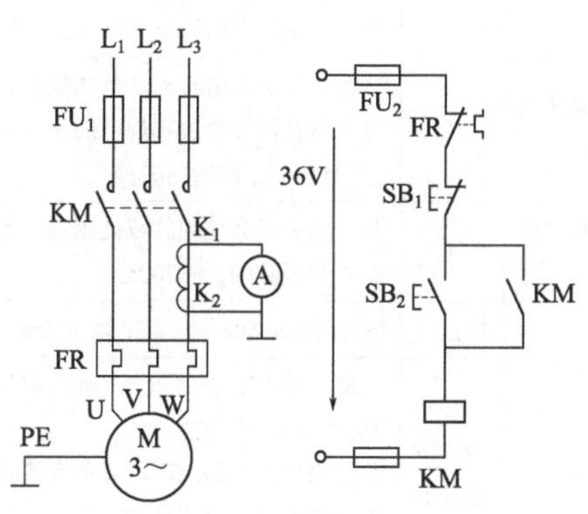

图10-5 带熔断器（断路器）、仪表、互感器的电动机控制线路原理图

一、考试时间

30min。

二、训练（考试）要求

（1）按给定电气原理图，选择合适的电气元件及绝缘电线。

（2）按要求进行带熔断器、仪表、电流互感器的电动机运行控制电路接线。

（3）通电前使用仪表检查电路，确保不存在安全隐患以后再上电。

（4）电动机连续运行、停止、电压表和电流表正常显示。

（5）实操开考前，考试点应将完好的电路板、各种颜色的绝缘导线及负载等考试设备和测量仪表及工具准备到位，确保无任何安全隐患的存在，在考评员同意后，考试才能开考；如果在考试过程中考试设备出现了安全隐患或不能立即排除的故障，本实操项目的考试终止，其后果由考点负责。

（6）评分标准，见表 10-6。

表 10-6 评分标准

序号	考试项目	考试内容及要求	配分	评分标准	得分
1	操作前的准备	防护用品的正确穿戴	2	①未正确穿戴工作服的，扣1分 ②未穿绝缘鞋的，扣1分	
2	操作前的安全	安全隐患的检查	4	①未检查操作工位及平台上是否存在安全隐患的，扣2分 ②操作平台上的安全隐患未处置的，扣1分 ③未指出操作平台上的绝缘线破损或元器件损坏的，扣2分	
3	操作过程的安全	安全操作规程	11	①未经考评员同意，擅自通电的，扣5分 ②通、断电的操作顺序违反安全操作规程的，扣5分 ③刀闸（或断路器）操作不规范的，扣3分 ④考生在操作过程中，有不安全行为的，扣3分	
		安全操作技术	16	①接线处露铜超出标准规定的，每处扣1分 ②压接头松动的，每处扣2分 ③未正确连接PE线的，每处扣3分 ④绝缘线用色不规范的，扣5分 ⑤熔断器、断路器、热继电器进出线接线不规范的，每处扣2分 ⑥电路板中的接线不合理、不规范的，扣2分 ⑦启停控制按钮用色不规范的，扣3分 ⑧互感器安装位置不正确的，扣1分 ⑨互感器、电流表接线不正确，每处扣2分 ⑩未正确连接三相负载的，扣3分 ⑪接线端子排列不规范的，每处扣1分 ⑫工具使用不熟练或不规范的，扣2分	
4	操作后的安全	操作完毕作业现场的安全检查	3	①操作工位未清理、不整洁的，扣2分 ②工具及仪表摆放不规范的，扣1分 ③损坏元器件的，扣2分	
5	仪表的使用	用指针式万用表测量电压	4	①万用表不会使用的或使用方法不正确的，扣4分 ②不会读数的，每扣2分	
6	考试时限	30min	扣分项	每超时1min扣2分，直至超时10min，终止整个实操项目考试	
7	否定项	否定项说明	扣除该题分数	出现以下情况之一的，该题记为零分： ①接线原理错误的 ②电路出现短路或损坏设备等故障的 ③功能不能完全实现的 ④在操作过程中出现安全事故的	
	合计		40		

三、训练（考试）操作步骤

（1）检查操作工位及平台上是否存在安全隐患（人为设置），并能排除所存在的安全隐患。

（2）根据如图 10-5 所示的电气原理图，在已安装好的电路板上选择所需的电气元件，并确定配线方案。

（3）按给定条件选配不同颜色的连接导线。

（4）按要求对带熔断器（断路器）、仪表、电流互感器的电动机控制线路进行接线。互感器二次侧 K_1、K_2 经过电流端子进入电流表。

（5）通电前使用仪表检查线路，确保不存在安全隐患后再通电。

（6）检查电动机能否实现启动和停止，在连续运行过程中电流表能否有指示。

（7）用指针式万用表检测电路中的电压，并会正确读数。

（8）操作完毕作业现场的安全检查。

四、注意事项

（1）布线工艺要求与训练 10.1.2 相同。

（2）接电流互感器时应注意一次侧、二次侧的极性，同名端要对应，不得接错。

（3）安装时，若电流表的指针没有指向“0”位，应调整机械调零钮，使指针在零位。

10.1.5 电动机Y-△降压启动控制线路接线

电动机Y-△降压启动线路接线

【操作试题 5】三相异步电动机Y-△自动降压启动控制线路的接线

三相异步电动机 Y-△变换启动控制线路如图 10-6 所示。

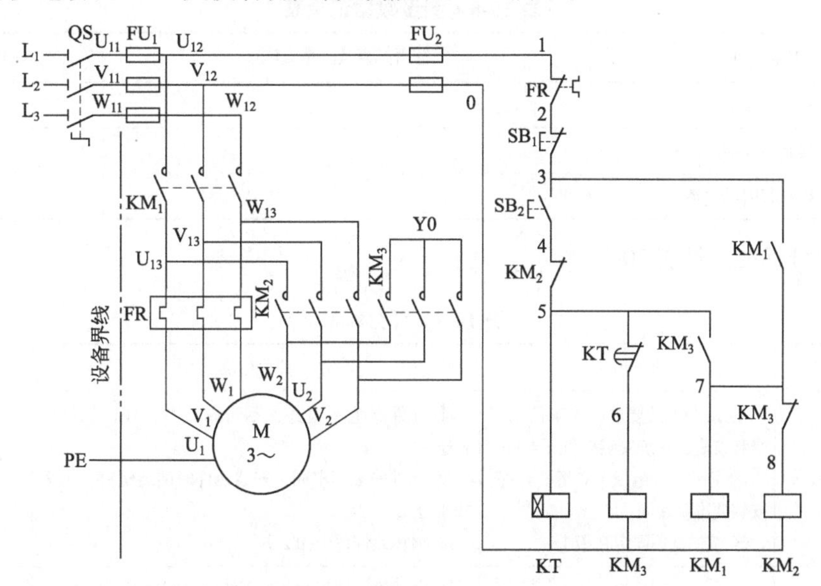

图 10-6 三相异步电动机Y-△自动降压启动控制线路

一、训练（考试）器材

训练（考试）所需要的器材见表 10-7。

表 10-7 器材明细表

代 号	名 称	型 号	规 格	数量
M	三相异步电动机	Y-112M-4	4kW、380V、△接法	1
QS	组合开关	HZ10-25-3	三极额定电流25A	1
FU_1	螺旋式熔断器	RL1-60/25	500V、60A配熔体额定电流25A	3

续表

代 号	名 称	型 号	规 格	数量
FU_2	螺旋式熔断器	RL1-15/2	500V、15A配熔体2A	2
KM_1、KM_2、KM_3	交流接触器	CJ10-20	20A、线圈电压380V	3
SB_1、SB_2	按钮	LA4-3H	保护式、按钮数3	1
FR	热继电器	JR16-20/3	三极、20A	1
KT	时间继电器	JS7-2A	线圈电压380V	1
XT	端子排	JD_0-1020	10A、20节	1
	木板（配电板）		650mm × 500mm × 50mm	1
	万用表	MF47型		1

二、训练（考试）要求

（1）按给定电气原理图，选择合适的电气元件及绝缘电线。

（2）按要求进行异步电动机 Y-△自动降压启动控制线路接线。

（3）通电前使用仪表检查电路，确保不存在安全隐患以后再上电。

（4）正确使用万用表、兆欧表及钳形表等电工仪表，测得相关数据填写在表 10-8 中。

表 10-8 测量数据记录表

测量项目	选用仪表及测量方法	测得数据
电动机线圈电阻		
交流接触器线圈电阻		
电动机运行时的电流		

（5）评分标准，见表 10-9。

表 10-9 评分标准

序号	主要内容	考核要求	评分标准	配分	得分
1	元件安装	① 按图纸的要求，正确使用工具和仪表，熟练安装电气元器件 ② 元件在配电板上布置要合理，安装要准确紧固 ③ 按钮盒不固定在板上	① 元件布置不整齐、不匀称、不合理，每只扣 1 分 ② 元件安装不牢固、安装元件时漏装螺钉，每个扣 1 分 ③ 损坏元件每个扣 2 分	5	
2	布线	① 接线要求美观、紧固、无毛刺，导线要进行线槽 ② 电源和电动机配线、按钮接线要接到端子排上，进出线槽的导线要有端子标号，引出端要用别径（叉形冷压端头）压端子	① 电动机运行正常，如不按电路图接线，扣 1 分 ② 布线不进行线槽，不美观，主电路、控制电路，每根扣 0.5 分 ③ 接点松动、露铜过长、反圈、压绝缘层，标记线号不清楚、遗漏或误标，引出端无别径压端子，每处扣 0.5 分 ④ 损伤导线绝缘或线芯，每根扣 0.5 分	15	
3	通电试验	在保证人身和设备安全的前提下，通电试验一次成功	① 时间继电器及热继电器整定值错误各扣 2 分 ② 主、控电路配错熔体，每个扣 1 分 ③ 一次试车不成功扣 5 分；二次试车不成功扣 10 分；三次试车不成功扣 15 分	15	
	合计			35	

三、训练（考试）操作步骤

训练（考试）操作步骤与前面介绍的基本相同，这里就不再详细阐述。下面主要介绍通电试车的方法。

（1）接通电源，合上电源开关QS。

（2）启动试验。按下启动按钮SB_2，进行电动机的启动运行。观察线路和电动机运行有无异常现象，并仔细观察时间继电器和电动机控制电器的动作情况以及电动机的运行情况。改变时间继电器KT的延时时间，比较电动机的降压启动过程。

（3）功能试验。做Y-△转换启动控制和保护功能的控制试验，如失压保护、过载保护和启动时间等。

（4）停止运行。按下停止按钮SB_1，电动机M停止运行。

（5）若操作中发现有不正常现象，应断开电源，分析排除后重新操作。将电路故障现象记录下来，同时将分析故障的思路、排除故障的方法和找到的故障原因记录下来。

四、操作注意事项

（1）电动机、时间继电器、接线端子板的不带电金属外壳或底板应可靠接地。

（2）电源进线应接在螺旋式熔断器底座的中心端上，出线应接在螺纹外壳上。

（3）进行Y-△启动控制的电动机，必须是有6个出线端子且定子绕组在△接法时的额定电压等于三相电源线电压的电动机。

（4）电动机的三角形接法不能接错，应将电动机定子绕组的U_1、V_1、W_1通过KM_2接触器分别与W_2、U_2、V_2连接。否则，使电动机在三角形接法时造成三相绕组连接同一相电源或其中一相绕组接入同一相电源而无法工作等故障。

（5）KM_3接触器的进线必须从三相绕组的末端引入，若误从首端引入，则在KM_3接触器吸合时，会产生三相电源短路事故。

（6）通电校验前要检查一下熔体规格及各整定值是否符合原理图的要求。

（7）训练时一定要注意安全操作。

10.1.6 两台电动机联动控制线路接线

电动机顺序控制电路安装

【操作试题6】两台电动机联动控制线路的接线

如图10-7所示为两台电动机联动控制电路。其动作过程如下：

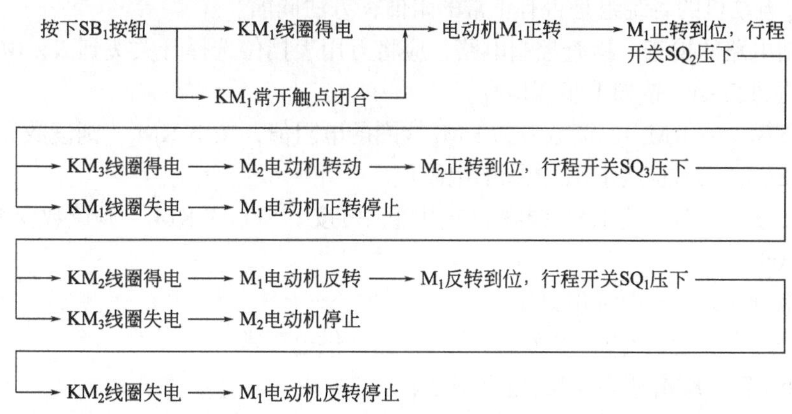

图10-7

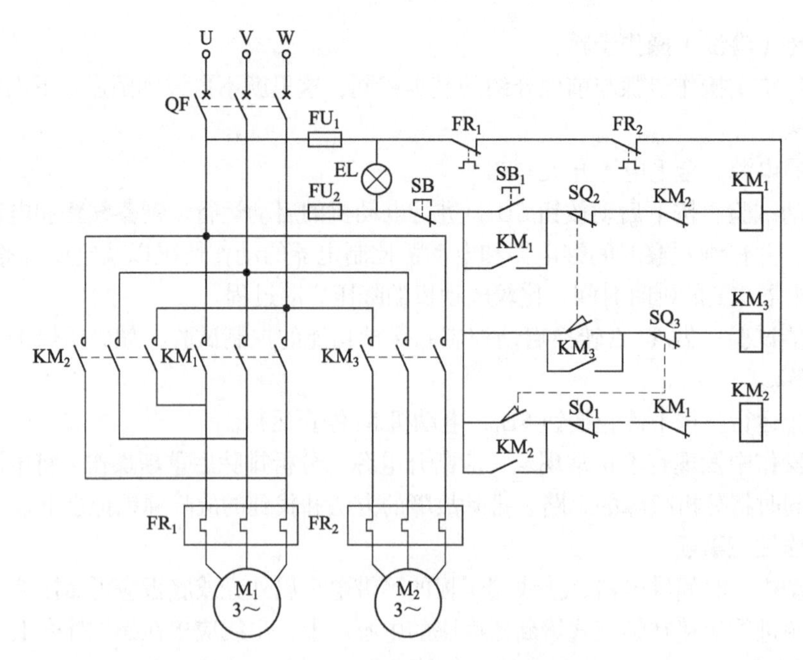

图10-7 两台电动机联动控制电路原理图

一、训练（考试）器材

根据原理图，元件清单中应包括：低压断路器（1个）、交流接触器（3个）、热继电器（2个）、熔断器（2个）、按钮（3个）、行程开关（3个）、电动机（2台）和指示灯（1个）。

训练所需的工具有万用表、螺丝刀、尖嘴钳、验电笔。

二、训练（考试）操作步骤

1. 安装接线

（1）检查电气元件质量。

（2）安装电气元件。

主电路有2台电动机、3个接触器，节点处连线较多，注意元件每一接线处的接线不要多于两根，以免接触不良。

2. 线路检查（取下 FU_1）

（1）主电路的检查。主电路的检查主要是检查 KM_1、KM_2、KM_3 的主触点是否能正常闭合和 M_1、M_2 电动机的各绕组是否有正常的阻值，方法同前。

（2）控制电路的检查。检查控制电路，应将万用表挡位选择开关拨到 $R\times10$ 或 $R\times100$，或者数字表的2kΩ挡，按如下步骤检查。

① 按下 SB_1（或 KM_1），读数应为 KM_1 线圈的电阻值，按下 KM_2，则读数为无穷大。

② 按下 SQ_2，读数应为 KM_3 线圈的电阻值。

③ 按下 SQ_3，读数应为 KM_2 线圈的电阻值，再按下 SQ_1 或 KM_1，则读数变为无穷大。

3. 通电试车

经上述检查无误后，可通电试车。

（1）电路送电。合上QF，电源指示灯EL亮，供电正常。

（2）按下 SB_1，KM_1 吸合，M_1 电动机正转。

（3）按下行程开关 SQ_2，KM_1 失电，M_1 电动机停转；同时 KM_3 吸合，M_2 电动机转动。

（4）按下行程开关 SQ_3，KM_3 失电，M_2 停止转动；同时 KM_2 得电，M_1 电动机反转。

（5）按下 SQ_1，KM_2 失电，M_1 电动机停车。

三、注意事项

（1）在对 M_1 电动机的主电路接线时，要注意正确调换相序，否则会造成主电路短路。

（2）认真识别和检查行程开关的常开触点和常闭触点，并正确连接。

（3）该电路有两台电动机，要注意身体与电动机保持一定距离，以免在电动机启动和切换时伤及操作者或其他人。

10.1.7 双速电动机控制线路接线

双速电机控制线路接线

【操作试题7】双速电动机控制线路的接线

双速电动机控制原理图如图10-8所示，其动作过程为：

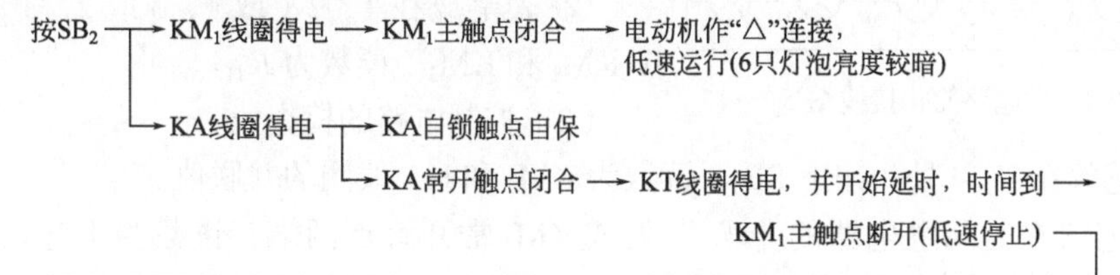

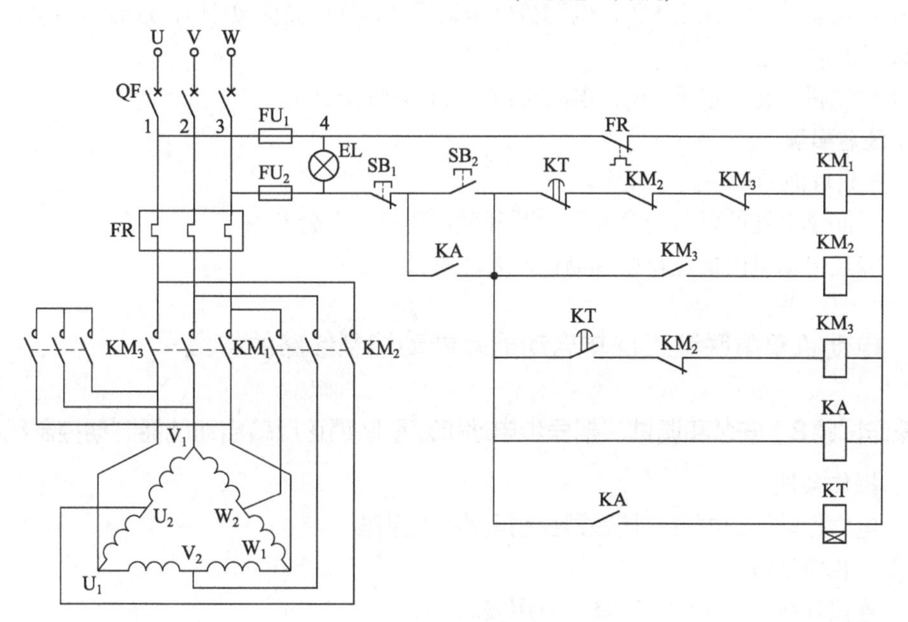

图10-8 双速电动机控制原理图

一、训练（考试）操作步骤

1. 元件检查

参照前面几个训练所介绍的方法，将图10-8所需元件进行检查。如用灯泡代替双速电动机，则要6个灯泡的电阻必须相等。

2. 线路安装

图 10-8 的主电路用 6 只灯泡代替后，其接线比较复杂，经简化后，可按图 10-9 所示接线，并且灯泡不存在正反转的问题。所以，接线时不要管电源的相序，这样，思路就比较清楚了，其他部分仍然按照图 10-8 所示进行接线。

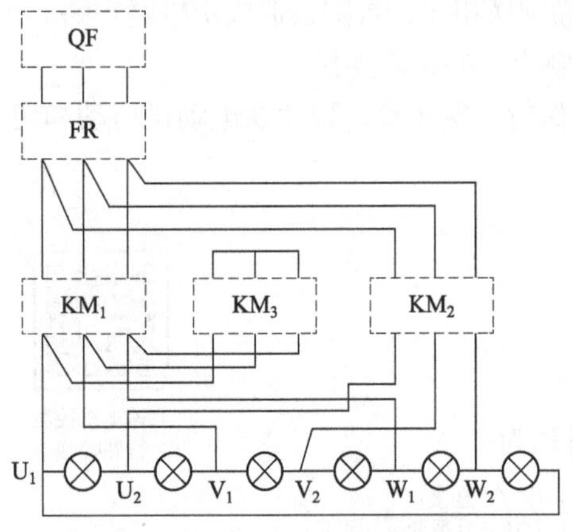

图 10-9 主电路简化接线图

3. 线路检查（取下 FU_1）

用指针式万用表 $R\times 10$ 或 $R\times 100$，或者用数字表的 2kΩ 挡，然后按如下步骤检查。

（1）主电路的检查

① 表笔放在 1、2（或 1、3 或 2、3）处，按 KM_1，读数为 $4R_{灯}/3$。

② 表笔放在 1、2（或 1、3 或 2、3）处，同时按 KM_2 和 KM_3，读数为 $R_{灯}$。

（2）控制电路的检查

① 表笔放在 3、4 处，按下 SB_2，读数为 KM_1 和 KA 线圈的并联值。

② 表笔放在时间继电器的“⊥⊥”处或 KM_3 常开触点两端，读数为上述值与 KM_3 或 KM_2 线圈的串联值。

4. 通电试车

经上述检查无误后，可通电试车。

（1）电路通电。合上 QF，电源指示灯 EL 亮。

（2）电动机运行。按下 SB_2，电动机低速运行（6 只灯亮度较暗），延时后电动机高速运行（6 只灯正常发光）。

（3）电动机停止。按下 SB_1，电动机停止（6 只灯全灭）。

二、注意事项

（1）6 只灯泡的功率要一样大。

（2）时间继电器的延时闭合和延时断开触点要有一个公共点。

（3）双速电动机由低速转换到高速时要注意换相序。

10.1.8 电动机双重联锁正反转启动能耗制动控制线路的接线

【操作试题 8】安装和调试三相异步电动机双重联锁正反转启动能耗制动控制线路

一、操作条件

（1）电力拖动（继电器 - 接触器控制电路）实训板

（2）三相电动机

（3）连接导线、电工常用工具、万用表。

二、电路分析

三相异步电动机双重联锁正反转启动能耗制动控制线路如图 10-10 所示。

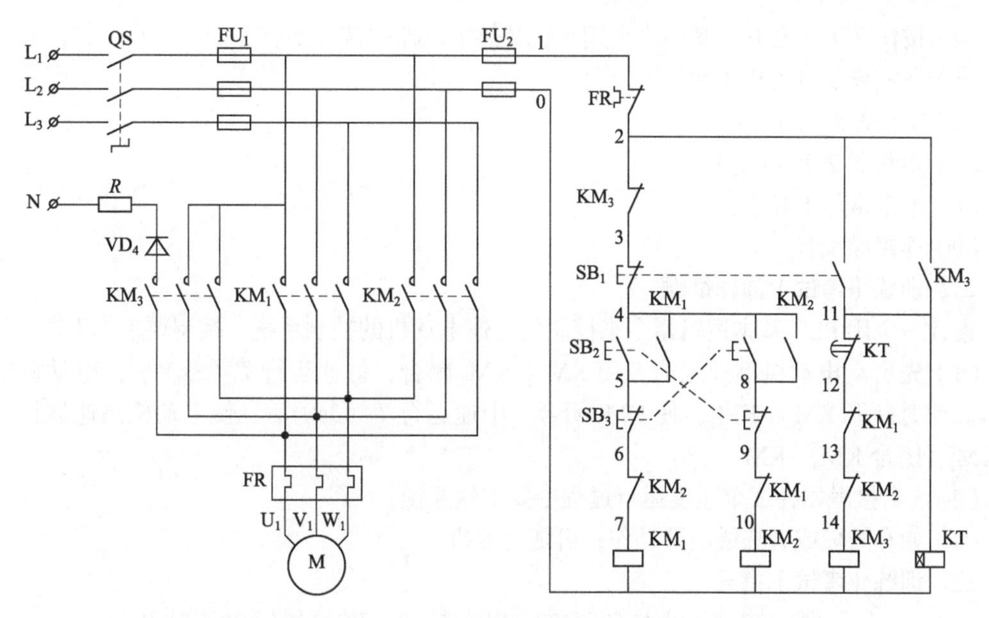

图 10-10　三相异步电动机双重联锁正反转启动能耗制动控制线路

三、操作要求

（1）在实训板上安装线路。

（2）自行分析电路功能，书面回答问题:（由考评员任选二题）

①时间继电器 KT 的整定时间是根据什么来调整的?

答案：时间继电器 KT 的整定时间是根据电动机的制动时间的大小来调整的。

②制动直流电流的大小，对电动机是否有影响？该如何调节?

答案：制动直流电流的大小，对电动机是有影响的。从制动效果来看，希望直流电流大一些，但过大会引起绕组发热、耗能增加，而且当磁路饱和后，对制动力矩的提高不明显。

调节公式：$I_D=(2\sim4)I_N$

③进行制动时，为何要将停止按钮 SB_1 按到底?

答案：进行制动时，如果不将停止按钮 SB_1 按到底，则 KM_3 线圈无法通电吸合，直流电流无法接入电动机的线圈，不能进行能耗制动。

④该电路为何要双重联锁?

答案：为了防止接触器故障造成三相交流电源短路，所以要双重联锁。

*10.2　PLC控制的接线与调试

10.2.1　三速电动机的PLC控制的接线与调试

【操作试题9】三速电动机的PLC控制的接线与调试

一、训练（考试）器材

（1）可编程控制器 1 台。

（2）交流接触器 5 个（40 A）。

（3）热继电器 1 个（40 A）。

（4）按钮 3 个（常开，其中 1 个用来代替热继电器的常开触点）。

（5）三相异步电动机 1 台。

（6）实训控制台 1 个。

（7）熔断器 2 个（0.5 A）。

（8）电工常用工具 1 套。

（9）连接导线若干。

二、训练（考试）操作试题

设计一个用 PLC 基本逻辑指令来控制的三速电动机的控制系统，控制要求如下。

（1）先启动电动机低速运行，使 KM_1、KM_2 闭合；低速运行 T_1（3s）后，电动机中速运行。此时断开 KM_1、KM_2，使 KM_3 闭合；中速运行 T_2（3s）后，使电动机高速运行，断开 KM_3，闭合 KM_4、KM_5。

（2）5 个接触器在 3 个速度运行过程中要求软互锁。

（3）如有故障或者热继电器动作，可随时停机。

三、训练（考试）指导

（1）I/O 点分配。X0：停止按钮，X1：启动按钮，X2：热继电器常开点，Y1：KM_1，Y2：KM_2，Y3：KM_3，Y4：KM_4，Y5：KM_5。

（2）系统接线图。根据系统控制要求，其系统接线图如图 10-11 所示。

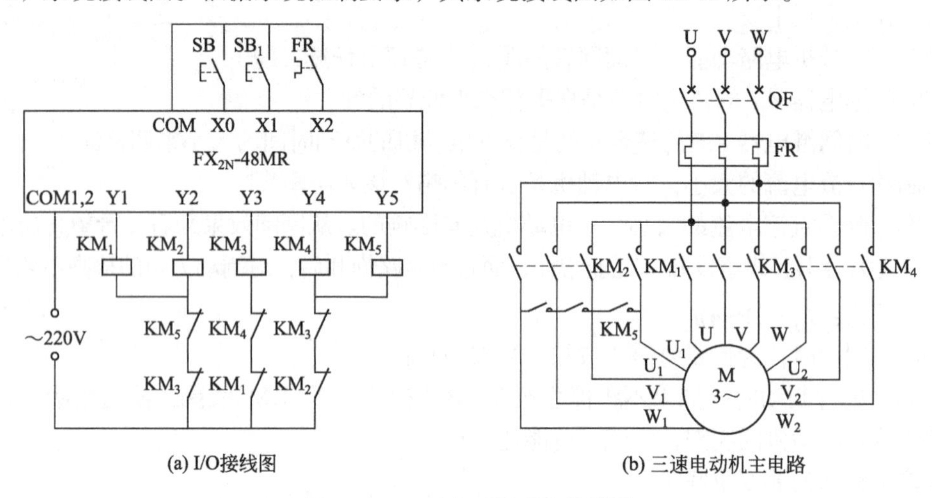

(a) I/O接线图　　(b) 三速电动机主电路

图 10-11　三速电动机系统接线图

（3）梯形图设计。根据控制要求和 PLC 的 I/O 分配，其梯形图如图 10-12 所示。

（4）系统调试

① 输入程序。按照前面介绍的程序输入方法，正确输入程序。

② 静态调试。按图 10-11 所示的 PLC 的 I/O 接线图正确连接好输入设备，进行 PLC 的模拟静态调试（将运行开关打到 RUN，按下启动按钮，这时 Y1、Y2 亮，3s 后 Y1、Y2 熄灭，Y3 亮，又 3s 后 Y3 熄灭，Y4、Y5 亮。在此期间，只要按停止按钮或热继电器动作，Y1、Y2、Y3 都将全部熄灭），并通过手持编程器监视，观察其是否与指示一致。若不一致，则需检查并修改程序，直至指示正确，即达到技能鉴定的要求。

③ 动态调试（技能鉴定不作要求）。按图 10-11（a）所示的 PLC 的 I/O 接线图正确连接好输出设备，进行系统的空载调试，观察交流接触器能否按控制要求动作（按下启动按钮，这时 KM_1、KM_2 闭合，3s 后 KM_1、KM_2 断开，KM_3 闭合，又 3s 后 KM_3 断开，KM_4、KM_5

闭合。在此期间，只要按停止按钮或者热继电器动作，KM_1、KM_2、KM_3 都将全部断开），并通过手持编程器监视，观察其是否与动作一致。若不一致，则需要检查线路或修改程序，直至交流接触器能按控制要求动作。然后按图 10-11（b）所示的主电路图连接好电动机，进行带载动态调试。

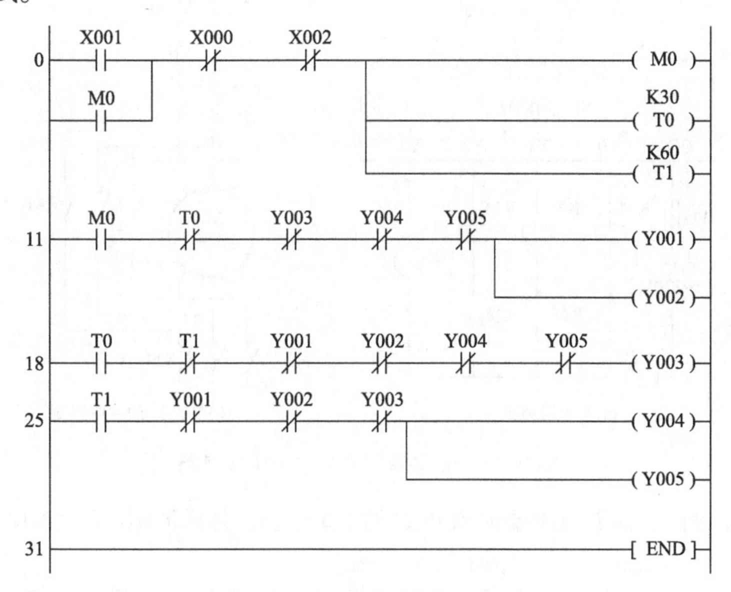

图 10-12 三速电动机的梯形图

10.2.2 电动机 Y/△的 PLC 控制的接线与调试

【操作试题 10】电动机 Y/△的 PLC 控制的接线与调试

一、训练（考试）器材

（1）可编程控制器 1 台。

（2）交流接触器 3 个（40 A）。

（3）热继电器 1 个（40 A）。

（4）按钮 3 个（常开，其中 1 个用来代替热继电器的常开触点）。

（5）三相异步电动机 1 台。

（6）实训控制台 1 个。

（7）熔断器 2 个（0.5 A）。

（8）电工常用工具 1 套。

（9）连接导线若干。

（10）指示灯 1 个。

二、训练（考试）操作试题

设计一个用 PLC 基本逻辑指令来控制电动机 Y/△启动的控制系统，控制要求如下。

（1）按下启动按钮，KM_2（星形接触器）先闭合，KM_1（主接触器）再闭合，3s 后 KM_2 断开，KM_3（三角形接触器）闭合。启动期间要有闪光信号，闪光周期为 1s。

（2）具有热保护和停止功能。

三、训练（考试）指导

（1）I/O 分配。X0：停止按钮，X1：启动按钮，X2：热继电器常开触点，Y0：KM_1，

Y1：KM_2，Y2：KM_3，Y3：信号闪烁显示。

（2）系统接线图。根据系统控制要求，其系统接线图如图 10-13 所示。

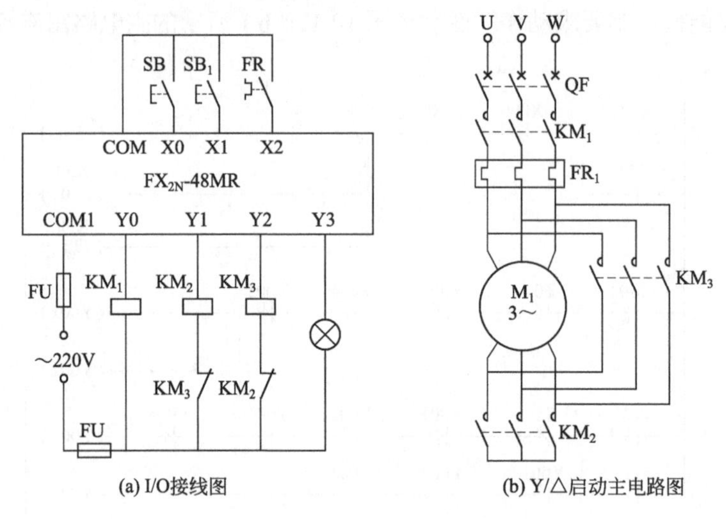

(a) I/O接线图　　(b) Y/△启动主电路图

图 10-13　电动机Y/△启动系统接线图

（3）梯形图设计。根据控制要求和 PLC 的 I/O 分配，其梯形图如图 10-14 所示。

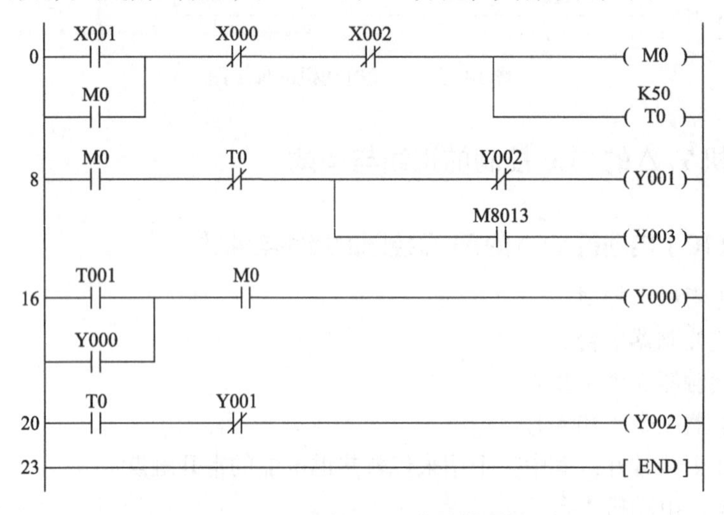

图 10-14　电动机Y/△启动梯形图

（4）系统调试

① 输入程序。按前面介绍的程序输入方法，正确输入程序。

② 静态调试。按图 10-13（a）所示的 PLC 的 I/O 接线图正确连接好输入设备，进行 PLC 的模拟静态调试［按下启动按钮 SB_1（X1）时，Y1、Y0 亮，3s 后 Y1 熄灭，Y2 亮，在 Y1 亮的时间内，Y3 闪三次，当按停止按钮或热继电器动作时，Y0、Y1、Y2、Y3 都将全部熄灭］，并通过手持编程器监视，观察其是否与指示一致。若不一致，则需检查并修改程序，直至指示正确，即达到技能鉴定的要求。

③ 动态调试（技能鉴定不作要求）。按图 10-13（a）所示的 PLC 的 I/O 接线图正确连接好输出设备，进行系统的空载调试，观察交流接触器能否按控制要求动作［即按启动按钮 SB_1（X1）时，KM_2（Y1）、KM_1（Y0）闭合，3s 后 KM_2 断开，KM_3（Y2）闭合，启动期间指示灯（Y3）闪三次，当按停止按钮 SB（X0）或热继电器 FR（X2）动作时，KM_1、KM_2

或 KM_3 都断开]，并通过手持编程器监视，观察其是否与动作一致。若不一致，则需检查线路或修改程序，直至交流接触器能按控制要求动作。然后按图 10-13（b）所示的主电路图连接好电动机，进行带载动态调试。

10.2.3 电动机循环正反转PLC控制的接线与调试

【操作试题11】电动机循环正反转PLC控制的接线与调试

一、训练（考试）器材

（1）可编程控制器 1 台。

（2）交流接触器 2 个（40 A）。

（3）热继电器 1 个（40 A）。

（4）按钮 3 个（常开，其中 1 个用来代替热继电器的常开触点）。

（5）三相异步电动机 1 台。

（6）实训控制台 1 个。

（7）熔断器 2 个（0.5 A）。

（8）电工常用工具 1 套。

（9）连接导线若干。

二、训练（考试）操作试题

设计一个用 PLC 的基本逻辑指令来控制电动机循环正反转的控制系统，控制要求如下。

（1）按下启动按钮，电动机正转 3s，停 2s，反转 3s，停 2s，如此循环 5 个周期，然后自动停止。

（2）运行中，可按停止按钮停止，热继电器动作也应停止。

三、训练（考试）指导

（1）I/O 分配。X0：停止按钮，X1：启动按钮，X2：热继电器常开触点，Y1：电动机正转接触器，Y2：电动机反转接触器。

（2）系统接线图。根据系统控制要求，其系统接线图如图 10-15 所示。

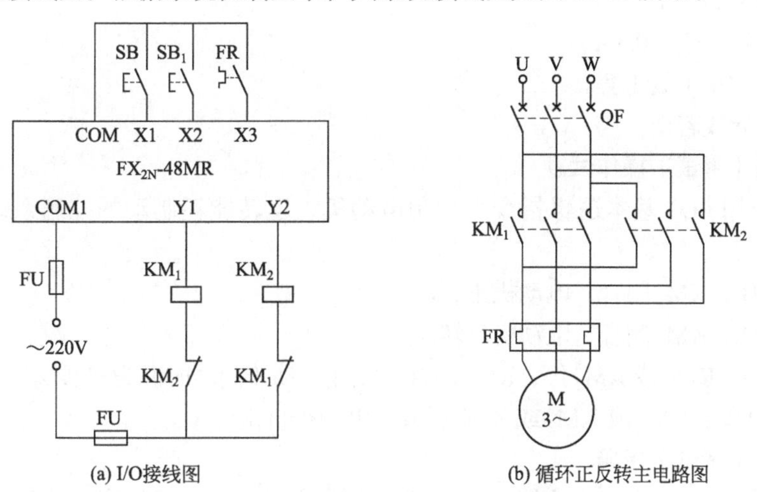

(a) I/O接线图

(b) 循环正反转主电路图

图 10-15 电动机循环正反转系统接线图

（3）梯形图设计。根据控制要求，可采用时间继电器连续输出并累积计时的方法，这样可使电动机的运行由时间来控制，使编程的思路变得很简单，而电动机循环的次数，则由计数器来控制。时间继电器 T0、T1、T2、T3 的用途如下（设电动机运行时间 t_1=3s；电动机停止时间 t_2=2s），T0 为 t_1 的时间，所以 T0=30；T1 为 t_1+t_2 的时间，所以 T1=50；T2 为 $t_1+t_2+t_1$ 的时间，所以 T2=80；T3 为 $t_1+t_2+t_1+t_2$ 的时间，所以 T3=100。因此，根据上述分析可画出其梯形图。

（4）系统调试。

① 输入程序。通过手持编程器将梯形图正确输入 PLC 中。

② 静态调试。按图 10-15（a）所示的 PLC 的 I/O 接线图正确连接好输入设备，进行 PLC 的模拟静态调试［按下启动按钮（X1）后，Y1 亮 3s 后熄灭 2s，然后 Y2 亮 3s 后熄灭 2s，循环 5 次，在此期间，只要按停止按钮或热继电器动作，Y1、Y2 都将全部熄灭］，观察 PLC 的输出指示灯是否按要求指示。若未按要求指示，则需检查并修改程序，直至指示正确，即达到技能鉴定的要求。

③ 动态调试（技能鉴定不作要求）。按图 10-15（a）所示的 PLC 的 I/O 接线图正确连接好输出设备，进行系统的空载调试，观察交流接触器能否按控制要求动作。若不能，则需检查线路或修改程序，直至交流接触器能按控制要求动作。再按图 10-15（b）所示的主电路图连接好电动机，进行带载动态调试。

10.2.4 电动机正反转能耗制动PLC控制的接线与调试

【操作试题12】电动机正反转能耗制动PLC控制的接线与调试

一、训练（考试）器材

（1）可编程控制器 1 台。

（2）交流接触器 3 个（40 A）。

（3）热继电器 1 个（40 A）。

（4）按钮 3 个（常开，其中 1 个用来代替热继电器的常开触点）。

（5）三相异步电动机 1 台。

（6）实训控制台 1 个。

（7）熔断器 2 个（0.5 A）。

（8）电工常用工具 1 套。

（9）连接导线若干。

二、训练（考试）操作试题

设计一个用 PLC 基本逻辑指令来控制电动机正反转能耗制动的控制系统，控制要求如下。

（1）按 SB_1，KM_1 闭合，电动机正转。

（2）按 SB_2，KM_2 闭合，电动机反转。

（3）按 SB，KM_1 或 KM_2 停，KM_3 闭合，能耗制动（制动时间为 T 秒）。

（4）FR 动作，KM_1 或 KM_2 或 KM_3 释放，电动机自由停车。

三、训练（考试）指导

（1）I/O 分配。X0：停止按钮，X1：正转启动按钮，X2：反转启动按钮，X3：热继电器常开触点，Y0：正转接触器，Y1：反转接触器，Y2：制动接触器。

（2）系统接线图。根据系统控制要求，其系统接线图如图 10-16 所示。

（3）梯形图设计。根据控制要求和 PLC 的 I/O 分配，其梯形图如图 10-17 所示。

（4）系统调试。

① 输入程序。按前面介绍的程序输入方法，用手持编程器正确输入程序。

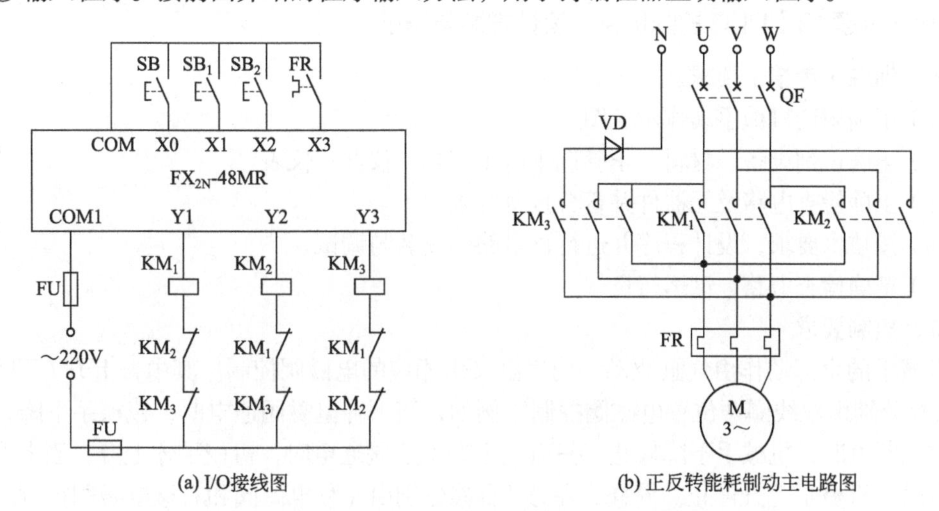

(a) I/O接线图　　(b) 正反转能耗制动主电路图

图10-16　电动机正反转能耗制动系统接线图

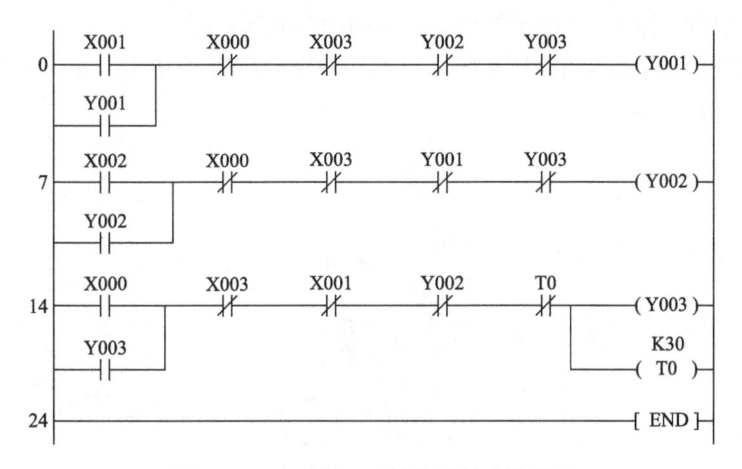

图10-17　电动机正反转能耗制动梯形图

② 静态调试。按图 10-16（a）所示的 PLC 的 I/O 接线图正确连接好输入设备，进行 PLC 的模拟静态调试 [按下正转启动按钮 SB_1（X1）时，Y1 亮，按下停止按钮 SB 时，Y1 熄灭，同时 Y3 亮，T 秒后 Y3 熄灭；按下反转启动按钮 SB_2（X2）时，Y2 亮，按下停止按钮 SB 时，Y2 熄灭，同时 Y3 亮，T 秒后 Y3 熄灭。电动机正在工作时，若热继电器动作，则 Y1 或 Y2 或 Y3 都熄灭]，并通过手持编程器监视，观察其是否与指示一致。若不一致，则需检查线路或修改程序，直至指示正确，即达到技能鉴定的要求。

③ 动态调试（技能鉴定不做要求）。按图 10-16（a）所示的 PLC 的 I/O 接线图正确连接好输出设备，进行系统的空载调试，观察交流接触器能否按控制要求动作 [即按下启动按钮 SB_1（X1）时，KM_1（Y1）闭合，按下停止按钮 SB 时，KM_1 断开，同时 KM_3（Y3）闭合，T 秒后 KM_3 也断开；按下启动按钮 SB_2（X2）时，KM_2（Y2）闭合，按下停止按钮 SB 时，KM_2 断开，同时 KM_3 闭合，T 秒后 KM_3 断开。电动机正在工作时，若热继电器动作，则 KM_1 或 KM_2 或 KM_3 都断开]，并通过手持编程器监视，观察其是否与动作一致。若不一致，则需检查线路或修改程序，直至交流接触器能按控制要求动作。然后按图 10-16（b）所示的主电路图连接好电动机，进行带载动态调试。

10.2.5 PLC控制机械手设计安装与调试

【操作试题13】PLC控制机械手设计安装与调试

一、训练（考核）要求

（1）正确识读机械手动作示意图。

（2）正确识别设备、材料，正确选用电工工具、仪器、仪表。

（3）正确检查电路及元器件并符合技术要求。

（4）按技术要求，设计程序并进行该电路的安装与调试。

（5）正确检查电路，试运行良好。

二、控制要求

机械手的全部动作由气缸驱动，而气缸又由相应的电磁阀控制。其中，上升/下降和左移/右移分别由双线圈两位置电磁阀控制。例如，当下降电磁阀通电时，机械手下降；当下降电磁阀断电时，机械手下降停止。只有当上升电磁阀通电时，机械手才上升，当上升电磁阀断电时，机械手上升停止。同样，左移/右移分别由左移电磁阀和右移电磁阀控制。机械手的放松/夹紧由一个单线圈两位置电磁阀（称为夹紧电磁阀）控制。当该线圈通电时，机械手夹紧；该线圈断电时，机械手放松。电磁阀用继电器控制。

工作方式设置为自动连续循环运转。机械手动作示意如图10-18（a）所示，机械手动作过程如图10-18（b）所示。

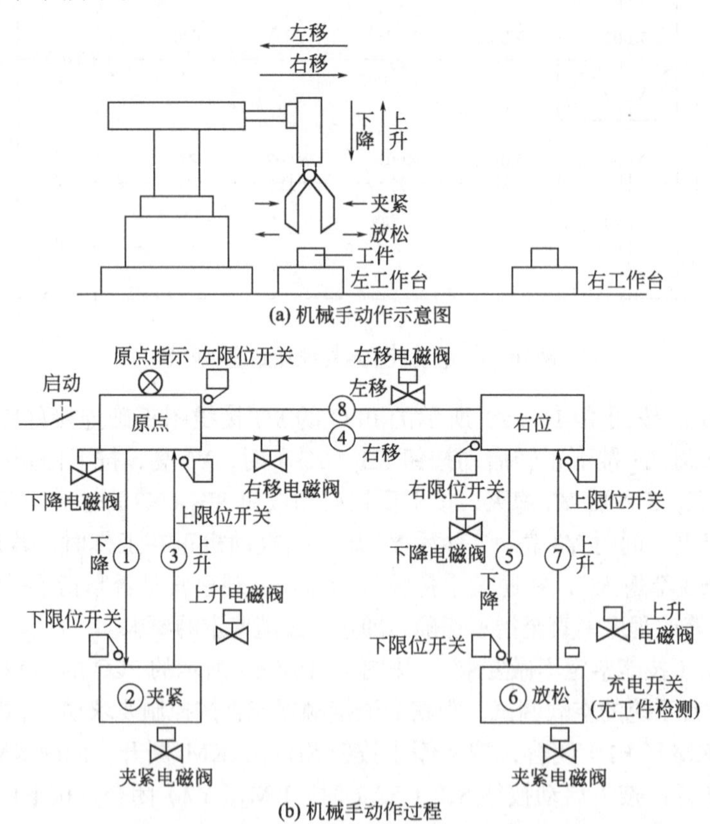

(a) 机械手动作示意图

(b) 机械手动作过程

图10-18 机械手动作设置

三、考前准备

器材见表10-10。

表 10-10 器材表

序号	名称	型号与规格	单位	数量
1	组合开关	HZ10 -25/3	个	1
2	交流接触器	CJ20，线圈电压 380V	只	4
3	热继电器	JR20	只	1
4	熔断器及熔芯配套	RL1-60/20A	套	3
5	熔断器及熔芯配套	RL1-15/4A	套	2
6	接线端子排	JX2-1050，500V、10A、15	条	1
7	三联按钮	LA10-3H 成 LA4-3H	个	2
8	可编程序控制器	FX2-48MR 或自定	台	1
9	便携式编程器	FX2-20P 或自定	台	1
10	三相电动机	Y112M-6, 2.2kW、380V、Y 连接或自定	台	1
11	绝缘线	BV1.5mm^2	m	2
12	模拟板	700mm × 800mm	块	1
13	电工工具、仪表	验电笔、钢丝钳、螺钉旋具（一字形和十字形）、电工刀、尖嘴钳、活扳手、剥线钳、万用表、绝缘电阻表、钳形表等	套	1
14	劳保用品	绝缘鞋、工作服等	套	1

四、评分标准

评分标准见表 10-11。

表 10-11 评分标准

序号	名称	考核要素	配分	评分标准	得分
1	识图	正确识读给定题目的安装电路图	8	① 错误解释工艺要求，每处扣 0.5 分 ② 错误说明设备、元器件在电路中的作用，每个扣 1 分	
2	识别设备、材料	根据题目正确识别设备、材料，符合安装技术要求	8	① 设备铭牌参数识别错误，每个扣 1 分 ② 设备、材料规格识别错误，每个扣 2 分	
3	选用仪器、仪表	正确选用本项目所需仪器、仪表	8	① 错误选用仪器、仪表扣 2 分 ② 使用方法不正确扣 1 分 ③ 测试结果错误，每项扣 0.5 分	
4	选用工、器具	正确选用本项目所需电工工、器具，并能正确使用	8	① 错误选用工、器具类别、规格每件扣 1 分 ② 使用方法不正确，每件扣 1 分	

续表

序号	名称	考核要素	配分	评分标准	得分
5	安全生产	操作过程符合国家颁发的电工作业操作规程、电工作业安全规程与文明生产要求	8	①违反规程每项扣1分 ②操作现场不整洁扣1分 ③不听指挥，发生设备和人身事故取消考试资格	
6	检查与安装	①正确、全面检查设备、元器件、电路 ②正确绘出梯形图、编写和输入程序 ③接线正确	12	①每漏一项扣0.5分 ②梯形图每错1处扣1分 ③程序错误扣3分 ④电路安装每错1处扣1分 ⑤屏蔽与接地不良扣1分	
7	调试作业	①步骤合理，项目齐全、动作可靠 ②控制设备动作准确	32	①调试步骤不合理、项目不齐全、每项扣1分 ②继电器整定值不准确扣2分 ③电气元器件动作不可靠扣2分	
8	检查试运行	全面检查设备及线路，试运行	16	①检查电路每漏一项扣1分 ②试运行一次不成功扣6分	
	合计		100		

五、操作工艺

（1）分配I/O点。I/O点数分配见表10-12。

表10-12 I/O点数分配表

输入			输出		
SQ_1	X1	下限位	KM_1	Y0	下降电磁阀
SQ_2	X2	上限位	KM_2	Y1	夹紧电磁阀
SQ_3	X3	右限位	KM_3	Y2	上升电磁阀
SQ_4	X4	左限位	KM_4	Y3	右移电磁阀
SB_1	X5	上升	KM_5	Y4	左移电磁阀
SB_2	X6	左移			
SB_3	X7	启动			

（2）PLC外部I/O接线图。根据控制要求，系统的输入量有：启动、上升、左移按钮信号；上、下限位开关信号；左、右限位开关信号。系统的输出信号有：上升、下降电磁阀；左移、右移电磁阀；夹紧电磁阀等信号。共需实际输入点数7个，输出点数5个。机械手控制系统PLC外部I/O的接线如图10-19所示。

（3）程序设计。机械手控制系统状态转移设计如图10-20所示。

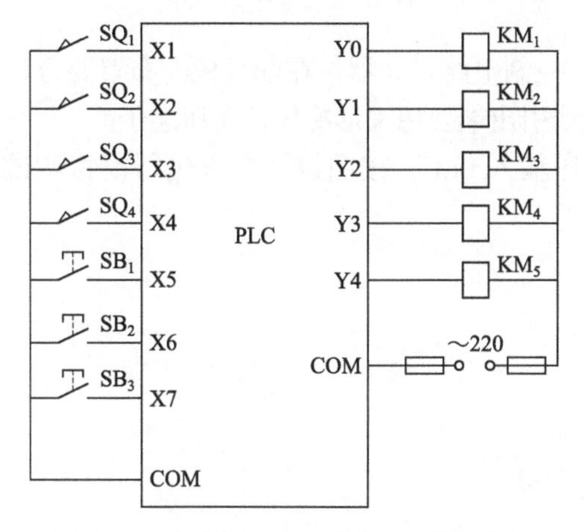

图10-19 控制系统PLC外部I/O的接线

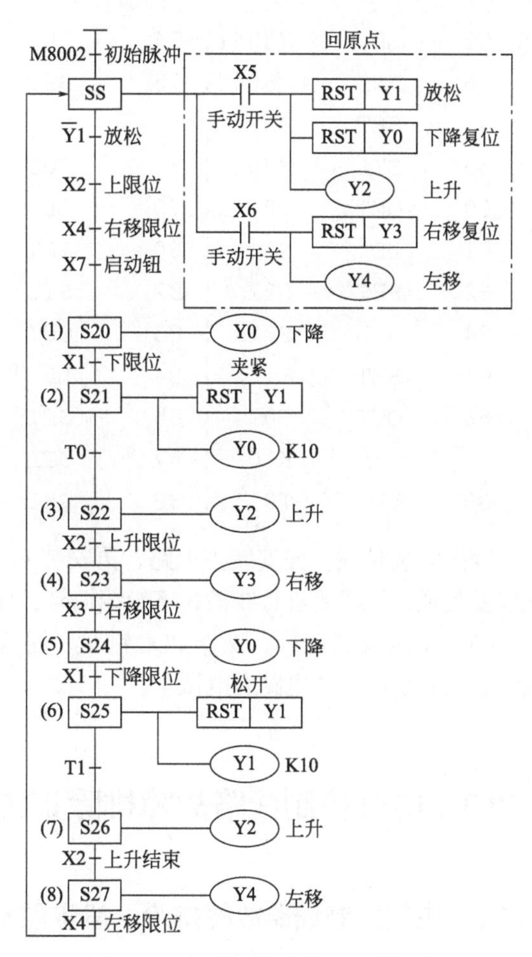

图10-20 控制系统状态的转移设计

语句表如下所示：

0	LD	X4	19	ANI	Y0	33	LD	X25
2	ANI	Y1	20	OUT	Y2	36	STL	S10
3	OUT	M8044	21	LD	Y10	37	RST	Y1
5	LD	M8000	22	ANI	Y2	38	RST	Y0
6	FNC	60	23	OUT	Y0	39	OUT	Y2
		X20	24	LD	X6	40	LD	X2
		S20	25	AND	X2	41	SET	S11
		S27	26	ANI	Y3	43	STL	S11
13	STL	S0	27	OUT	Y4	44	RST	Y3
14	LD	X12	28	LD	X11	45	OUT	Y4
15	SET	Y1	29	AND	X2	46	LD	X4
16	LD	X7	30	ANI	Y4	47	SET	S12
17	RST	Y1	31	OUT	Y3	49	STL	S12
18	LD	X5	32	SET	S1	50	SET	M8043
52	RST	S12	70	SET	S21	89	OUT	T1
54	STL	S2	73	OUT	Y2			K10

55	LD	M8041	74	LD	X2	92	LD	T1
56	AND	M8044	75	SET	S23	93	SET	S26
57	SET	S20	77	STL	S23	95	STL	S26
59	STL	S20	78	OUT	Y3	96	OUT	Y2
60	OUT	Y0	79	LD	X3	97	LD	X2
61	LD	X1	80	SET	S24	98	SET	S27
62	SET	S21	82	STL	S24	100	STL	S27
64	STL	S21	83	OUT	Y0	101	OUT	Y4
65	SET	Y1	84	LD	X1	102	LD	X4
66	OUT	T0	85	SET	S25	103	OUT	S2
		K10	87	STL	S25	105	RET	
69	LD	T0	88	RST	Y1	106	END	

（4）安装接线。先安装主电路，再安装 PLC 控制电路。元器件在配线板上布置要合理，配线要美观，导线要进行线槽；将导线编号，导线引出端要用叉形冷压端头压端子。

（5）调试及试运行。操作 PLC 键盘，将程序输入 PLC，按照设计要求进行模拟调试。调试达到要求后，主电路通电试车。

10.3 电气控制线路故障排除训练

10.3.1 电气控制线路故障排除一般步骤及方法

（1）故障排除的方法

故障排除的方法主要有电阻法、电压法、电流法、替换法、短接法、直接检查法、仪器检测法、逐步排除法、调整参数法、比较分析判断法等，最常用的有电压法、电阻法和短接法。

① 电阻法是一种常用的方法，主要是利用万用表的电阻挡测量电气设备的线路、触点等部位是否通断。在测量中要注意，不能带电测量，还要注意是否有其他的回路影响测量效果。

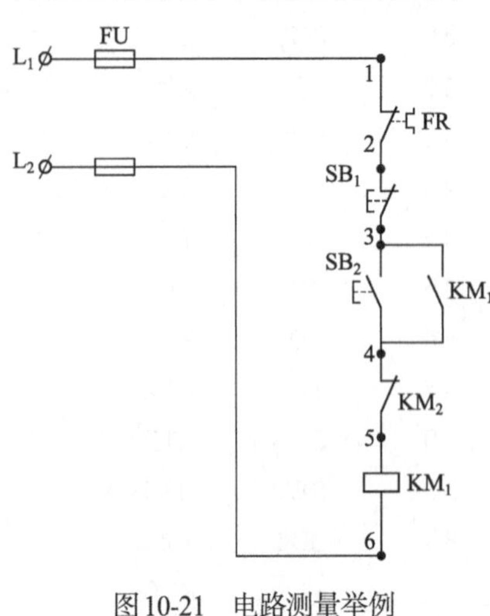

图 10-21 电路测量举例

以图 10-21 为例，检查时，先断开电源，万用表置于电阻挡，然后逐段测量相邻两标号点（1—2）、（2—3）、（3—4）、（4—5）之间的电阻。若测得某两点间电阻很大，说明该触点接触不良或导线断路；若测得（5—6）间电阻很大（无穷大），则线圈断线或接线脱落。若电阻接近零，则线圈可能短路。

② 电压测量法是指用万用表测量电气线路的电压是否处于正常范围内，了解电压的稳定程度。

以图 10-21 为例，按下启动按钮 SB_2，正常时，KM_1 吸合并自锁。将万用表置于交流 500V 挡，测量电路中（1—2）、（2—3）、（3—4）、（4—5）各段电压均应为 0，（5—6）两点电压应为 380V。

③ 短接法是将设备两个等电位点用导线短接起来，从而判断故障点。运用短接法判断故障时要注意等电位，否则可能导致更多故障的产生。

对断路故障，如导线断路、虚连、虚焊、触头接触不良、熔断器熔断等，用短接法查找往往比用电压法和电阻法更为快捷。检查时，只需用一根绝缘良好的导线将所怀疑的断路部位短接。当短接到某处，电路接通，说明故障就在该处。

a. 局部短接法。以图10-21为例，按下SB_2时，若KM_1不吸合，说明电路中存在故障，可运用局部短接法进行检查。在电压正常的情况下，按下SB_2不放，用一根绝缘良好的导线，分别短接标号相邻的两点，如（1—2）、（2—3）、（3—4）、（4—5）。当短接到某两点时，KM_1吸合，说明这两点间存在断路故障。

b. 长短接法。用导线一次短接两个或多个触头查找故障的方法。相对局部短接法，长短接法有两个重要作用和优点。一是在两个以上触头同时接触不良时，局部短接法很容易造成判断错误，而长短接法可避免误判。以图10-21为例，先用长短接法将（1—5）点短接，如果KM_1吸合，说明（1—5）这段电路有断路故障，然后再用局部短接法或电压法、电阻法逐段检查，找出故障点；二是使用长短接法，可把故障压缩到一个较小的范围。如先短接（1—3）点，KM_1不吸合，再短接（3—5）点，KM_1能吸合，说明故障在（3—5）点之间电路中，再用局部短接法即可确定故障点。

④ 电流法是指测量线路中的电流是否正常，以此来判断故障原因。

⑤ 替代法就是将可疑的损坏元件用新的元件来替代，安装好后再次测量，以此来检测可能的损坏元件是否是真的损坏。

⑥ 直接检查法是根据经验判断后直接检查怀疑的部件。

⑦ 调试参数法是指当检查完设备的线路、元件等都没有损坏，那么就极有可能是某物理量参数调整不合适。这时就需要调试不同的参数，然后测量设备是否正常。

⑧ 逐步排除法就是在电器发生短路故障时，逐步切除部分线路，找到故障点。

（2）故障排除的步骤

故障排除没有固定的公式可套，但也有一定的规律可循，大致步骤是症状分析、检查设备、确定故障点、实际操作排除故障、排除故障后性能观察。

① 分析原因。故障发生后，通过向当事人了解情况，询问操作者了解故障发生时的具体情况，对发生故障部位进行仔细检查，是否有异味、杂声、温度是否过高、部件是否破损等进行检查，根据系统相关工作原理，对故障发生的周围部件进行一定的比较，从而迅速正确地找出故障发生的原因。

② 检查设备，确定范围。根据故障发生时的具体情况，结合设备工作原理，分析原因，对电器的零部件进行一定的调试工作和实际操作试验，观察各个环节的具体反映，进一步检查设备，通过层层分析，灵活运用自己所掌握的知识和经验，找到故障点。在检查过程中，尽量避免对设备进行拆卸，防止引起更多的故障。

③ 解决故障。通过查找原因，检查设备，缩小故障范围，最后找到故障点，排除故障。

在故障排除后，维修人员还需做进一步检查，通过操作人员进行实际操作，设备能进行正常运转，证实故障已经排除，同时提醒操作人员在操作时应注意的问题。

（3）故障排除的注意事项

① 严格遵守安全操作规程，避免其他故障和人身伤亡情况发生。在维修时，始终将安全放在第一位，做好防护措施，不穿戴危险衣物，确保断电作业，做好触电自救，避免设备

发生其他不必要的故障，给维修带来困难，同时要时刻注意自己及周围人们的人身安全。

② 不断提高自己的专业水平，平时注意学习专业技能，学习新知识，对新电器、新设备一定要了解各种电气元件在设备中的具体位置，以及各种电气设备的线路设置问题，不断丰富自己的知识，提升自身排除故障的能力。

③ 故障排除时切忌直接动手，不加思考，这样很容易导致故障增多。要先动脑，在充分地考察后，确定了故障范围再开始拆卸检修，避免不必要的麻烦。

④ 先外后内，先检查设备有无外部明显的损坏，不用打开设备就能直接观察到的裂痕。要先排除外部的损坏可能性，再开箱修理，否则适得其反。

⑤ 先机械后电气，先确定是否是机械零件的故障，排除后再对电气进行检测。

⑥ 先静态后动态，在设备没有运行的状态下检查按钮、熔断器等部件是否出现故障，排除后再用仪器测量电压、电流、电阻等，通过声音、数据等判断。

⑦ 先电源后设备、先普遍后特殊、先外围后内部、先直流后交流、先故障后调试等。

10.3.2 自锁电路交流接触器不动作的故障排除

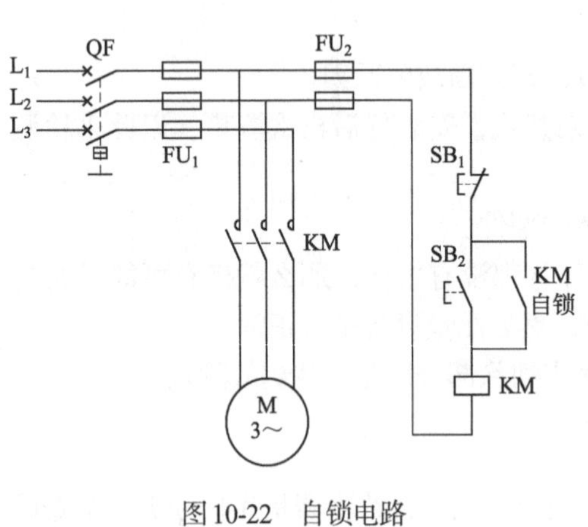

图10-22 自锁电路

（1）机械故障或元器件自身故障

如图 10-22 所示为自锁电路。交流接触器常开主触点闭合，电动机正转启动交流接触器常开辅助触点闭合，自锁。

电路构成的元器件：电源、熔断器、热继电器（此电路图未画出），SB_1、SB_2、KM 线圈、KM 自锁点。

例如：交流接触器弹簧卡死或者动作不良导致误认为线圈失电。自锁触点生锈，接触不良等。

判断方法：万用表电阻挡或者蜂鸣挡逐个测量元器件。

解决方法：更换电路元器件。

（2）电源故障排除

判断方法：将万用表电压挡测量交流接触器线圈，观察电压是否正常。当然也可以直接测量控制电路电源两端的电压是否稳定正常。

解决方法：更换电源或者排查电源故障。

（3）电气接线故障排除

电气线路接线的常见故障原因有：

① 交流接触器自锁点接触不良或者生锈氧化；

② 电气线路接线松动，似断非断，似接非接；

③ 接线螺钉端压到电线皮子，看似接线牢固，但却是虚接，这也是最经常遇到的电路故障；

④ 如果有热继电器，检查热继电器动作保护电流，看是否电流过小。万用表测量热继电器常闭触点和常开触点，判断热继电器好坏，是否存在误动作。

逐一排查上述故障原因，即可快速排除故障。

10.3.3 双速电动机变速控制线路的故障排除

（1）考核要求

① 正确识读双速异步电动机自动变速控制线路图。线路如图 10-23 所示。

② 正确选用电工工具、仪器、仪表检测元器件。

③ 正确分析判断与处理双速异步电动机自动变速故障。

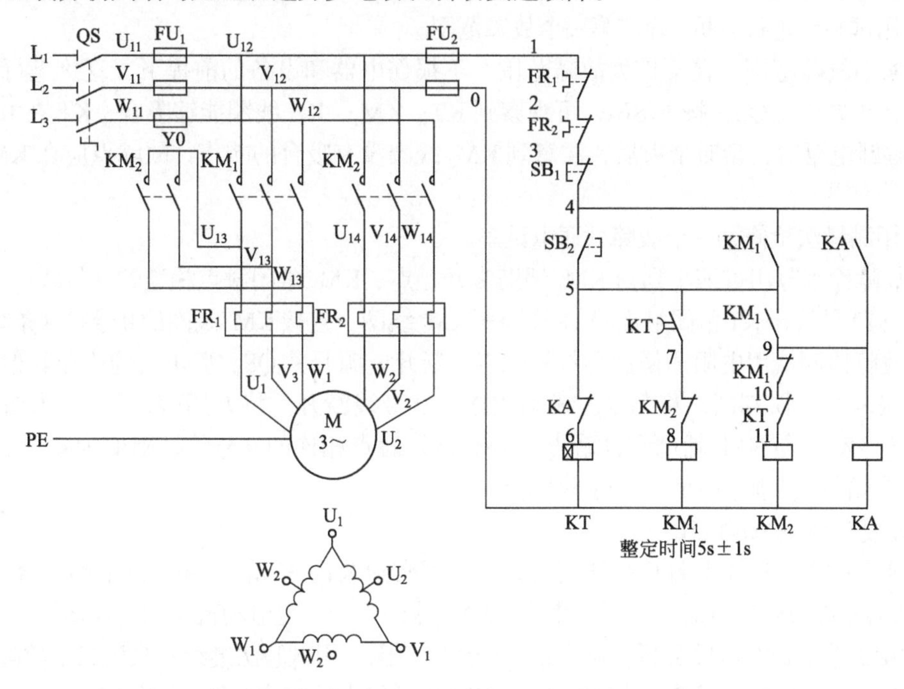

图 10-23 双速异步电动机自动变速控制线路图

（2）故障设置

在控制电路和主电路中各人为设置电气故障 1 处。所设置故障要符合自然规律。例如：将控制电路的 KM_1 辅助常闭（9—10）断开，KM_2 主触点绝缘。

故障现象：双速电动机不能高速工作。

（3）操作工艺

① 根据故障现象、调查研究。学生向教师询问故障现象，了解故障发生后的异常现象为：双速电动机只能低速启动，不能高速工作。判断故障的大致范围应在 KM_2 主电路和高速控制电路中。

② 在电路图上分析故障范围。双速电动机电路的工作原理如下：

启动过程：合上电源开关 QS，按下启动按钮 SB_2，时间继电器 KT 线圈获电，同时时间继电器 KT 瞬时常闭触点断开，切断接触器 KM_2 线圈防止其获电，同时时间继电器 KT 延时断开的常开触点闭合，使接触器 KM_1 线圈获电，接触器 KM_1 主触点闭合，电动机 M 以低速运转，同时中间继电器 KA 线圈获电，KA 常闭触点断开；切断时间继电器 KT 线圈，经过一定延时时间之后，时间继电器 KT 的延时常开触点断开，接触器 KM_1 线圈断电，接触器 KM_1 常闭辅助触点复位，使接触器 KM_2 线圈获电，接触器 KM_2 主触点闭合，电动机 M 以高速运行。

在按下 SB_2 启动按钮后，断电延时时间继电器 KT 线圈吸合，KT 常开触点（5—7）立即闭合，KM_1 线圈得电后自锁，双速电动机能够以三角形连接低速运转；在 KM_1 线圈得电后，KM_1 两个辅助常开触点闭合，中间继电器 KA 也能吸合。以上现象证明电路中的 L_1、L_2、L_3、QS 组合开关，FU_1、U_{12}、V_{12}、W_{12}、KM_1 主触点，FR_1 热元件，双速电动机绕组正常；控制电路中，从控制电路电源 FU_2 起，经 1、2、3、4、5、6、7、8、9 号线及连接 KT、KM_1、KA 线圈的 0 号线均正常。

③ 用试验法进行分析，确定第一个故障范围。

为缩小故障范围，在不扩大故障范围、不损伤电器和设备的前提下，直接进行通电试验。合上电源开关 QS，按下 SB_2，可观察到 KT、KM_1、KA 线圈能够吸合，KT 在 KA 吸合后，能够断电延时，延时结束后，注意到 KM_2 线圈没有吸合的响声，故障点应在 KM_2 控制支路中。

④ 用测量法检修第一个故障并通电试车。

a. 故障检查范用可缩小到与 KM_1 辅助常开触点、KM_1 常闭触点相连的 9 号线→KM_1 常闭触点→10 号线→KT 常闭触点→11 号线→KM_2 线圈→连接 KM_2 线圈的 0 号线这条线路上。

b. 故障检测。用电阻测量法寻找故障点。断开电源开关 QS，验电。为避免其他并联支路的影响，产生误判断，将与 KA 线圈相连的 9 号线断开。将万用表调至 $R\times1$ 挡的量程上，调零，测量与 KM_1 辅助常开触点、KM_1 常闭触点相连的 9 号线，阻值为 0，正常；测量 KM_1 常闭触点，阻值为∞，说明有断点。

c. 修复 KM_1 常闭触点。

d. 通电试车。接通电源 QS，按下 SB_2，可观察到 KT、KM_1、KA 线圈能够吸合。KT 在 KA 吸合后，能够断电延时。延时结束后，KM_2 线圈吸合，但电动机仍无高速运转。

⑤ 用试验法进行故障分析，确定第二个故障范围。用试验法继续观察第二个故障。KM_2 主电路中，可能是 KM_2 主触点故障、KM_2 辅助常开触点故障或热继电器故障。

⑥ 用测量法检修第二个故障并通电试车。

a. 接通电源 QS，按下 SB_2，经延时后，在只有 KM_1 线圈吸合的情况下，将万用表调至交流 500V 的量程上，测量电动机 U_{14}、V_{14}、W_{14} 三根引线之间的电压均为 0V，说明与电动机 M 引接的 U_{14}、V_{14}、W_{14} 主电路出现故障。

b. 断开 QS，经验电后，将万用表调至 $R\times1$ 挡的量程上，调零，测量 KM_2 主触点，发现不能正常闭合。

c. 修复 KM_2 主触点。

d. 通电试车。接通电源 QS，按下 SB_2 后，时间继电器 KT 线圈获电，接触器 KM_1 线圈获电，接触器 KM_1 主触点闭合，电动机 M 以低速运转。经一定时间后，时间继电器 KT 的延时触点断开，接触器 KM_1 线圈断电。接触器 KM_1 常闭辅助触点复位。使接触器 KM_2 线圈获电，接触器 KM_2 主触点闭合，电动机 M 高速运行，故障排除。

⑦ 整理现场。断开模拟电路板电源开关 QS，拉下总电源开关。整理电路，将检修过程涉及的各接线点重新紧固一遍，线槽盖板、灭弧罩、熔断器帽等盖好、旋紧，各导线整理规范美观，将桌面上的绝缘皮、废弃的线头等杂物清理干净，最后将电工工具、仪表和材料整齐放在桌面，清扫地面。

⑧ 总结经验，做好维修记录。记录故障现象、部位、损坏的电器、故障原因、修复措施及修复后的运行情况等。

*10.3.4 PLC控制的电动机Y/△启动线路的故障排除

（1）知识准备

当PLC控制系统出现故障时，不必急于去检查PLC的外围电器，而应该重点检查PLC上接收信号和发出信号是否正常。正常与否，可通过面板上的指示灯体现出来。在PLC的面板上，对应于每一信号的输入点或输出点，都设有指示灯来显示每一点的工作状态。当某一点有信号输入或者信号输出时，对应该点的指示灯发亮。维修人员只要充分利用这些指示灯的工作状况，就能方便地实现故障的判断、分析和确认。PLC内部继电器损坏时，可更换PLC输出模板或用编程器将该输出继电器更改接在其他空余的继电器上，并改接相应的输出端接线。

1）PLC控制系统的常见故障

① 电源故障。PLC的电源有多种，如5V、12V、24V等，都是由内部产生的。有时某电源不正常工作，或电源部分电气元器件损坏，将直接影响PLC的正常工作，应及时将电源修好。

② CPU故障。CPU出现故障，PLC将不能正常工作。主要故障点是CPU插板没插好或松动，系统监控和支持程序损坏，或系统监控程序存储器损坏。

③ 输入点损坏。它主要是输入板上用的集成电路损坏，不能正常接收外部输入信号，有些PLC显示输入的发光二极管正常，但实际内部的输入点已损坏。直观上这样的问题不易发现，这时只有用编程器监视运行，即可发现这一故障。

④ 输出板上继电器触点粘连。由于某些原因，使输出板上继电器触点粘连，有些PLC机由于输出显示发光二极管和输出继电器不是选用的同一电路，所以这样的故障问题是不容易被发现的，必须借助电工仪表测量才能发现。

⑤ 输出板上继电器的损坏。对于某些PLC，输出点无过电流保护装置，所以有时由于设备的某些故障，造成输出板继电器烧坏。这时有些PLC观察输出点发光二极管也不能发现这样的问题，也必须借助于电工仪表测量来发现。

PLC控制的电气设备的其他检修工艺和方法基本上与检修继电器－接触器电气设备相同。

2）操作要点

① 利用PLC本身具有一定的自诊断功能，从PLC面板上指示灯的状态可以大体判断PLC系统的运行情况，即借助诊断程序找出故障部位或部件。

PRWER——电源指示。当PLC的电源接通，该指示灯亮。

RUN——运行指示。当PLC的基本单元的RUN端与COM端之间开关闭合或面板上RUN开关合上时，PLC即处于运行状态，RUN指示灯亮。

BATT.V——机内锂电池电压指示。如果该指示灯亮，说明锂电池电压不足，应该更换电池。

PROG.E（CPU.E）——程序出错指示。该指示灯闪烁，说明出现以下类型的错误：程序语法有错；锂电池电压不足；定时器或计数器未设置常数；干扰信号使程序出错；程序执行时间超出允许时间，这时该指示灯是连续亮。

输入输出指示。PLC有正常输入时，对应输入点的指示灯亮。若PLC有输出且输出继电器动作，则对应输出点的指示灯亮。

② 对于PLC外部的输入元器件和输出元器件的故障，PLC无法检测，故也不会因外部故障而自动停机。只有当故障扩大，以致造成不良后果时才停机。这些问题应在设计程序时

考虑清楚，即有关外部元器件的检修，应遵循类似于继电器 - 接触器电气设备的检修原则及检修工艺。

（2）考核要求

① 正确识读 Y/ △启动主电路图和 I/O 接线图。主电路和 I/O 接线如图 10-24 所示。

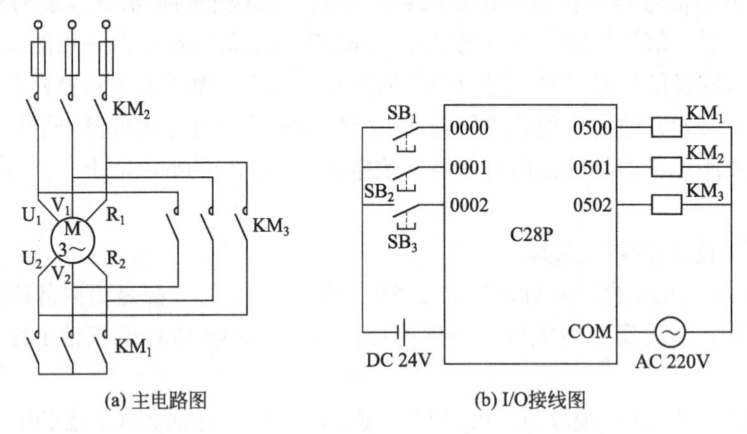

图 10-24　电动机 Y/ △启动主电路图和 I/O 接线图

② 正确选用电工工具、仪器、仪表检测元器件。

③ 正确分析判断与处理电动机 Y/ △降压启动控制线路的故障。

（3）评分标准（见表 10-13）

表 10-13　评分标准

名称	考核要求	配分	评分标准	得分
识图	正确识读给定题目的安装电路图	10	① 错误解释和表述文字、符号意义，每个扣0.5分 ② 错误说明一个设备在电路中的作用扣1分	
识别设备、材料	正确识别本题目设备、材料	7	① 设备、材料型号识别错误，每个扣0.5分 ② 设备、材料规格识别错误，每个扣1分	
选用仪器、仪表	正确选用本题目所需仪器、仪表检测元器件及电路	7	① 错误选用仪器、仪表每个扣0.5分 ② 使用方法不正确扣1分 ③ 测试记录错误，每项扣1分	
选用电工工器具	正确选用本项目所需要电工工器具	7	① 错误选用工、器具类别、规格每件扣1分 ② 使用方法不正确，每件扣0.5分	
安全文明生产	操作过程符合国家颁发的电工作业操作规程、电工作业安全规程与文明生产要求	7	① 违反规程，每项扣1分 ② 操作现场工、器具和仪表、材料摆放不整齐扣0.5分 ③ 不听指挥，发生设备和人身事故，取消考试资格	
故障现象分析与判断	正确分析故障观象发生的原因，判断故障性质	24	① 测试、判断故障原因错误扣3分 ② 逻辑分析错误扣3分 ③ 判断结果错误扣10分	
故障处理	方法正确	24	① 处理方法错误扣2分 ② 排除故障时间超过5min扣2分 ③ 处理结果错误扣6分	
检查试运行	① 正确检查调试电路 ② 试运行一次成功	14	① 检查电路，每漏1项扣1分 ② 测试方法，每错1处扣1分 ③ 试运行一次不成功扣4分	
	合计	100		

（4）故障设置

在主电路上设置故障2处。

故障现象：按下SB_1启动按钮，KM_1线圈获电，电动机不能启动。

（5）操作工艺

① 分析故障原因，确定故障范围。对Y-△自动减压启动电气控制电路进行通电操作，注意观察故障现象，根据故障现象分析故障原因。

首先确定故障点是在主电路还是控制电路。按下SB_1启动按钮，KM_2、KM_1两个线圈都应该获电，电动机以Y连接启动。通电试车时，按下SB_1启动按钮，观察到KM_1接触器吸合，用试电笔测量主电路的U_2、V_2、W_2无电，导致电动机不能启动。可得出结论：故障点可能在主电路。

② 依据电路的工作原理和观察到的故障现象，在电路图上进行分析，确定电路的最小故障范围。通电试机时，根据KM_1线圈能够获电，接触器能吸合，而U_2、V_2、W_2无法获电，所以得出结论：引起不能获电的故障点范围可以缩小到KM_1的主触点。

③ 在故障检查范围中，采用逻辑分析及正确的测量方法，迅速查找故障。

a. 分析。根据电路图和故障检查范围，运用电阻法进行检查测量。将KM_1的主触点压下，测量其主触点之间的电阻应该为0，但实际值为无穷大，说明主触点之间开路。

b. 通电后，将万用表置于交流电压500V挡，采用电压法进行检查。主触点上下触点之间电压值为相电压，进一步说明主触点接触不良。

c. 根据引起故障的原因，采取适当的修理方法排除故障。将KM_1常开触点取出。发现触点黑、油腻多，导致接触不良。然后用电工刀轻轻刮去黑油腻，排除故障。

④ 通电试机。发现按下SB_1启动按钮后，KM_2、KM_3线圈获电，但电动机还不能启动，故障2出现。

⑤ 分析故障原因，确定故障2范围。根据试机时观察的故障现象，控制电路故障已排除，控制电路能够正常工作，可判断出故障2范围在主电路。

⑥ 在故障检查范围中，采用逻辑分析及正确的测量方法，迅速查找故障。

a. 分析。电动机不能启动的原因是：熔断器FU_1熔断、接触器KM_2主触点接触不良和热继电器触点处接触不良，造成电动机缺相，不能启动。

b. 采用电压法进行测量。首先检查U_2、V_2、W_2之间的电压正常，然后检查U_1、V_1、W_1之间的电压，发现V_1、W_1之间的电压不正常，U_{V1W1}=0V，故判断出熔断器FU_1的V_1、W_1两相熔断器至少有一相熔断。

c. 断开电源，将FU_1的V_1、W_I两相熔断器芯取下，用万用表的$R\times10$挡测量两熔断器芯电阻，发现W_1相电阻为无穷大，确定为熔断器芯熔断故障。

d. 依据熔断器芯规格，更换熔断器芯，排除故障。

e. 通电试车，确定电路能够正常工作。

⑦ 总结经验，做好维修记录，清理维修现场。

电工实操试题精选

参考文献

[1] 杨清德，余明飞，孙红霞 . 低压电工考证培训教程 . 北京：化学工业出版社，2020.

[2] 杨清德，陈剑 . 电工基础：微课版 . 北京：化学工业出版社，2019.

[3] 杨清德，高杰 . 新手学电工 . 北京：人民邮电出版社，2020.

[4] 杨清德 . 零起点学电工 . 北京：化学工业出版社，2017.

[5] 邱勇进 . 维修电工 . 北京：化学工业出版社，2016.

视频讲解明细清单